"十四五"普通高等教育本科部委级

江苏省高等学校重点教材（编号：2020-2-193）

# 食品安全学

## Shipin Anquanxue

孙月娥◎主编

中国纺织出版社有限公司

# 内 容 提 要

本书从教学、科研、生产实践出发,分三篇十五章详细概述了食品安全相关的科学问题,分别为食品固有危害,生物性污染,化学性污染,物理性污染,环境污染,来自食品包装材料、容器与设备的污染,传统加工食品的安全性,转基因食品的安全性,非热力杀菌食品的安全性,食品安全风险评价,食品安全质量管理,食品污染物检测,食品安全监督管理,食品安全法律法规与标准。

本书条理清晰、主次分明,不仅可作为食品及相关专业的本科教材,供食品科学与工程、食品质量与安全等专业食品安全学课程的学习使用,也可为食品相关专业科研、工程技术人员提供参考。

## 图书在版编目(CIP)数据

食品安全学 / 孙月娥主编. --北京:中国纺织出版社有限公司,2022.2

"十四五"普通高等教育本科部委级规划教材

ISBN 978-7-5180-8185-1

Ⅰ.①食… Ⅱ.①孙… Ⅲ.①食品安全—高等学校—教材 Ⅳ.①TS201.6

中国版本图书馆 CIP 数据核字(2020)第 220426 号

责任编辑:闫 婷 责任校对:寇晨晨 责任印制:王艳丽

中国纺织出版社有限公司出版发行
地址:北京市朝阳区百子湾东里 A407 号楼 邮政编码:100124
销售电话:010—67004422 传真:010—87155801
http://www.c-textilep.com
中国纺织出版社天猫旗舰店
官方微博 http://weibo.com/2119887771
三河市宏盛印务有限公司印刷 各地新华书店经销
2022 年 2 月第 1 版第 1 次印刷
开本:710×1000 1/16 印张:25
字数:422 千字 定价:58.00 元

# 前　言

　　食品是人类赖以生存和发展的必需品,随着经济迅速发展和人们生活水平的不断提高,食品产业获得了空前的发展,已经在国家众多产业中占支柱地位。伴随着中国经济由外需向内需驱动的转换,食品消费市场逐步走向成熟。未来的食品由过去的数量驱动,逐渐转化为价值驱动,一般性、温饱性的支出比例在逐渐减少,而体现生活质量和生活方式的消费支出比例则在逐年增加。我国食品工业未来发展趋势向着绿色化、功能化、休闲化,生产过程自动化、数字化、智能化发展,生物技术对产业发展的带动作用越来越明显。龙头企业规模化,越来越多的企业在海外建立基地,拓展当地市场。龙头企业通过多种方式,建立自主可控的农产品原料种植基地或者养殖基地。

　　中国经济步入新常态,中国食品产业也呈现出相应的变化与趋势,这对于中国食品企业提出了新的挑战,也带来了新的机遇。如何应对这些变化,将挑战转化为机会,实现更大的发展,是中国食品产业面对的重大课题。在食品的三要素(安全、营养、食欲)中,安全是消费者选择食品的首要标准。世界范围内不断出现的食品的安全事件使得我国乃至全球的食品安全问题形势十分严峻。日益加剧的环境污染和频繁发生的食品安全事件对人们的健康和生命造成了巨大的威胁,食品安全问题已成为人们关注的热点问题。近年来发生的一系列食品安全事件凸显了我国食品行业的信用缺失问题,信用缺失已经成为制约我国食品行业健康发展的重要因素。

　　社会应形成一种氛围,使食品的生产者、经营者和消费者兼具食品安全的支持者、维护者和创造者三重身份,从而降低监管成本,提高监管效力。由一个部门为主实施"综合性、专业化、成体系"的监管,不论食品哪个环节出现问题,都会追究该部门的责任,从而避免监管缺位或者职责交叉、责任不清,最大限度地堵住监管漏洞。

　　教育是食品安全防御措施的基本环节,当前公众的食品安全防范意识、法治观念并未有大的加强,要通过学习,使公众了解如何吃才算安全,才算健康,食物如何搭配才更有营养,哪些食物是不安全的? 哪些食物较为安全? 食品安全学是食品专业重要的专业必修课,本教材针对这门课程,主要以食品安全科学理论、管理法规和控制措施为指导思想,围绕食品链全过程,详细阐述了食品安全有关的基本概念、食品安全危害因素的来源、传统加工食品、转基因食品和非热力杀菌食品的安全性、食品安全性评价、食品安全质量管理、食品污染物检测、食品安全监督管理以及食品安全法律法规与标准,旨在为食品类专业本科生构建食品安全系统的基础知识平台,为后续专业课程打下良好基础,也可为从事相关专业的研究生和科研、工程技术人员提供参考。第十二章由王卫东编写、第十四章由刘恩岐编写,其余各章由孙月娥编写。在撰写过程中,徐州工程学院的王帅、于楠楠、刘君、冯小刚、闫芬芬、周金伟等教师也提出了宝贵建议,此处一并致谢。本书的编写受到徐州工程学院食品与生物工程学院江苏省品牌专业、江苏省重点学科以及江苏省高等教育教学改革研究课题《以产业需求为导向的应用型食品一流专业建设研究与实践》(项目编号:2019JSJG301)资助。

本书涉及了多领域的内容,由于编者的水平有限,时间仓促,加之食品安全与质量控制方面的内容仍在不断发展变化之中,书中难免存在错误和不足之处,恳请各位读者批评指正。

编者

2020 年 9 月

# 目  录

# 绪　论

## 一、食品安全学的基本概念及内涵

### (一)食品安全基本概念

(1)食品:食品是指各种供人食用或者饮用的成品和原料以及按照传统既是食品又是药品的物品,但是不包括以治疗为目的的物品。

(2)食品质量:食品质量是由各种要素组成的。这些要素被称为食品所具有的特性,不同的食品特性各异。因此,食品所具有的各种特性的总和,便构成了食品质量的内涵。

(3)食品保质期:食品保质期指食品在标明的贮存条件下保持品质的期限。

(4)食源性疾病:食源性疾病指食品中致病因素进入人体引起的感染性、中毒性等疾病,包括食物中毒。

(5)食品安全:食品安全法规定的"食品安全"是一个狭义概念,食品安全是指食品无毒、无害,符合应当有的营养要求,对人体健康不造成任何急性、亚急性或者慢性危害。

(6)食品危害:食品危害是指食品中或食品本身所含有的危及食品安全和食品质量,对人体健康和生命安全造成危险的生物性、化学性或物理性因素,包括有意加入或无意污染或自然界中天然存在的物质。

(7)食品安全风险:食品安全风险是食品暴露于特定的危害时,对健康产生不良影响的概率(如生病)与影响的严重程度(如死亡、住院或缺勤等)之间构成的函数。风险在 ISO/IEC 导则 51 中定义为伤害发生的概率与其严重程度的组合。

(8)食品掺伪:食品的掺伪是指人为地、有目的地向食品中加入一些非所固有的成分,以增加其重量或体积,而降低成本或改变某种质量,以低劣色、香、味来迎合消费者心理的行为。食品掺伪主要包含以次充好及违法添加非食用物质两方面。掺入的假物质基本在外观上难以鉴别。如小麦粉中掺入滑石粉,味精中掺入食盐,油条中掺入洗衣粉,食醋中掺入游离矿酸等。

(9)食品毒理学:食品毒理学是研究食品中外源化学物质的性质、来源与形成以及它们造成的不良反应与可能的有益作用和机制,并确定这些物质的安全限量和评价食品安全性的一门科学。从毒理学角度,研究食品中可能含有的外源化学物质对食用者健康的危害、检验和评价食品的安全性或安全范围,从而达到确保人类健康的目的。

（10）食品安全管理:食品安全管理是指政府及食品相关部门在食品市场中,动员和运用有效资源,采取计划、组织、领导和控制等方式,对食品、食品添加剂和食品原材料的采购,食品生产、流通、销售及食品消费等过程进行有效的协调及整合,以达到确保食品市场内活动健康有序地开展,保证实现公众生命财产安全和社会利益目标的活动过程。

（11）食品安全保障机制:食品安全保障机制是为了保障食品安全而发展的一系列机制。食品安全保障机制是一个大而广的概念,包含的内容是多方面的,这意味着食品安全保障机制的研究也是多方位的。食品安全保障机制一般包含四个层面的内容,食品安全法律规制保障、监管机制保障、责任追究保障和救济保障。

（12）无公害农产品:无公害农产品是指产地环境、生产过程和产品质量符合国家有关标准和规范的要求,经认证合格获得认证证书并允许使用无公害农产品标志的未经加工或者初加工的食用农产品。无公害农产品生产过程中允许使用农药和化肥,但不能使用国家禁止使用的高毒、高残留农药。

（13）绿色食品:绿色食品是指产自优良生态环境,按照绿色食品标准生产,实行全程质量控制并获得绿色食品标志使用权的安全、优质食用农产品及相关产品。绿色食品认证依据的是农业农村部绿色食品行业标准。绿色食品在生产过程中允许使用农药和化肥,但对用量和残留量的规定通常比无公害标准要严格。

（14）有机食品:有机食品是生态或生物食品等。有机食品是国际上对无污染天然食品比较统一的提法。有机食品的生产和加工,不使用化学农药、化肥、化学防腐剂等合成物质,也不用基因工程生物及其产物。因此,有机食品是一类真正来自自然、富营养、高品质和安全环保的生态食品。

**（二）食品安全与食品质量、食品卫生的关系**

1.食品安全包括食品卫生与食品质量,而食品卫生与食品质量之间存在着一定的交叉

食品安全是种概念,包括食品（食物）种植、养殖、加工、包装、贮藏、运输、销售、消费等环节,所涉及的活动符合国家强制标准和要求,不存在可能损害或威胁人体健康的有毒有害物质以导致消费者病亡或者危及消费者及其后代的隐患。食品安全既包括生产安全,也包括经营安全;既包括结果安全,也包括过程

安全;既包括现实安全,也包括未来安全。

食品卫生和食品质量是属概念,均无法涵盖上述全部内容和全部环节。食品卫生虽然具有食品安全的基本特征,也是结果安全(无毒无害,符合应有的营养等)和过程安全的完整统一,但更侧重于过程安全。此外,食品卫生通常并不包含种植、养殖环节的安全。

2. 食品安全是社会治理概念,食品卫生和食品质量是学科概念

不同国家以及不同时期,食品安全所面临的突出问题和治理要求有所不同。在发达国家,食品安全所关注的主要是因科学技术发展所引发的问题,如转基因食品对人类健康的影响;而在发展中国家,食品安全所侧重的则是市场经济发育不成熟所引发的问题,如假冒伪劣、有毒有害食品的非法生产经营。我国的食品安全问题则包括上述全部内容。

3. 食品安全是政治概念

无论是发达国家,还是发展中国家,食品安全都是企业和政府对社会最基本的责任和必须做出的承诺。食品安全与生存权紧密相连,具有唯一性和强制性,通常属于政府保障或者政府强制的范畴。而食品质量等往往与发展权有关,具有层次性和选择性,通常属于商业选择或者政府倡导的范畴。近年来,国际社会逐步以食品安全的概念替代食品卫生、食品质量的概念,更加突显了食品安全的政治责任。

4. 食品安全是法律概念

自20世纪80年代以来,一些国家以及有关国际组织从社会系统工程建设的角度出发,逐步以综合型的《食品安全法》替代要素型的《食品卫生法》《食品质量法》,反映了时代发展的要求。

## 二、食品安全的形成与发展

### (一)食品安全的历史观

古代人类对食品安全性的认识,大多与食品腐坏、疫病传播等问题有关,世界各民族都有许多建立在长期生活经验基础上的饮食禁忌、警语和禁规,有些作为生存守则流传保持至今。

1. 中国古代对食品安全的认识

早在3000年前,中国西周时期已有"食医"和"食官"来保障统治阶级的食品营养与安全。据《周礼·天官食医》记载,"食医,掌和王之六食、六饮、六膳、百馐、百酱、八珍之齐",负责检查宫中的饮食和卫生。

2500多年前,"儒家之祖"孔子在《论语乡党篇第十》中记载了他对饮食的要求:食不厌精,脍不厌细。食饐而餲,鱼馁而肉败,不食。色恶,不食。失饪,不食。不时,不食。割不正,不食。不得其酱,不食。肉虽多,不使胜食气。惟酒无量,不及乱。沽酒市脯不食。不撤姜食。不多食。祭于公,不宿肉。祭肉,不出三日,出三日,不食之矣。食不语,寝不言。虽疏食菜羹瓜祭,必齐如也。孔子给我们留下了很多瑰宝,十不食原则强调了饮食的卫生与安全,更是把孔子的食品观表现得淋漓尽致。

《韩非子》上载:"上古之世……民食果瓜蚌蛤,腥臊恶臭,民多疾病,有圣人作钻燧取火,以化腥臊。"《风俗通·皇霸·三皇》引《礼含文嘉》:"燧人始钻木取火,炮生为熟,令人无复腹疾。"后来,东汉时期的《金匮要略》、唐代的《唐律》《千金食治》、元代的《饮膳正要》等著作都有关于食品卫生安全方面的论述。

2. 西方古代对食品安全的认识

公元前2000年,在犹太教《旧约全书》中明确提出"不应食用那些倒毙在田野里的兽肉"。公元前400年希波拉底的《论饮食》、16世纪俄国古典文学著作《治家训》以及中世纪罗马设置的专管食品卫生的"市吏"等,都有关于食品卫生要求的记述。1202年英国颁布了第一部食品法——《面包法》,该法律主要是禁止厂商在面包里掺入豌豆粉或蚕豆粉造假。

**(二)现代食品安全的发展进程**

美国食品安全发展进程:总的趋势是从故意而为的制售假劣行为逐渐过渡到过失污染或者环境污染的意外事故。19世纪末20世纪初,美国为促进经济快速发展,积极鼓励商业自由,导致了大量的假冒伪劣和欺诈行为,以药品和食品领域为甚。直至第二次世界大战之后,随着美国国际地位和经济实力大幅提升,国民素质提高,监管加强,恶意制售有害食品的行径逐渐收敛,意外污染成为食品安全事故的主要因素。

日本食品安全发展进程:20世纪60年代,随着工业技术和化工技术的发展,发生了故意使用有毒有害物质的恶性事件。20世纪70年代则连续发生多起环境污染导致的食品安全公害事件,主要原因是工业快速发展导致环境污染所衍生的恶果。近二十年,日本发生的食品安全事故则多为意外污染导致,售卖过期食品、以次充好等问题仅偶有发生。

相比日本和美国,欧洲对于食品的相关立法和限制更严格。欧洲近三十年来发生的重大食品安全事件,主要是由动物疾病或者意外污染导致。例如几乎波及整个欧洲的牛海绵状脑病(疯牛病)、口蹄疫、二噁英污染等重大食品安全事故,均属此类情况。近年来,受经济形势影响,欧洲部分国家也发生了回收过期食品再加工,变质肉冷冻后继续销售,制售假冒名牌奶粉、红酒、橄榄油等问题。

对于发展中国家,提高食品安全保障水平面临着经济、社会、政治、宗教等复杂因素如印度、印度尼西亚,近些年来屡屡发生重大假酒中毒致多人死亡事件。以印度为例,官方政策导向限制酒的生产销售,并课以重税。由于正品酒价极高,庞大的低收入群体对低廉假劣酒需求旺盛,从而导致重大死伤事故频发。

纵观我国的食品安全发展进程,从新中国成立到 1990 年前后,处于逐步解决粮食缺乏问题的阶段。进入 21 世纪以来,我国已基本上实现了粮食和食品的自给,开始从强调数量供应转向质量安全。当前,我国仍处于农业工业化和食品工业化的快速发展时期,食品滥用着色剂、香精、香料等添加剂,农产品滥用农药、兽药和生长激素的问题十分突出。

**(三)对食品安全认识的变化**

第一阶段:以小额贸易和解决温饱为主要目的。基本没有食品安全概念,主要关注物理危害和外观形态。

第二阶段:以初加工食品贸易为主。人们的生活水平有所提高,贸易量不断增加,消费者除关注食品的物理危害和外观形态外,还逐步关注食品的化学危害和生物危害。

第三阶段:以食品工业化生产为主和贸易全球化的阶段。营养学家在这个历史时期明确了食品安全的概念,对危害因素的认知程度也不断增加,食品安全立法、执法体系不断建立和完善,"从田间到餐桌"的全过程食品安全控制体系和各学科相互配合协调的监控机制逐步形成,食品安全问题引起高度关注。在整个食品行业范围内,农产品和加工食品的质量和安全水平稳步提高,食品安全检测监测体系基本框架已经形成,食品标准化工作取得了积极进展,食品安全应急机制、食品安全法规体系都得到不断完善。

**(四)食品安全定义、内涵的发展**

1. 现代食品安全定义的演变

食品安全的概念由联合国粮农组织(FAO)于 1974 年 11 月在罗马召开的世界粮食大会上第一次正式提出,联合国粮农组织同时提出了《世界粮食安全国际约定》。该约定认为,食品安全指的是人类的一种基本生存权利,即"保证任何人在任何地方都能得到为了生存与健康所需要的足够食品"。1983 年 4 月,联合国粮农组织世界粮食安全委员会提出了食品安全的新概念,其内容为"食品安全的最终目标是,确保所有的人在任何时候既能买得到又能买得起所需要的任何食品"。1992年国际营养大会上,把食品安全定义为:"所有人在任何时候都可以得到安全及营养的食品以维持健康能动的生活"。1996年世界卫生组织将食品安全定义界定为对食品按其原定用途进行制作或食用时不会使消费者受害的一种担保。2000年5月第53届世界卫生大会的决议(WHA53.15)首次将食品安全列入全球公共卫生的重点领域。2001年9月在德国波恩举行的世界可持续食品安全(重点是发展中国家的食物安全)会议上,提出"食品可持续安全"的概念。随着历史的发展,食品安全的概念从最初的对数量的要求到"食品可持续安全",这一变化反映了随着生产力的发展和人们生活水平的提高,人类对食品安全的需求从量到质的深化。因此,食品安全不仅是个法律上的概念,更是一个社会、政治、经济和技术上的概念。

2. 食品安全的内涵

(1)绝对安全与相对安全。

绝对安全是指确保不可能因食用某种食品而危及健康或造成伤害的一种承诺,也就是食品应绝对没有风险(零风险)。这只不过是消费者追求的目标,是一种美好愿景,客观上人类的任何一种饮食消费甚至其他行为总是存在某些风险,绝对安全性或零风险是很难达到的。相对安全是指一种食物或成分在合理食用方式和正常食量的情况下,不会导致对健康损害的实际确定性。是从生产者和管理者角度提出的。绝对安全和相对安全既是对立的,又是统一的,是对食品安全认识发展与逐渐深化的表现,从现实与长远、需要与可能的不同侧面,概括了食品安全比较完整的含义。

(2)我国与发达国家食品安全的内涵存在显著区别。

发达国家,食品安全主要关注由生物污染如致病菌、病毒、寄生虫等和科技发展所引发的问题,如转基因食品、辐射食品、"疫苗食品"的安全性对人类健康的影响,食品工程新技术所使用的配剂、介质、添加剂及其对食品卫生质量的影响。几乎没有人为造假制劣食品。在我国,食品安全主要是人为化学污染,最严重的化学污染是农药、兽药、化肥、激素,最可怕的食品污染是人为制假、制劣和投毒。因此,我国食品安全整治的内容要比国外发达国家复杂得多,困难得多。

# 三、国内外食品安全事件

## (一)国际食品安全事件

近几年国际上食品安全恶性事件不断发生,造成巨大的经济损失和社会影响。

1. 疯牛病事件

疯牛病全称为"牛海绵状脑病",是一种进行性中枢神经系统病变,发生在牛身上的症状与羊瘙痒症类似,俗称疯牛病,其传播被认为是通过给牛喂养动物骨肉粉进行的。疯牛病在人类中的表现为新型克雅氏症,患者脑部会出现海绵状空洞,导致记忆丧失,身体功能失调,最终神经错乱甚至死亡。疯牛病在人类中传播可能源于食物感染,患者误食被疯牛病污染了的牛肉、牛骨髓等制品,也可能源于手术、器官移植、输血等的医疗感染。

1985 年,英国发现疯牛病流行。1996 年 3 月,英国政府宣布疯牛病朊蛋白可通过牛肉、内脏、骨髓(食用)传染人类,引发变异性早老性痴呆,食用患疯牛病的病牛肉可能导致人类新型克雅氏症,在随后的短短几个月中,欧盟多个国家牛肉销量下降 70%。到 2000 年 7 月,英国有 17 万多头牛感染了此病,先后宰杀约 400 多万头牛,损失高达 30 亿英镑。2001 年,疯牛病疫情在法国、德国、比利时、西班牙等国相继发生,从 1995 年至 2001 年 6 月,全世界发现变异性早老性痴呆患者 106 人,至今已全部死亡,而且发病率以 23% 速率猛增,欧盟各国牛肉及其制品销售遭受重创。朊病毒及克雅氏病目前无药物、无疫苗、无可靠预防治疗方法,一旦发病,人畜 100% 死亡。

2. 二噁英事件

1999 年春,比利时的一些养鸡场就不断出现怪事:蛋鸡产蛋量剧减,并开始掉毛;肉鸡进食明显减少,生长相当缓慢。更为严重的是,大量的鸡相继死亡。比利时专家调查结果发现国内 9 家饲料公司生产的饲料中含有一种剧毒污染物——二噁英。人如果大量食用此类饲料喂养的鸡,将有可能导致癌症。震惊世界的"污染鸡"事件就此暴发。

二噁英是一类化学物质的总称,有一种称为四氯二苯-P-二噁英(TCDD)的二噁英物质,是我们迄今为止已知最毒的物质,其毒性是氰化钠的 1000 倍,是沙林毒气的 2 倍,其致癌性则是黄曲霉素的 10 倍以上。只要 0.1 克 TCDD,就足以杀死数十人,置上千只畜禽于死地。因此,人们称它为"世纪之毒"。二噁英不仅具有致癌性,而且还具备神经、生殖、内分泌和免疫毒性,可以在人体中遗传 8 代,成为当今食品安全和环境领域的国际前沿问题。

3. 致病性大肠杆菌 O157 中毒事件

*E. coli* O157:H7 为肠出血性大肠埃希氏菌(EHEC),产生强毒素,引起腹泻,常伴有血性大便。虽然大多数健康成年人在一周内可完全恢复,有些人却会发展为一种称为溶血性尿毒症的肾脏衰竭(HUS)。HUS 大多发生在幼儿和老人,

并能引起严重的肾脏损害,甚至死亡。

1992 年 12 月美国的杰克盒子快餐店供应被 O157 污染的汉堡引起集体中毒事件。仅在华盛顿州,就有 440 例中毒报告,100 人入院治疗;在其他州有 100 例中毒报告,有 4 名儿童死亡。1996 年在日本发生大规模 EHEC 流行,食物中毒 9451 人,死亡 12 人。1996 年 10 月,美国加利福尼亚州的奥德瓦拉公司生产的鲜榨苹果汁引起 O157 中毒,70 人入院,14 名儿童严重患病,1 名儿童死亡。

4. 其他国外食品安全事件

1998 年猪脑炎席卷东南亚;1999 年,欧洲可口可乐被报道含有害物;1999 年底,美国李斯特菌食物中毒,导致 14 人死亡,97 人患病,6 人流产,2000 年底法国也发生此类中毒,导致 6 人死亡;2000 年 6 月,日本雪印牌牛奶,发生大肠杆菌事件,致使 14500 人中毒;2000 年,法国,熟猪肉酱和猪舌罐头,受到李斯特菌污染;2000 年 6 月,英国和爱尔兰,爆发口蹄疫;2000 年,英国吉百利公司,巧克力被沙门氏菌污染;2005 年,英国食品标准署在其网站上公布了亨氏、联合利华等 30 家企业生产的可能含有苏丹红(一号)的 359 种食品名单,并下令召回所有上述食品。同年,亨氏美味源(广州)食品有限公司生产的"美味源"牌辣椒酱被检出"苏丹红一号",随后肯德基快餐食品的调料在检查中被发现含有"苏丹红一号"成分。苏丹红(一号)是一种人工合成红色染料,可能使老鼠、兔子患癌症,也可能造成人体肝脏细胞的 DNA 突变,我国及许多国家都禁止将其用于食品生产;2006 年,世界著名巧克力食品企业英国吉百利公司的清洁设备污水污染了巧克力,致使 42 人因食用被沙门氏菌污染的巧克力而中毒;2008 年 9 月,法国宝怡乐婴幼儿乳品,召回一批次婴幼儿"防吐助消化"奶粉,被怀疑受到沙门氏菌污染;2008 年 12 月,爱尔兰食品安全局在一次例行检查中发现被宰杀的生猪遭到二噁英污染,所含二噁英成分是欧盟安全标准上限的 80 到 200 倍,一些猪肉可能已出口到包括美国和中国在内的 25 个国家;2013 年 8 月,新西兰乳业巨头恒天然旗下工厂生产的浓缩乳清蛋白粉检测出可能含有肉毒杆菌毒素。

(二)国内食品安全事件

民以食为天,食以安为先,食品安全关系着我们千家万户的健康,尽管我国在经济发展过程中从来没有放松对食品的监管,食品安全情况越来越好。但总是有一些商家为了自己的蝇头小利,而置大众的健康于不顾,从而出现一个又一个的食品安全事件。下面盘点我国曾经发生的震惊全国的食品安全事件:

1987 年 12 月至 1988 年 2 月,上海暴发甲型肝炎事件,30 万市民染上甲肝;2001 年广东省河源市发生"瘦肉精"事件,几百人食用猪肉后出现不同程度的四肢发凉、呕吐腹泻、心率加快等症状,导致这次食物中毒的祸首是国家禁止在饲料中添加使用的盐酸克伦特罗,即俗称的"瘦肉精";2003 年辽宁省海城市部分小学生及教师饮用豆奶引发食物中毒,其中涉及 2556 名小学生,此次食物中毒的原因是活性豆粉中的胰蛋白酶抑制素等抗营养因子未彻底灭活;2004 年安徽省阜阳市因食用劣质奶粉造成营养不良的婴儿 229 人,死亡 12 人;2004 年中央电视台《每周质量报告》揭露部分正规粉丝生产商在生产中加入了有致癌成分的碳酸氢铵化肥、氨水用于增白,这一事件使历史名牌遭遇信任危机;同年,广州市发生了假酒致人中毒事件,不法分子为降低生产成本用工业酒精勾兑白酒在农村集贸市场非法销售,以及全国 10 多个省市粮油批发市场陆续发现的"民工粮"事件;2006 年北京发生福寿螺致病事件和麻辣小龙虾事件,中国香港地区发生有毒桂花鱼事件;河北省发生"苏丹红"鸭蛋事件;2008 年三鹿"三聚氰胺奶粉"事件直接导致国有企业破产。2010 年有毒"地沟油"事件进入民众视野;2011 年台湾公布 300 多家品牌旗下 900 多种塑化剂超标的食品名单;2012 年老酸奶"工业明胶"事件中,不法厂家用皮革厂经过鞣铬加工后的蓝矾皮的皮革屑、边角料、烂皮革等作为生产原料,提取酸奶产品中使用的明胶等食品增稠剂。2013 年山东潍坊农户使用剧毒农药"神农丹"种植生姜,被央视焦点访谈曝光,引发全国舆论哗然。食品安全的规范无法在一朝一夕建立,需要企业、政府、消费者共同努力,随着食品生产和流通环节政府监管力度加大、企业诚信和社会责任感提升、消费者对食品安全理解的深入、食品安全监管中公众参与度的增加、行业协会和媒体舆论监督的加大等各方面努力,我国食品安全问题得到有效控制。确保食品安全是社会和谐、全面建设小康社会的关键环节,也是党和国家着力解决的重大问题,2009 年《食品安全法》的颁布和实施使我国食品安全问题得到了缓解和改善,2018 年《食品安全法》的修订和完善体现了国家治理关乎民计民生的食品安全领域问题的决心。

### 四、食品安全学的主要研究内容

食品安全学是研究食物对人体健康危害的风险和保障食物无危害风险的科学。是一门专门探讨在食品加工、贮存、销售等过程中确保食品卫生及食用安全、降低疾病隐患、防范食物中毒的一个跨学科领域。食品安全关注的重点是接受食品的消费者的健康问题,而食品质量关注的重点则是食品本身的使用价值和性状。食品安全和食品质量的概念必须严格加以区分,因为这涉及相关政策的制定,以及食品管理体系的内容和构架。

　　食品安全在社会层面上主要是管理问题,在管理层面上属于公共安全问题,在科学层面上属于食品科学领域。食品安全学的学科基础和学科体系相对较为宽广,不仅包括了食品科学的内容,还包括了农学、医学、理学、管理学、法学和传媒学的内容,甚至与分子生物学也有一定的关系。食品安全学的研究目的是保障人类健康,服务对象是人,因此它与医学领域的毒理学、公共营养与卫生学、药学学科有关。食品安全学的研究对象是食品,它与食品原料学、食品微生物学、食品化学、食品科学等密切相关。

　　食品安全学主要研究食品中可能存在的有害因素的种类、来源、性质、作用、含量水平、监测管理以及预防措施;研究各类加工食品的安全性;建立食源性疾病及食品安全评价体系,特别是食品中毒及预防措施的建立;对食品质量进行监督管理。

# 第一篇　食品安全的危害因素

# 第一章 概　述

《中华人民共和国食品安全法》(2018 修正版)第十四条指出,食品中可能存在的有害因素按来源可分为三类:①食品污染物。在生产、加工、贮存、运输、销售等过程中混入食品中的物质;②食品中天然存在的有害物质,如大豆中存在的蛋白酶抑制剂;③食品加工、保藏过程中产生的有害物质,如酿酒过程中产生的甲醇、杂醇油等有害成分。

# 第一节　食品污染

食品污染是指食品及其原料在生产、加工、运输、包装、贮存、销售、烹调等过程中,因农药、废水、污水,病虫害和家畜疫病所引起的污染,以及霉菌毒素引起的食品霉变,运输、包装材料中有毒物质等对食品所造成的污染的总称。

## 一、食品污染分类

按照食品中污染物的性质,影响食品安全的污染因素包括生物性污染、化学性污染、物理性污染三大类。按污染物的来源分类,食品污染可以分为:①食品中存在的天然有害物,如河豚中含有的河豚毒素,发芽和绿皮马铃薯中含有的龙葵碱糖苷,大豆中含有的胰蛋白酶抑制剂,毒蘑菇中含有的蘑菇毒素等;②环境污染物;③滥用食品添加剂;④食品加工、贮存运输及烹调过程中产生的物质或工具、用具中的污染物,如食品在高温下加工处理可能生成具有潜在致癌性的丙烯酰胺;⑤食用农产品生产过程中的农用化学品,如农药、化肥、兽药等;⑥从接触材料中迁移到食品中的化学物,如塑料包装材料中的邻苯二甲酸酯、陶瓷中的铅、镉等新技术,如基因工程食品的安全性是可以接受的,还是可能威胁人体健康的还需要进一步研究确证。食品不安全因素可能产生于食物链的不同环节,其中的某些有害物质可因生物富集作用而使处在食物链顶端的人类受到高浓度有毒有害物的危害。

## 二、食品污染物污染食品的途径

有毒有害物质污染食品的途径:①通过原辅材料污染;②在生产、加工过程污染;③包装、储运、销售过程污染;④违法添加非食用物质;⑤意外污染。

### 三、食品污染造成的危害

污染物进入食品会影响食品的感官性状,使食品的营养价值和卫生质量降低,从而对机体健康产生不良的影响,造成急性食品中毒、引起机体的慢性危害,甚至对人类产生致畸、致突变和致癌作用。

### 四、减少食品污染的方法

食品的健康和安全,直接关系到人类的健康和安全。为了控制和防止有害物质对食品的污染,消除食品中存在的有害物质,不仅要注意饮食卫生,还要从生产、运输、加工、贮藏、销售等各个环节着手。大力进行防止食品污染的教育,使食品相关人员自觉做好防止食品污染工作。①根据《食品安全法》,确定食品生产经营者对其生产经营食品的安全责任;②国务院食品药品监督管理部门依照安全法和国务院规定的职责,对食品生产经营活动实施监督管理;③地方政府对本行政区域的食品安全监督管理工作负责;④确定食品行业协会和消费者协会的责任;⑤加强食品安全宣传教育和舆论监督;⑥国家鼓励和支持开展与食品安全有关的基础研究、应用研究,鼓励和支持食品生产经营者为提高食品安全水平采用先进技术和先进管理规范。国家对农药的使用实行严格的管理制度,加快淘汰剧毒、高毒、高残留农药,推动替代产品的研发和应用,鼓励使用高效低毒低残留农药;⑦发挥社会监督作用,任何组织或者个人有权举报食品安全违法行为,依法向有关部门了解食品安全信息,对食品安全监督管理工作提出意见和建议。

# 第二节　食品腐败变质

食品腐败变质,是指食品受到各种内外因素的影响,造成其原有化学性质或物理性质发生变化,降低或失去其营养价值和商品价值的过程,包括食品成分和感官性质的各种变化。如鱼肉的腐臭、油脂的酸败、水果蔬菜的腐烂和粮食的霉变等。

### 一、引起食品变质的因素

食品腐败变质的原因较多,有物理因素、化学因素和生物因素,其中由微生物污染所引起的食品腐败变质是最为重要和普遍的。

**(一)内部因素**

是指食品所含的酶类、营养成分、水分、pH 值等引起食品的腐败变质的因素。

**(二)外部因素**

1. 生物因素

引起食品变质的生物因素包括微生物(有害细菌、真菌及毒素、病毒)、寄生虫及虫卵(蛔虫、绦虫、囊虫等)、害虫(甲虫、螨虫、蛾类、蝇、蛆)等。

(1)细菌导致的食品变质是由于细菌活动分解食物中的蛋白质和氨基酸,产生恶臭或异味的结果。酵母菌在含碳水化合物较多的食品中容易繁殖,而在含蛋白质丰富的食品中一般不生长。易受酵母菌作用的食品多数为高糖食品,例如蜂蜜、果酱、果冻、酱油、果酒等。霉菌易在有氧、水分少的干燥环境中繁殖,在富含淀粉和糖的食品中也容易滋生霉菌。

(2)害虫包括甲虫类、蛾类、蟑螂类、螨类,会增加食品损耗、污染食品。可以通过控制水分、温度、氧气、反射线等环境因素,使用杀虫剂等措施进行防治。

(3)鼠类不仅会增加食品损耗、污染食品,更重要的是传播疾病,可以利用灭鼠剂、绝育剂、熏蒸剂等化学制剂来毒杀或驱避鼠类。也可以采用捕鼠笼、捕鼠夹等器械来捕捉鼠类。通过提高环境的 $CO_2$ 浓度,也可以阻止鼠类的生存。

2. 化学因素

(1)酶的作用:氧化酶类、脂酶、果胶酶会降低食品的质量,导致腐败。多酚氧化酶使食品发生褐变;脂氧合酶使食品产生异味;过氧化物酶改变食品的颜色和风味;抗坏血酸酶使食品营养损失;脂酶促进脂肪氧化变质,产生异味;果胶酶使食品内部组织软化,降低质量。酶的活性受温度、pH、水分活度的影响。

(2)非酶褐变:食品热加工及长期贮藏会使食品发生美拉德反应、焦糖化反应和抗坏血酸氧化。此外有毒元素、防腐剂、农药、添加剂及食品辅助剂、加工容器、包装材料等也会导致食品化学污染。

(3)氧化作用:食品中脂肪、维生素及色素的氧化会产生异味,导致食品色泽、风味变差,营养价值降低,脂肪氧化还会产生一些有害物质。在食品中添加抗氧化剂可防止或减轻氧化作用。

3. 物理因素

(1)温度是最重要的环境因素,温度升高能加速食品的腐败变质(化学反应及微生物生长发育速度加快),对酶促反应的影响较复杂,高温可以防止高淀粉食品的老化(2~5℃老化速度最快),但是温度升高将使食品软化,从而影响口感。

(2)高水分活度下微生物容易繁殖,影响食品的储藏期;高水分活度易发生酶促反应、非酶褐变、氧化反应,进而影响营养成分和风味物质;水分蒸发及干耗,导致食品萎缩和重量损耗,进而影响外观形态;水分转移影响口感。

(3)长期光照可以使脂肪氧化加快,加快变质。此外,光照还可以导致食品褪色、蛋白质凝固,维生素变化等,进而降低食品质量。

(4)充足的氧气使微生物大量繁殖,加快食品腐败速度,同时也会使食品中色素和风味物质发生氧化反应造成营养价值降低。

(5)其他物理因素还包括机械损伤,影响食品外观、促进食品腐败、加快褐变;乙烯的催熟作用,以及环境污染、农药残留、滥用添加剂和包装材料等外源污染物引发的食品安全问题。

## 二、食品变质的结果

食品变质引起食品感官性状发生改变,会使消费者产生厌恶感。例如脂肪腐败的"哈喇"味和碳水化合物分解后产生的特殊气味,往往使人们难以接受。食品变质会降低食品的营养价值。由于食品中蛋白质、脂肪、碳水化合物腐败变质后结构发生变化,因而丧失了原有的营养价值。食品变质引起急性毒性。轻者多以急性胃肠炎症状出现,如呕吐、恶心、腹痛、腹泻、发烧等,经过治疗可以恢复健康;重者可在呼吸、循环、神经等系统出现症状。食品变质引起慢性毒性或潜在危害,甚至可以表现为致癌、致畸、致突变。

## 三、容易发生腐败变质的食品

食品从原料到加工产品,随时都有被微生物污染的可能。这些污染食品的微生物在适宜条件下即可生长繁殖,分解食品中的营养成分,使食品失去原有的营养价值,成为不符合卫生要求的食品。食品根据腐败变质的难易程度可分为①易保存的食品:包括一般不会腐败的天然食品,如盐、糖、干豆类和部分谷物、小麦粉、精制淀粉等,具有完全包装或固定储藏场所的食品,如罐头、包装的干燥粉末食品和蒸馏酒类等;②较易保存的食品:包括经过适当的处理和适当的储存,相当长时间不腐败变质的天然食品;③易腐败变质食品:指不采取特别保存方法(冷藏、冷冻、使用防腐剂等)而容易腐败变质的食品,大部分天然食品属于这一类。

1. 乳及乳制品的腐败变质

牛乳在挤乳过程中会受到乳房中和外界环境中微生物的污染,鲜牛乳或消毒牛乳中都残留一定数量的微生物,特别是污染严重的鲜乳,鲜乳消毒和灭菌是为了杀灭致病菌和部分腐败菌,消毒的效果与鲜乳被污染的程度有关。消毒后残存的微生物还很多,常引起乳的酸败,这是牛乳发生变质的重要原因。牛乳消毒的温度和时间的确定是保证最大限度地消灭微生物和最高限度地保留牛乳的营养成分和风味,首先是必须杀灭全部病原菌。

2. 肉类的腐败变质

肉类食品营养丰富,有利于微生物生长繁殖。肉类中微生物可分为腐生微生物和病原微生物两大类。腐生微生物包括细菌、酵母菌和霉菌,它们污染肉并使肉品发生腐败变质,肉类腐败变质时,往往在肉的表面产生明显的感官变化,导致肉类发黏、变色、表面形成霉斑、产生不正常或难闻的气味等。病畜、禽肉类可能带有各种病原菌,它们对肉的主要影响并不在于使肉腐败变质,而是传播疾病,造成食物中毒。

3. 鲜蛋的腐败变质

新蛋壳表面有一层黏液胶质层,具有防止水分蒸发、阻止外界微生物侵入的作用;此外,蛋壳膜和蛋白质中存在的溶菌酶,也可以杀灭侵入蛋壳内的微生物,故正常情况下鲜蛋可保存较长的时间而不发生变质。然而鲜蛋也会受到微生物的污染,鲜蛋的腐败变质主要可分成两种类型:①细菌引起的鲜蛋变质。侵入到蛋中的细菌不断生长繁殖并形成各种相适应的酶,然后分解蛋内的各组成成分,使鲜蛋腐败和产生难闻的气味;②霉变。霉菌菌丝经过蛋壳气孔侵入后,首先在蛋壳膜上生长起来,逐渐形成斑点菌落,造成蛋液粘壳,蛋内成分分解并有不愉快的气味产生。

4. 果蔬及制品的腐败变质

水果和蔬菜的表皮外覆盖着一层蜡质状物质,有防止微生物侵入的作用,因此一般正常的果蔬内部组织是无菌的。但是当果蔬表皮组织受到昆虫的刺伤或其他机械损伤时,微生物就会从此侵入并进行繁殖,从而促进果蔬的腐烂变质,尤其是成熟度高的果蔬更易受到损伤。引起水果变质的微生物,开始只能是酵母菌、霉菌;引起蔬菜变质的微生物是霉菌、酵母菌和少数细菌。微生物会引起果汁的变质,但微生物进入果汁后能否生长繁殖,主要取决于果汁的 pH 和果汁中糖分含量。由于果汁的酸度多在 pH 2.4~4.2,且糖度较高,因而在果汁中生长的微生物主要是酵母菌、霉菌和极少数细菌。酵母菌是果汁中数量和种类最多的一类微生物,常会产生各种不同的味道,如酸味、酒味等;霉菌引起果汁变质时会产生难闻的气味;而果汁中的细菌主要是植物乳杆菌、乳明串珠菌和嗜酸链球菌,它们可以利用果汁中的糖、有机酸生长繁殖并产生乳酸、$CO_2$以及少量丁二酮、3-羟基-2-丁酮等香味物质。

5. 糕点的腐败变质

糕点类食品含水量较高,糖、油脂含量较多,在阳光、空气和较高温度等因素的作用下,易引起霉变和酸败。引起糕点变质的微生物类群主要是细菌和霉菌。

## 四、食品腐败的危害及控制

### (一)食品腐败变质的危害

腐败变质食品含有大量的微生物及其产生的有害物质,有的可能含有致病菌,因此食用腐败变质食品,极易导致食物中毒,表现为急性毒性、慢性毒性或潜在危害。食品腐败变质引起的食物中毒,多数是轻度变质食品。严重腐败变质的食品,感官性状明显异常,如发臭、变色、发酵、变酸、液体混浊等,容易识别,一般不会继续销售食用。轻度变质食品外观变化不明显,检查时不易发现或虽被发现,但难判定是否变质,往往认为问题不大或不会引起食物中毒,因此容易疏忽大意引起食物中毒。

### (二)食品腐败变质的控制

食品的腐败变质主要是由于食品中的酶以及微生物的作用,使食品中的营养物质分解或氧化产生食品安全问题。因此,食品腐败变质的控制就是要针对引起腐败变质的各种因素,采取不同的方法或方法组合,杀死腐败微生物或抑制其在食品中的生长繁殖,灭活酶或抑制酶的活性。主要的控制措施如下:

(1)食品的低温保藏:目前在食品制造、储藏和运输系统中,都普遍采用人工制冷的方式来保持食品的质量,低温保藏的食品,营养和质地能得到较好的保持,对一些生鲜食品如水果、蔬菜等更适宜。但低温下保存食品有一定的期限,超过一定的时间,保存的食品仍可能腐败变质,因为低温下不少微生物仍能缓慢生长,造成食品的腐败变质。

(2)加热杀菌法:加热杀菌的目的在于杀灭食品表面和内部的微生物,破坏食品中的酶类,有效控制食品的腐败变质,延长保存时间。但加热杀菌处理对食品营养成分的破坏较大,难以保证食品原有的风味和营养价值。

(3)非加热杀菌保藏:无需对物料进行加热,利用其他灭菌机理杀灭微生物,因而避免了食品成分因热而被破坏。冷杀菌方法有多种,如放射线辐照杀菌、超声波杀菌、放电杀菌、高压杀菌、紫外线杀菌、磁场杀菌、臭氧杀菌等。

（4）脱水干燥保藏：降低水分和水分活度可抑制其中微生物的生长繁殖，酶的活性也受到抑制，从而防止食品的腐败变质。

（5）食品的气调保藏：是指用阻气性材料将食品密封于一个改变了气体组成的环境中，从而抑制腐败微生物的生长繁殖及生化活性，达到延长食品货架期的目的。

（6）食品的化学保藏法：包括盐藏、糖藏、醋藏、酒藏和防腐剂保藏等。盐藏和糖藏都是依据提高食物的渗透压来抑制微生物的活动，醋和酒在食物中达到一定浓度时也能抑制微生物的生长繁殖，防腐剂能抑制微生物酶系的活性以及破坏微生物细胞的膜结构。

# 第三节 食源性疾病

食品安全法中对食源性疾病的定义是指食品中致病因素进入人体引起的感染性、中毒性等疾病。包括常见的食物中毒、肠道传染病、人畜共患传染病、寄生虫病以及化学性有毒有害物质所引起的疾病。全世界已知的食源性疾病有 250多种，其中绝大多数的病例是由细菌引起的，其次为病毒和寄生虫。

食源性疾病的范畴包括：食物中毒、食源性肠道传染病（如痢疾）、食源性寄生虫病（如旋毛虫病）、人畜共患传染病（如口蹄疫）、食源性变态反应性疾病（如食物过敏）、食物营养不平衡所造成的某些慢性非传染性疾病、食物中某些有毒有害物质引起的以慢性损害为主的疾病、暴饮暴食引起的急性胃肠炎以及酒精中毒等。但不包括与饮食有关的慢性病、代谢病，如糖尿病、高血压等。

导致食源性疾病的食物包括动物源性食品、非动物源性食品、加工过程中受到污染的食品、不清洁的饮用水源。其病原物（致病因子）有生物性的、化学性的、放射性。食源性疾病的流行病学特点具有暴发性、散发性、地区性、季节性。

食源性疾病的爆发需要三个基本要素，缺一不可。①传播疾病的媒介：食物；②食源性疾病的致病因子：食物中的病原体；③临床特征：急性中毒性或感染性表现。

按照致病因素的不同种类可将食源性疾病分为 7 类：①细菌性食源性疾病；②病毒性食源性疾病；③食源性寄生虫病；④化学性食物中毒；⑤食源性肠道传染病；⑥食源性变态反应性疾病；⑦食源性放射病。按起因分类有内因性食源性疾病、外因性食源性疾病、诱发性食源性疾病。化学性食物中毒根据中毒物质的不同可分为 3 类:天然有毒物质中毒、天然植物毒素中毒、环境污染物中毒。食源性肠道传染病包括霍乱、结核病、炭疽、牛海绵状脑病和口蹄疫等。食源性变态反应性疾病即食物过敏。食物过敏主要表现为胃肠炎、皮炎,严重的可致休克。食源性变态反应性疾病包括食物过敏性胃肠炎或结肠炎、由于摄入食物引起的皮炎、有害食物反应引起的过敏性休克、其他有害食物反应如变应性结膜炎、过敏性鼻炎、血管神经性水肿等。食源性放射病包括由于放射线引起的胃肠炎和结肠炎。

# 第四节　人畜共患病

世界卫生组织(WHO)和联合国粮农组织(FAO)联合成立的人畜共患病专家委员会对人畜共患病所下的定义是指在人类和脊椎动物之间自然传播的疾病和感染。人畜共患病应符合以下条件,首先,由共同病原体引起。其次,病原体在动物和人之间自然传播,并可以在人与动物之间相互或单向传染,以接触感染方式为主,可以是直接接触,也可以是通过媒介间接接触。最后,在流行病学上具有关联性。

常见的人畜共患病有流行性乙型脑炎、禽流感、口蹄疫、链球菌病、炭疽、布鲁氏菌病、结核病、破伤风、狂犬病、肉毒梭菌中毒病、猪丹毒、李斯特杆菌病、钩端螺旋体病、住肉孢子虫病、血吸虫病、肝片吸虫病等。其共同特点表现为:既危害家畜,又严重危害人体健康和公共卫生;病原的宿主谱一般很宽;多是职业病;多是食品源疾病,如猪肉绦虫、牛肉绦虫、肠炭疽、沙门菌病等;可为研究传染病提供动物模型。

目前,人畜共患病还没有统一的分类方法。①按照病原体的生物学属性分类是医学和兽医学上通用的分类法。按本法将人畜共患病分为病毒性、细菌性、真菌性、寄生虫性、衣原体性、立克次氏体性等;②按照病原体的宿主分类,包括动物源性人畜共患病、人源性人畜共患病、互源性人畜共患病、真性人畜共患病(病原体必须以动物和人分别作为其中间宿主和终宿主,缺一不可);③按照病原体的生活史可分为直接人畜共患病、周生性(循环性)人畜共患病、媒介性(中介性)人畜共患病、腐生性(腐物性)人畜共患病;④按照发生与流行方式可以分为经典的、新发的、再现人畜共患病;⑤按照传播方式可分为直接传播性、循环传播性、媒介传播性、腐物传播性人畜共患病。

人畜共患病的流行特征表现为:群发性、职业性、区域性、季节性、周期性。

人畜共患病的传播途径主要是经呼吸道、消化道、皮肤接触和节肢动物传播。①通过唾液传播;②通过粪溺传播;③呼吸传播;④虫媒传播;⑤接触传播;⑥饮食传播。

人畜共患病的危害:目前已证实的人畜共患病有200多种,广泛分布于世界各地。由联合国专门会议上提出的在公共卫生方面对人有重要意义的人畜共患病约有90种,其中在许多国家流行,定为主要人畜共患病的有30余种。人畜共患病的危害十分惊人,不仅危害畜牧业的发展,还严重危害人类的健康,造成的损失巨大。

在人畜共患细菌性疾病中,鼠疫对人类的危害极其严重。公元前就有发生鼠疫的记载。人类历史上曾经有过三次世界性鼠疫大流行,其间有若干次小规模流行。第1次世界大流行发生于公元542~594年间,死亡人数估计约1亿人,这次大流行导致了拜占庭帝国(即东罗马帝国)的衰落,并进入黑暗时期。第2次世界大流行发生于1346年,由中亚疫源地克里米亚开始传向黑海,其后300余年鼠疫在欧洲猖獗流行,死亡人数达2500万人,相当于当时欧洲总人口的1/4,由于死者尸体呈黑色而称为"黑死病"。第3次世界大流行始于1894年,直接起源于我国云南和缅甸交界处,1898~1948年,印度因鼠疫而死亡1200多万人。

艾滋病被称为"世纪瘟疫",最早存在于非洲中部地区的野生灵长类黑猩猩身上,后来传染给人并在人体内发生了变异。世界上第1例艾滋病病人确诊时间是1981年初,美国一名男性同性恋者,如今艾滋病已成为非洲第一大,世界第四大人类死亡原因。

在20世纪,至少有10次暴发已从蝙蝠、鸟类和猪等哺乳动物传播到人类。埃博拉病毒从西非的果蝠中跳下来,并在多次疫情中造成13500多人死亡。SARS(严重急性呼吸道综合征),MERS(中东呼吸综合征)也起源于蝙蝠。同时,H7N9和H5N9禽流感从受感染的家禽跃升至中国市场的人们,共造成1000多人死亡。2009~2010年猪流感大流行(也称为H1N1)始于猪。在不到一年的时间里,它在全球大流行中杀死了近30万人,并传播到214个国家。

2019年12月底,武汉华南海鲜市场爆发了新冠病毒(2020年1月12日世界组织命名为2019—nCoV,2020年2月11日国际病毒分类委员会将其命名为SARS—CoV)。这种急性呼吸道传染病导致了新型冠状病毒肺炎(COVID-19,简称"新冠肺炎")全球大流行。钟南山说"疫情不一定来源自中国","发现"和"发源"不能画上等号。剑桥大学2021年4月9日发表关于新冠病毒几个变种和传播途径的研究报告表明新冠病毒分为A、B、C三个变种。A类病毒更多发现于美国和澳大利亚的受感染者,在武汉只存在极少数案例。A 类病毒和从蝙蝠、穿山甲身上提取的病毒具有 96% 的相似性。研究人员称 A 类病毒为"爆发根源"。B 类毒株是中国境内(即武汉)主要类型。C 类毒株是欧洲主要类型,亚洲地区的中国香港、新加坡、韩国也出现此类型。

人畜共患病的预防措施。①搞好环境卫生;②严格动物检疫;③加强环境管理;④注意个人卫生。

# 第五节　食物过敏

食物过敏是人们对食物产生的一种不良反应,属机体对外源物质产生的一种变态反应。早在 1 世纪时,古希腊的希波拉底就描述了人们对牛乳的不良反应;在 16~17 世纪,有关鸡蛋和鱼引起的食物过敏也有详细的记载;到 20 世纪,已有较多的关于食物过敏的文献,一直到近 20 年,食物过敏才被引起重视。

引起食物过敏的食物有 160 多种,主要有 8 类:牛奶及乳制品;蛋及蛋制品;花生及制品;大豆和其他豆类以及各种豆制品;小麦、大麦、燕麦等谷物及其制品;鱼类及其制品;甲壳类及其制品;坚果类及其制品。婴幼儿中最常见的过敏性食物是牛乳、鸡蛋和花生,而花生、鱼以及甲壳类水产动物过敏患者中的较少数在 5 岁左右会消除,其余的往往是终生过敏。对于成年人,鱼和甲壳类水产动物是主要的食物过敏原之一,而且果蔬过敏的发病率呈快速增长的趋势,主要是因为存在果蔬-花粉的免疫交叉反应。目前,食物过敏已被视为一种严重的公共营养卫生问题,引起了全球广泛的关注。

食物过敏的流行病学特征表现为:婴幼儿及儿童的发病率高于成人、发病率随着年龄的增加而降低、人群中实际发病率较低。食物过敏反应的临床表现包括呼吸系统、胃肠道系统、中枢神经系统、皮肤肌肉和骨骼等不同形式的临床症状,如荨麻疹、疱疹样皮炎、口腔过敏综合征、肠病综合征、哮喘及过敏性鼻炎等。严重的食物过敏可导致过敏性休克,成为过敏反应中危及生命的主要原因。由于食物过敏症的产生始于婴幼儿期,而且对某些食物(如鱼)的过敏终生不变,因此,食物过敏会严重影响患者及其家庭的生活质量。

从免疫学的变态反应机理而言,包括 4 型变态反应。Ⅰ 型变态反应(IgE 介导的超敏反应);Ⅱ 型变态反应(细胞毒性超敏反应);Ⅲ 型超敏反应(免疫复合型超敏反应);Ⅳ 型超敏反应(T 细胞介导的迟发性超敏反应)。理论上,食物过敏都可能涉及这些机理,而且在食物过敏中可能同时存在。但目前从广义角度,把食物过敏分为 IgE 介导和非 IgE 介导两大类。

食物过敏原是食物中分子质量为 10000～70000 的水溶性或盐溶性的糖蛋白,等电点大都在酸性范围,没有一致的生物化学和免疫化学特性,也没有统一的保守氨基酸序列,但倾向于耐热、耐酸、耐酶解(果蔬中过敏原例外)。食物中过敏原按来源可以划分为植物性食物过敏原和动物性食物过敏原两类。植物性食物过敏原分为 3 个家族,它们分别是醇溶谷蛋白超家族、Cupin 超家族以及BetV1 家族。常见的植物性过敏食物包括花生、大豆、谷物类、果蔬类。动物性过敏食物,包括牛乳、鸡蛋、鱼以及甲壳类水产动物。

通过食品加工生产出无过敏或低过敏的食物是保护食物过敏患者的有效途径。在食品加工过程中,过敏食物的过敏原性会随着加工参数变化而改变,过敏原性可能增加、减少或者不变。这种变化可能是由于过敏原表位结构的降解、失活,新的表位形成或者原来隐蔽表位的暴露。现有的研究结果可以归纳为热加工和非热加工对食物过敏原的影响。

(1)热加工可以分为干热和湿热两种处理,前者包括焙烤、油炸、远红外加热和欧姆加热,湿热包括煮、微波、挤压、蒸以及沸水烫漂等。①食物干热加工过程中,美拉德反应与食物过敏原性的变化关系十分密切。花生焙烤后过敏原性会增强,草莓过敏原会因为美拉德反应和酶促褐变而破坏,胡桃焙烤后其过敏原性也会降低。针对不同的食物,干热对食物过敏原性的影响是不一致的;②湿热加工是牛乳加工的一个重要工艺,普通的巴氏消毒奶和巴氏消毒均质奶的过敏原性不会有明显变化,而牛乳煮沸 10min 后,其过敏原性会显著降低,但酪蛋白仍保持较强的过敏原性。果蔬在湿热加工中,大部分过敏成分都会失去过敏原性。

(2)食品的非热加工主要包括发芽、发酵、高压、研磨、浸泡以及脱壳等。①发芽。很多种子在发芽过程中,由于蛋白酶和麦芽糖酶的作用,可以使储藏蛋白和碳水化合物发生变化。在这个过程中可以使一些储藏蛋白过敏原表位消除,从而使其失去过敏原性。通过发芽制备花生芽、大豆芽可能是一种制备低过敏或无过敏食物的良好途径;②发酵。乳、大豆、小麦是发酵食品的主要原料。牛乳经过发酵后,其过敏原性会大大降低,甚至消失,其原因在于酶解及酸引起蛋白质降解。另外,发酵后的酸奶能够调整肠道菌群,调节黏膜免疫,对抗食物过敏有很好的作用。酱油是豆制品和小麦发酵的典型产品,研究结果表明,它却保留了过敏原性;③酶解。酶解对线性表位影响较大,深度酶解可以降低乳品的过敏原性,但对极少数人群仍然存在致敏的危险性。酶解降低食物过敏原性的效果显示了低过敏食品加工的一种很好的方式,但酶解带来的食品风味以及质构的变化也是一个不可忽视的问题;④储藏。粮食、果蔬在采后储藏的过程中,其储藏蛋白和碳水化合物由于酶的作用会发生变化,一些过敏原表位可能会消失,也可能会形成新的过敏原表位。如山核桃储藏 2 周后,会产生新的过敏原表位,原来对其不过敏的人食用后会发生食物过敏。苹果储藏 3 周后,其主要过敏原 Mald1 的浓度会增加。

迄今为止,食物过敏尚无特效疗法,严格避免食用过敏食物是患者的最佳选择。食物过敏的治疗包括传统的特异性的免疫治疗(脱敏疗法)、非特异性的免疫治疗(包括抗 IgE 的治疗和细胞因子的治疗)以及自然疗法(传统中草药疗法、针灸以及益生菌疗法)。

食物过敏与遗传因素关系非常密切。对于那些父母双亲或单亲是食物过敏患者的婴幼儿,其患病的概率比其他婴幼儿要高。对于儿童和成年人的食物过敏患者,严格避免过敏食物是最好的预防措施。

# 第六节　食物中毒

一般来说,在食品安全管理方面,国外主要采用食源性疾病这个概念,而我国则更多地采用食物中毒这个概念。食源性疾病与食物中毒相比范围更广,它除了包括一般概念的食物中毒外,还包括经食物感染的病毒性、细菌性肠道传染病、食源性寄生虫病,以及由食物中有毒、有害污染物引起的慢性中毒性疾病,甚至还包括食源性变态反应性疾病。随着人们对疾病的深入认识,食源性疾病的范畴还有可能扩大,如由食物营养不平衡所造成的某些慢性退行性疾病(心脑血管疾病、肿瘤、糖尿病等),因此该词有逐渐取代食物中毒的趋势。

食物中毒是指摄入了含有生物性、化学性有毒有害物质后或把有毒有害物质当作食物摄入后所出现的而非传染性的急性或亚急性疾病,属于食源性疾病的范畴,是食源性疾病中最为常见的疾病。食物中毒既不包括因暴饮、暴食而引起的急性胃肠炎、食源性肠道传染病(如伤寒)和寄生虫病(如旋毛虫、猪囊尾蚴病),也不包括因一次大量或者长期少量摄入某些有毒有害物质而引起的以慢性毒性为主要特征(如致畸、致癌、致突变)的疾病。

引发食物中毒的原因各不相同,但发病具有如下共同特点:①发病呈暴发性,潜伏期短,来势急剧,短时间内可能有多数人发病,发病曲线呈突然上升的趋势;②中毒病人一般具有相似的临床症状,主要出现恶心、呕吐、腹痛、腹泻等消化道症状;③发病与食物有关,患者在近期内都食用过同样的食物,发病范围局限在食用该有毒食物的人群,停止食用该食物后流行即停止,因此发病曲线在突然上升之后又呈突然下降趋势;④食物中毒病人对健康人不具有传染性。此外,有的食物中毒具有明显的季节性和地区性。食物中毒虽然全年皆可发生,但第二、第三季度是食物中毒的高发季节,特别是第三季度。动物性食品引起的食物中毒在我国较为常见。

　　按病原物质可将食物中毒分为以下 4 类。①细菌性食物中毒。细菌性食物中毒指因摄入被致病菌或其毒素污染的食物引起的食物中毒,是食物中毒中最常见的一类。发病率较高而病死率较低,有明显的季节性,如沙门菌属食物中毒;②有毒动植物中毒。有毒动植物中毒指误食有毒动植物或摄入因加工烹调不当未除去有毒成分的动植物食物而引起的中毒,其发病率较高,病死率因动植物种类而异。常见的有毒动物中毒,如河豚中毒;③化学性食物中毒。化学性食物中毒指误食有毒化学物质或食入被其污染的食物而引起的中毒。化学性食物中毒发病率和病死率均比较高,但发病的季节性地区性均不明显。如某些金属或类金属化合物、亚硝酸盐、有机磷农药、鼠药等引起的食物中毒;④真菌毒素和霉变食品中毒。食用被产毒真菌及其毒素污染的食物而引起的急性疾病。该类中毒有较明显的季节性和地区性,发病率较高,病死率因菌种及其毒素种类而异,如霉变甘蔗中毒等。

# 第二章　食品固有危害

食品中的化学成分包括人们赖以生存的、具有营养作用的化学物质;人体不可缺少的,但不具备营养价值;对人体的健康有益,但不能被认为是真正的营养物质;对人体健康有害的物质。动植物天然有毒物质是指有些动植物中存在的某种对人体健康有害的非营养性天然物质或成分,或者因贮存方法不当,在一定条件下产生的某种有毒成分。它是动植物在长期的进化过程中为了防昆虫、微生物、人类等的危害,在代谢作用中产生的废物或代谢产物,这种成分对植物本身有利,而对哺乳动物有害,是植物自我保护作用的一种手段,例如马铃薯中的茄碱。天然有毒物质使人类中毒通常是由遗传原因、过敏反应、食用量过大、或者食物成分不正常引起的。

## 第一节　植物毒素

### 一、生物碱类

生物碱(alkaloid)绝大多数存在于罂粟科、茄科、毛茛科、芸香科、豆科、夹竹桃科等植物的根、果中,少数存在于动物中,是成分极其复杂的含氮有机化合物,主要存在于植物中,食用植物中的生物碱主要为龙葵碱(solanine)、秋水仙碱(colchicine)及吡啶烷生物碱,其他常见的有毒的生物碱有烟碱、吗啡碱、罂粟碱、麻黄碱、黄连碱和颠茄碱阿托品与可卡因等。生物碱大多数为无色味苦的结晶形固体,少数有色或为液体。游离的生物碱难溶于水,而易溶于乙醇、乙醚、氯仿等有机溶剂中,可与酸结合成盐,在植物体大多以有机酸盐的形式存在。生物碱具有明显的生理作用,在医药中常有独特的药理活性,如镇痛、镇痉、镇静、镇咳、收缩血管、兴奋中枢、兴奋心肌、散瞳和缩瞳等作用。有时有毒植物和药用植物之间的界限很难区分,它们只是用量的差别,一般有毒植物多半都是药用植物。

1. 龙葵碱(茄碱)

龙葵碱是一类胆甾烷类生物碱,广泛存在于马铃薯、番茄及茄子等茄科植物中,发芽马铃薯、青番茄中含量较高。马铃薯中的龙葵碱主要集中在芽眼、皮的绿色部分,其中芽眼部位约占生物碱总量的40%。发芽、表皮变青和光照均可使马铃薯中龙葵碱的含量增加数十倍,大大超过安全标准,食用这种马铃薯非常危险。

龙葵碱有较强的毒性,主要通过抑制胆碱酯酶的活性引起中毒反应,胆碱酯酶可将乙酰胆碱水解为乙酸盐和胆碱,乙酰胆碱是重要的神经传递物质。龙葵碱对胃肠道黏膜有较强的刺激作用,对呼吸中枢有麻痹作用,并能引起脑水肿、充血,进入血液后有溶血作用。此外,龙葵碱的结构与人类的甾体激素如雄激素、雌激素、孕激素等性激素相类似,孕妇若长期大量食用含生物碱量较高的马铃薯,蓄积在体内会产生致畸效应。

发芽和变绿色的马铃薯可引起食物中毒,潜伏期多为 2~4h。开始为咽喉抓痒感及灼烧感,并伴有上腹部灼烧感或疼痛,其后出现胃肠炎症状,如恶心、呕吐、呼吸困难、急促,伴随全身虚弱和衰竭,腹泻导致脱水、电解质紊乱和血压下降。轻者 1~2d 自愈,重症者可因心脏衰竭、呼吸麻痹而致死。3mg/kg 体重的摄入量可嗜睡、颈部瘙痒、敏感性提高和潮式呼吸,更大剂量可导致腹痛、呕吐、腹泻等胃肠炎症状。

预防措施:①防止马铃薯生芽变绿;②发芽较多的马铃薯不能食用;吃发芽较少的马铃薯时,应剔除芽和芽眼,煮或烧熟吃。烹调时可加些醋,以破坏茄碱。

2. 秋水仙碱

秋水仙碱是不含杂环的生物碱,主要存在于鲜黄花菜等植物中,易溶于水,煮沸 10~15min 可充分破坏,是黄花菜致毒的主要化学物质。秋水仙碱本身并无毒性,但当它进入人体并在组织间被氧化后,迅速生成毒性较大的二秋水仙碱,这是一种剧毒物质,对人体胃肠道、泌尿系统具有毒性并产生强烈刺激作用,引起中毒。进食鲜黄花菜后,一般在 4h 内出现中毒症状,轻者口渴、喉干、心慌、胸闷、头痛、呕吐、腹痛、腹泻(水样便),重者出现血尿、血便、尿闭与昏迷等。成年人如果一次食入 0.1~0.2mg 秋水仙碱(相当于 50~100g 鲜黄花菜)即可引起中毒,一次摄入 3~20mg 可导致死亡。

预防及救治措施:①不吃未经处理的鲜黄花菜。最好食用干制品,用水浸泡发胀后食用,以保证安全;②食用鲜黄花菜时需做烹调前的处理。先去掉长柄,用沸水烫,再用清水浸泡 2~3h(中间需换一次水)。制作鲜黄花菜必须加热至熟透再食用。烫泡过鲜黄花菜的水不能做汤,必须弃掉;③烹调时与其他蔬菜或肉食搭配制作,且要控制摄入量,避免食入过多引起中毒;④一旦发生鲜黄花菜中毒,立即用 4%鞣酸或浓茶水洗胃,口服蛋清牛奶,并对症治疗。

3. 烟碱

在烟草的叶、茎,尤以叶中含量最高。作用于中枢神经和自主神经系统,小剂量时产生兴奋,大剂量时产生麻痹作用。预防措施:①不吸烟或少吸烟;②使所处环境保持空气流畅;③远离烟雾。

## 二、苷类

1. 氰苷类

氰苷是由氰醇衍生物的羟基和 D-葡萄糖缩合形成的糖苷,广泛存在于豆科、蔷薇科、稻科等约 1000 种植物中,可水解生成高毒性的氢氰酸,对人体造成危害。含有氰苷的食源性植物有苦杏仁、苦桃仁、木薯、枇杷和豆类等,玉米和高粱的幼苗中所含生氰糖苷的毒性也较大。食物中常见的氰苷见表 2-1。

氰苷的毒性很强,由氰苷引起的慢性氰化物中毒较常见,急性中毒症状主要是心智紊乱、肌肉麻痹和呼吸窘迫,氰苷对人的致死剂量为 18mg/kg 体重。常见食用植物中的氰苷如表 2-1 所示。

表 2-1　常见食用植物中的氰苷

| 苷类 | 存在植物 | 水解产物 |
| --- | --- | --- |
| 苦杏仁苷 | 蔷薇科植物:杏仁、苹果、梨、桃、杏、樱桃、李子等 | 龙胆二糖+HCN+苯甲酸 |
| 洋李苷 | 蔷薇科植物 | 葡萄糖+HCN+苯甲酸 |
| 荚豆 | 野豌豆属植物 | 荚豆二糖+HCN+苯甲酸 |
| 蜀黍苷 | 高粱属植物 | D-葡萄糖+HCN+对羟基苯甲酸 |
| 亚麻仁苦苷 | 菜豆、木薯、白三叶草等 | D-葡萄糖+HCN+丙酮 |

木薯在一些国家是膳食中摄取碳水化合物的主要来源之一,木薯中毒原因是生食或食入未煮熟透的木薯或喝煮木薯的汤,一般食用 150～300g 生木薯即能引起严重中毒或死亡。早期症状为胃肠炎,严重者出现呼吸困难、躁动不安、瞳孔散大甚至昏迷,最后可因抽搐、缺氧、休克或呼吸衰竭而死亡。

苦杏仁中毒原因是误生食水果核仁,特别是苦杏仁和苦桃仁。中毒症状主要是口中苦涩、流涎、头晕、头痛、恶心、呕吐、心悸、脉频及四肢乏力等;重症者胸闷、呼吸困难、意识不清、昏迷、四肢冰冷,最后因呼吸麻痹或心跳停止而死亡。

氰苷有较好的水溶性,水浸可去除产生氢氰酸食物的大部分毒性,因此杏仁的核仁食物及豆类在食用前大多需要较长时间的浸泡和晾晒。将木薯切片,用流水研磨可除去大部分的生氰糖苷和氢氰酸。理论上讲,加热可灭活糖苷酶,使之不能将生氰糖苷转化为有毒的氢氰酸。但事实上,经高温处理过的木薯粉对人和动物仍有不同程度的毒性,而且生氰糖苷在人的唾液和胃液中很稳定。另外食用煮熟的利马豆和木薯仍可造成急性氰化物中毒,说明人的胃肠道中存在某种微生物,可分解生氰糖苷并产生氢氰酸。

预防氰苷中毒的具体措施:①不直接食用各种生果仁;②严禁生食木薯。

2. 硫苷类

硫代葡萄糖苷(硫苷)主要存在于油菜、甘蓝、萝卜、卷心菜等十字花科及葱、大蒜等植物中,是一种阻碍机体生长发育和致甲状腺肿的毒素,水解后可使这些植物具有刺激性气味,是引起菜籽饼中毒的主要有毒成分。天然硫糖苷都与一种酶或多种酶同时存在,这种酶能将其水解成糖苷配基、葡萄糖和亚硫酸盐。然而,这种酶在完整的组织中没有活性,只有将组织破坏,例如将湿的、未经加热的组织压碎等,它才能被激活。又如烧熟或煮沸过的卷心菜含有完整的芥子苷。

甘蓝属植物如油菜、卷心菜、菜花、西兰花和芥菜等是世界范围内的广泛食用的蔬菜,一般不会引起甲状腺肿大。但在其种子中致甲状腺肿素的含量较高,是茎、叶部的 20 倍以上。在综合利用油菜子饼(粕),开发油菜子蛋白资源,或以油菜子饼(粕)作饲料时,必须除去致甲状腺肿素,除去的方法如下:①高温破坏菜子饼中芥子酶的活性;②采用微生物发酵法去除有毒物质;③选育不含或仅含微量硫苷的油菜品种。

3. 皂苷类

皂苷类物质可溶于水,生成胶体溶液,搅动时会产生泡沫,水溶液振摇时能产生大量泡沫,似肥皂,故名皂苷,又称皂素。皂苷对黏膜,尤其对鼻黏膜刺激较大;内服量过大可伤肠胃,有溶血作用,对冷血动物有极大的毒性。食品中的皂苷对人畜在经口服时多数没有毒性(如大豆皂苷等),仅少数剧毒(如茄苷)。含有皂苷类的典型食物有生豆浆、芦荟、皂荚、桔梗。豆浆煮沸持续 10min 后饮食,豆角煮熟至失去原有生绿色均可破坏其毒性。

# 三、毒蛋白类和有毒氨基酸类

1. 植物血球凝集素

(1)蓖麻毒素。

蓖麻毒素是一种毒性很强的毒性蛋白质,能被高温破坏,经煮沸 2h 以上就可消除毒性。蓖麻毒素难溶于水和有机溶剂,亦不溶于蓖麻油中。蓖麻毒素中毒的潜伏期较短,一般为食后 3~24h,也有的为 3d,病人首先感到喉咙强烈刺激及灼热感、全身无力、恶心、呕吐、血尿、头痛、腹痛、体温上升、血压下降,严重者可出现便血、昏迷、血压下降,最后因肝、肾、心力衰竭而死亡。蓖麻毒素致死量为 7~30mg,成人误食 10 余粒蓖麻子就可致死,目前对蓖麻毒素无特效解毒药。蓖麻籽无论生熟都不能食用。

(2)红细胞凝集素。

主要存在于大豆、菜豆和扁豆,大豆中含 4 种红细胞凝集素,能使人类红细胞凝集。儿童较敏感,中毒后出现头晕、头痛、呕吐、腹泻等症状。外源凝集素不耐热,受热很快失活,因此豆类在食用前一定要彻底加热。例如,扁豆或菜豆加工时要注意翻炒均匀、煮熟焖透,使扁豆失去原有的生绿色和豆腥味;吃凉拌豆角时要先切成丝,放在开水中浸泡 10min,然后再食用;豆浆应煮沸后继续加热数分钟才可食用。

2. 酶类

蕨类中的硫胺素酶:可破坏动植物体内的硫胺素,引起人和动物的硫胺素缺乏症。大豆中脂(肪)氧化酶:破坏血液和肝脏内维生素 A 及破坏胡萝卜素。

3. 酶抑制剂

蛋白质性质的酶抑制剂常存在于豆类、谷类、马铃薯等食品中,比较重要的有胰蛋白酶抑制剂和淀粉酶抑制剂两类。前者在豆类和马铃薯块茎中较多,后者见于小麦、菜豆、芋头和生香蕉、芒果等食物中。其他食物如茄子、洋葱等也含有此类物质。这类物质实质上是植物为繁衍后代、防止动物啃食的防御性物质。作为蛋白质,这类毒素受热后变性,食用豆制品前彻底热处理。

4. 有毒氨基酸

含硫、氰的非蛋白氨基酸可在体内分解为有毒的氰化物、硫化物而间接发生毒性作用。典型代表为刀豆氨酸、香豌豆氨酸、白蘑氨酸等。色氨酸是蛋白氨基酸,它的某些衍生物对中枢神经有毒。毒蘑菇中的毒伞菌、白毒伞菌、褐鳞环柄菇等含有毒肽和毒伞肽。有些鱼类,如青海湖裸鱼、鲶鱼等,卵中含有有毒氨基酸。

## 四、酚类

1. 棉酚

棉酚是棉籽中的一种芳香酚,存在于棉花的叶、茎、根和种子中,其中棉籽含游离棉酚 0.15%~2.80%,是毒酚的代表。游离棉酚是一种具有血液毒和细胞原浆毒的物质,游离棉酚达到 0.05%对动物有危害,高于 0.15%可引起动物严重中毒。当人食入含较高游离棉酚的棉籽油时,对肠胃道黏膜有明显的刺激作用,对心血管、肝、肾、神经等也有毒性,还可以影响性腺和生殖细胞。较高浓度的游离棉酚引起的急性中毒,潜伏期一般为 2~4d,短者 1~4d,长者 6~7d,开始时表现为头晕、头痛、疲乏、恶心、呕吐,然后出现腹痛、腹泻或便秘、胃部烧灼等症状,重者有便血、四肢发麻、行走困难、嗜睡、昏迷、抽搐等现象,个别出现肢体软瘫低血钾等症状,甚至死亡。部分患者可出现心率加快、血压下降、心力衰竭、黄疸、肝肿大及肾功能异常等。此外,女性有月经不调或闭经,子宫萎缩;男性发生睾丸萎缩,精液中无精子或精子大量减少。所以游离棉酚亚慢性或慢性中毒的症状之一,可表现为男性不育症,动物及人体的精子受损在停止喂饲或摄入棉酚一段时间后可恢复正常。产棉区食用粗制棉籽油的人群可发生慢性中毒,主要表现为皮肤潮红、干燥,日光照射后更明显。女性和青壮年发病率高,低血钾型若治疗不及时可引起死亡。

游离棉酚可与许多功能蛋白质和酶结合,使它们失去活性,如棉酚与铁离子结合,可干扰血红蛋白的合成,引起缺铁性贫血;能够抑制或灭活组织中的多种酶。除此之外,游离棉酚的活性醛基可与棉籽饼蛋白质中赖氨酸的 $\varepsilon$-氨基结合,发生美拉德反应,使赖氨酸失去效能,从而大大降低棉籽饼中赖氨酸的有效性,限制了棉籽饼在饲料中的应用。

棉酚致毒的作用机制:棉酚通过与基质膜及蛋白质分子结合,以及通过负离子自由基机制对膜相对结构的破坏和对电子传递体系的干扰,从多方面干扰细胞的代谢,尤其是与 $Ca^{2+}$ 依赖性蛋白激酶有关的代谢。棉酚最主要的靶器官是线粒体,能够诱导线粒体中的 $Ca^{2+}$ 释放,从而选择性地破坏生精细胞线粒体功能,中断精子发生、变态和成熟的过程。

在产棉区要宣传棉籽粗制油和榨油后的棉籽饼粕的毒性,禁止食用冷榨棉籽油和毛棉籽油。要将棉籽粉碎蒸炒后再榨油,因为湿热处理后,游离棉酚与棉籽蛋白生成结合棉酚,其毒性很小,也难溶于油脂,粗制油加碱精炼后才能食用。凡游离棉酚超过 0.02%的棉料油不得出售。

2. 大麻酚

大麻酚是从大麻叶中提取的一种酚类衍生物,大麻酚及其衍生物都属麻醉药品,并且毒性较强。吸食大麻使人的脑功能失调、记忆力消退、健忘、注意力很难集中。吸食大麻还可破坏男女的生育能力,而且由于大麻中焦油含量高,其致癌率也较高。

## 五、内酯、萜类

莽草含有一种惊厥毒素——莽草亭,是一种苦味内酯类化合物,可以兴奋延脑、间脑及神经末梢,作用于呼吸及血管运动中枢,大剂量时也能作用于大脑及脊髓。若生吃 5~8 个莽草籽即可导致人中毒。

苦楝全株有毒,以果实毒性最强。所含毒性成分主要是苦楝素、苦楝萜酮内酯等物质。对心肌、肝、肾有不同程度的毒害作用,可引起中毒性肝病等。食入苦楝果实 6~8 个便可引发中毒。

## 六、麦角毒素

麦角是麦角属真菌侵入谷壳内形成的黑色和轻微弯曲的菌核。菌核是麦角菌的休眠体,其形成时多露于子房外,形状似动物的角,故称麦角。收获季节遇到潮湿和温暖的天气,谷物很容易受到麦角菌的侵染。

麦角的有毒成分主要是一组具有药理学活性的生物碱,即麦角碱,可引起人畜中毒。麦角碱为白色结晶,具有碱的一切化学性质,对热不稳定,见光易分解。麦角中毒可分为两类:①坏疽型麦角中毒,其症状包括剧烈疼痛,肢端感染,肢体出现灼焦和发黑等坏疽症状,严重时可出现断肢。其作用机理为麦角毒素无须通过神经递质,直接作用于平滑肌而具有强烈收缩动脉血管的作用,导致肢体坏死;②痉挛型麦角中毒其症状是神经失调,出现麻木、失明、瘫痪和痉挛等症状。其毒作用机理主要是由于麦角对中枢神经系统的毒性作用,但需要更进一步的研究。

## 七、其他植物有毒物质

### 1. 硝酸盐和亚硝酸盐

亚硝酸盐一般作为添加剂用于肉类的上色,硝酸盐通过植物从水、土壤中吸收。硝酸盐在体内转化为亚硝酸盐,再与次级胺和氨基化合物形成致癌的 $N$-亚硝胺,亚硝酸盐引起高铁血红蛋白症。

### 2. 草酸及其盐类

典型植物为盐生草、苋属植物、滨藜、酢浆草、马齿苋和菠菜。草酸可与人体内钙结合生成不溶性草酸钙,在不同的组织中沉积,尤其在肾脏。症状表现为口腔及消化道糜烂、胃出血、尿血,甚至惊厥。因此应避免过量食用含草酸多的蔬菜。

3. 鞣酸(单宁酸)

鞣酸主要存在于柿子、君迁子、葡萄、李子、野梨、干果中的山核桃、橘子、桃子、石榴、山楂、茶、咖啡、可可和高粱等植物中。能够干扰蛋白质的消化,但没有证据证明对人类有害。柿子中柿胶酚、红鞣质、胶质、果胶遇到胃酸产生凝固而沉淀,导致柿石症,胃柿石。预防措施是不要空腹或多量或与酸性食物同时食用柿子,不要吃生柿子和柿皮。

4. 芥酸

芥酸主要存在于芥子油。摄入大量芥子油,含芥酸的甘油三酯在心肌积聚,严重者可导致死亡。应避免过量食用含芥酸多的植物。

5. 紫质及其衍生物

紫质及其衍生物是植物中对光过敏性物质,主要存在于灰菜、刺菜、马齿菜、杨树叶、柳树叶、洋槐叶。当紫质及其衍生物进入体内,导致机体对日光的敏感性增强,在阳光照射的部位引起皮炎。预防措施:①食用前先用开水过一下,再用水泡,勤换水;②晒成干菜食用。

6. 血管活性胺

一些植物如香蕉和鳄梨,本身含有天然的生物活性胺,如多巴胺和酪胺,这些外源多胺对动物血管系统有明显的影响,故称血管活性胺。多巴胺又称儿茶酚胺,是重要的肾上腺素型神经细胞释放的神经递质。该物质可直接收缩动脉血管,明显提高血压,故又称增压胺。酪胺是哺乳动物的异常代谢产物,它可通过调节神经细胞的多巴胺水平间接提高血压。酪胺可将多巴胺从贮存颗粒中解离出来,使之重新参与血压的升高调节。

一般而言,外源血管活性胺对人的血压没有什么影响。因为它可被人体内的单胺氧化酶和其他酶迅速代谢。单胺氧化酶是一种广泛分布于动物体内的酶,它对作用于血管的活性胺水平起严格的调节作用。但是当单胺氧化酶被抑制时,外源血管活性胺可使人出现严重的高血压反应,包括高血压发作和偏头痛,严重者可导致颅内出血和死亡。这种情况可能出现在服用单胺氧化酶抑制性药物的精神压抑患者身上。此外,啤酒中也含有较多的酪胺,糖尿病、高血压、胃溃疡和肾病患者往往因为饮用啤酒而导致高血压的急性发作。其他含有酪胺的植物性食品也可引起相似的反应。

7. 甘草酸和甘草次酸

甘草是常见的药食两用食品。甘草提取物作为天然的甜味剂广泛用于糖果和罐头食品。甘草的甜味来自甘草酸和甘草次酸。前者是一类三萜类皂苷,占甘草根干重的 4%~5%,甜度为蔗糖的 50 倍。甘草酸水解脱去糖酸链就形成了甘草次酸,甜度为蔗糖的 250 倍。甘草次酸具有细胞毒性,长时间大量食用甘草糖(100g/d)可导致严重的高血压和心脏肥大,临床症状表现为钠离子贮留和钾离子的排出,严重者可导致极度虚弱和心室纤颤。近年的研究表明,甘草酸和甘草次酸均有一定的防癌和抗癌作用。甘草次酸还具有抗病毒感染的作用,对致癌性的病毒如肝炎病毒和艾滋病毒的感染均有抑制作用。

# 第二节　动物毒素

动物性食品是人类膳食的重要来源,由于其营养丰富、味道鲜美,很受消费者欢迎,但是某些动物性食品中含有天然毒素,会引起食用者中毒。大部分有毒的动物性食品属于水产品。已知有 1000 种以上的海洋生物是有毒的或能分泌毒液的,其中许多是可食用的或能进入食物链的。动物中常见的有毒物质有动物组织中的有毒物质、鱼类毒素、河豚毒素、贝类毒素、海参毒素、蟾蜍毒素等。

## 一、动物组织中的有毒物质

猪、牛、羊等家畜的肌肉在正常情况下是无毒的,可安全食用。这些动物体内的某些腺体、脏器或分泌物可用于提取医用药物,摄食过量可扰乱人体正常代谢。有些动物本身无毒,若食用有毒食材也会具有毒性。

**(一)内分泌腺**

牲畜腺体所分泌的激素,其性质和功能与人体内的腺体分泌的激素大致相同,因此,可作为医药治疗疾病。但如摄入过量,就会引起中毒。

1. 甲状腺

在牲畜腺体中毒中,以甲状腺中毒较为多见。

人和一般动物都有甲状腺,甲状腺素的生理作用是维持正常的新陈代谢。人一旦误食动物甲状腺,过量甲状腺素就会扰乱人体正常的内分泌活动,特别是严重影响下丘脑功能,造成一系列神经精神症状,出现类似甲状腺功能亢进的症状,使组织细胞氧化速率提高,分解代谢作用增强,产热增加,各器官活动平衡失调。

甲状腺激素中毒潜伏期为 1h~10d,一般为 12~21h。症状表现为头晕、头痛、胸闷、恶心、呕吐、便秘或腹泻,并伴有出汗、心悸等。部分患者于发病后 3~4d 出现局部或全身出血性丘疹,皮肤发痒,间有水泡、皮疹,水泡消退后普遍脱皮。少数人下肢和面部浮肿、手指震颤。严重者发高热,心动过速,从多汗转为汗闭,脱水,十多天后脱发。个别患者全身脱皮或手足掌侧脱皮。可导致慢性病复发和流产等。

由于甲状腺激素在600℃以上的高温下才能被破坏,一般的烹调方法不可能做到去毒无害,屠宰家畜时一定要将甲状腺除净,且不得与"碎肉"混在一起出售,以防误食。一旦发生甲状腺中毒,可用抗甲状腺素药及促肾上腺皮质激素急救。

2. 肾上腺

肾上腺的皮质能分泌多种重要的脂溶性激素,它们能促进体内非糖化合物(如蛋白质)或葡萄糖代谢,维持体内钠、钾离子的平衡,对肾脏、肌肉等功能都有影响。人若误食家畜肾上腺,体内肾上腺皮质激素浓度就会增高,干扰人体正常的肾上腺皮质激素的分泌活动,引起系列中毒症状,出现血压急剧升高、恶心呕吐、头晕头痛、四肢与口舌发麻、肌肉震颤,重者出现面色苍白、瞳孔散大等症状。高血压、冠心病者可因此诱发卒中、心绞痛、心肌梗死等,危及生命。此病的潜伏期很短,一般食后 15～30min 发病。为了防止误食,屠宰时一定要摘除家畜肾上腺。

3. 病变淋巴腺

人和动物体内的淋巴腺是保卫组织,当病原微生物侵入机体后,淋巴腺产生相应的反抗作用,甚至出现不同的病理变化,如充血、出血、肿胀、化脓、坏死等。这种病变淋巴腺含有大量的病原微生物,可引起各种疾病,对人体健康有害。

应强调指出,鸡、鸭、鹅等的臀尖不可食。鸡臀尖是位于鸡肛门上方的一块三角形肥厚的肉块,其内是淋巴腺集中的地方,是病菌、病毒及致癌物质的"大本营"。虽然淋巴腺中的巨噬细胞能吞食病菌、病毒,但对 3,4-苯并芘等致癌物质却无能为力,它们可以在其中贮存。无病变的淋巴腺,即正常的淋巴腺,虽然食入病原微生物引起相应疾病的可能性较小,但致癌物无法从外部形态判断,为了食用安全,无论有无病变的淋巴腺,都应废弃。

**(二)动物肝脏**

动物肝脏是人们常食的美味,含有丰富的蛋白质、维生素、微量元素等营养物质。此外,肝脏还具有防治某些疾病的作用,因而常将其加工制成肝精、肝粉、肝组织液等,用于治疗肝病、贫血、营养不良等症。但是,肝脏是动物的最大解毒器官,动物体内的细菌、寄生虫等各种毒素,大多要经过肝脏来处理、排泄、转化、结合。事实上,肝脏是动物重要的代谢废物和外源毒物的"处理工厂"。动物也可能患肝炎、肝癌、肝硬化等疾病。由于肝中维生素 A 的含量较高,特别是狗肝、鲨鱼肝、熊肝、狼肝、狍子肝,即使是健康肝脏,若大量食用也容易引起维生素 A

中毒。因此,在食用健康肝脏之前,应彻底清除肝内毒物,而且不可一次过量食用或小量连续食用,以防止维生素 A 中毒。

1. 胆酸

熊、牛、山羊和兔等动物肝中主要的毒素是胆酸。动物肝中的胆酸是中枢神经系统的抑制剂,我国在几个世纪之前就知道将熊肝用作镇静剂和镇痛剂。

在世界各地普遍用作食物的猪肝并不含足够数量的胆酸,因而不会产生中毒作用,但是当大量摄入动物肝,特别是处理不当时,可能会引起中毒症状。除此之外,对许多动物进行研究发现,胆酸的代谢物——脱氧胆酸对人类的肠道上皮细胞癌如结肠癌、直肠癌有促进作用,人类肠道内的微生物菌丛可将胆酸代谢为脱氧胆酸。

2. 维生素 A

维生素 A(视黄醇)是一种脂溶性维生素,主要存在于动物的肝脏和脂肪中,尤其是鱼类的肝脏中含量最多。维生素 A 对动物上皮组织的生长和发育导向具有十分重要的影响,也可提高人体的免疫功能。人类缺乏维生素 A 可引起夜盲症及鼻、喉和眼等上皮组织疾病,婴幼儿缺乏维生素 A 会影响骨骼的正常生长。$\beta$-胡萝卜素是维生素 A 的前体物质,主要存在于植物体中,其在动物的小肠黏膜中能分解成维生素 A。

维生素 A 虽然是机体内必需生物活性物质,但当人摄入量过高时就可引起中毒。大剂量服用维生素 A 会引起视力模糊、失明,损害肝脏。一些鱼肝,如鲨鱼、比目鱼和鲟鱼鱼肝中的维生素 A 含量很高,成人一次摄入 200g 的鲨鱼肝可引起急性中毒。北极熊肝脏中维生素 A 的含量也很高。摄取大量的北极熊肝和海豹肝可发生皮下肿及疼痛,另外,还出现关节痛、癔症、唇干、唇出血等症状,甚至也有死亡的病例。

因为超量摄入任何食物都可引起毒性反应,所以,维生素 A 并没有因为它的超量消费可引起毒性反应而被划为有毒物质。总之,动物肝脏有营养,可食,但必须擅于选择和烹调。一般来说,食用动物肝脏时要选择健康肝脏,肝脏瘀血、异常肿大、内包白色结节、肿块或干缩,坚硬或胆管明显扩张,流出污染的胆汁或见有虫体等,都可能为病态肝脏,不可食用。对可食肝脏,食前必须彻底清除肝内毒物,而且不可一次过量食用,或小量连续食用,防止过量维生素 A 中毒。

**(三)其他动物毒素**

1. 有毒蜂蜜

蜂蜜的质量和香味等都与蜜源有关。一般蜂蜜对人有益无害,但当蜜源植物有毒时蜂蜜也会因而含毒。在我国福建、云南、湖南等均有报道,其有毒蜜源来自含生物碱的有毒植物,常见的为雷公藤属植物、钩藤属植物等。国外也有报道有毒蜜源植物为山踯躅、附子、木花等。蜂蜜中毒多在食后1~2d出现症状,轻症病人仅有口干、口苦、唇舌发麻、头晕及胃肠炎症状。中毒严重者有肝损伤(肝肿大、肝功能异常)、肾损害(尿频或少尿、管型、蛋白尿等)、心率减慢、心律失常等症状,可因循环中枢和呼吸中枢麻痹而死亡。以有毒蜜源酿成的蜂蜜,一般色泽较深,呈棕色糖浆状,有苦味。

2. 蟹类毒素

世界上可供食用的蟹类有20多个品种,所有的蟹或多或少都含有有毒物质。至今还不清楚这些蟹类是如何产生毒素的,但是已经清楚受"赤潮"影响的海域出产的沙滩蟹是有毒的。有毒的蟹类还包括生活于南太平洋的蟹类等。

螃蟹肉质细嫩,味道鲜美,是上等的美味佳肴,但因胆固醇含量较高,所以小儿、孕妇和患有发热、腹泻、十二指肠溃疡、胆囊炎、胆结石症、肝炎活动期等疾病的人不宜过多食用。由于螃蟹肉性寒,脾胃虚寒、伤风感冒者和心血管病人,以及易患过敏症者,吃螃蟹要节制,最好不吃。

死螃蟹体内含存大量毒素,不熟螃蟹易感染肺吸虫病,存放过久熟蟹易被细菌污染,这三类螃蟹都不能食用。吃螃蟹时,蟹胃、蟹肠、蟹心、蟹腮这四个器官中细菌和有害物质最多,必须摘除。此外,吃螃蟹时,还要注意不能与一些食物同食。吃螃蟹时最忌和柿子一起食用,因为柿子中的鞣酸等成分会使蟹肉蛋白凝固,以至于这些物质长时间留在肠道内发酵腐败,可能会引起呕吐、腹痛、腹泻等反应。除了柿子外,吃螃蟹还尽量不要和以下食品一起食用。由于梨性寒凉,蟹亦冷利,二者同食,伤人肠胃。花生为油腻之物,蟹味咸性寒,微毒,为冷利之物,两者同食易导致腹泻。泥鳅药性温补,蟹药性冷利,功能正好相反,同食不利于人体健康。蟹含有丰富的蛋白质,石榴含鞣酸较多,两者同食会降低蛋白质原有的营养价值。猕猴桃中的维生素C与蟹中含有的五价砷的化合物会产生强烈的化学反应,长期食用,可导致痉挛、反胃症状。

## 二、鱼类毒素

### (一)鱼体组胺

组胺是鱼体中的游离组氨酸在组氨酸脱羧酶的催化下,发生脱羧反应而形成的。鱼体组胺的形成与鱼的种类和微生物有关。容易形成组胺的鱼类有鲐鱼、金枪鱼、扁舵鲣、竹荚鱼和沙丁鱼等,这些鱼活动能力强,皮下肌肉血管发达,血红蛋白高,有"青皮红肉"的特点。这些鱼类捕获后在常温下放置较长时间,易受到含有组氨酸脱羧酶的微生物污染而形成组胺。当鱼体不新鲜或腐败时,组胺含量更高。鲤鱼、鲫鱼和鳝鱼等淡水鱼类产生的组胺很少,故淡水鱼类与组胺中毒关系不大。

食用组胺含量高的鱼类可引起人体中毒。组胺中毒发病快,潜伏期一般为0.5~1h,长则可至4h。组胺的中毒机制是使血管扩张和支气管收缩,主要表现为脸红、头晕、头疼、心跳、脉快、胸闷和呼吸促迫等。部分病人有眼结膜充血、瞳孔散大、脸发胀、唇水肿、口舌及四肢发麻、荨麻疹、全身潮红、血压下降等症状。但多数人症状轻、恢复快,患者一般1~2d内可恢复,死亡者较少。

由于高组胺的形成是微生物的作用,所以最有效的防治措施是防止鱼类腐败,而且腐败鱼类产生腐败胺类,它们与组胺的协同作用可使毒性大为增强,不仅过敏性体质者容易中毒,非过敏性体质者食后也可同样发生中毒。组胺为碱性物质,烹饪鱼类时加入食醋可降低其毒性。对易于形成组胺的鱼类来说,要在冷冻条件下运输和储藏,防止其腐败变质产生组胺。

### (二)雪卡毒素

西加鱼毒素中毒(ciguatera fish poisoning,CFP)又名雪卡中毒,是热带和亚热带珊瑚礁发达海域有毒鱼类引起的食物中毒,但不包括以河豚中毒为主的鲀形目鱼类中毒,具有明显的地域性。雪卡鱼种类繁多,主要有海鳝科、笛鲷科、裸颊鲷科、刺尾鱼科、蛇鲭科等,共300余种,分布于热带和亚热带各海域。中国约有30种,产于东海南部和南海。其含毒机制甚为复杂,有些鱼类在甲地是无毒的,在乙地则成为有毒的;有的仅在生殖期毒性增强;有的幼体无毒,大型个体却有毒。对其毒性的形成,目前较为公认的看法是与鱼类摄食有关。如植食性肉毒鱼类摄食有毒的藻类,将毒素积存于体内,当它们被肉食性凶猛鱼类捕食后,毒素便转移到肉食性鱼体内,误食后会引起中毒。

具毒甘比甲藻是导致西加中毒的起因生物,此种毒藻在适宜的气候及理化条件下,可以形成"水华",通过食物链而使鱼类毒化。迄今已发现有400多种鱼类可被此毒藻毒化,其中多数为底栖鱼类及珊瑚礁鱼类。经常引起中毒的食用鱼有双棘石斑鱼(grouper)、梭鱼(barracuda)、鲷(red snapper)及黑鲈(seabasses)等。被毒化的鱼肝脏、卵巢及性腺的毒性大于肌肉,对热稳定,属于外因性和累积性的神经毒素,类似有机磷农药中毒性质,中毒机制较复杂。CTX病死率较低,但每年中毒者却高达数万人。

此类中毒的主要症状为神经功能失调,口唇麻木,温度感觉逆转,肌肉及关节痛,呕吐,腹泻,常伴有脉搏变慢,血压下降等循环系统障碍,严重者可出现共济失调,瞳孔散大和呼吸肌麻痹。神经症状持续时间长短不一,长者可达数月或数年之久。不经治疗者其自然病死率为 17%~20%,经积极抢救病死率不足 1%,死因多为呼吸肌麻痹所致。有人观察,凡发病后 24h 仍存活者愈后较好。预防 CFP 的最好办法是减少进食珊瑚鱼,每次只吃少量,避免进食珊瑚鱼的卵、肝脏、肠、鱼头或鱼皮;进食珊瑚鱼或已中西加鱼毒时,切忌饮用含乙醇的饮品或吃花生或豆类食品;向信誉良好及手续齐全的店铺购买来自安全养殖区的珊瑚鱼。

### (三)鱼卵、鱼胆、鱼肝中毒

我国能产生鱼卵毒素的鱼有 10 多种,其中包括淡水石斑鱼、鳇鱼和鲶鱼等。鱼卵毒素为一类毒性球蛋白,具有较强的耐热性,100℃约 30min 的条件使毒性部分被破坏,120℃约 30min 的条件能使毒性全部消失。鱼卵毒性反应包括恶心、呕吐、腹泻和肝脏损伤,严重者可见吞咽困难、全身抽搐甚至休克等现象。

鱼的胆汁中含有氢氰酸和组胺等毒素。一般人认为鱼的胆汁可清热、解毒、明目,其实恰恰相反,鱼胆毒素往往会引起中毒甚至死亡,一般食鱼胆后 0.5~12h 内出现中毒症状,中毒初期都出现胃肠道症状;有的出现肝脏症状,有黄疸、肝大及触痛,严重者有腹水、肝性昏迷等;有的出现泌尿系统症状,发生少尿、血压增高、全身浮肿,严重者出现尿闭、尿毒症;少数出现造血系统或神经系统症状。胆汁毒素严重损伤肝、肾,造成肝脏变性坏死和肾小管损害,脑细胞也可受损。胆汁中含有毒素的鱼类是草鱼、鲢鱼、鲤鱼、青鱼等我国主要的淡水经济鱼类。紧急处理方法是催吐、洗胃和导泻。由于胆汁毒素耐热,乙醇也不能破坏,所以,用酒冲服鲜服或食用蒸熟鱼胆,仍可中毒。保险做法是去掉鱼胆。

鲨鱼、扁头哈拉鲨、灰星鲨、鳕鱼、七鳃鳗鱼等鱼类的肝脏中富含维生素 A,食用不当容易引发维生素 A 中毒,如鲨鱼肝中有大量维生素 A、维生素 D 和脂肪。在中毒初期表现为胃肠道症状,中毒后期会出现皮肤症状,如鳞状脱皮,自口唇周围及鼻部开始,逐渐蔓及四肢和躯干,重者毛发脱落。结膜充血、剧烈头痛。

### (四)其他鱼类毒素

黄鳝的血中含有鱼血毒素的物质,但食用烹调熟透的黄鳝不会中毒。任何鱼类腹腔内壁上都有一层薄薄的"黑膜",这层膜既可以保护鱼体内脏器官,又可阻止内脏器官分泌的有害物质渗透到肌肉中去,食用这种黑膜等于吃进鱼体内富集的有害物质。

### 三、河豚毒素

河豚鱼是一种肉味鲜美、内脏和血液有剧毒的鱼类,品种甚多,盛产于我国沿海及长江下游一带。河豚中的有毒物质称为河豚毒素,雌河豚的毒素含量高于雄河豚。一般认为,河豚的肝脏和卵巢有剧毒,其次是肾脏、血液、眼睛、鳃和皮肤。大多数肌肉可认为无毒,但如鱼死后较久,内脏毒素溶于体液则能逐渐渗入到肌肉中,仍不可忽视。每年春季为卵巢发育期,毒性很强,6~7 月产卵退化,毒性减弱,肝脏也以春季产卵期毒性最强。

河豚毒素是生物碱类天然毒素,属于很强的神经毒,0.5mg 可毒死一个体重70kg 的人,毒性比氰化钾强 1000 倍。河豚毒素对产生神经冲动所必需的钠离子向神经或肌肉细胞的流动具有专一性的堵塞作用,阻抑神经和肌肉的电信号传导,阻止肌肉、神经细胞膜的钠离子通道,使人神经中枢和神经末梢发生麻痹。中毒后手指、唇、舌等部位疼痛,进而呕吐、腹泻、四肢无力、发冷、指尖、口唇等处麻痹,然后出现语言不清、紫绀、血压体温下降、呼吸困难等症状,最后因呼吸中枢和血管运动中枢麻痹导致呼吸衰竭而死亡。中毒后发病急速而剧烈,潜伏期10min~3h。

河豚毒素分子式 $C_{11}H_{17}N_3O_8$,相对分子质量 319。纯品为无色棱柱体,稍溶于水,易溶于稀乙酸中,不溶于无水乙醇和其他溶剂中;对日晒、30%盐腌毒性稳定;在 pH7 以上及 pH3 以下不稳定,分解成河豚酸,但毒性并不消失;极耐高温,100℃加热 4h,115℃加热 3h,120℃加热 20~60min,200℃以上加热 10min 方可使毒素全部破坏。河豚毒素在 pH>7 的碱性条件下却不稳定。

预防措施:①学会识别河豚鱼,不食用河豚鱼;②中毒早期应以催吐、洗胃和导泻为主;③中毒者出现呼吸衰竭时,应进行人工呼吸,有条件的可予吸氧。

### 四、贝类毒素

贝类自身并不产生毒物,但是当它们通过食物链摄取海藻或与藻类共生时就变成有毒的了。海产贝类毒素中毒虽然是由于摄食贝类而引起,但此类毒素本质上并非贝类代谢物,而是贝类食物涡鞭毛藻中的毒性成分岩藻毒素(又称石房蛤毒素),贝类由于摄食了含有岩藻毒素的涡鞭毛藻,对该毒素产生了富集作用。当海洋局部条件适合涡鞭毛藻生长而超过正常数量时,海水被称为“赤潮”,在这种环境中生长的贝壳类生物往往有毒。甚至“赤潮”期间在海滨散步的人吸入一点水滴也可引起中毒。

岩藻毒素白色,易溶于水,耐热,易被胃肠道吸收,炒煮温度下不能分解。据测定,经110℃加热的罐头,仍有50%以上的毒素未被去除,但染毒的贝类在清水中放养1~3周后可将毒素排净。岩藻毒素是一种神经毒素,摄食后数分钟至数小时后发病,开始时唇、舌和指尖麻木,继而脑、臂和颈部麻木,然后全身运动失调。患者可伴有头痛、头晕、恶心和呕吐。严重者呼吸困难,2~24h内死亡,病死率为5%~18%。

### (一)按贝类种类划分

#### 1.蛤类毒素

"赤潮"期间,蛤类摄食膝沟藻科的藻类(含有一种神经毒),毒素在蛤类蓄积,人食用蛤肉后就会中毒,出现唇、舌麻木,肢端麻痹,头晕恶心、呼吸麻痹甚至死亡。石房蛤毒素属于麻痹性神经毒,为强神经阻断剂,能阻断神经核肌肉间神经冲动的传导。蛤类毒素无有效解毒药,食用前彻底清洗,除去内脏及周围暗色部分,水煮后捞肉弃汤,一旦中毒应尽早催吐、洗胃、导泻。

#### 2.螺类毒素

螺类毒素一般存在于螺的肝脏、鳃下腺、唾液腺。按中毒症状分两类,①麻痹型:包括节棘骨螺、蛎敌荔枝螺、红带织纹螺。含有影响神经的毒素,阻断神经传导使人发生麻痹型中毒;②皮炎型:食毒螺后经日光照射,颜面、颈部、四肢等暴露部位出现皮肤潮红、浮肿,随即呈红斑和荨麻疹症状,如泥螺。

#### 3.鲍类毒素

鲍类为海产"八珍"之冠,肉细味鲜,营养丰富,素有"海中黄金"美称。但是杂色鲍、皱纹盘鲍和耳鲍等的肝及其他内脏中可提取出不定型的有光感力的色素毒素。人食用其肝和内脏后再经日光曝晒,可引起皮炎反应。在鲍的中肠里也常积累一些毒素,这主要是由于在赤潮时,鲍进食了藻类所含的有毒物质。人食用后也可致病。

#### 4.海兔毒素

海兔是一种珍贵的海味,海兔的卵也是美食,沿海居民称"海粉丝""海挂面",营养价值很高,因其静止时很像坐着的兔子而得名。海兔体内的毒腺又叫蛋白腺,能分泌一种略带酸性的乳状液体,从中可提取出海兔毒素。海兔皮肤组织中所含的有毒物质是一种挥发油,对神经系统有麻痹作用。食用或皮肤有伤口时接触海兔,都会引起中毒,必须经过有烹调经验的厨师处理后方可食用。

### (二)按毒素类型划分

藻类是一种单细胞低等植物,体内含有叶绿素、叶黄素和胡萝卜素等物质,它通过光合作用吸收二氧化碳和盐类作为养料而生长。海洋、湖泊中有众多的食藻动物,以食藻为生,而藻类为了生存,往往会产生一些使食藻动物毒化的次级代谢产物——化学毒素。由于含有毒素的藻类通过食物链毒化鱼、贝类,人类因摄食被毒化的鱼、贝而发生藻类毒素性食物中毒。

与藻类毒素性食物中毒有关的藻类主要是能够引起赤潮的甲藻中的大部分有毒种类,其次是某些硅藻。另外,由蓝细菌引起的水华及释放的毒素对人和动物引起的危害也不容忽视。人类食用了被毒化的鱼、贝等就会引起藻(贝)类毒素性食物中毒,引起外周神经肌肉系统麻痹,如四肢肌肉麻痹,头痛恶心、流涎发烧、皮疹等,阻断细胞钠离子通道,造成神经系统传输障碍而产生麻痹作用(表2-2),赤潮毒素有"海洋癌症"之称。由毒藻产生的毒素往往经贝类、鱼类等传播媒介造成人类中毒,因此这类毒素通常被称为贝毒、鱼毒,其中常见的危害性较大的几种毒素分别是麻痹性贝毒(paralytic shellfish poisoning,PSP)、腹泻性贝毒(diarrhetic shellfish poisoning,DSP)、神经性贝毒(neurotoxic shellfish poisoning,NSP)、记忆缺失性贝毒(amnesic shellfish poisoning,ASP)、西加鱼毒(ciguatera fish poisoning,CFP),及近年来新发现的氨代螺旋酸贝类中毒(azaspiracid shellfish poisoning,AZP)等。

1. 麻痹性贝毒

导致贝类被麻痹性贝毒毒化的藻种主要是亚历山大藻属的成员,主要有北太平洋的链状膝沟藻、北大西洋的塔玛膝沟藻和热带海域的涡鞭毛藻等。在美国、加拿大、日本等国引起PSP的主要贝类包括紫贻、加州贻贝、巨石蛤、扇贝、巨蛎等瓣鳃纲的贝类,从腹足纲的波纹蛾螺、夜光螺、塔形马蹄螺也曾检出过麻痹性贝类。此外,细菌、蓝细菌、红藻的一些种类也可以产生PSP毒素。

不同有毒藻所产生的PSP毒素种类和含量存在差异,同一种有毒藻产生的毒素种类和含量在生物不同生长阶段也有差别,同时毒素产生状况还受到生物因素(如细菌)和非生物因素(如光照、温度、盐度、养等)的影响。

PSP毒素是一类神经性毒素,在高温和酸性环境中稳定,在碱性环境中不稳定,通常的烹调不能使其破坏,这一点对食品卫生与安全威胁最大。PSP主要症状是神经系统受累,发病急骤,潜伏期数分钟至数小时不等。开始唇舌和指尖麻木,继而腿臂和颈部麻木,然后出现运动失调。病人可伴有头痛、头晕、恶心和呕吐,多数患者意识清楚,随着病程的发展,呼吸困难逐渐加重,严重者常在2~24h内因呼吸麻痹而死亡。

表 2-2　主要贝毒素的中毒症状

| 贝毒 | 主要毒素 | 中毒症状 |
| --- | --- | --- |
| PSP | 石房蛤毒素（saxitoxins） | 四肢面部肌肉麻痹 |
| | 新石房蛤毒素（neosaxitoxins） | 头痛恶心、流涎 |
| | 漆沟藻毒素（gonyautoxins） | 视力障碍 |
| | | 窒息而死 |
| DSP | 软海绵酸（okadaic acid） | 绞痛 |
| | 鳍藻毒素（dinophysis toxins） | 寒战 |
| | 蛤毒素（pectenotoxins） | 恶心呕吐腹泻 |
| | 虾夷扇贝毒素（yessotoxins） | 肿瘤促生剂 |
| | | 刺激眼睛及鼻腔 |
| NSP | 短裸甲藻毒素（brevetoxins） | 高血压 |
| | | 体温变化敏感 |
| ASP | 软骨藻酸（domic acid） | 肌肉酸软 |
| | | 定向障碍 |
| | | 丧失记忆 |
| CFP | 西加鱼毒素（ciguatoxin, CTX） | 温感颠倒 |
| | 刺尾鱼毒素（maitotoxin, MTX） | 关节疼痛 |
| | 鹦嘴鱼毒素（gambiertoxin, GTX） | 低血压 |

**2. 腹泻性贝毒**

产生腹泻性贝毒毒素的藻类在全球主要海域中几乎都有分布,主要甲藻有渐尖鳍藻、具尾鳍藻、倒卵形鳍藻、利玛原甲藻、帽状秃顶藻和三角鳍藻等。它的很多种类能产生腹泻性贝毒。此类甲藻在中国南海常年有分布。在贝类、鱼类和其他动物的滤食或摄食过程中,海水中产生腹泻性贝毒的藻类作为食物转移到它们的胃或食管中,经胃和肠消化、吸收并导致 DSP 在贝体内的积累。积累这类毒素的贝类有日本栉孔扇贝、凹线蛤蜊、沙海螂、紫贻贝、牡蛎、凤螺和锦蛤等。

DSP 是几类有毒物质的总称,化学结构是聚醚或大环内酯化合物。根据这些成分的碳骨架结构,可将它们分成三组:①聚醚化合物,包括酸性成分的大田软海绵酸（Okadaic Acid, OA）及其天然衍生物鳍藻毒素 I～Ⅲ（dinophysistoxi-n, DTX 1～3）;②大环聚醚内酯化合物,包括中性成分的蛤（扇贝）毒素 PTX Ⅰ～Ⅵ（pect-eno-toxin, PTX 1～6）;③磺化毒物,包括虾夷贝毒素（yessotoxin, YTX）及其衍生物 4,5-羟基虾夷贝毒素（4,5-OH YTX）。

近年来流行病学和公共卫生学的研究证实,腹泻症状仅由 OA 和 DTX 引起,而且主要作用于消化道部分,其中毒症状包括绞痛、寒战、恶心、呕吐、腹泻,PTX 主要毒性作用是损伤肝脏,YTX 主要是损伤心肌。

3. 神经毒素性贝毒

此类中毒主要由短裸甲藻毒素(brevetoxins,BTX 或 ptychodiscus brevis toxin,PbTX)引起,由短裸甲藻产生,目前已分离出 10 多种短裸甲藻毒素,同时还分离出具有细胞毒性的半短裸甲藻毒素(hemibrevetoxinA、B、C),该藻形成的赤潮经常造成大量鱼贝类死亡,并使巨蛎和帘蛤等贝类被毒化。人食后可引起以神经麻痹为主要临床特征的食物中毒,因此被命名为"神经毒素性贝毒中毒"。

PbTX 是一类典型的梯形稠环聚醚海洋生物毒素,性质稳定,在水溶液或有机溶剂中贮存数月仍保持毒性。PbTX 可以在各种滤食生物体内积聚,对鱼类及人类极其有害。可以引起鱼类的大量死亡,当在赤潮区周围吸入含有有毒藻类的气雾时,也会引起气喘、咳嗽和呼吸困难等中毒症状。中毒特点为潜伏期短,一般数分钟至数小时发病,主要表现有唇、舌、喉、头及面部有麻木感与刺痛感,肌肉疼痛、头晕等神经症状及某些消化道症状。病程可持续数日,致死者极罕见。此类中毒对人毒害的途径与麻痹性贝毒相似,只不过其发病率低。

4. 氨代螺旋酸贝类中毒

氨代螺旋酸贝类中毒(azaspiracid shellfish poisoning,AZP)是一种新的由于食用了被污染的贝类而导致的人类中毒症状。1995 年,在爱尔兰由于人们食用了一种在 Kill-ary 港培育的贻贝而使至少 8 人患病,其症状与 DSP 极为相似,但所采集的样品中 DSP 毒素的含量却极低,也未观测到任何已知产 DSP 毒素的有机体,而且所产生的神经症状与 DSP 有很大的不同,后来鉴别毒素成分是氨代螺旋酸(azaspiracid),产生的中毒症状称为氨代螺旋酸贝类中毒(AZP)。后来又发生了多起 AZP 事件,但关于 azaspiracid 的起源生物却知之甚少。由于 Azaspiracid 结构中富含氧合聚醚结构且季节性发生,所以推测其起源生物可能是甲藻。最近的研究资料表明,Protoperidinium 属的 protoceratumcrassipes 是 AZP 的起源甲藻,但有关该藻的详细资料很少。

## 五、海参毒素

海参贵为海味"八珍"之一,营养丰富,味道鲜美。毒海参 30 多种,我国有 20 多种,如紫轮参、荡皮海参、刺参。海参毒素是一类皂苷化合物,溶血作用强,少量的海参毒素能被胃酸水解为无毒的产物。海参中毒后局部有烧灼样疼痛、红肿,呈皮炎症反应;当毒液接触眼睛时可引起失明。将其煮沸 1h,或用水浸泡 3d 可以减少毒性。一般常吃的食用海参是安全的。

### 六、蟾蜍毒素

蟾蜍分泌的毒液成分复杂,有 30 多种,主要的是蟾蜍毒素。蟾蜍毒素水解可生成蟾蜍配质、辛二酸及精氨酸。蟾蜍配质主要作用于心脏,其作用机制是通过迷走神经中枢或末梢,或直接作用于心肌。蟾蜍毒素有催吐、升压、刺激胃肠道及对皮肤黏膜的麻醉作用。

误食蟾蜍毒素后,一般在食后 0.5~4h 发病,有多方面的症状表现,在消化系统方面是胃肠道症状,在循环系统方面的症状是胸部胀闷、心悸、脉缓,重者休克、心房颤动。在神经系统方面的症状是头昏头痛,唇舌或四肢麻木,重者抽搐不能言语和昏迷,可在短时间内心跳剧烈、呼吸停止而死亡。蟾蜍中毒的病死率较高,而且无特效的治疗方法,所以主要是预防。严格讲以不食蟾蜍为佳,如用于治病,应遵医嘱,用量不宜过大。

# 第三节　蕈菌毒素

蕈菌,又称伞菌,俗称蘑菇,通常是指那些能形成大型肉质子实体的真菌,包括大多数担子菌类和极少数的子囊菌类。毒蕈中毒多发生于高温多雨的夏秋季节。往往由于个人或家庭采集野生鲜蕈,缺乏经验而误食中毒。因此毒蕈中毒多为散发,但也有过雨后多人采集而出现大规模中毒事例。此外,也曾发生过收购时验收不仔细误入毒蕈而引起的中毒。毒蕈的有毒成分比较复杂,往往一种毒素含有几种毒蕈中或一种毒蕈又可能含有多种毒素。几种蕈菌毒素同时存在时,会发生拮抗或协同作用,因而所引起的中毒症状较为复杂。毒蕈含有毒素的多少又可因地区、季节、品种、生长条件的不同而异。个体体质、烹调方法和饮食习惯以及是否饮酒等,都与能否中毒或中毒轻重有关。毒蘑菇多数都含有肼类,本身又含有酶,可使肼类衍生物水解,水解的肼类能诱发小鼠患肺癌。几乎所有毒蘑菇中毒患者初期症状均有胃肠炎症的表现。

一般按临床表现将毒蕈中毒分为六型:肝肾损害型、神经精神型、溶血毒型、胃肠毒型、呼吸与循环衰竭型和光过敏皮炎型。

### 一、肝肾损害型蕈菌毒素

肝肾损害型毒蕈包括白毒伞、鳞柄白毒伞、褐鳞小伞、包脚黑褶伞、秋生盔孢伞等，中毒主要由环肽毒素、鳞柄白毒肽和非环状肽三类蕈菌毒素引起。毒蘑菇所含有的毒肽毒性较弱，但毒伞肽的毒力较强。潜伏期15~30h，初期为胃肠炎症状期，严重者进入昏迷期。临终出现中枢性呼吸循环衰竭或死于中枢性高热。

1. 环肽毒素

环肽毒素主要包括两类毒素，即毒肽类和毒伞肽类。含有这些毒肽的蕈菌主要是毒伞属的毒伞、白毒伞或称春鹅膏和鳞柄白毒伞。此外，毒肽和毒伞肽在秋生盔孢伞、具缘盔孢伞和毒盔孢伞中也存在。毒肽类至少包括7种结构相近的肽。毒肽类比毒伞肽类的作用速度快，给予大鼠或小鼠以大剂量时，1~2h内可致死，后者速度慢，潜伏期较长，给予很大剂量也不会在15h内死亡，但后者的毒性比前者大10~20倍。

毒肽以肝细胞核损害为主，毒伞肽主要损害肝细胞内质网。毒肽类中毒的临床经过一般可分六期：潜伏期、胃肠炎期、假愈期、内脏损害期、精神症状期和恢复期。潜伏期一般为5~24h，多数12h。开始出现恶心、呕吐及腹泻、腹痛等，即胃肠炎期。胃肠炎症状消失后，病人并无明显症状，或仅有乏力、不思饮食，但毒肽则逐渐侵害实质性脏器，称为假愈期。此期轻中度病人肝损害不严重，可由此进入恢复期。严重病人则进入内脏损害期，损害肝、肾等脏器。肝脏肿大、甚至发生急性肝坏死，肝功能异常，肝肾受损期可有内出血及血压下降，由于肝脏的严重损害可发生肝性昏迷，如烦躁不安或淡漠思睡，甚至进入惊厥昏迷、中枢神经抑制或肝性昏迷而死，死亡常发生于第4d至第7d。病死率一般为60%~80%，可高达90%。经过积极治疗的病例，一般在2~3周后进入恢复期，各项症状渐次消失而痊愈。

2. 鳞柄白毒肽类

鳞柄白毒伞中发现有环状毒肽类毒肽，其毒性与上述的毒肽近似。

3. 非环状肽的肝肾毒素

非环状肽的肝肾毒素是存在于丝膜蕈中的丝膜蕈素。丝膜蕈素作用缓慢但能致死，曾造成欧洲很多人死亡。我国也有此种蕈菌分布。非环状肽中毒时潜伏期一般较长，短者3~5d，长者11~24d。病人口干、口唇烧灼感、极度口渴，有呕吐、腹痛、腹泻或便秘、寒战和持续性头痛等症状。重病例表现肾功能异常，少尿、无尿、血尿和蛋白尿等，同时伴有电解质代谢紊乱、并出现肝脏损害的体征如肝痛、剧烈呕吐和黄疸。晚期则出现嗜睡、昏迷和惊厥等神经症状,病死率为10%~20%。尸检解剖可见到以中毒性间质肾炎为特点的肾脏损害,如迁延不愈,可发展为慢性肾炎。

对肝肾毒型中毒,洗胃灌肠等措施是很重要的,即使迟至摄食后 6~8h 也有一定效果。补充水分及维持酸碱平衡以及保肝护肾等疗法可明显降低病死率。

## 二、神经精神型蕈菌毒素

引起神经精神型中毒的蕈菌约有 30 种,此型的临床症状除有胃肠反应外,主要有精神神经症状,如精神兴奋或抑制、精神错乱、交感或副交感神经受影响等症状,进食后 2h 发病,早期意识模糊,为胃肠道症状,后期情绪兴奋紊乱,类似精神分裂症。小人国幻觉是此病特有症状。一般潜伏期短,病程也短,除少数严重中毒者由于昏迷或呼吸抑制死亡外,很少发生死亡。引起神经精神型中毒的毒素主要有如下几类。

1. 毒蝇碱

毒蝇碱是一种羟胺类生物碱,主要存在于丝盖伞属和杯伞属蕈类中,在某些毒蝇伞和豹斑毒伞中也存在。L(+)−毒蝇碱主要作用于副交感神经。一般烹调对其毒性无影响。中毒症状出现在食用后 15~30min,很少延至 1h 之后。最突出的表现是大量出汗。严重者发生恶心、呕吐和腹痛。另外,还有流涎、流泪、脉搏缓慢、瞳孔缩小和呼吸急促症状,有时出现幻觉。汗过多者可输液,用阿托品类药物治疗效果好。重症和死亡病例较少见。

2. 毒蝇母、毒蝇酮和蜡子树酸

毒蝇母、毒蝇酮和蜡子树酸也存在于毒伞属的一些毒蕈中,各蕈中含量差别较大。其中主要毒素为异恶唑氨基酸—蜡子树酸以及其脱羧产物毒蝇母。毒蝇酮为蜡子树酸经紫外线照射的重排产物。

摄食毒蕈后,通常 20~90min 出现症状,也有迟至食后 6h 者。开始可能有胃肠炎表现,但较轻微。约 1h 后,病人有倦怠感,头昏眼花,嗜睡。但也可能出现活动增多,洋洋得意之感,随后可出现视觉模糊,产生颜色和位置等幻觉,还可出现狂躁和谵妄。严重中毒的儿童,可呈现复杂的神经型症状,并可发展为痉挛性惊厥和昏迷。但一般不经治疗,上述症状也可于 24~48h 后自行消失。

3. 光盖伞素及脱磷酸光盖伞素

某些光盖伞属、花褶伞属、灰斑褶伞属和裸伞属的蕈类含有能引起幻觉的物质,如光盖伞素及脱磷酸光盖伞素。经口摄入 4~8mg 光盖伞素或约 20g 鲜蕈或

2g 干蕈即可引起症状。一般在口服后半小时即发生症状。反应可因人而异,可有紧张感、焦虑或头晕目眩,也可有恶心、腹部不适、呕吐或腹泻,服后 30~60min 出现视觉方面的症状,如物体轮廓改变、颜色特别鲜艳、闭目可看到许多影像等,很少报告有幻觉。但特大剂量,如纯品 35mg 也可引起全身症状,可有心律及呼吸加快、血糖及体温降低、血压升高等。这些症状与中枢神经及交感神经系统失调有关,很少造成死亡。一般认为如有可能应尽量避免给药,给以安静环境使之恢复,必要时可给镇静剂。儿童如有高烧则宜输液及降体温。

4. 幻觉原

幻觉原含于橘黄瀑伞,摄入后 15min 发生如醉酒样症状,视力模糊、感觉房间变小、物体颜色奇异、脚颤抖并有恶心,数小时后可恢复。我国黑龙江、福建等省均有此蕈生长。在我国云南地区常因食用牛肝菌类毒素而引起一种特殊的"小人国幻视症"。除幻视外,部分患者还有被迫害妄想症(类似精神分裂症)。经治疗可恢复,死亡甚少,一般无后遗症。

### 三、溶血毒型蕈菌毒素

鹿花蕈属和马鞍蕈属的蕈菌含有鹿花蕈素,可引起溶血型中毒。鹿花蕈素具有挥发性,在烹调或干燥过程中可减少,但炖汤时可溶在汤中,故喝汤能引起中毒。因能溶于热水,故煮食时弃去汤汁可达到安全食用的目的。

鹿花蕈素的主要毒性来自其水解后形成的一甲基肼。其毒性主要表现为胃肠紊乱,肝肾损伤,血液损伤,中枢神经紊乱,而且可能为诱癌物。中毒时潜伏期多在 6~12h 但也有短至 2h 或长至 24h 的。胃肠中毒主要症状为恶心、呕吐、腹泻、腹痛,1~2d 大量红细胞被破坏,患者出现贫血、虚弱,重者有烦躁、气促等症状,由于红细胞大量破坏,可见到溶血性黄疸,并见血红蛋白尿。由于血红蛋白堵塞肾小管,尿量减少,重者继发肝脏损害甚至发生尿毒症死亡,肝损伤因人而异,常有肾损伤,严重者可有肾衰竭。中枢神经症状为痉挛、昏迷和呼吸衰竭。血液病变包括溶血及形成高铁血红蛋白。严重病例有黄疸。一般病例 2~6d 恢复。其治疗同毒伞肽。预防措施是绝不采集不认识的蘑菇,绝不吃未吃过的蘑菇。

### 四、胃肠毒型蕈菌毒素

有些蕈类,如虎斑蘑、小毒蝇菇、白乳菇、毛头乳菇,含有对胃肠道刺激的物质。如牛肝菌中的松蕈酸、黑伞菌中的类树脂物质、石炭酸或甲酚类化合物。中毒后,发病快,潜伏期0.5~2h,胃肠道功能紊乱,出现恶心、腹泻等胃肠道症状。也有因失水和电解质紊乱发生虚脱,甚至休克。一般不发热,没有里急后重症状。对症治疗可迅速恢复,病程短,很少死亡。

## 五、呼吸与循环衰竭型蕈菌毒素

引起这种类型中毒的毒蘑菇主要是亚稀褶黑菇,别名毒黑菇、火炭菇(福建)。有毒物质为亚稀褶黑菇毒素,此种毒菌误食中毒发病率70%以上,半小时后发生呕吐等,病死率达70%。误食者2~3d后表现急性血管内溶血而使小便呈酱油色。急性溶血会导致误食者急性肾功能衰竭、中枢性呼吸衰竭或中毒性心肌炎而死亡。

## 六、光过敏性皮炎型蕈菌毒素

光过敏性皮炎型主要造成皮肤过敏、炎症等中毒症状。误食24h后,会发生面部肌肉麻木,嘴唇肿胀,凡是被日光照射过的部位都出现红肿,呈明显的皮炎症状,如红肿、火烤样发烧及针刺般疼痛。另外,有的病人还出现轻度恶心、呕吐、腹痛、腹泻等胃肠道病症。光过敏性皮炎型中毒潜伏期较长,一般在食后1~2d发病。我国目前发现引起此类症状的是叶状耳盘菌。

# 第三章 生物性污染

生物性污染是指由微生物及其有毒代谢产物(毒素)、病毒、寄生虫及其虫卵媒介昆虫等生物对食品的污染。其中,以微生物及其毒素的污染最为常见,是危害食品安全的首要因素。尤其在餐饮行业是引起食物直接污染、变质腐败、食物中毒及肠道传染病的最主要的污染物。

## 第一节 细菌

细菌按形态分为球菌、杆菌、螺旋菌,在有氧或无氧、高温或低温、酸性或碱性环境都存在细菌。有些细菌与食品密切相关,如食醋、味精、多种氨基酸、乳酸发酵食品的制造,有些细菌则会导致食品腐败变质。食品细菌污染主要来自食品加工环境、食品原料污染、食品从业人员个人卫生不良,食品加工过程中设备污染、用具和使用到的杂物不卫生、交叉污染,食品工艺参数不合理、热加工不充分,食品贮藏温度不合适等。

在各类食物中毒中,细菌性食物中毒最多见,占食物中毒总数的一半左右。细菌污染食品可引起各种症状的食物中毒。细菌性食物中毒是指人们摄入含有细菌或细菌毒素的食品而引起的食物中毒。按照中毒原因,细菌性食物中毒分为感染型食物中毒(病原菌引起消化道感染,如沙门菌属、变形杆菌)和毒素型食物中毒(细菌大量繁殖产生毒素所造成的中毒)。毒素型包括体外毒素型和体内毒素型两种,体外毒素型是指病原菌在食品内大量繁殖并产生毒素,如葡萄球菌肠毒素中毒、肉毒梭菌中毒体内毒素型指病原体随食品进入人体肠道内产生毒素引起食物中毒,如产气荚膜梭状芽孢杆菌食物中毒、产肠毒素性大肠杆菌食物中毒等。有的食物中毒出现两种情况并存,既有感染型,又有毒素型,称为混合型。

细菌性食物中毒发生的基本条件是:①食物在宰杀或收割、运输、储存、销售等过程中受到病菌的污染;②被致病菌污染的食物在较高的温度下存放,食品中充足的水分,适宜的 pH 值及营养条件使致病菌大量繁殖或产毒;③食品在食用前未烧熟煮透或熟食受到生食交叉污染、食品用工具污染或食品从业人员中带菌者的污染。

细菌性食物中毒有明显的季节性,夏秋季发病率最高,主要中毒食品为动物性食品。发病率高,病死率较低,具有明显的胃肠炎症状(腹痛、腹泻最常见)。

## 一、沙门菌

沙门菌属(*Salmonella*)是肠杆菌科中的一个大属,至今已发现近 2300 多个血清型。沙门菌引起的食源性疾病主要是由加工食品用具、容器或食品存储场所生熟不分交叉污染,食前未加热处理或加热不彻底引起。沙门菌与食品卫生和人类健康息息相关,是引起食物感染与食物中毒的重要致病菌,也是细菌性食物中毒中最常见的细菌。

沙门菌属于革兰氏阴性($G^-$)短杆菌,需氧或兼性厌氧,无芽孢无荚膜,周生鞭毛,不产生外毒素,但是产生内毒素。引起食物中毒常见菌株有鼠伤寒沙门菌、猪霍乱沙门菌、肠炎沙门菌,是细菌性食物中毒中最常见的致病菌。生长最适温度为 20~30℃。沙门菌不耐热,55℃、1 h,60℃、15~30 min,70℃、5 min 即可死亡,在 100℃ 环境中立即死亡。在水中可存活 2~3 周,在食盐含量 12%~19% 的咸肉中可生存 75 d。

引起中毒的食品主要是动物性食品,特别是肉制品、鱼虾、蛋类和乳及其制品。沙门菌不分解蛋白质,受到污染的食品,感官改变不明显。

沙门菌广泛存在于水、土壤等自然环境中,也存在于动物肠道中,特别是在禽类和猪体内更为常见。食品中主要来源于家畜、家禽的生前感染和宰后污染。

沙门菌食物中毒主要是摄入含有大量活菌的食物而引起的感染型食物中毒。引起中毒必要条件是食物中含有大量的活菌,少量菌一般不引起中毒。侵入途径是通过消化道肠内壁进入小肠的上皮细胞,破坏肠黏膜,使其发炎、水肿、充血、出血,并经肠系膜淋巴结系统进入血液,出现菌血症,引起全身感染;同时,由于沙门菌大量繁殖释放出毒力较强的内毒素和活菌共同作用于肠胃道,侵害肠黏膜继续引起炎症,致使发烧、胃肠蠕动增强继而发生呕吐腹泻等急性胃肠道症状。

沙门菌属食物中毒发病率高,在食物中毒各类原因中居首位,中毒症状有多种表现,一般可分为 5 种类型,即胃肠炎型、类霍乱型、类伤寒型、类感冒型和败血症型。其中以胃肠炎型最为常见。潜伏期 12~24h,最长可达 72h。潜伏期短者,病情较重。中毒开始表现为头痛、恶心、食欲不振,以后出现呕吐、腹泻、腹痛、发热,严重者可产生烦躁不安、昏迷、抽搐等中枢神经症状,也可出现尿少尿闭、呼吸困难、发绀、血压下降等循环衰竭症状,甚至休克,如不及时救治可致死亡。腹泻一日数次至十余次,或数十次不等,主要为水样便,间有黏液或血,病程3~7d,预后良好。

预防与控制措施:①防止沙门菌污染肉类食品,禁止食用病死家畜、家禽,宰前须经兽医卫生检验,严格执行生熟食品分开制度;②控制食品中沙门菌的繁殖;③高温杀灭。

## 二、致病性大肠埃希菌

致病性大肠杆菌是指能引起人和动物发生感染和中毒的一群大肠杆菌,它与非致病性大肠杆菌在形态特征、培养特性和生化特性上是不能区别的,只能用血清学的方法根据抗原性质的不同来区分。根据其致病特点一般分为六类:产肠毒性大肠杆菌、侵袭性大肠杆菌、致病性大肠杆菌、出血性大肠杆菌、黏附性大肠杆菌和弥散黏附性大肠杆菌。

健康人肠道致病性大肠埃希菌带菌率一般为 2%~8%,高者达 44%,成人肠炎和婴儿腹泻患者的致病性大肠埃希菌带菌率较成人高,为 29%~52.1%,饮食业、集体食堂的餐具、炊具,特别是餐具易被大肠埃希菌污染,其检出率高达 50%,致病性大肠埃希菌检出率为 0.5%~1.6%。食品中致病性大肠埃希菌检出率高低不一,低者 1% 以下,高者达 18.4%。猪、牛的致病性大肠埃希菌检出率为 7%~22%。

大肠杆菌两端钝圆,是散状或成对的中等大杆菌,长 2~3$\mu$m,宽 0.4~0.6$\mu$m。多数菌株有 5~8 根周生鞭毛,运动活泼,周身有菌毛。少数菌株能形成荚膜或微荚膜,不形成芽孢。对一般碱性染料着色良好,有时菌体两端着色较深,革兰染色阴性。好氧或兼性厌氧,对营养要求不高,在普通培养基上能良好生长。最低水分活性 0.93~0.96,15~42℃能发育繁殖,最适生长温度 37℃,最适生长 pH 7.4~7.6。室温下可存活数周,60℃加热 30min 可灭活。

致病性大肠杆菌广泛存在于人和动物体内,特别是带致病菌生物体的粪便。引起中毒的食品多为动物性食品(肉、蛋、牛奶和奶制品)、鲜榨果汁及蔬菜等。

致病性大肠埃希菌引发的食源性疾病由活菌和肠毒素协同作用所致。毒素型患者是由产肠毒素性大肠杆菌、肠出血性大肠杆菌产生的肠毒素引起腹泻,又称为急性胃肠炎型。感染型患者是由肠致病性大肠杆菌、肠侵袭性大肠杆菌(O157·H7)的活菌侵袭肠黏膜上皮细胞,在上皮细胞内繁殖,引起菌痢,不产生毒素,又称为急性菌痢型。

中毒后临床表现:①急性胃肠炎型:潜伏期一般为 10~24h,患者出现食欲不振,腹绞痛,腹泻呕吐,粪便呈水样,无脓血症状。血细胞数在正常范围内,发热;②急性菌痢型:主要症状为腹泻、腹痛、里急后重、发热、有些患者呕吐,脓血,血细胞增多。

预防与控制措施:与沙门菌相同。

### 三、副溶血性弧菌

副溶血性弧菌是一种广泛分布在海岸水域中的弧菌属的一种嗜盐弧菌,在各种海产品普遍存在,淡水鱼中也有该菌的存在。副溶血性弧菌引起的食物中毒是我国沿海地区最常见的一种食物中毒。副溶血性弧菌中毒一般是暴发性,较少是散发现象。大多发生于6~10月气候炎热的季节,寒冷季节则极少见。潜伏期最短仅1h,一般在3~20h,发生无年龄、种族的差异,而与地域和饮食习惯有很大关系。

副溶血性弧菌属于海洋细菌,又称嗜盐菌,系弧菌科弧菌属,革兰染色阴性,兼性厌氧菌。无芽孢、无荚膜、一端有鞭毛,运动活泼,菌周也有菌毛,大小为0.7~1.0μm。本菌在不同的生长环境中出现的菌体形态也有些差异,主要出现的形态有球状、球杆状、卵圆形和丝状。该菌的排列不规则,多数散在,有时成对存在。该菌嗜盐畏酸,对营养的要求不高,但在无盐的环境中不能生长,在食盐0.5%的培养基中即能生长,在含盐3%~3.5%的培养基上生长最好。其生长的pH范围为7.0~9.5,而最适pH为7.4~8.0,适应温度范围15~48℃,生长发育最适宜的温度为30~37℃。

该菌生长速度快,易形成扩散性菌落,在固体培养基上菌落常隆起,圆形,表面光滑,湿润。在3%~3.5%含盐水中繁殖迅速,每8~9min为一周期。该菌对热敏感,50℃加热20min或65℃加热5~10min,90℃加热3min即可将其杀死。15℃以下生长即受抑制,但在-20℃保持于蛋白胨水培养基中,经11周仍能继续存活。该菌对酸的抵抗力较弱,普通食醋中5分钟即死亡。对氯、石炭酸、来苏水抵抗力较弱,如在0.5mg/L氯中1min死亡。副溶血性弧菌在自然界不同的水中生存时间很不一致,在淡水中1d左右即死亡,在海水中则能存活47d以上。在pH 6.0以下不能生长,但在含盐6%的酱菜中,虽pH降至5.0,仍能存活30d以上。

副溶血性弧菌是一种海洋细菌,分布于海水和海产品中,食品中来源是人群带菌者对各类食品的直接污染或者间接污染。引起中毒的食品主要是海产品,海产鱼、虾、蟹、贝类和海藻,其次为盐渍食品如咸蛋、腌菜、腌肉等。

细菌感染型中毒主要是大量副溶血性弧菌的活菌侵入肠道所致。细菌毒素型中毒源于副溶血性弧菌产生的耐热性溶血毒素,耐热性溶血毒素不仅引发急性胃肠炎,还可使人的肠黏膜溃烂,红细胞破碎溶解,出现血便。

临床表现:发病急,潜伏期短(11~18h,最短4~6h),脐部阵发性绞痛,腹泻,典型的先水样便,后血便,腹泻后出现恶心、呕吐。脱水,发热,病程一般1~3d,预后良好。

控制措施:不生食海产品,食品应煮透,避免热处理后的食物再次交叉污染,存放熟食品食前应回锅。该菌不耐低温,2~5℃停止生长,甚至死亡。海产品应放低温。

## 四、志贺菌属

志贺菌的形态与一般肠道杆菌无明显区别,大小为(0.5~0.7)μm×(2.0~3.0)μm,革兰阴性短小杆菌,无芽孢,无荚膜,有菌毛。长期以来人们认为志贺氏菌无鞭毛、无动力。最近重新分离志贺菌,电子显微镜证实有鞭毛、有动力。

志贺菌为需氧或兼性厌氧菌,对营养要求不高,在普通培养基上生长良好,形成半透明光滑型菌落。发酵糖通常不产生气体。最适生长温度为37℃,最适pH为7.2~7.8。能耐受不同的物理和化学处理,如冷藏、冷冻、5%NaCl和pH4.5处理。但巴氏杀菌可以杀死它们。当食物处在生长温度范围内,这些菌株能在许多类型的食品中生长繁殖。

志贺菌属是人类及灵长类动物细菌性痢疾(简称菌痢)最为常见的病原菌,俗称痢疾杆菌。本属包括痢疾志贺菌、福氏志贺菌、鲍氏志贺菌、宋内志贺菌,共4群44个血清型。4群均可引起痢疾。引起人食物中毒的主要是对外界抵抗力较强的宋内志贺菌。它们的主要致病特点是能侵袭结肠黏膜的上皮细胞,引起自限性化脓性感染病灶。本菌只引起人的痢疾,但各群志贺菌致病的严重性和病死率及流行地域有所不同。我国主要以福氏和宋内志贺菌痢疾流行为常见。

细菌存在于粪便排泄物的直接或间接污染。引起中毒的食品主要是凉拌菜。当大量活菌侵入肠道就会引起感染性食物中毒。临床表现类似菌痢样症状,出现腹泻,发烧,恶心,腹部痉挛和严重脱水,粪便中有血液和黏液。预防措施是禁止用手直接接触食物,合理使用消毒措施,冷藏食物。

## 五、金黄色葡萄球菌

金黄色葡萄球菌为葡萄球菌属成员,在自然界中无处不在,空气、水、灰尘及人和动物的排泄物中都可以找到。因此,食品受其污染的机会很多。由金黄色葡萄球菌引起的葡萄球菌食物中毒是世界范围内发生最频繁的食源性疾病之一。

金黄色葡萄球菌菌体呈球形或椭圆形,直径 $0.5 \sim 1.5 \mu m$,无芽孢、无鞭毛、无荚膜,呈单个、成双或葡萄状的革兰阳性球菌,衰老、死亡和被吞噬后常呈阴性。大多数葡萄球菌为需氧或兼性厌氧菌,但在 $20\% CO_2$ 的环境中有利于毒素的产生。对营养要求不高,在普通培养基上生长良好,最适生长温度为 $30 \sim 37℃$,最适 pH 为 $7.2 \sim 7.4$,pH 为 $4.2 \sim 9.8$ 时亦可生长,耐盐性很强,在 $10\% \sim 15\% NaCl$ 培养基上仍可生长。

葡萄球菌是抵抗力最强的不产芽孢细菌,耐干燥可达数月,70℃加热 60min 或 80℃加热 30min,或在 $50g/L$ 的石炭酸、$1g/L$ 的汞溶液中 15min 便会死亡,$1:(10 \sim 20)$ 万龙胆紫能抑制其生长。在干燥的脓汁和血液中可存活数月,能耐冷冻环境,在冷藏环境中不易死亡。产生的肠毒素,耐热性很强,不易破坏。

致病菌株为金黄色葡萄球菌和表皮葡萄球菌,其中金黄色葡萄球菌致病力最强。两种致病菌均可产肠毒素,根据其血清学特征的不同,目前已发现 A、B、C1、C2、C3、D、E、F 等八型,A 型肠毒素毒力最强。

金黄色葡萄球菌广泛存在于自然界,如空气、土壤、水,特别是受感染的人和动物。引起中毒的食品主要是营养丰富、含水量多的食品,如奶、肉、蛋、鱼及其制品,尤其是剩饭菜、含奶糕点、冷饮食品。

金黄色葡萄球菌中毒属于毒素型食物中毒,产生的肠毒素使肠黏膜分泌较多水分并使水分吸收量减少,引起水和电解质在肠道贮留,产生腹泻。临床症状为急性胃肠炎:潜伏期短,$2 \sim 4h$,突然恶心,反复剧烈呕吐,同时伴有上腹部痉挛性疼痛及腹痛,腹泻为水样或黏液便,少数有血便,每日 $3 \sim 5$ 次。儿童对肠毒素敏感,发病率高,病情严重偶因循环衰竭而死亡。

引起葡萄球菌肠毒素中毒的食品具备条件:①食物中污染大量产肠毒素的葡萄球菌;②污染后的食品放置在适宜产毒的温度下;③有足够的时间使葡萄球菌产毒;④食物的成分和性质适合葡萄球菌的生长繁殖和产毒。

预防措施:患有疮疖、化脓性创伤或皮肤病,以及上呼吸道炎症、口腔疾病等患者应禁止从事直接的食品加工和食品供应。患化脓性病畜和乳房炎的奶牛应严格遵守食品卫生制度,有化脓症及乳房炎的奶牛所产牛奶不得饮用或制造奶制品。剩饭菜应放在 5℃以下低温或阴凉通风处,尽量缩短存放时间,最好不超过 4h,食前应充分加热。若怀疑食品有肠毒素污染,必须在 100℃加热 2h 以上破坏肠毒素。

## 六、肉毒梭状芽孢杆菌

肉毒梭状芽孢杆菌,简称肉毒梭菌,属于厌氧性梭状芽孢杆菌属,具有该菌的基本特性,即厌氧性的杆状菌,形成芽孢,芽孢比繁殖体宽,芽孢耐热,呈梭状,新鲜培养基上的菌体革兰染色为阳性。该菌在固体培养基表面上,形成不正圆形、3mm左右的菌落。菌落半透明,表面呈颗粒状,边缘不整齐,界线不明显,向外扩散,呈绒毛网状,常常扩散成菌苔。在血平板上,出现与菌落几乎等大或者较大的溶血环。在乳糖卵黄牛乳平板上,菌落下培养基呈乳浊,菌落表面及周围形成彩虹薄层,不分解乳糖;分解蛋白的菌株,菌落周围出现透明环。肉毒梭状芽孢杆菌发育最适温度为25~35℃,培养基的最适酸碱度为pH 6.0~8.2。

肉毒梭状芽孢杆菌为多形态细菌,约为4μm×1μm的大杆菌,两侧平行,两端钝圆,直杆状或稍弯曲,芽孢为卵圆形,位于次极端,或偶有位于中央,常见很多游离芽孢。有时形成长丝状或链状,有时能见到舟形、带把柄的柠檬形、蛇样线装、染色较深的球茎状,这些属于退化型。当菌体开始形成芽孢时,常常伴随着自溶现象,可见到阴影形。肉毒梭状芽孢杆菌具有4~8根周毛性鞭毛,运动迟缓,没有荚膜。

产毒适宜温度为18~30℃,其分泌的外毒素即肉毒毒素,是强烈的神经麻痹毒素,是目前已知毒素中毒性最强的一种,毒力比氰化钾大1万倍,发病急,病死率高,后果严重。毒素分8型,引起人类中毒的是A、B、E、F型,A型最常见。

该菌耐高温,干热180℃、5~15min,湿热100℃、5h才能杀死;该菌分泌的外毒素不耐热和碱,80℃加热20min或100℃加热5min即可被破坏。

肉毒梭状芽孢杆菌在自然界中分布广泛,遍布于土壤、江、河、湖、海、沉积物中,水果、蔬菜、畜、禽、鱼制品中亦可发现,偶尔见于动物粪便中。一般认为土壤是肉毒梭状芽孢杆菌的主要来源。在我国肉毒梭状芽孢杆菌中毒多发地区的土壤中,该菌的检出率为22.2%,未开垦的荒地土壤带菌率更高。

引起中毒的食品:国外多以水果罐头、腊肠、火腿、鱼制品及蔬菜,我国多以家庭自制的豆类发酵食品为主,如臭豆腐、豆豉、豆酱、红腐乳及乳制品等,少数动物性食品。

中毒机制(毒素型):污染食品主要存在于密闭比较好的包装食品中,在厌氧条件下,产生极其强烈的肉毒毒素(botulinus neurotoxins,BNTs),其毒性作用是目前已知化学毒物和生物毒素中最为强烈的一种,比氰化钾的毒力还大10000倍。

小鼠 $LD_{50}$ 为 $0.001\mu g/kg$，$0.072\mu g$ 即可致一成年人死亡。肉毒梭状芽孢杆菌中毒症简称肉毒中毒，是由肉毒梭状芽孢杆菌分泌的肉毒毒素引起。1896 年 Van Ermengem 从保存不良的熏火腿中和死于此病的一个病理组织中发现该病病原体。我国于 1958 年发现人发生本病病例，是世界上发病数最高的国家。

人类肉毒中毒可分为四种类型：食物性肉毒中毒（毒素型肉毒中毒）；婴儿肉毒中毒；创伤性肉毒中毒；吸入性肉毒中毒。根据外毒素的抗原性不同，目前分成 A、B、C(Ca,Cb)、D、E、F、G8 个型。引起人患病的主要为 A、B、E 三型，F、G 型偶有报告。肉毒中毒集中发生在北纬 30°～70° 区域内，在毒素类型上具有地域性差别。美国主要为 A 型，欧洲为 B 型，日本为 E 型，我国主要以 A、B 和 E 型毒素中毒较为常见，F 型较少。

毒素吸收进入血液循环后，选择性作用于运动神经与副交感神经，抑制神经传导递质乙酰胆碱的释放，引起肌肉麻痹和神经功能不全。

该菌产生毒性很强的肉毒毒素，引起致命的肉毒中毒。以运动神经麻痹的症状为主，而胃肠道症状少见。潜伏期一般 12～48h，前期症状为乏力、头晕、头痛、食欲不振，主要表现为肌肉麻痹和神经功能不全，体温正常，意识清楚，病死率较高。

要严格执行灭菌的操作规程，制作发酵食品时，对粮豆、豆类等原料应进行彻底蒸煮，以杀灭肉毒梭菌及其芽孢。加工后的肉、鱼类制品应避免再污染和在较高温度下堆放；肉毒梭菌毒素不耐热，热加工是破坏毒素，预防肉毒中的可靠措施。

## 七、单核细胞增生李斯特菌

单核细胞增生李斯特菌，简称单增李斯特菌，属于李斯特菌属，该属目前已知有 8 个种，只有单核细胞李斯特菌对人致病，引起李斯特菌病，在我国现已引起普遍关注。

该菌细胞呈直的或稍弯曲的小杆状，革兰阳性，好氧或兼性厌氧菌，大小为 $(0.4～0.5)\mu m×(1.0～3.0)\mu m$，常呈单个、短链状，或呈 V 形成对排列，有时老龄菌呈丝状，长 6～20μm 或更长，无芽孢，无荚膜，pH 范围广，可在 pH 4.1～9.6 生长，生长温度范围 4～45℃，最适生长温度 30～37℃，22～25℃ 形成周生鞭毛，37℃ 鞭毛很少或无。要求水分活度较低，是仅次于葡萄球菌，能在 $A_w<0.93$ 环境中生长的食物中毒病原菌。营养要求不高，在普通营养琼脂平板上 37℃ 培养数天，菌落直径 2mm，初期光滑、扁平、透明，后期蓝灰色。在血琼脂平板上 35℃ 培

养 18~24h 形成直径 1~2mm、圆形、灰白色、光滑而有狭窄的 $\beta$-溶血环的菌落。在加有 1%葡萄糖及 2%~3%甘油的肉汤琼脂上生长更佳。

单核细胞增生李斯特氏菌是近年来引起食物中毒的病原菌,广泛存在于自然界中,主要生存于土壤和腐生植物、多种动植物食品、人畜排泄物、污水和青储饲料中。

引起李斯特氏菌病暴发的食品主要有乳及乳制品、肉类制品、水产品以及蔬菜水果,其中乳及乳制品最为常见。由于该菌在 4℃的环境中仍可生长繁殖,是冷藏食品威胁人类健康的主要病原菌之一,因此,食用未加热的冷藏食品会增加发生食物中毒的风险。

单核细胞增生李斯特氏菌主要通过粪—口途径感染,还可通过眼及破损皮肤、黏膜进入体内而造成感染。单增李斯特氏菌进入人体后是否发病,与菌的毒力和宿主的年龄、免疫状态有关,因为该菌是一种细胞内寄生菌,宿主对它的清除主要靠细胞免疫功能。因此,易感者为新生儿、孕妇及 40 岁以上的成人,此外,酗酒者、免疫系统损伤或缺陷者、接受免疫抑制剂和皮质激素治疗的患者及器官移植者也易被该菌感染。单增李斯特氏菌的抗原结构与毒力无关,它的致病性与毒力机制如下:①寄生物介导的细胞内增生,使它附着及进入肠细胞与巨噬细胞;②抗活化的巨噬细胞,单增李斯特氏菌有细菌性过氧化物歧化酶,使它能抗活化巨噬细胞内的过氧物(为杀菌的毒性游离基团)分解;③溶血素,即李氏杆菌素 O,可以从培养物上清液中获得,为 SH 活化的细胞溶素,有 $\alpha$ 和 $\beta$ 两种,为毒力因子。

感染后主要表现为败血症、脑膜炎和单核细胞增多,有时可引起心内膜炎;部分轻症病人仅有流感样表现;孕妇感染可导致流产、死胎或新生儿李斯特氏菌病。因为本菌是一种细胞内寄生菌,宿主对它的清除主要靠细胞免疫功能。因此,李氏杆菌病多发于新生儿、老人以及免疫功能低下者。

在冰箱中冷藏的熟肉制品及直接入口的方便食品、牛乳等,食用前要彻底加热。①乳与乳制品、肉与肉制品及生拌凉菜易被污染,应加以注意;②该菌在 4℃冰箱中仍能生长繁殖,故家用冰箱保存的食品,存放时间不宜超过 1 周(冷藏室),取出后应重新回热后再食用;③本菌耐热,一般巴氏消毒(71.7℃,15s)不易将其杀死,故牛乳最好煮沸饮用或饮用超高温灭菌奶;④本菌对 NaCl 耐受力很强,故盐腌食品应加以注意;⑤由于本菌对酸较敏感,pH 4.5 以下不生长,在预防中可加以利用。

### 八、蜡样芽孢杆菌

芽孢杆菌属（*Bacillus*）中的一种。菌体细胞杆状，末端方，成短或长链，$(1.0 \sim 1.2) \times (3.0 \sim 5.0)\ \mu m$。产芽孢，芽孢圆形或柱形，中生或近中生，$1.0 \sim 1.5\ \mu m$，孢囊无明显膨大。革兰氏阳性，无荚膜，运动。菌落大，表面粗糙，扁平，不规则。菌落形态：在普通琼脂平板培养基上，$37^\circ\!C$，培养24h，可形成圆形或近似圆形、质地软、无色素、稍有光泽的白色菌落（似蜡烛样颜色）直径 $5 \sim 7$ mm。在甘露醇卵黄多粘菌素琼脂（MYP）基础培养基上生长更旺盛，菌落直径达 $8 \sim 10$ mm，质地更软，挑起来呈丝状，培养时间稍长，菌落表面呈毛玻璃状，并产生红色色素。在蛋白胨酵母膏平板上菌落为灰白色，不透明，表面较粗糙，似毛玻璃状或融蜡状，菌落较大。

需氧或兼性好氧。生长温度范围 $20 \sim 45^\circ\!C$，$10^\circ\!C$ 以下生长缓慢或不生长。存在于土壤、水、空气以及动物肠道等处。在葡萄糖肉汤中厌氧培养产酸，在阿拉伯糖、甘露醇、木糖不产酸，分解碳水化合物不产气。大多数菌株还原硝酸盐，$50^\circ\!C$ 时不生长。在 $100^\circ\!C$ 下加热 20min 可破坏这类菌。

蜡样芽孢杆菌对外界有害因子抵抗力强，分布广，是典型的菌体细胞，正常存在于土壤、水、尘埃、淀粉制品、乳和乳制品等中。

易引起中毒食品：肉奶类制品、米饭、果蔬带菌率高（$20\% \sim 70\%$），熟食放置 $20^\circ\!C$ 以上时间长该菌易繁殖并产生毒素。

由该菌产生的肠毒素引起，在食品和肠道内繁殖均可产生毒素，至少产生致呕吐型和腹泻型胃肠炎肠毒素两种肠毒素，分别引起呕吐和腹泻的胃肠炎症状，这些毒素产生于细胞内，且当细胞裂解时释放出来。摄入大量细菌后才会发病。

一般潜伏期最短为 10 min，最长 16 h，一般 $1 \sim 6$ h 发病，症状为急性胃肠炎症状。可分为：①呕吐型胃肠炎：由剩米饭和油炒米饭引起，耐热毒素为致病主因，症状以呕吐、恶心为主；②腹泻型胃肠炎：由该菌在各种食品中产生不耐热的肠毒素引起，潜伏期 $10 \sim 12$ h，腹泻次数多，偶有呕吐和发烧，以腹泻、腹疼为主。

熟食应置 $10^\circ\!C$ 以下，置 $16^\circ\!C$ 以上不宜过夜，否则食前应充分加热。剩饭菜应放浅盘上摊冷或冷藏。

### 九、变形杆菌

变形杆菌属于 $G^-$ 杆菌，需氧或兼性厌氧。包括普通变形杆菌、奇异变形杆菌、莫根变形杆菌、雷氏变形杆菌和无恒变形杆菌五种,前三种能引起食物中毒。本菌嗜低温,4~7℃时即可繁殖,但不耐热,煮沸数分钟即死亡,55℃,1h被杀死。

引起中毒的食品主要是动物性食品,例如鲭科的鱼类、青皮红肉,如鲐巴鱼、蟹类、熟肉与凉拌菜等。其次为豆制品、剩饭也易发生。环境卫生不良,生熟食品交叉污染是引起中毒的主要原因。

中毒主要是大量活菌侵入肠道引起的感染型食物中毒。中毒可分为急性胃肠炎型及过敏型两种。发病突然,阵发性剧烈腹痛,腹泻水样便,有时有粘液或血液便,恶心、呕吐、腹泻,日呕 10~20 次,直至吐出胆汁。

预防措施:①注意卫生,避免各种污染源对食品的污染;②生熟用具分开,防蝇灭鼠;③熟食不宜在室温下过夜,应置冰箱,食前应充分加热。

## 十、其他致病菌

空肠弯曲菌是一种相当脆弱的菌,对热敏感、对干燥敏感,它在食品加工环境中不能很好地存活。在寒冷条件下比高温时存活得更好,在冷冻条件下可存活(在冷冻肉禽中可存活数月)。

霍乱弧菌来自人类患者,患者粪便可污染食品和水,人类必须摄入受污染食品和水中的大量活菌才可致病。病原菌可长期存在于海水及江河入海口,因此由海产品引起的霍乱最为常见。霍乱弧菌引起的疾病为胃肠炎。

产气荚膜梭菌广泛存在于土壤、动物、鸟和人肠道内含物,以及污水中。食品特别是未经加工的食品易受到污染。该菌产生耐热肠毒素,是在肠道内在细菌芽孢形成过程中形成并释放的。在摄入了大量含产气荚膜梭菌的食物后会引起中毒,为胃肠炎的症状。

布鲁菌属的细菌引起人的布鲁菌病,是人畜共患传染病,动物感染后,病原菌会出现在动物的奶中。食用未消毒奶和奶制品、接触生肉、与患病动物接触均可引起人发病。临床症状表现为:波浪式发热、严重出汗、身体疼痛、关节痛、寒战和身体虚弱等。症状在摄入污染食物3~21d 内出现。

属于链球菌 A 群中的化脓性链球菌是一种致病菌,其致病性与具有侵袭力和产生外毒素有关。细菌存在于患乳房炎动物的乳汁中,也会出现在其他食品中,从而引起食源性感染,引起人的咽喉疼痛、发热、寒战和身体虚弱。有时出现恶心、呕吐和腹泻等。有些菌株引起猩红热。

# 第二节　真菌

真菌在自然界中广泛存在,粮食、食品、饲料等常被其污染,其中有些真菌能产生有毒代谢产物即真菌毒素。通常食品中的真菌并不直接引起疾病,而真菌产生的真菌毒素具有毒性、致癌性、致突变性和致畸性,摄入后可引起人或家畜的急性或慢性真菌中毒症。真菌既有无性孢子也有有性孢子,有的毒真菌为单细胞,有的为多细胞。有的应用于食品工业(酿酒、制酱、面包制造等),有的通过食品伤害人体。真菌性食物中毒主要指真菌毒素的食物中毒。

真菌毒素是一种细胞外毒素,是真菌产生的有毒的次级代谢产物,是多种真菌所产生的各种毒素的总称。其结构均较简单,分子质量很小,故对热稳定,一般烹调和食品加工如炒、烘、熏等对食品中真菌毒素往往不能破坏或破坏甚少。油煎能破坏一些,高压消毒也仅能破坏一半左右。真菌毒素产毒菌以霉菌为主。霉菌是菌丝体比较发达而无较大子实体的一部分真菌,与食品卫生关系密切的霉菌大部分属于曲霉菌属、青霉菌属和镰刀菌属。霉菌毒素主要是指霉菌在其所污染的食品中产生的有毒代谢产物。

霉菌产毒特点:①能产生毒素的真菌叫产毒真菌,产毒真菌只是真菌中的一少部分,仅限于少数产毒霉菌中的部分菌株;②同一产毒菌株的产毒能力具有可变性和易变性:一方面产毒株累代培养后可能失去产毒能力,另一方面非产毒株在一定条件下可以产毒;③产毒菌种或菌株产生的毒素不具有严格的专一性:一种菌种或菌株可产生几种毒素,同一毒素也可由几种霉菌产生。产毒真菌产生毒素需要一定的条件。

真菌毒素的产生决定于三个条件:

(1)产毒真菌的存在(霉菌污染食品并在食品上繁殖);

(2)适于其生长的基质(食品的种类);

(3)适于其生长的环境(水分、温度、湿度及空气流通情况等)。①基质:不同霉菌菌种易在不同食品中繁殖,即各种食品中出现的霉菌以一定的菌种为主。如玉米、花生以黄曲霉为主,小麦以镰刀菌为主,大米中以青霉为主;②温度:大多数霉菌繁殖最适宜的温度为 $25 \sim 30 \, ℃$,在 $0 \, ℃$ 以下或 $30 \, ℃$ 以上,不能产毒或产毒力减弱。一般来说,产毒温度略低于生长最适温度;③水分:食品中的水分对霉菌的繁殖与产毒特别重要。一般食品中水分为 $17\% \sim 18\%$ 是霉菌繁殖产毒的最佳条件;④湿度:在不同的相对湿度中,易于繁殖的霉菌也不同。一般相对湿度<70%时,霉菌不能产毒;⑤空气流通:大部分霉菌繁殖和产毒需要有氧条件。

产毒菌株主要在粮食及其加工制成品、水果、干果、乳及乳制品、发酵食品和动物饲料上生长并产毒。玉米、大米、花生、小麦被污染真菌毒素的种类最多。直接在动物性食品如肉、蛋、乳上产毒的较少见。但食入染毒的动物性食品仍会造成真菌毒素中毒。

食品加工时,可杀死霉菌的菌体和孢子,但毒素一般不能被破坏,如果毒素量达到一定程度,即可产生中毒症状。

一般来说,真菌性食物中毒可分为急性真菌性食物中毒和慢性真菌性食物中毒。急性真菌性食物中毒潜伏期短,先有胃肠道症状,如上腹不适、恶心、呕吐、腹胀、腹痛、厌食、偶有腹泻等(镰刀霉菌中毒较突出)。依各种真菌毒素的不同作用,发生肝、肾、神经、血液等系统的损害,出现相应症状,如肝脏肿大、压痛,肝功异常,出现黄疸(常见于黄曲霉菌及岛青霉菌中毒),蛋白尿,血尿,甚至尿少、尿闭(纯绿青霉菌中毒易发生)等,毒素类型相应分为肝脏毒、肾脏毒、胃肠道毒、呼吸道毒、神经毒、造血器官毒、光过敏性皮肤毒等。有些真菌(如黑色葡萄穗状霉菌)毒素引起中性粒细胞减少或缺乏,血小板减少或发生出血。有些真菌(如棒曲霉菌、米曲霉菌)中毒易发生神经系统症状,而有头晕、头痛、迟钝、躁动、运动失调,甚至惊厥、昏迷、麻痹等。患者多死于肝、肾功能衰竭或中枢神经麻痹,病死率可高达40%~70%。

慢性真菌性食物中毒除引起肝、肾功能及血液细胞损害外,有些真菌可以引起癌症。有研究报告显示猴子因摄入黄曲霉毒素而发生肝癌,此外可使其他脏器或腺体发生癌变,如胃腺癌、皮肤肉瘤等。小剂量长期摄入时会导致慢性毒性,动物生长障碍,肝脏出现亚急性或慢性损伤,食物利用率下降,体重减轻,母畜不育或产仔少等。

食品被产毒菌株污染,不一定能检出毒素;有时能检出毒素,却分离不出产毒菌株。霉菌毒素中毒后有以下特点:①与食物有联系,从可疑食物中可检出真菌或毒素,从患者排泄物中可检出毒素;②发病有季节性和地区性,但无传染性;③有时并发维生素缺乏,但用维生素治疗无效;④小分子有机化合物,不能刺激机体产生抗体;⑤化学药物和抗生素的疗效很差或无效。

## 一、曲霉菌属及相关毒素

曲霉属(*Aspergillus*)是霉菌中的一群,包括黄曲霉、杂色曲霉、赭曲霉等。一般是从匍匐于基质上的菌丝向空中伸出球形或椭圆形顶囊的分生孢子梗,在其顶端的小梗或进一步分枝的次级小梗上生出链状的分生孢子。此属在自然界分布极广,是引起多种物质霉腐的主要微生物之一(如面包腐败、皮革变质等)。曲霉属毒素主要有黄曲霉毒素、赭曲霉毒素、杂色曲霉毒素,其中黄曲霉毒素具有很强毒性。

**(一)黄曲霉毒素**

黄曲霉毒素是曲霉菌属的黄曲霉、寄生曲霉产生的代谢物,剧毒,同时还有致癌、致畸、致突变的作用,主要引起肝癌,还可以诱发骨癌、肾癌、直肠癌、乳腺癌、卵巢癌等。黄曲霉广泛存在于土壤中,菌丝生长时产生毒素,孢子可扩散至空气中传播,在合适的条件下侵染合适的寄生体,产生黄曲霉毒素。黄曲霉毒素是目前发现的化学致癌物中毒性最强的物质之一。

1. 化学结构

黄曲霉毒素是一类结构相似的化学物质,均含有一个双氢呋喃环和一个氧杂萘邻酮(香豆素)结构。双氢呋喃环结构与毒性和致癌性有关,氧杂萘邻酮结构加强了前者的毒性和致癌性。目前已分离到的黄曲霉毒素及其衍生物已有20多种,其中10余种的化学结构已明确,并给予以下命名:黄曲霉毒素 B1、黄曲霉毒素 B2、黄曲霉毒素 G1、黄曲霉毒素 G2、黄曲霉毒素 B2a、黄曲霉毒素 M1、黄曲霉毒素 M2、寄生曲霉醇(B3)、黄曲霉毒素 BM1、黄曲霉毒素 GM1、黄曲霉毒素 GM2、黄曲霉毒醇(R0)、黄曲霉毒素 P1、黄曲霉毒素 Q1 等,前4种通常是共存的,结构如图 3-1 所示,以黄曲霉毒素 B1 的致癌性最强,其次为黄曲霉毒素 G1、黄曲霉毒素 B2、黄曲霉毒素 M1。黄曲霉毒素能被强碱(pH 9~10)和氧化剂分解。对热稳定,裂解温度为280℃以上。

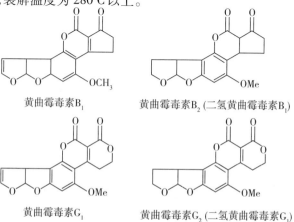

黄曲霉毒素B$_1$　　　　　　黄曲霉毒素B$_2$(二氢黄曲霉毒素B$_1$)

黄曲霉毒素G$_1$　　　　　　黄曲霉毒素G$_2$(二氢黄曲霉毒素G$_1$)

图 3-1　化学结构式黄曲霉毒素

2. 理化性质

黄曲霉毒素是迄今发现的各种真菌毒素中最为稳定的一种,对热、酸和碱都有耐性。中性溶液中较稳定,强酸性溶液中稍有分解,在 pH 9~10 的强碱溶液中分解迅速。

黄曲霉毒素的纯品为无色结晶,耐高温,100℃,20h 也不能将其全部破坏,黄曲霉毒素 B1 的分解温度为 268℃。紫外线对低浓度黄曲霉毒素有一定的破坏性。

3. 食品中来源

黄曲霉毒素主要存在于被黄曲霉污染过的粮食、油及其制品中。例如被黄曲霉污染的花生、花生油、玉米、大米、棉籽最为常见,在干果类食品如胡桃、杏仁、榛子、干辣椒中,在动物性食品如肝、咸鱼以及在乳和乳制品中也曾发现过黄曲霉毒素。花生是最容易感染黄曲霉的农作物之一,黄曲霉毒素对花生具有极高的亲和性。黄曲霉的侵染和黄曲霉毒素的产生不仅发生在花生的种植过程(包括开花、盛花、饱果、成熟、收获)中,在加工过程(包括原料收购、干燥、加工、仓储、运输过程)中也会产生。

4. 产毒条件

黄曲霉最适生长温度 35~38℃,产毒温度 11~37℃。pH 4.7 时,黄曲霉毒素产量最高。黄曲霉毒素产毒的最低相对湿度为 80% 左右,且需要含糖量高的基质。

5. 毒性

黄曲霉毒素是一种强烈的肝癌诱发剂,会引起动物肝细胞变性、肝坏死、肝纤维化和肝癌等。①急性毒性。不同动物敏感性不同。黄曲霉毒素是一种剧毒物(6级),毒性是氰化钾的 10 倍,砒霜的 68 倍。主要毒害肝脏,引起肝出血和肝实质细胞坏死、胆管增生、脂肪肝、肝出血;②慢性毒性。毒理学上而言,更具意义。如肝功变化,肝脏组织变化,食物利用率低;③致癌、致畸、致突变。黄曲霉毒素是目前发现的最强的化学致癌物质,其致肝癌强度比二甲基亚硝胺诱发肝癌的能力大 75 倍。

6. 食品中允许残留量

1995 年,世界卫生组织制定的食品黄曲霉毒素最高允许浓度为 15μg/kg。美国规定人类消费食品和奶牛饲料中的黄曲霉毒含量(指 B1+B2+G1+G2 的总量)不能超过 15μg/kg。

中国标准规定:玉米、花生、花生油、坚果和干果(核桃、杏仁)≤20μg/kg;大米、其他食用油(香油、菜籽油、大豆油、葵花油、胡麻油、茶油、麻油、玉米胚芽油、米糠油、棉籽油)≤10μg/kg;其他粮食(麦类、面粉、薯干)、发酵食品(酱油、食用醋、豆豉、腐乳制品)、淀粉类制品(糕点、饼干、面包、裱花蛋糕)≤5μg/kg;牛乳及其制品(消毒牛奶、新鲜生牛乳、全脂牛奶粉、淡炼乳、甜炼乳、奶油)、黄油、新鲜猪组织(肝、肾、血、瘦肉)≤0.5μg/kg。

7. 黄曲霉毒素的预防措施

(1)食品防霉:防霉是预防食品被黄曲霉毒素污染的最根本措施。最主要是控制温、湿度和氧气。这就需要做到:①加工过程中防止污染;②低温贮藏;③干燥贮藏。

(2)去毒措施:主要是用物理、化学或生物学方法将毒素去除。①物理方法可以采用挑选霉粒法、碾轧加工法、物理吸附法、辐射处理去毒;②化学方法主要是加碱去毒法;③生物学可以采用微生物去毒法。

(3)制定食品中的黄曲霉毒素最高允许量标准。

**(二)杂色曲霉毒素**

1. 化学结构

杂色曲霉毒素的纯品为淡黄色针状结晶,分子式为 $C_{18}H_{12}O_6$,它是由霉菌产生的一组化学结构近似的有毒化合物,目前已确定结构的有 10 多种。最常见的一种结构式如图 3-2 所示。1962 年,Bulloc 首次提出杂色曲霉毒素的化学结构属于氧杂蒽酮类化合物,其分子由氧杂蒽酮连接并列的二氢呋喃组成。

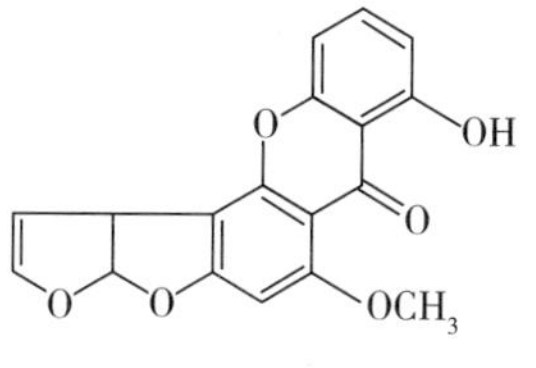

图 3-2  杂色曲霉素的化学结构式

2. 理化性质

杂色曲霉毒素熔点 246~248℃,耐高温,淡黄色针状结晶。杂色曲霉毒素不溶于水及强碱性溶液,微溶于甲醇、乙醇,易溶于氯仿、苯、吡啶、乙腈和二甲亚砜等有机溶剂。杂色曲霉毒素的紫外吸收光谱为(乙醇)205nm、233nm、246nm 和 325nm,在紫外光照射下具有橙黄色荧光。

3. 主要产毒菌株

杂色曲霉毒素是一类化学结构类似的化合物,曲霉属许多霉菌都能产生杂色曲霉毒素,如杂色曲霉、构巢曲霉、皱曲霉、赤曲霉、焦曲霉、爪曲霉、四脊曲霉、毛曲霉以及黄曲霉、寄生曲霉等。其他属的一些种,如索拉金离蠕孢霉,也可以产生杂色曲霉毒素,但主要是由杂色曲霉和构巢曲霉产生的最终代谢产物,同时又是黄曲霉和寄生曲霉合成黄曲霉毒素过程后期的中间产物,是一种很强的肝及肾脏毒素。

4. 食品中来源

杂色曲霉广泛分布于自然界,主要污染玉米、花生、大米、小麦、大豆等粮食作物、食品和饲料,甚至空气、土壤、腐败的植物体都曾分离出杂色曲霉。从我国现有状况来看它们不是储粮中主要污染菌,但在少数地区和粮食品种中也占有相当大的比重。在同一地区,原粮中杂色曲霉毒素的污染水平远高于成品粮,不同粮食品种之间杂色曲霉毒素的水平由高到低的顺序为:杂粮和饲料>小麦>稻谷>玉米>面粉>大米。

5. 杂色曲霉素的毒性

杂色曲霉的急性毒性可以造成肝、肾坏死;亚急性与慢性毒性表现为动物实验(翠猴)引起慢性肝炎,部分肝细胞坏死,纤维组织增生,甚至肝硬化。细胞和遗传毒性。杂色曲霉可以导致肠系膜肉瘤、肝脏肉瘤、脾血管肉瘤和胃鳞状上皮瘤、皮肤肿瘤,多数为鳞状上皮癌。也有乳头状瘤,肝癌、肺癌和淋巴肉瘤等。

**(三)赭曲霉毒素**

赭曲霉毒素(ochratoxin,OT)是曲霉属(*Aspergillus*)和青霉属(*Penicillium*)中的某些菌种所产生的一组次级代谢产物,包含 7 种结构类似的化合物,其中以赭曲霉毒素 A(ochratoxin A,OTA)的毒性最强,主要污染谷类,而且在葡萄汁和红酒、咖啡、可可豆、坚果、香料和干果中发现污染也非常严重。另外还能进入到猪肉和猪血产品以及啤酒中。赭曲霉毒素 A 是一种有毒并可能致癌的霉菌毒素,不少食品都含有这种毒素。赭曲霉毒素能毒害所有的家畜家禽,也能毒害人类。

1. 化学结构

赭曲霉毒素 A(OTA),最先于 1965 年在实验室内从赭曲霉(*Aspergillus oc hraceus*)产毒菌株中分离得到,属聚酮类化合物,由一个二氢异香豆素第 7 碳位的羧基端与 L-$\beta$-苯丙氨酸通过酰胺键连接而成,其化学结构如图 3-3 所示。

2. 理化性质

赭曲霉毒素 A 纯品为无色晶体,分子式为 $C_{20}H_{18}O_6NCl$,相对分子质量为 403.82,熔点为 90~96℃,易溶于极性有机溶剂,微溶于水和稀碳酸氢盐中,在紫外线下呈蓝色荧光。这种毒素具有耐热性,用普通加热法处理不能将其破坏。

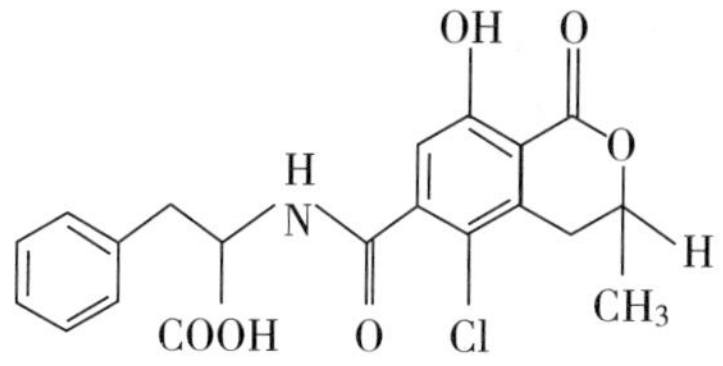

图 3-3 赭曲霉毒素 A 的化学结构式

3. 食品中来源

赭曲霉毒素 A 是由多种生长在粮食(如小麦、玉米、大麦、燕麦、黑麦、大米和黍类等)、花生、蔬菜、豆类等农作物上的曲霉和青霉产生的,特别是贮藏中的高粱、玉米及小麦麸皮上。这种毒素也可能出现在猪和母鸡等动物的肉中。动物摄入了霉变的饲料后,在其各种组织中(肾、肝、肌肉、脂肪)均可检测出残留毒素。在花生、咖啡、火腿、鱼制品、胡椒、香烟等中都能分离出产赭曲霉毒素的菌株。赭曲霉毒素 A 是在适度气候下由青霉属、青霉属变种和温带、热带地区的曲霉产生的。

4. 毒性

赭曲霉毒素具有急性毒性与慢性毒性作用,是强烈的肾脏毒和肝脏毒,其毒性特点是造成肾小管间质纤维结构和功能异常而引起的肾营养不良性病以及肾小管炎症、免疫抑制。长期摄入有致癌性、致畸性和致突变性。

5. 对食品的污染及限量标准

赭曲霉毒素常存在于玉米、小麦、大麦、燕麦和其他原料中。GB 13078—2017 饲料卫生标准规定了饲料中赭曲霉毒素 A 和玉米赤霉烯酮的允许量。

## 二、青霉菌属及相关毒素

青霉的菌丝与曲霉相似,有分隔但无足细胞。其分生孢子梗的顶端不膨大,无顶囊。分生孢子梗经过多次分枝,产生几轮对称或不对称的小梗,形如扫帚。小梗顶端产生成串的分生孢子,分生孢子一般为蓝绿色或灰绿色。青霉菌属主要包括展青霉、岛青霉、橘青霉、黄绿青霉。

### (一)黄绿青霉素

黄绿青霉素(citreoviridin,CIT)是黄绿青霉(*Penicillium citreaviride*)的次级毒性代谢物,具有心脏血管毒性、神经毒性、遗传毒性,真菌毒素能在较低的温度和较高的湿度下产生,自然界中广泛存在,在适宜的温度、酸碱度和湿度条件下,受黄绿青霉污染的粮食可产生大量的黄绿青霉素,极易进入食物链,导致人畜中毒。黄绿青霉素容易污染新收获的农作物,呈黄绿色霉变,食用后可发生急性中毒,是一种常见的真菌毒素。中毒的典型症状是后肢跛瘸、运动失常、痉挛和呼吸困难等。

1. 化学结构与性质

黄绿青霉素是一种黄色有机化合物,结构式如图3-4所示,相对分子质量为402,熔点为107~111℃,易溶于乙醇、乙醚、苯、氯仿和丙酮,不溶于己烷和水。其紫外线的最大吸收为388nm,此毒素在紫外线照射下,可发出金黄色荧光。270℃加热时,黄绿青霉素可失去动物毒性,经紫外线照射2h也会被破坏。

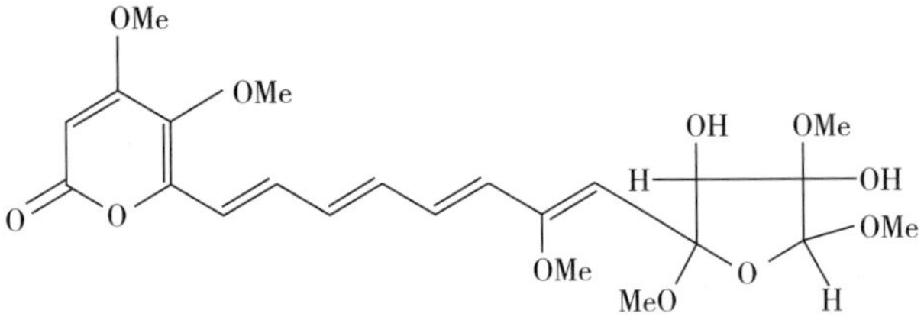

图3-4　黄绿青霉素的化学结构式

2. 食品中来源

黄绿青霉素主要存在于稻米、玉米、小麦和大麦中。大米水分含量在14.6%以上易感染黄绿青霉,在12~13℃便可形成黄变米,米粒上有淡黄色病斑,同时产生黄绿青霉素。黄绿青霉素含量可以依据SN/T 1514—2005进出口粮谷中橘青霉、黄绿青霉、岛青霉检验方法进行检测,但中国尚没有食品中限量标准。

在克山病病因研究过程中,我国学者依据大量的流行病学事实和实验室研究资料,提出黄绿青霉素是导致克山病的可疑病因。克山病病区的居民所吃的粮食有霉捂现象,且从这些粮食样品中分离到了黄绿青霉菌及黄绿青霉素。

黄绿青霉素的毒性体现在对心脏的损伤、出现上行性麻痹。

(二)桔青霉素

桔青霉菌(*Penicillium citrinum*)可产生桔青霉素(citrinin),它是一种次级代谢产物。此菌分布普遍,在霉腐材料和贮存粮食上常发现生长,会引起病变,并具有毒性。Yoshizawa报道,玉米、小麦、大麦、燕麦及马铃薯都有被桔青霉素污染的记载。

1. 化学结构与理化性质

1931年由Hetherington和Raistrick首次从桔青霉菌的次级代谢产物中分离

出桔青霉素,结构如图 3-5 所示。纯品为柠檬色针状结晶,相对分子质量259,分子式为 $C_{13}H_{14}O_5$,熔点为172℃。适宜 pH 值下能溶于乙醚、氯仿和无水乙醇等有机溶剂,并很容易在冷乙醇溶液中结晶析出;也可在稀氢氧化钠、碳酸钠和醋酸钠溶液中溶解;但极难溶于水。在长波长紫外线的激发下能发出黄色荧光。在酸性和碱性溶液中均可溶解。

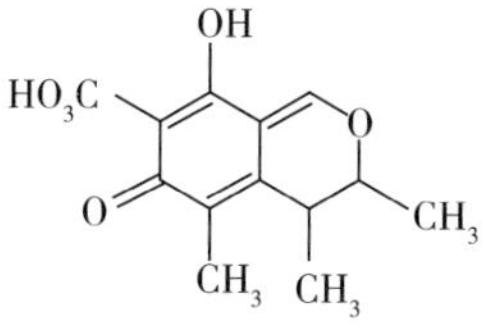

图 3-5  桔青霉毒素的化学结构式

### 2. 食品中来源

有多种青霉属真菌能在自然或人工条件下产生橘青霉素。橘青霉是自然界中最重要的橘青霉素产生菌。橘青霉素常与赭曲霉毒素 A 同时存在,自然界含量一般为 0.07~80mg/kg。当稻谷的水分含量大于 14%~15% 时,就可能滋生橘青霉,其黄色的代谢产物渗入大米胚乳中,引起黄色病变,称为"橘青霉素黄变米",又称"泰国黄变米",米粒呈黄绿色。许多农产品如玉米、大米、奶酪、苹果、梨和果汁等食品中都可能检测到橘青霉素,同时分离到产橘青霉素的毒株。花生、小麦、大麦、燕麦和黑麦中也曾有检出橘青霉素。

红曲霉会产生橘青霉素导致红曲产品的安全性受到关注。中国目前还没有相关标准,尚未见橘青霉污染饲料或粮食和橘青霉素中毒的报道,但黄变米现象在海关检验中时有发生。

### 3. 橘青霉素的毒性及作用机制及检测

橘青霉素是一种肾脏毒素,可引发急性或慢性肾病,并伴随多尿、口渴、呼吸困难的症状。它引起的肾脏损害主要表现为:肾脏上皮细胞的退化和坏死、肾肿大、尿量增加、血氮和尿氮升高等,并可引起一系列的生理失常。

毒理学研究表明:橘青霉素能抑制肝细胞线粒体氧化磷酸化效率,它通过抑制 NADH 氧化酶、NADH 还原酶、细胞色素 C 还原酶以及苹果酸、谷氨酸及 $\alpha$-酮戊二酸脱氢酶的活性,引起跨膜电压的降低,从而导致氧化磷酸化效率的降低。橘青霉素能显著抑制肾皮质细胞和肝细胞线粒体的 $\alpha$-酮戊二酸和丙酮酸脱氢酶的活性,并能降低 $Ca^{2+}$ 吸收速率及 $Ca^{2+}$ 总量。橘青霉素致突变的机制一直存在着争议。橘青霉素对小肠平滑肌具有兴奋作用,导致动物机体胃肠功能紊乱,发生腹泻。食品中橘青霉素的检测可参照《食品安全国家标准 食品中桔青霉素的测定》(GB 5009.222—2016)执行。

### (三)展青霉素

展青霉素是一种内酯类化合物,无色晶体,是一种中性物质,溶于水、乙醇、丙酮乙酸乙酯和氯仿,微溶于乙醚和苯,不溶于石油醚。在碱性溶液中不稳定,生物活性被破坏。可以产生展青霉素的菌株有十几种,侵染食品和饲料主要有青霉和曲霉,主要侵染水果的有雪白丝衣霉。

展青霉不仅大量污染粮食、饲料,而且对水果及其制品的污染尤为严重。主要存在于霉烂苹果和苹果汁中。在苹果酒、苹果蜜饯等制品及梨、桃、香蕉、葡萄、杏、菠萝等食品中也曾有检出。侵染米粒时,呈灰白病斑,白垩状。

展青霉素的毒性以神经中毒症状为主要特征,表现为全身肌肉震颤痉挛、对外界刺激敏感性增强、狂躁、后躯麻痹、跛行、心跳加快、粪便较稀、溶血检查阳性等。展青霉素具有急性毒性、亚急性毒性、致癌性、致畸、致突变性(对大鼠和小鼠没有致畸作用,但对鸡胚有明显的致畸作用。展青霉是一种有毒内酯,雄性大鼠经口 $LD_{50}$ 为 30.5~55mg/kg,雌性大鼠为 27.8mg/kg;FAO/WHO 食品添加剂委员会(JECFFA)报告表明,展青霉素对胚胎有毒性,同时伴随有母本毒性。食品中展青霉素的检测可参照《食品安全国家标准 食品中展青霉素的测定》(GB 5009.185—2016)执行。

### (四)圆弧青霉及其毒素

圆弧青霉(*Penicillium cyclopium*)是常见的青霉菌之一,青霉酸(penicillic acid, PA)是其有毒代谢产物的主要成分,自 1931 年由 Alsbrg 和 Black 首次从侵染软毛青霉的玉米中分离出后,现已确定曲霉属、青霉属和瓶梗青霉属共 28 种真菌能产生青霉酸,是饲料中含量较高的真菌毒素之一。

青霉酸属于内酯类毒素,可以异构形成一种取代的酮酸,相对分子质量为170.16,溶于热水、乙醇、乙醚和氯仿,结构式如图 3-6 所示。

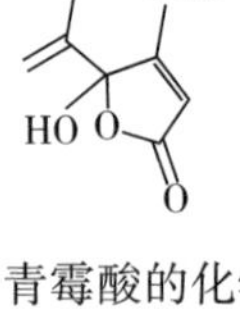

图 3-6 青霉酸的化学结构式

国内学者在食管癌高发区粮食中发现其污染严重,四川省食管癌高发区粮食中圆弧青霉污染率居于首位,酸菜中的圆弧青霉检出率与食管癌流行情况具有统计学意义。

### (五)岛青霉及其毒素

岛青霉(*Penicillium islandicum*)亦称冰岛青霉,产生岛青霉毒素(islanditoxin)、黄天精(luteoskyin)、环氯素(cyclochlorotine)及红天精等有毒物质,均为肝脏毒,对肝脏损伤极大,甚至引起肝癌。

岛青霉素纯品为白色晶体,熔点为251℃,溶于水,在紫外下呈蓝色荧光。岛青霉化学结构式如图3-7所示。黄天精纯品为黄色六面体的针状结晶,熔点为287℃,易溶于有机溶剂如正丁醇、乙醚、甲烷、丙酮等,不溶于水。红天精是由岛青霉分离出来的红色色素,纯品为橘红色晶体,熔点为130~133℃,在乙醚、乙烷、石油醚中的溶解度较小,但是易溶于氯仿、甲醇、苯、醋酸和吡啶。

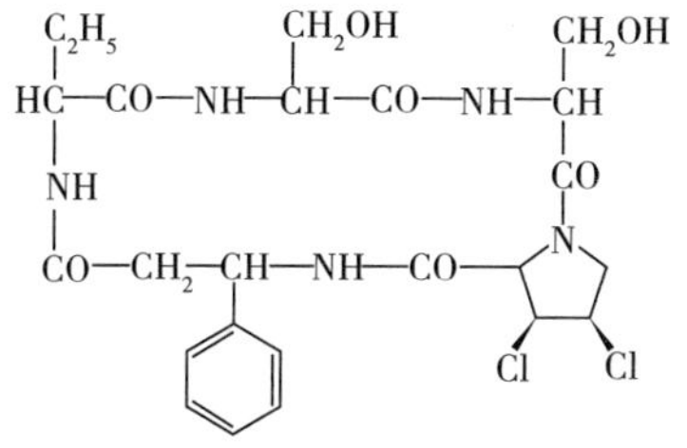

图3-7 岛青霉毒素化学结构式

岛青霉对谷物的污染比较严重,主要污染毒素谷物为大米、玉米和大麦。"岛青霉黄变米"是由于稻谷收割后,贮存过程中水分含量过高和稻谷被霉菌污染后发生霉变所致,米粒因为霉变呈黄褐色溃疡性病斑,所以称为"黄变米"。"黄变米"中主要含有青霉属的霉菌,最常分离的霉菌有岛青霉和橘青霉等,米粒含黄天精和含氯肽两种毒素。

岛青霉素是一种肝脏毒,其急性中毒作用可发生肝萎缩现象,慢性中毒发生肝纤维化、肝硬化或肝肿瘤,可致大白鼠肝癌。

## 三、镰刀菌属及相关毒素

镰刀菌属(*Fusarium*)是一类危害田间麦类、玉米和库贮谷物的致病真菌,病菌可产生毒素,引起人、畜镰刀菌毒素中毒。由镰刀菌引起的小麦赤霉病、玉米穗粒腐病,是小麦、玉米生产上的重要病害,近年来随着全球气候变暖,还有逐步扩大蔓延之势。镰刀菌的侵染主要在作物开花期,而病害的发生是在种子灌浆阶段,因此镰刀菌的危害除造成产量损失外,更重要的是产生的真菌毒素,直接存留、累积在禾谷类籽粒中,严重威胁人畜健康。

单端孢霉烯族类化合物是一类由镰刀菌属和个别其他菌属霉菌所产生的有毒代谢产物的总称。主要有 T-2 毒素、脱氧雪腐镰孢菌烯醇、伏马菌素、玉米赤霉烯酮等,通过霉变粮谷而危害人畜健康。其基本结构为四环的倍半萜,化学结构式如图 3-8 所示,根据取代基的不同,可以分为 A、B、C、D 四种类型,天然污染的单端孢霉烯族类化合物属于 A、B 两型。A 型化合物在 C-8 位置上不含羰基,以 T-2 毒素、二乙酸蔗草镰刀菌烯醇为代表。B 型化合物在 C-8 位置上有羰基,脱氧雪腐镰刀菌烯醇、雪腐镰刀菌烯醇(NIV)等属于这一组。单端孢霉烯族类化合物较为耐热,需超过 200℃才能被破坏,对酸和碱也较稳定,因此经过通常烹调加工难以破坏其活性。

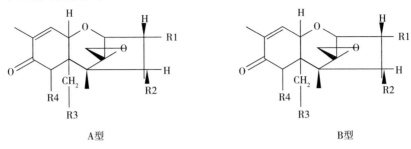

图 3-8　单端孢霉烯族化合物的化学结构式

### (一)串珠镰刀菌素

串珠镰刀菌素(moniliformin)是串珠镰刀菌(*Fusarium moniliforme*)产生的代谢产物,1973 年由 Cole 等首次发现。产生串珠镰刀菌素的镰刀菌还有亚黏团串珠镰刀菌(*Fusarium subglutinans*)、增殖镰刀菌(*Fusarium proliferatum*)、花腐镰刀菌(*Fusarium anthodphilum*)、禾谷镰刀菌(*Fusarium graminearum*)、燕麦镰刀菌(*Fusarium avanaceum*)、同色镰刀菌(*Fusarium concolor*)、木贼镰刀菌(*Fusarium equiseti*)、尖孢镰刀菌(*Fusarium oxysporum*)、半裸镰刀菌(*Fusarium semitectum*)、镰状镰刀菌(*Fusarium fusarioides*)、拟枝孢镰刀菌(*Fusarium sporotrichioides*)、黄色镰刀菌(*Fusarium culmorum*)和网状镰刀菌(*Fusarium reticulatum*)等。

串珠镰刀菌素的毒性很强,小鸡经口 $LD_{50}$ 为 4.0mg/kg。急性中毒的大鼠可出现进行性肌肉衰弱、呼吸困难、发绀、昏迷和死亡。有人认为动物的某些疾病与摄食霉玉米有关。该毒素的毒理作用是选择性抑制 α-氧化戊二酸盐脱氢酶和丙酮酸盐脱氢酶系统。Wilson 等发现了串珠镰刀菌素的肝毒性和致肝癌性。

1. 化学结构与性质

串珠镰刀菌素的化学名称为 3-羟基-环丁-3-烯-1,2-二酮(3-hydroxycyclobute-ne-1,2-dione),自然界中以钠盐或钾盐的方式存在,其化学结构构式如图3-9所示。串珠镰刀菌素(moniliformin,MON)最初是从感染有枯萎病的玉米上分离到的串珠镰刀菌培养物中提取出的一种水溶性毒素,因而得名。其分子式为 $C_4HO_3R(R=Na$ 或 K),它是淡黄色针状结晶,具有水溶性,其水溶液在波长 229nm 处有最大吸收。易溶于甲醇,不溶于二氯甲烷和三氯甲烷。串珠镰刀菌素水溶液一般对热较为稳定。

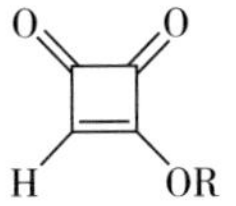

图 3-9 串珠镰刀菌素化学结构式

2. 食品中来源

主要侵害的谷物有玉米、小麦、大米、燕麦、大麦等,病原菌主要以菌丝体和分生孢子随病残体越冬,也可以在土壤中越冬,成为翌年初侵染菌源,种子也能带菌传病。病原菌主要从机械伤口、虫伤口侵入根部和茎部。高粱在开花期至成熟期,若先后遭遇高温干旱与低温阴雨,则发病严重。在病田连作、土壤带菌量高以及养分失衡、高氮低钾时发病趋重,早播比晚播发病重。高粱品种间病情有一定差异,有耐病品种和中度抗病品种,但缺乏高抗品种。

(二)伏马菌素

伏马菌素(fumonisins)是一组由串珠镰孢、轮状镰孢、多育镰孢和其他一些镰孢菌种产生的真菌毒素。除了串珠镰刀菌和多誉镰刀菌之外,还有芜菁状镰刀菌(*Fusarium napiforme*)、花腐镰孢菌(*Fusarium anthophilum*)、尖孢镰刀菌(*Fusarium oxysporum*)等也会产生伏马菌素。但是这些产生伏马菌素的真菌对食品和饲料的污染较少。目前,除了镰刀菌属以外,交链孢属也是伏马菌素 B1、伏马菌素 B2、伏马菌素 B3 的重要产生菌。

伏马菌素能够污染多种粮食及其制品,并对某些家畜产生急性毒性及潜在的致癌性。因此,它在食品与饲料安全中的意义越来越受到人们的广泛关注,已成为继黄曲霉毒素之后的又一研究热点。

伏马菌素最早是在20世纪80年代末 Gelderblom 等首次从串珠镰刀菌培养液中分离获得的一种真菌毒素。随后,Laureut 等又从串珠镰刀菌培养液中分离出伏马菌素 B1 和伏马菌素 B2。到目前为止,已经鉴定到的伏马菌素类似物有28 种,它们被分为 4 组,即 A、B、C 和 P 组。B 组伏马菌素是野生型菌株产量最丰富的,其中伏马菌素 B1 是其主要成分,占总量的 70%,同时也是导致伏马菌素毒性作用的主要成分。虽然伏马菌素结构类似物有很多,如 FA1、FA2、FB1、FB2、FB3、FB4、FC1、FC2、FC3、FC4、FP1,结构式如图 3-10 所示,但 FB1 和 FB2是自然界中最普遍且毒性最强的两种毒素。研究发现天然存在于玉米中的最重要的结构类似物是 FB1、FB2 和 FB3。

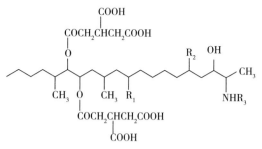

图 3-10　伏马菌素的化学结构式

在自然界产生伏马菌素的真菌主要是串珠镰刀菌,其次是多誉镰刀菌,两者广泛存在于各种粮食及其制品中,尤其是对玉米的污染,特别是在干燥温暖的条件下,串珠镰刀菌是玉米中出现最频繁的霉菌,是全世界玉米中分布最广泛的一类真菌。除了污染玉米及其制品,伏马菌素也污染燕麦、高粱等谷物。世界卫生组织食物中真菌毒素协作中心(WHO-CCNIF)亦将其作为近几年需要进行研究的几种真菌毒素之一。我国目前还没有伏马菌素污染的限量标准。

急性毒性及亚急性毒性:在所有的动物实验中,伏马菌素均与肝脏损伤、某些酯类的水平改变相关,还发现对很多实验动物肾脏的损害。伏马菌素具有生殖毒性、胚胎毒性、致畸性、致突变性。动物实验表明,长期摄入高水平的伏马菌素(50mg/kg 以上)可诱发雌性小鼠的肝癌病并使其寿命缩短、诱发 Fisher-334 雄性大鼠的肾癌但不影响其寿命。伏马菌素对其他哺乳动物也具有毒性,可以破坏体内神经鞘酯类代谢。

### (三)玉米赤霉烯酮

玉米赤霉烯酮(zearalenone,ZEA)是由在潮湿环境下生长的镰刀菌群,如粉红镰刀菌(*Fusarium roseum*)、黄色镰刀菌(*Fusarium culmorum*)及禾谷镰刀菌(*Fusarium graminearum*)产生是一种雷索酸内酯,是非固醇类,具有雌性激素性质的真菌毒素,该毒素对动物的作用类似于雌激素,因此会造成雌激素过多症。

猪是所有家畜中对该毒素最敏感的动物,且雌性比雄性的敏感度更高。1928 年研究者发现喂饲发霉玉米的猪发生了雌激素综合征。1962 年 Stob 等从污染了禾谷镰刀菌的发霉玉米中分离得到了具有雌性激素作用的玉米赤霉烯酮。1966年 Urry 等用经典化学、核磁共振和质谱技术确定了玉米赤霉烯酮的化学结构并正式为其定名。

玉米赤霉烯酮又被称为 F2 毒素,其结构式如图 3-11 所示。玉米赤霉烯酮是一种白色晶体,化学名为 6(10-羟基-6-氧代-反式-1-十一碳烯)-$\beta$ 雷锁酸-$\mu$-内酯,又名 F-2 雌性发情毒素,白色晶体,分子式 $C_{18}H_{22}O_5$,相对分子质量318.36,熔点 164~165℃,紫外线光谱最大吸收分别为 236nm、274nm 和 316nm。不溶于水,溶于碱性溶液、乙醚、苯、甲醇、乙醇等。其甲醇溶液在紫外光下呈明亮的绿—蓝色荧光。当以甲醇为溶剂时,最大吸收峰的波长为 274nm。玉米赤霉烯酮属于二羟基苯甲酸内酯类化合物,虽然没有甾体结构,却有潜在的雌激素活性,它还原为 $\alpha$-玉米赤霉烯醇和 $\beta$-玉米赤霉烯醇两种异构体。前者的雌激素活性为玉米赤霉烯酮的 3 倍,后者的雌激素活性小于或等于玉米赤霉烯酮。

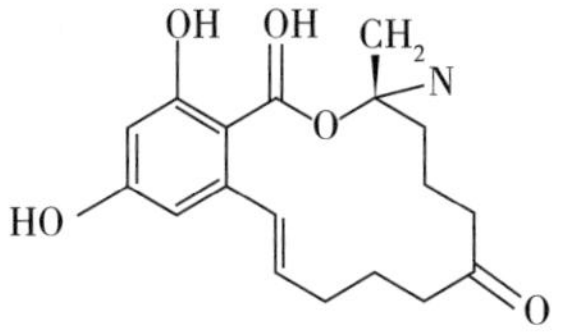

图 3-11　玉米赤霉烯酮的化学结构式

赤霉菌引起小麦的穗腐,不仅使小麦籽粒产量降低、品质变劣,而且病麦粒中存留有病菌产生的真菌毒素,食用病麦及其制成品后会引起人畜中毒,还有致癌、致畸和诱变的作用。

**(四)T-2 毒素**

是白色针状结晶,熔点 151~152℃,一般的食物烹调加热方法不能破坏其结构,在室温下放置 6~7 年或加热至 200℃,1~2h 毒力仍无减弱。易溶于极性溶剂,碱性条件下次氯酸钠可使之失去毒性。

T-2 毒素由早熟禾拟分枝孢镰孢菌、枝孢镰孢菌、梨孢镰孢菌和三隔镰孢菌等产生。产毒能力随真菌种类而异,同时受到环境因素的影响。枝孢镰孢菌的最适产毒条件为基质含水量为 40%~50%,温度 3~7℃;在玉米和黑麦中产毒能力较强,其次为大麦、大米和小麦;辐射对产毒有影响。

T-2 毒素是单端孢霉烯族毒素之一,可由多种真菌产生。该毒素毒性强烈,在自然界中广泛存在,严重危害人畜健康。急性毒性表现为恶心、呕吐、食欲减退或拒食、倦怠和体重减轻等。慢性毒性对胃腺、淋巴组织造成损害。T-2 毒素具有弱的致畸性和致癌性,不具有致突变性。

T-2 毒素主要存在于小麦、谷物。我国目前还没有相关标准。

# 第三节　病毒

病毒是一种没有细胞结构的特殊生物。它们的结构非常简单,无细胞结构,仅由蛋白质外壳和内部的遗传物质组成,无完整酶系。病毒不能独立生存,只能在寄主活细胞中复制,一旦离开活细胞就不表现任何生命活动迹象。作为完全寄生性的微生物,病毒并不像细菌和真菌那样能在培养基上生长,培养病毒需要组织培养和鸡胚培养。因此,与细菌和真菌相比,人们对食品中病毒的情况了解较少。病毒比细菌更小,用电子显微镜才能看到。

食品对于病毒来说既适合生长繁殖,又不适合生长繁殖,在食品处于活鲜阶段是有生命的,非常适合病毒存活。因为病毒不能在食品中繁殖,它们的可检出数量要比细菌少得多。

病毒对食品安全的影响具有以下特点:只需较少的病毒即可引起感染;从病毒感染者的粪便中可排出大量病毒粒子;在食品和水中不能繁殖,在贮藏阶段总量减少;很难从污染食物中检测和分离到;食源性病毒在环境中相当稳定,对酸有耐受性,对一般抗生素不敏感,但对干扰素敏感。

引发人类疾病的病毒来自病人和病原携带者、受病毒感染动物,以及环境与水产品中的病毒。其污染食品的途径有:接触粪便或粪便污染的水;接触粪便污染的土壤或手;接触呕吐物及其污染的水;接触感染者存在的环境(即使没有与其排泄物直接接触);感染者产生的飞沫。

病毒污染食品的特点:①散在发生、流行性发生、污染大流行、暴发污染;②污染和流行季节性明显、周期性变化;③污染和流行具有区域局限性、外来性。常见病毒包括:朊病毒、禽流感、诺瓦克病毒、猪水疱病毒、肝炎病毒、轮状病毒、狂犬病病毒、口蹄疫病毒等。

## 一、朊病毒

朊病毒(prion virus)又称蛋白质侵染因子,是一类非常规病毒,不含通常病毒所含有的核酸,仅含有蛋白质,是一类能侵染动物并在宿主细胞内复制的小分子无免疫性疏水蛋白质。主要成分是一种蛋白酶抗性蛋白，对蛋白酶具有抗性。朊病毒引起疯牛病，又称牛海绵状脑病（bovine spongiform encephalopathy，BSE），是一种侵犯牛中枢神经系统的亚急性、致命性海绵状脑病。

1. 生物学性状

朊病毒大小只有 30~50nm，电镜下见不到病毒粒子的结构；经复染后可见到聚集而成的棒状体，其大小为（10~250）nm×（100~200）nm。

朊病毒对多种因素的灭活作用表现出惊人的抗性。对物理因素如紫外线，化学试剂如甲醛、羟胺、核酸酶类等表现出强抗性。对蛋白酶 K、尿素、苯酚、氯仿等不具抗性。在生物学特性上，朊病毒能造成慢病毒性感染而不表现出免疫原性，巨噬细胞能降低甚至灭活朊病毒的感染性，但使用免疫学技术又不能检测出有特异性抗体存在，不诱发干扰素的产生，也不受干扰素作用。总体上说，凡能使蛋白质消化、变性、修饰而失活的方法，均可能使朊病毒失活；凡能作用于核酸并使之失活的方法，均不能导致朊病毒失活。由此可见，朊病毒本质上是具有感染性的蛋白质。普鲁辛纳将此种蛋白质单体称为朊病毒蛋白或朊蛋白（Prion Protein，PrP）。PrPc（正常型）的二级结构中 $\alpha$-螺旋占 40%，$\beta$-折叠占 30%。PrPsc（致病型）是 PrPc 的构象异构体，$\alpha$-螺旋38%，而 $\beta$-折叠高达43%。

2. 理化性质

朊病毒耐高温，即使加热到 360℃ 仍有感染力，植物油的沸点（160~170℃）也不足以灭活；朊病毒耐甲醛、强碱，疯牛病脑组织能耐受 2mol/L 氢氧化钠达2h；紫外线离子辐射及羟胺均不能丧失其侵染能力；朊病毒潜伏期长，从感染到发病平均28年。

3. 流行病学

朊病毒能够引起 20 多种人畜共患的可传播型海绵状脑病：疯牛病、羊瘙痒病、鹿和麋的慢性消瘦病、传染性水貂脑病和猫海绵状脑病、人的克—雅氏病（又称早老痴呆症）、致死性家庭性失眠症等；法国专家发现，导致疯牛病等疾病的朊病毒从一类动物传染给另一类动物后，即这种病毒跨物种传染后，其毒性更强，潜伏期更短。

4. 传染途径

通过食物传染而传播。牛的感染过程（疯牛病）是食入含有致病性朊病毒的人工蛋白质饲料。人类感染（克—雅氏病）朊病毒主要有以下途径：①食用感染了疯牛病的牛肉及其制品，以及牛脑、脊髓、扁桃体、胸腺、脾脏和小肠，特别是从脊椎剔下的肉；②某些化妆品除了使用植物原料之外，也有使用动物原料的成分

（化妆品所使用的牛羊器官或组织成分有：胎盘素、羊水、胶原蛋白、脑糖）；③有一些科学家认为"疯牛病"在人类变异成"克—雅氏病"的病因，不是因为吃了感染疯牛病的牛肉，而是环境污染直接造成的。认为环境中超标的金属锰含量可能是"疯牛病"和"克—雅氏病"的病因。

5. 毒性

疯牛病是危害中枢神经系统的传染性疾病，使生物体的认知和运动功能严重衰退直至死亡。其中人的克—雅氏病是一种罕见的、主要发生在 50~70 岁、可传播的。

6. 致病机制

Prion 病是一种人和动物的致死性中枢神经系统慢性退行性疾病。对 Prion 病的详细机制虽不完全清楚，但目前普遍认为 Prion 病发生的基本原理是：以 $\alpha$-螺旋为主的对蛋白酶敏感的不具有感染能力的细胞型（正常型）朊病毒蛋白（cellular PrP，PrPc）转变成以 $\beta$ 片层为主的对蛋白酶抵抗的具有感染能力的不溶性瘙痒型（致病型 P）朊病毒蛋白（scrapie PrP，PrPsc）。一方面，PrPsc 可胁迫 PrPc 转化为 PrPsc，实现可产生病理效应的自我复制；另一方面，基因突变也可导致细胞型 PrPc 中的 $\alpha$-螺旋结构不稳定，当累积至一定量时就会产生伴随 $\beta$-片层增加的自发性转化，最终变为 PrPsc，并通过多米诺效应倍增致病。结构的改变导致致病作用发生改变的确切机制目前并不十分清楚。

Prion 病一方面既是传染病，也是遗传病，还可以是个案病例；另一方面，PrPsc 作为致病因子，即可在同一种属间进行传播；在人的 Prion 病例中，约有 10% 具有家族性，且与 PrP 基因突变连锁，故该病具有遗传性，但偶尔也发现有单发的个案病例。对于人类而言，朊病毒病的传染有两种方式：其一为遗传性的，即人家族性朊病毒传染；其二为医源性的，如角膜移植、脑电图电极的植入、不慎使用污染的外科器械以及注射取自人垂体的生长激素等。可能的第三种方式是食物传播。

7. 临床症状

临床表现为脑组织的海绵样变性、空泡化和朊病毒的出现，无免疫反应。动物感染朊病毒会使病牛脑组织呈海绵状病变，出现步态不稳、平衡失调、瘙痒、烦躁不安等症状，在 14~90d 内死亡。人感染朊病毒后会出现睡眠紊乱、失语症、肌肉萎缩和进行性痴呆等，在发病一年内死亡。病原体通过血液进入人的大脑，将人的脑组织变成海绵状，如同浆糊，完全失去功能。

8.诊断和措施

除传统的病理组织学检查外,以人工合成的特异的朊病毒蛋白(PrP)为抗原制备免疫血清,用免疫印迹法染色检测脑组织,进行该病的诊断。

目前尚无有效的预防和治疗方法。朊病毒颗粒对所有杀灭病毒的物理化学因素均有抵抗力,能够预防和杀灭感染性细菌和病毒的所有一般性措施都不能有效地灭活它。①温度:可低温或冷冻保存。物理灭活方法为高压灭菌134～138℃,18min(该温度范围不一定能使之完全失活);②pH:在较宽的pH范围内稳定;③消毒剂:用含2%有效氯的次氯酸钠或2M的氢氧化钠溶液,20℃,1h以上用于表面消毒,作用过夜用于设备消毒。

## 二、禽流感病毒

禽流感是由A型禽类流行性感冒病毒引起的一种急性传染病。

1.生物学特性

禽流感病毒(AIV)属甲型流感病毒。流行性感冒病毒属于RNA病毒的正黏病毒科,分甲、乙、丙3个型。其中甲型流感病毒多发于禽类,一些亚型也可感染猪、马、海豹和鲸等各种哺乳动物及人类;乙型和丙型流感病毒则分别见于海豹和猪的感染。甲型流感病毒呈多形性,其中球形直径80～120nm,有囊膜。基因组为分节段单股负链RNA。依据其外膜血凝素(H)和神经氨酸酶(N)蛋白抗原性的不同,目前可分为15个H亚型(H1～H15)和9个N亚型(N1～N9)。感染人的禽流感病毒亚型主要为H5N1、H9N2、H7N7,其中感染H5N1的患者病情重,病死率高。研究表明,原本为低致病性禽流感病毒毒株(H5N2、H7N7、H9N2),可经6～9个月禽间U流行的迅速变异而成为高致病性毒株(H5N1)。

禽流感病毒对乙醚、氯仿、丙酮等有机溶剂均敏感。常用消毒剂容易将其灭活,如氧化剂、稀酸、十二烷基硫酸钠、卤素化合物(如漂白粉和碘剂)等都能迅速破坏其传染性。禽流感病毒对热比较敏感,65℃加热30min或煮沸(100℃)2min以上可灭活。病毒在粪便中可存活1周,在水中可存活1个月,在pH < 4.1的条件下也具有存活能力。病毒对低温抵抗力较强,在有甘油保护的情况下可保持活力1年以上。病毒在直射阳光下40～48h即可灭活,如果用紫外线直接照射,可迅速破坏其传染性。禽流感病毒可在水禽的消化道中繁殖。

2.致病机制

病禽和带病毒的禽类是主要的传染源。鸭、鹅等家养水禽和野生水禽在本病传播中起重要作用,候鸟也可能起一定作用。禽流感的传播方式有感染禽和易感禽的直接接触和与病毒污染物的间接接触传播两种。可以直接通过接触活的病禽、可能污染的禽类产品传播。禽流感病毒可在污染的禽肉中存活很长时间,可以通过污染食品传播,如冻禽肉。

禽流感病毒可在水禽的消化道中繁殖,其存在于病禽的所有组织中,主要存在于消化道和呼吸道。急性流感病禽的血液中大多含有高滴度的病毒。因此,病禽的血液有极高的感染性,即使稀释几亿倍,仍可使易感的成年鸡发病死亡。病禽各组织中大多含有高滴度的病毒,病毒可随眼、鼻等分泌物及粪便排出体外。因此,被含病毒分泌物及粪便污染的任何物体,如饲料、水、房舍设施、笼具、衣物、空气、运输车辆和昆虫等,都具有机械性传播作用。禽流感病毒能否通过禽卵垂直传播的问题还未有大量资料能证实,但有从流感病禽卵中分离出禽流感病毒的报道,在美国宾夕法尼亚州暴发禽流感期间也从鸡蛋中分离出 H5N2 病毒。用宾夕法尼亚 H5N2 毒株人工感染母鸡,在感染后 3d 和 4d 几乎所产的蛋全部都含有流感病毒。食用污染的禽蛋非常危险,污染鸡群的种蛋不能用作孵化。本病发生虽无明显季节性,但常常以冬春季气温较低时多发。病毒在 37℃ 的粪便中可存活 6d,4℃ 的粪便中可存活 35d。因此,普通的食品保藏方法对病毒影响不大。

禽流感病毒的易感动物包括珍珠鸡、火鸡、各种禽类以及野禽。在各种禽类中,火鸡最常发生流感暴发流行,其他易感禽类包括燕鸥、鸽、鸭和鹅等。近年来在人工感染试验中,发现猪、雪豹、猫、水貂、猴和人都能被来自禽类流感病毒感染。

3. 传染源

病禽及其尸体的血液、内脏、分泌物和排泄物,通过被污染的用具、场地、吸血昆虫而传播该病。

4. 传播途径

此病可通过消化道、呼吸道、皮肤损伤和眼结膜等多种途径传播。

5. 人感染临床症状

早期类似普通流感,高热(持续 39℃ 以上,热程 1~7d,一般为 2~3d)、咳嗽、流涕、肌痛等。多数伴有严重的肺炎,少数伴胸腔积液。淋巴细胞大多降低,血小板正常。骨髓穿刺示细胞增生活跃,反应性组织细胞增生伴出血性吞噬现象。部分患者可有恶心、腹痛、腹泻、稀水样便等消化道症状。严重者心、肾等多种脏器衰竭导致死亡,病死率很高。

6.流感与禽流感之间的关系

同属 A 型流感病毒致病,感染性在病毒的 H 抗原上,普通人类流感病毒属 H3 及 H1 型,而从禽鸟传染人类的禽流感病毒则属 H5 型。

三个原因阻止了禽流感病毒对人类的侵袭:①人呼吸道上皮细胞不含禽流感病毒的特异性受体;②所有能在人群中流行的流感病毒,其基因组必须含有几个人流感病毒的基因片段;③高致病性的禽流感病毒由于含碱性氨基酸数目较多,使其在人体内的复制比较困难。

### 三、诺瓦克病毒

1968 年 Kapikian 等在美国俄亥俄州诺瓦克镇一起腹泻暴发流行的急性胃肠炎患者粪便中发现并因此而得名。随后世界各地陆续自胃肠炎患者粪便中分离出多种形态与诺瓦克病毒接近、核苷酸同源性较高、但抗原性有一定差异的病毒,统称为诺瓦克样病毒(Norwalk-like viruses,NLV)。

诺瓦克病毒是这组病毒的原型株。1993 年通过分析其 cDNA 克隆的核酸序列,将诺瓦克病毒归属于杯状病毒科(Calici Virus)。诺瓦克病毒成员庞杂,目前已对其 100 多个分离株进行基因测序。根据 RNA 聚合酶区或衣壳蛋白区核苷酸和氨基酸序列的同源性比较,将诺瓦克样病毒分为两个基因组:基因组 I,代表株 NV,包括 SV、Desert shield virus(DSV)等;基因组 II,代表株 SMV,包括 HV、Mexio virus(MX)等。

1. 生物学特性

诺瓦克样病毒属杯状病毒科,无包膜,表面粗糙,球形。分离自急性胃肠炎病人的粪便;不能在细胞或组织中培养;基因组为单股正链 RNA;在 CsCl 密度梯度中的浮力密度为 $1.36\sim1.41\mathrm{g/cm^3}$;电镜下缺乏显著的形态学特征。根据暴发地区不同有很多血清型。

2. 致病机理和临床症状

诺瓦克样病毒引起病毒性胃肠炎或称为急性非细菌性胃肠炎。潜伏期通常为 24~48h,患者突然发生恶心呕吐、腹泻、腹痛、腹绞痛,有时伴有低热、头痛、乏力及食欲减退,病程一般为 2~3d。病毒感染剂量还不清楚。所有人都可感染发病,但主要感染大龄儿童和成年人。人体获得对诺瓦克病毒的免疫力后,免疫作用维持时间比较短,这是人反复发生胃肠炎的主要原因之一。

3. 传播途径

诺瓦克病毒主要是通过污染水和食物经粪—口途径而传播,也有人和人之间相互传播的,水是引起疾病暴发的最常见的传染源,自来水、井水、游泳池水等都可以引起病毒的传播。诺瓦克病毒感染的患者、隐性感染者及健康携带者均可作为传染源。原发场所包括学校、家庭、旅游区、医院、食堂、军队等,食用被病毒污染的食物如牡蛎、鸡蛋及水等最常引起暴发性胃肠炎流行。生吃贝类食物是导致诺瓦克病毒胃肠炎暴发流行的最常见原因。

4. 控制措施

避免食用受污染的食品,人食用诺瓦克病毒污染的贝类、沙拉等食品均可导致发病。在易发地区对易污染的食品更要注意其安全性。

## 四、轮状病毒

轮状病毒是病毒性胃肠炎的主要病原,也是导致婴幼儿死亡的主要原因之一。

1. 生物学特性

病毒体直径 $60 \sim 80nm$,呈球形,有双层衣壳,无包膜。电镜下观察,病毒的内衣壳由 $22 \sim 24$ 个辐射状结构的亚单位附着在病毒核心上,向上伸出与外衣壳汇合形成车轮状,故称轮状病毒(rotavirus)。电镜下可见四种颗粒形态:双壳含核心颗粒、双壳空颗粒、单壳含核心颗粒和单壳空颗粒,仅双壳含核心颗粒具有感染性。轮状病毒基因组由 11 个不连续的双股 RNA 基因片段组成,每个 RNA 片段编码一种蛋白,包括 6 种结构蛋白(VP1 ~ VP4,VP6 及 VP7)和 5 种非结构蛋白(NSP1 ~ NSP5),其中 VP4 转录后经蛋白水解酶裂解成 VP5 和 VP8,使病毒具有感染性。VP1 ~ VP3 三种结构蛋白位于病毒核心;VP6 存在于内衣壳上,是主要的病毒蛋白成分。根据其抗原性的差异可将轮状病毒分成 A ~ G 七组,感染人类的主要是 A 组和 B 组。

2. 理化性质

轮状病毒在环境中相当稳定,对理化因素及外界环境的抵抗力较强,在粪便中可存活数天到数周,耐乙醚、耐酸、耐碱。pH 值适应范围广,pH $3.5 \sim 10.0$ 仍可保持感染性,不耐热,$55℃$,30min 可被灭活。

3. 致病机理和临床症状

A ~ C 组轮状病毒引起人和动物腹泻,D ~ G 组仅引起动物腹泻。A 组轮状病毒感染呈世界性分布,感染最常见于 6 个月到 2 岁的婴幼儿,是引起婴幼儿严重胃肠炎的主要病原,在发展中国家是导致婴幼儿死亡的主要原因之一,传染源是病人和无症状带毒者从粪便排出的病毒经粪—口途径传播,病毒侵入人体后在小肠猫腹绒毛细胞内增殖造成细胞溶解死亡,微绒毛萎缩、变短和脱落腺窝细胞增生、分泌增多,导致严重腹泻。潜伏期为24~48h,突然发病出现发热、腹泻、呕吐和脱水等症状。一般为自限性,可完全恢复。B型轮状病毒可在年长儿童和成人中暴发流行,可引起成人急性胃肠炎,但至今仅我国有过报道;C型病毒对人的致病性与A类相似,但发病率低。温带地区婴幼儿轮状病毒腹泻有比较明显的季节性,发病率在寒冷的秋冬季高,夏季低,但热带地区季节性不明显。

传染源为病人及无症状的带毒者,主要通过粪—口途径和密切接触传播,也可通过呼吸道传播。病毒侵入人体后在小肠黏膜绒毛细胞内增殖,使细胞受损,造成微绒毛萎缩、变短、脱落。受损细胞合成双糖酶的能力丧失,致使小肠吸收功能障碍,乳糖及其他双糖在肠腔内滞留,导致腹泻与消化不良。临床上表现为呕吐、腹泻、腹痛和脱水,伴发热。少数患儿因严重脱水和电解质平衡紊乱而致死。病后可很快产生血清抗体(IgG、IgM)和肠道局部分泌型抗体(SIgA),对同型病毒感染有免疫保护作用。但不同的病毒血清型间无交叉免疫,故可再次感染。新生儿可通过胎盘从母体获得特异性IgG,从初乳中获得SIgA,因而新生儿常不受感染或仅为亚临床感染。

4. 传播途径

病毒通过粪便排到外界环境,污染土壤、食品和水源,经消化道传染给其他人群。轮状病毒有抵抗蛋白分解酶和胃酸的作用,能通过胃到达小肠,引起急性胃肠炎。感染剂量为10~100个感染性病毒颗粒。通过病毒感染的手、用品和餐具完全可以使食品中的轮状病毒达到感染剂量。

5. 控制措施

主要是控制传染源,切断传播途径,严格消毒可能污染的物品。讲究个人卫生,饭前便后洗手,防止病毒污染食品和水源。食用冷藏食品时尽量进行加热处理,对可疑污染的食品食用前一定要彻底加热。可以接种疫苗提高免疫力。

## 五、肠道冠状病毒

1. 生物学特性

肠道冠状病毒呈圆形或类圆形,直径80~160nm,有包膜,其包膜上有排列间隔较宽的刺突,刺突大小为20nm×(5~11)nm。核衣壳呈螺旋对称,核酸为单股正链RNA,长度为$(2.7~3.0)×10^4$核苷酸,是自然界中已知最大的稳定的RNA。

冠状病毒基因组结构多来自易培养的动物,近年来才有关于冠状病毒序列的报道。冠状病毒病是由冠状病毒(Coronavirus)引起的一种疾病,是一种典型的人畜共患病。冠状病毒具有包膜,对脂溶剂敏感。冠状病毒比较稳定,低温下可冻存数年而不改变其感染性。在 37℃ 时,人冠状病毒至少可存活 2h。但加温 56℃,10min 则可灭活。气溶胶化的冠状病毒对温度的抵抗力较强,80℃ 高温下,半寿期为 3h,30℃ 时,半寿期可达 26h;此时如将湿度提高到 80%,则半寿期为 86h。冠状病毒对化学消毒剂中的氧化剂敏感,如过氧化酸、碘伏、含氯化合物、戊二醛可灭活冠状病毒。

**2. 致病机制**

一般认为,冠状病毒的复制首先是病毒颗粒经受体介导吸附于敏感细胞膜上,一些包膜上含有 HE 蛋白的冠状病毒则通过 HE 或 S 蛋白结合于细胞膜上的糖蛋白受体,而不含 HE 蛋白的冠状病毒则以 S 蛋白直接结合细胞膜表面的特异糖蛋白受体。然后吸附在敏感细胞膜上的病毒颗粒通过膜融合或细胞内吞侵入,其膜融合的最适 pH 范围一般为中性或弱碱性。病毒感染敏感细胞后经过 2~4h 潜伏期,开始出现增殖,培养 10~12h 就完成一步生长曲线,感染后细胞刚出现病变时,病毒增殖已达高峰。

人肠道冠状病毒选择性地感染肠黏膜中起吸收作用的绒毛上皮细胞,引起绒毛的萎缩,不同毒株可选择性地侵犯小肠、大肠或结肠,表现的临床严重程度也很不一致,可从轻微肠炎快速发展到致死性腹泻,主要依靠局部免疫反应克服肠道感染。感染后可引起体液免疫和细胞免疫,但持续时间不超过一年,再感染常见。在人群中曾进行过抗体调查,北京抗冠状病毒抗体比率为 61.6%,昆明为 27.5%,贵阳为 30.5%。由于抗体消失较快,上述数字表明人群的感染还是比较普遍。人口密度和人群流动显著影响人群的感染率。

## 六、肝炎病毒

肝炎是引起病毒性肝炎的病原体。对人类危害最大的是甲、乙型肝炎病毒。由食品传播的肝炎病毒有甲型和戊型两种。污染的水源和食品,其中水、贝甲壳类动物是最常见的污染源。传播途径是通过人→口→粪途径传播的急性传染病。

病毒感染人类后会出现食欲下降;乏力;低热;肌肉或关节痛;恶心、呕吐;腹痛的症状。肝脏轻度肿大,可触及质地较软或中等硬度的肝脏,或有压痛、叩击痛。有些病例可无任何体征。有些病例可出现肝病面容,表现为面色黯黑、黄褐无华、粗糙、唇色暗紫等;还可引起颜面毛细血管扩张、蜘蛛痣及肝掌,有些病人可有脾肿大。巩膜或皮肤黄染,比消化道症状出现晚。

尽管各型病毒对肝脏的影响及引起的肝炎症状相似,但不同肝炎的传染途径不同。病毒性肝炎的严重程度和持续时间主要取决于病原体。肝炎病毒可以通过加强饮食卫生、保护水源,对食品生产人员定期体检,接种肝炎疫苗来进行预防及控制。玉科类型病毒肝炎的比较见表3-1。

1. 甲型肝炎

通常是通过粪便污染的食物或水经口传播的。它不引起肝脏的慢性病变,危险性相对较小。甲型肝炎病毒的传播与不正确的食品加工、接触患病家庭成员、在日托中心共享玩具、生食在污染水中生长的贝类有关。

2. 乙型肝炎

乙肝病毒是传播最为广泛的病毒性肝炎。

传播途径:乙型肝炎病毒可由母亲在婴儿出生时及出生后的一段时间传给孩子。也可通过性接触、输血及静脉吸毒者共用注射针头而传播。病原体也可在成人及孩子间相互传播而感染整个家庭。大约有1/3的乙肝病例不能确定感染来源。

致病性:多数乙型肝炎患者可以完全恢复,只有少数患者不能摆脱疾病,并发展为慢性肝炎及肝硬化。慢性肝炎病人可能是病毒携带者,也就是说,即使他们的自觉症状已经完全消失,仍可将病毒传播给其他人。只有1%或2%的病人死于此病。

3. 丙型肝炎

一般通过血液或污染针管传播。尽管丙肝引起的症状很轻或根本没有症状,20%~30%的慢性携带者在10年内进展为肝硬化。本病可以通过输血传播,但新开展的检查方法已使这类病例大为减少。约1/3病人的感染途径不详。

4. 丁型肝炎

只出现在已感染乙型肝炎的病人中,并有使病情加重的趋势。它可以通过母婴传播或通过性接触传播。此型肝炎在五种类型病毒性肝炎中最为少见,但也最危险,因为同时有两种疾病在起作用。

5. 戊型肝炎

与甲肝类似,本病常通过污染的粪便传播,并且不会导致慢性肝炎。此型肝炎的危险程度比甲肝略高,特别是对妊娠妇女。

6. 酒精、中毒及药物相关性肝炎

可以引起与病毒性肝炎相同的症状及肝损害。这类肝炎并非由入侵的微生物所致,而是由长期过量饮酒,摄入环境中的毒物或误用某些药物引起。

表 3-1　五种类型病毒性肝炎比较

| 项目 | 甲型肝炎 | 乙型肝炎 | 丙型肝炎 | 丁型肝炎 | 戊型肝炎 |
|---|---|---|---|---|---|
| 病毒 | hav | hbv | hcv | hdv | hev |
| 病毒分类 | 微小核糖核酸病毒 | 嗜肝脱氧核糖核酸病毒 | 黄病毒 | （缺陷病毒） | 杯状病毒 |
| 病毒大小 | 27nm | 42nm | 30~60nm | 40nm | 27~34nm |
| 基因 | ssrna(+) | dsdna | ssrna(+) | ssrna(-) | ssrna(+) |
| | 7.8kb | 3.2kb | 10.5kb | 1.7kb | 3.5kb |
| 抗原 | havag（vp1~4） | hbsag hbcag hbeag | hcvag | hdvag | hevag |
| 传播途径 | 肠道传播 | 肠道外及性传播 | 多数肠道外传播 | 多数和肠道外传播 | 肠道传播 |
| 潜伏期 | 25d | 75d | 50d | 50d | 40d |
| （范围） | 15~45d | 40~120d | 15~90d | 25~75d | 20~30d |
| 慢性化 | 无 | 3%~10% | 40%~70% | 2%~70% | 无 |
| 暴发性肝炎 | 0.20% | 0.20% | 0.20% | 2%~20% | 0.2%~10% |

## 七、狂犬病毒

狂犬病毒是弹状病毒科、狂犬病毒属中血清/基因 1 型病毒,而 2~6 型称"狂犬病相关病毒",在非洲和欧洲发现。

1. 生物学特性

狂犬病毒的外形呈弹状。仅有一种血清型,但毒力可发生变异。野毒株(自然感染动物体内分离的病毒毒株)致病力强,固定毒株(野毒株在家兔脑内连续传代,潜伏期缩短)对人及动物致病力弱,不引起狂犬病。

2. 理化性质

狂犬病毒对热、紫外线、日光、干燥的抵抗力弱,加温 50℃,1h 或 60℃,5min 即死,也易被强酸、强碱、甲醛、碘、乙酸、乙醚、肥皂水及离子型和非离子型去污剂灭活。4℃可保存 1 周,如置 50%甘油中于室温下可保持活性 1 周。

3. 传染途径

狂犬病毒是一种人兽共患性疾病,在野生动物(狼、狐狸、鼬鼠、蝙蝠等)及家养动物(狗、猫、牛等)之间传播。人狂犬病主要被患病动物咬伤所致,或与畜密切接触有关。也可能通过不显性皮肤或黏膜而传播,如宰狗、切狗肉等引起感染。在大量感染蝙蝠的密集区,其分泌液造成气雾,可引起呼吸道感染。

4. 致病性和免疫性

狂犬病毒的致病性表现在:

(1)人主要被病兽或带毒动物咬伤后感染。一旦受染,如不及时采取有效防治措施,可导致严重的中枢神经系统急性传染病,病死率高。

(2)人被咬伤后,病毒进入伤口,先在该部周围神经背根神经节内,沿着传入感觉神经纤维上行至脊髓后角,然后散布到脊髓和脑的各部位内增殖损害。在发病前数日,病毒从脑内和脊髓沿传出神经进入唾液腺内增殖,不断随唾液排出。

(3)潜伏期 1~2 个月,短者 5~10d,长者 1 年至数年。潜伏期的长短取决于咬伤部位与头部距离远近、伤口的大小、深浅、有无衣服阻挡,以及侵入病毒的数量。

(4)人发病时,先感不安,头痛,发热,侵入部位有刺痛或出现爬蚁走的异常感染。继而出现神经兴奋性增强、脉速、出汗、流涎、多泪、瞳孔放大,吞咽时咽喉肌肉发生痉挛,见水或其他轻微刺激可引起发作,故又名"恐水病"。最后转入麻痹、昏迷、呼吸及循环衰竭而死亡,病程 5~7d。

## 八、口蹄疫病毒

口蹄疫是由口蹄疫病毒感染的急性、热性、接触性传染病,是偶蹄类动物物共患的高度传染性的疾病。最易感染的动物是黄牛、水牛、猪、骆驼、羊、鹿等,黄羊、麝、野猪、野牛等野生动物也易感染此病。

口蹄疫病毒在病畜的水泡皮内和淋巴液中含毒量最高,在发热期间血液内含毒量最多,奶、尿、口涎、泪和粪便中都含有口蹄疫病毒。口蹄疫病毒耐热性差,夏季很少爆发,而病兽的肉只要加热超过 100℃ 也可将病毒全部杀死。

1. 治疗

口蹄疫病毒不怕干燥,但对酸碱敏感,80~100℃温度也可杀灭它。通常用氢氧化钠、过氧乙酸、消特灵等药品对被污染的器具、动物舍或场地进行消毒。隔离、封锁、疫苗接种等方式可预防口蹄疫的发生。用碘甘油涂布患处、消毒液洗涤口腔等是常用的治疗方法,但目前没有特效药。

2. 临床症状

患口蹄疫的动物会出现发热、跛行和在皮肤与皮肤黏膜上出现泡状斑疹等症状。恶性口蹄疫还会导致病畜心脏停搏并迅速死亡。病毒排出量在病畜的内唇、舌面水疱或糜烂处,在蹄趾间、蹄上皮部水疱或烂斑处以及乳房处水疱最多,其次流涎、乳汁、粪、尿及呼出的气体中也会有病毒排出。

人感染口蹄疫病毒的临床症状为:潜伏期 2~18d,症状为发烧,口腔干热,唇、齿龈、舌边、颊部、咽部潮红,出现水疱(手指尖、手掌、脚趾),同时伴有头痛、恶心、呕吐或腹泻。患者在数天后痊愈,愈后良好。但有时可并发心肌炎。患者对人基本无传染性,但可把病毒传染给牲畜动物,再度引起畜间口蹄疫流行。

3. 防控措施

因为感染口蹄疫动物的生肉在外观上通过肉眼是无法辨别,所以在购买猪、牛、羊等偶蹄类动物的生肉时,一定要检查其是否具有肉检部门的合格证明。不要购买发生口蹄疫国家的偶蹄类动物肉食及其加工产品。在流行区及封锁区禁止人畜及物品流动,捕杀疫畜及疫畜群,并做无害化处理,同时进行多方面的严格消毒处理。

口蹄疫病毒要注重防疫。当前许多国家都有口蹄疫疫苗,实践证明,对易感动物定期进行预防接种,是预防口蹄疫病毒流行的有效方法之一。普及宣传疫病常识,提高公众自我保护意识,禁止销售和食用带毒动物源性食品。

加工生肉的刀、菜板、容器等要与熟食分开,避免交叉污染。食品加工企业应建在远离牲畜养殖场、屠宰场和农贸市场的地方,厂区应避免受到动物粪便污染。

## 九、猪水疱病病毒

猪水疱病病毒 1966 年最早发现于意大利。在 20 世纪 70 年代在中国香港和台湾、英国、澳大利亚、波兰、日本已有暴发。

1. 病原和生物学特性

猪水疱病病毒属于小核糖核酸病毒科、猪肠道病毒属,对乙醚有抵抗力,对酸不敏感。无血凝性,病毒对环境和消毒药有较强抵抗力,在 50℃,30min 仍不失感染力,病毒在污染的猪舍内存活 8 周以上,病猪肉腌制后 3 个月仍可检出病毒。

2. 流行病学

猪是目前已知的唯一感染此病的家畜,人被感染也有报道。猪传染性水疱病毒与人的肠道病毒柯萨奇 B5 有亲缘关系。病猪、潜伏期的猪和病愈带毒猪是主要的传染源,病毒通过受伤的蹄部、鼻端的皮肤,消化道黏膜进入体内。本病无明显的季节性,传播不如口蹄疫病毒快,不呈席卷之势。

3. 症状

蹄、下肢、唇、舌面出现水疱(临床上与口蹄疫难以区分),蹄部水疱破裂,发生糜烂、溃疡后引起跛行和起立困难。幼猪个别有神经症状。少数病例在心内膜有条状出血斑。水疱发生部位的皮肤出现局部性渗出性炎症,皮肤上皮细胞变性坏死。病猪食欲减退,精神不振,体温升高。

猪水疱病一般通过病原分离鉴定,进行血清学试验来诊断。

# 第四节　寄生虫

寄生虫病对人体健康和畜牧家禽业的危害均十分严重。在占世界总人口77%的广大发展中国家,特别在热带和亚热带地区,寄生虫病依然广泛流行,威胁着儿童和成人的健康甚至生命。联合国开发计划署、世界卫生组织等联合倡议的热带病特别规划要求防治的六类主要热带病中,除麻风病外,其余五类都是寄生虫病,即疟疾(malaria)、血吸虫病(shistosomaiasis)、丝虫病(filariasis)、利什曼病(leishmaniasis)和锥虫病(trypanosomiasis)。

1. 食源性寄生虫的流行病学

食源性寄生虫的传染源是感染寄生虫的人和动物,传染源通过粪便排出成虫或虫卵,污染环境,进而污染食品。

消化道是食源性寄生虫病的传播途径。隐孢子虫、蛔虫、钩虫等通过人—环境—人进行传播,猪带绦虫、肝片吸虫等通过人—环境—中间宿主—人途径,旋毛虫、弓形虫等则以保虫宿主—人或保虫宿主—环境—人方式传播。

食源性寄生虫病的流行特征为暴发流行与食物有关;于近期食用过相同的食物;发病集中;具有相似的临床症状;流行具有明显的地域性和季节性。

2. 食源性寄生虫对人类的危害性

通过食品感染人体的寄生虫称为食源性寄生虫,主要包括原虫、吸虫、绦虫和线虫等。食源性寄生虫病是由于摄入了被寄生虫或其虫卵污染的食物而感染的寄生虫病。寄生虫侵入人体,在移行、发育、繁殖和寄生过程中对人体组织和器官造成的损害主要有三个方面:夺取营养、机械性损伤、毒素作用与免疫损伤、造成栓塞。

3. 食源性寄生虫的诊断

临床诊断:根据食源性寄生虫病的流行病学特点和患者的临床表现可做出初步诊断。病原学诊断:取患者的排泄物、被污染的食品或水,做虫卵、包囊或虫体的检查。免疫学方法或其他生物技术:皮敏试验、琼扩试验、间接血凝、ELISA、乳胶凝集试验(LAT)、间接荧光抗体试验(IFAT)、PCR、核酸探针和免疫印迹技术等。

4. 食源性寄生虫的防治

食源性寄生虫可以从以下几个方面进行防治:①切断传染源:防疫、灭虫等;②消灭中间宿主;③加强食品卫生监督检验;④食物原料来源要可靠,用于生食的食品应经过寄生虫检验;注意原材料贮藏过程中的卫生控制,做到清洁、干燥、通风;⑤改进加工方法和不卫生习惯:保持良好的个人卫生;制作食品的水要卫生;加工食物的温度要足够高,时间要足够长;改变不良饮食习惯;⑥保持环境卫生;⑦加强动物饲养管理;⑧生食瓜果蔬菜洗净。

5. 食源性寄生虫的分类

肉源性寄生虫:例如,猪带绦虫、旋毛虫、牛带绦虫、弓形虫等。

螺源性寄生虫:例如,广州管圆线虫。

淡水甲壳动物源性寄生虫:例如,肺吸虫。

鱼源性寄生虫:例如,肝吸虫。

植物源性寄牛虫:例如,肝片形吸虫病、布氏姜片虫病。

6. 食源性寄生虫病

原虫病:例如,弓形虫病。

吸虫病:例如,华支睾吸虫病(肝吸虫)、并殖吸虫病(肺吸虫病)、肝片形吸虫病、姜片吸虫病。

绦虫病:猪肉绦虫病、牛肉绦虫病、曼氏迭宫绦虫病。

线虫病:旋毛形线虫病、蛔虫病、广州管圆线虫病、异尖线虫病、棘颚口线虫病。

# 一、原虫病

## (一)弓形虫病

弓形虫病由一种专性细胞内寄生的原虫引起,为人兽共患病。细胞内寄生性原虫弓形虫属顶端复合物亚门孢子虫纲真球虫目。分有性生殖和无性生殖,生活史中出现5种形态,即滋养体、包囊、裂殖体、配子体和卵囊。

1. 传染源

猫和猫科动物是终宿主。人、哺乳动物为中间宿主。动物为主要传染源,猫及猫科动物为重要传染源,人类通过胎盘垂直传播。潜伏期 $10 \sim 23d$。

2.传播途径

分先天性(母婴传播)和获得性(经口感染)。获得性弓形虫病通过以下途径感染:食入新鲜或蒸煮不彻底的含弓形虫的肉制品、蛋类、生鲜奶类,处理不当的食物;接触感染弓形虫的动物;感染弓形虫的孕妇经胎盘垂直传播;节肢动物叮咬;经输血或器官移植等。弓形虫病与艾滋病(AIDS)关系密切,在 AIDS 患者中,本病的感染率高达 30%~40%,是 AIDS 患者死亡原因之一。

3.临床表现

脑弓形虫病以亚急性方式起病,有头痛、偏瘫、癫痫发作视力障碍、神志不清,甚至昏迷。先天性弓形虫病表现:胎儿畸形、早产、死产等。出生以脑和眼症状为多见。获得性弓形虫病表现:无特异症状,淋巴结肿大、中枢神经系统异常、眼病等。

免疫功能正常人,大多数病人无症状;有症状者 10%~20%,主要临床表现有发热、全身不适、夜间出汗、肌肉疼痛、咽痛、皮疹、肝脾肿大、全身淋巴结肿大等。孕妇受染后病原通过胎盘感染胎儿,导致畸形或者死亡。

免疫功能缺陷病人,危险性极大,特别是潜在性感染的复发。致命性感染表现为高热、肺炎、皮疹、肝脾肿大、心肌炎、肌炎、睾丸炎。

4.预防措施

控制传染源:控制病猫,对病畜给予隔离和治疗;孕妇产前检查,发现感染给予治疗;妊娠妇女应作血清学检查,妊娠初期感染本病者应作人工流产,中、后期感染者应予治疗、血清学检查、弓形虫抗体阳性者不应供血,器官移植者血清抗体阳性者亦不宜使用。

切断传染途径:勿与猫狗等密切接触;防止猫粪污染食物、饮用水和饲料;不吃生的或不熟的肉类和生乳、生蛋等。

5.诊断标准

有生食肉禽、与猫密切接触史;具有典型的临床表现(视网膜脉络膜炎、脑积水、脑内钙化灶);病原学检查、免疫学检查。

6.治疗

治疗药物可以选择乙胺嘧啶、磺胺嘧啶、螺旋霉素。螺旋霉素为孕妇首选药。

### (二)溶组织内阿米巴

1.病原

溶组织内阿米巴(entamoeba histolytica)属内阿米巴科的内阿米巴属。人为溶组织内阿米巴的适宜宿主,猫、狗和鼠等也可作为偶尔的宿主。人体感染的主要方式是经口感染,食用含有成熟包囊的粪便污染的食品、饮水或使用污染的餐具均可导致感染。食源性暴发流行则是由于不卫生的用餐习惯或食用由包囊携带者制备的食品而引起。

2. 致病机制

被粪便污染的食品、饮水中的感染性包囊经口摄入通过胃和小肠,在回肠末端或结肠中性或碱性环境中,由于包囊中的虫体运动和肠道内酶的作用,包囊壁在某一点变薄,囊内虫体多次伸长,假足伸缩,虫体脱囊而出。4 核的虫体经三次胞质分裂和一次核分裂发展成 8 个滋养体,随即在结肠上端摄食细菌并进行二分裂增殖。虫体在肠腔内下移的过程中,随着肠内容物的脱水和环境变化等因素的刺激,而形成圆形的前包囊,分泌出厚的囊壁,经二次有丝分裂形成四核包囊,随粪便排出。包囊在外界潮湿环境中可存活并保持感染性数日至一个月,但在干燥环境中易死亡。

滋养体可侵入肠黏膜,吞噬红细胞,破坏肠壁,引起肠壁溃疡,也可随血流进入其他组织或器官,引起肠外阿米巴病。随坏死组织脱落进入肠腔的滋养体,可通过肠蠕动随粪便排出体外,滋养体在外界自然环境中只能短时间存活,即使被吞食也会在通过上消化道时被消化液所杀灭。

溶组织内阿米巴滋养体具有侵入宿主组织或器官、适应宿主的免疫反应和表达致病因子的能力。滋养体表达的致病因子可破坏细胞外间质,接触依赖性的溶解宿主组织和抵抗补体的溶解作用,其中破坏细胞外间质和溶解宿主组织是虫体侵入的重要方式。这些致病因子的转录水平是调节其致病潜能的重要机制。

### (三)疟原虫

1. 病原

疟原虫(plasmodium)的基本结构包括细胞核、细胞质和细胞膜,环状体以后各期产生消化分解血红蛋白后的最终产物——疟色素。疟原虫在红细胞内生长、发育、繁殖,形态变化很大。一般分为三个主要发育期:滋养体、裂殖体、配子体。

2. 致病机制

疟原虫的主要致病阶段是红细胞内期的裂体增殖期。致病力强弱与侵入的虫种、数量和人体免疫状态有关。经历潜伏期、疟疾发作、疟疾的再燃和复发、贫血、脾肿大。多数学者认为,凶险型疟疾的致病机制是聚集在脑血管内被疟原虫寄生的红细胞和血管内皮细胞发生粘连,造成微血管阻塞及局部缺氧所致。

### (四)隐孢子虫

隐孢子虫(cryptosporidium tyzzer)为体积微小的球虫类寄生虫。广泛存在多种脊椎动物体内,寄生于人和大多数哺乳动物的主要为微小隐孢子虫(C. par-vum),由微小隐孢子虫引起的疾病称隐孢子虫病,是一种以腹泻为主要临床表现的人畜共患性原虫病。

卵囊呈圆形或椭圆形,直径 $4 \sim 6 \mu m$,成熟卵囊内含 4 个裸露的子孢子和残留体(residual body)。子孢子呈月牙形,残留体由颗粒状物和空泡组成。在改良抗酸染色标本中,卵囊为玫瑰红色,背景为蓝绿色,对比性很强,囊内子孢子排列不规则,形态多样,残留体为暗黑(棕)色颗粒状。

隐孢子虫完成整个生活史只需一个宿主。生活史简单,可分为裂体增殖,配子生殖和孢子生殖三个阶段。虫体在宿主体内的发育时期称为内生阶段。随宿主粪便排出的成熟卵囊为感染阶段。

本虫主要寄生于小肠上皮细胞的刷状缘纳虫空泡内。寄生于肠黏膜的虫体,使黏膜表面出现凹陷,或呈火山口状。此外,艾滋病患者并发隐孢子虫性胆囊炎、胆管炎时,除呈急性炎症改变外,尚可引起坏疽样坏死。隐孢子虫的致病机理尚未完全澄清,很可能与多种因素有关。临床症状的严重程度与病程长短亦取决于宿主的免疫功能状况。

## 二、绦虫

绦虫(Cestoidea)是扁形动物门的一个纲。其身体呈背腹扁平的带状,一般由许多节片构成,少数种类不分节片。身体前端有一个特化的头节,附着器官都集中于此,有吸盘小钩或吸钩等构造,用以附着寄主肠壁,以适应肠的强烈蠕动。一般也有幼虫期,其幼虫也为寄生的,大多数只经过一个中间宿主。

虫体后端的孕卵节片、随宿主粪便排出或自动从宿主肛门爬出的节片有明显的活动力。节片内之虫卵随着节片之破坏,散落于粪便中。虫卵在外界可活数周之久。当孕卵节片或虫卵被中间宿主猪吞食后,在其小肠内受消化液的作用,胚膜溶解六钩蚴孵出,利用其小钩钻入肠壁,经血流或淋巴流带至全身各部,一般多在肌肉中经 $60 \sim 70d$ 发育为囊尾蚴(cysticercus)。囊尾蚴为卵圆形、乳白色、半透明的囊泡,头节凹陷在泡内,可见有小钩及吸盘。此种具囊尾蚴的肉俗称为米粒肉或豆肉。这种猪肉被人吃了后,如果囊尾蚴未被杀死,在十二指肠中其头节自囊内翻出,借小钩及吸盘附着于肠壁上,经 $2 \sim 3$ 个月后发育成熟。成虫寿命较长,据称有的可活 25 年以上。

人误食猪带绦虫虫卵,也可在肌肉、皮下、脑、眼等部位发育成囊尾蚴。其感染的方式有:经口误食被虫卵污染的食物、水及蔬菜等,或已有该虫寄生,经被污染的手传入口中,或由于肠之逆蠕动(恶心呕吐)将脱落的孕卵节片返入胃中,其情形与食入大量虫卵一样。由此可知,人不仅是猪带绦虫的终宿主,也可为其中间宿主。猪带绦虫病可引起患者消化不良、腹痛、腹泻、失眠、乏力、头痛,儿童可影响发育。猪囊尾蚴如寄生在人脑的部位,可引起癫痫、阵发性昏迷、呕吐、循环与呼吸紊乱;寄生在肌肉与皮下组织,可出现局部肌肉酸痛或麻木;寄生在眼的任何部位可引起视力障碍,甚至失明。此虫为世界性分布,但感染率不高,我国也有分布。

### 三、血吸虫

血吸虫也称裂体吸虫(schistosoma),寄生在宿主静脉中的扁形动物。寄生于人体的血吸虫种类较多,主要有三种,即日本血吸虫(*S. japonicum*)、曼氏血吸虫(*S. mansoni*)和埃及血吸虫(*S. haematobium*)。此外,在某些局部地区尚有间插血吸虫(*S. intercalatum*)、湄公血吸虫(S. mekongi)和马来血吸虫(*S. malayensis*)寄生在人体的病例报告。

血吸虫发育的不同阶段,尾蚴、童虫、成虫和虫卵均可对宿主引起不同的损害和复杂的免疫病理反应。

### 四、钩虫

钩虫(hookworm)是钩口科线虫的统称,发达的口囊是其形态学的特征。在寄生人体消化道的线虫中,钩虫的危害性最严重,由于钩虫的寄生,可使人体长期慢性失血,从而导致患者出现贫血及与贫血相关的症状。钩虫呈世界性分布,尤其在热带及亚热带地区,人群感染较为普遍。寄生人体的钩虫,主要有十二指肠钩口线虫(ancylostoma duodenale),简称十二指肠钩虫;美洲板口线虫(necator americanus),简称美洲钩虫。另外,偶尔可寄生人体的锡兰钩口线虫(ancylostoma ceylanicum),其危害性与前两种钩虫相似。

两种钩虫的致病作用相似。十二指肠钩蚴引起皮炎者较多,成虫导致的贫血亦较严重,同时还是引起婴儿钩虫病的主要虫种,因此,十二指肠钩虫较美洲钩虫对人体的危害更大。幼虫所致病变及症状:①钩蚴性皮炎。感染期钩蚴钻入皮肤后,数十分钟内患者局部皮肤即可有针刺、烧灼和奇痒感,进而出现充血斑点或丘疹,1~2d 内出现红肿及水疱,搔破后可有浅黄色液体流出。若有继发细菌感染则形成脓包,最后经结痂、脱皮而愈,此过程俗称为"粪毒"。皮炎部位多见于与泥土接触的足趾、手指间等皮肤较薄处,也可见于手、足的背部;②呼吸道症状。钩蚴移行至肺,穿破微血管进入肺泡时,可引起局部出血及炎性病变。患者可出现咳嗽、痰中带血,并常伴有畏寒、发热等全身症状。重者可表现持续性干咳和哮喘。若一次性大量感染钩蚴,则有引起暴发性钩虫性哮喘的可能。

成虫所致病变及症状:①消化道病变及症状。成虫以口囊咬附肠黏膜,可造成散在性出血点及小溃疡,有时也可形成片状出血性淤斑;②贫血。钩虫对人体的危害主要是由于成虫的吸血活动,致使患者长期慢性失血,铁和蛋白质不断耗损而导致贫血;③婴儿钩虫病。最常见的症状为解柏油样黑便,腹泻、食欲减退等体征有皮肤、黏膜苍白,心尖区可有收缩期杂音,肺偶可闻及啰音,肝、脾均有肿大等。此外,婴儿钩虫病还有以下特征:贫血严重、患儿发育极差,合并症多,如支气管肺炎、肠出血等;病死率较高。

## 五、蛲虫

蛲虫亦称屁股虫(seat worm)或线虫(thread worm),学名为 *Enterobius vermicularis* 或 *Oxyuris vermicularis*,是人类(尤其是儿童)肠内常见的寄生虫,也见于其他脊椎动物。蛲虫在皮肤上爬动引起痒觉,搔痒时虫卵粘在指甲缝,后被吞下,然后入肠。生活周期15~43d。

蠕形住肠线虫(enterobius vermicularis)简称蛲虫(pinworm),主要寄生于人体小肠末端、盲肠和结肠,引起蛲虫病(enterobiasis)。蛲虫病分布遍及全世界,是儿童常见的寄生虫病,常在家庭和幼儿园、小学等儿童集居的群体中传播。成虫细小,乳白色,呈线头样。成虫寄生于人体肠腔内,主要在盲肠、结肠及回肠下段,重度感染时甚至可达胃和食管,附着在肠黏膜上。成虫以肠腔内容物、组织或血液为食。

成虫寄生于肠道可造成肠黏膜损伤。轻度感染无明显症状,重度感染可引起营养不良和代谢紊乱。患者常表现为烦躁不安、失眠、食欲减退、夜间磨牙、消瘦。婴幼儿患者常表现为夜间反复哭吵,睡不安宁。长期反复感染,会影响儿童身心健康。

蛲虫虽不是组织内寄生虫,但有异位寄生现象,除侵入肠壁组织外,也可侵入生殖器官,引起阴道炎、子宫内膜炎、输卵管炎,若虫体进入腹腔,可导致蛲虫性腹膜炎和肉芽肿,常被误诊为肿瘤和结核病等。蛲虫性阑尾炎:成虫寄生在回盲部,成虫容易钻入阑尾引起炎症。蛲虫性泌尿生殖系统炎症:雌虫经女性阴道、子宫颈逆行进入子宫、输卵管和盆腔,可引起外阴炎、阴道炎、宫颈炎、子宫内膜炎或输卵管炎。蛲虫刺激尿道可致遗尿症(enuresis),侵入尿道、膀胱可引起尿路感染,出现尿频、尿急、尿痛等尿道刺激症状。虫体偶尔也可侵入男性的尿道、前列腺甚至肾脏。此外,还有蛲虫感染引起哮喘和肺部损伤等异位损害的报告。

# 第五节  昆虫

昆虫是影响食品安全性的一个重要因素,它们对粮食、水果和蔬菜等食品的破坏性很大。虫害不仅仅是昆虫能吃多少粮食的问题,而主要是当昆虫侵蚀了食品之后所造成的损害给细菌、酵母和霉菌的侵害提供了可乘之机,从而造成了进一步的损失。还能通过食品广泛传播病原微生物,引起和传播食源性疾病。由于昆虫具有较强的爬行或飞行能力,在污染食品、传播疾病危害中有着特别的作用。常见的有害昆虫有苍蝇、蟑螂、螨虫等。

## 一、苍蝇

苍蝇是日常生活中最常见、最主要的传播疾病的媒介昆虫,也是食品卫生中普遍存在的老问题。苍蝇的种类较多,与食品污染有关的主要是家蝇和大头金蝇等。家蝇能侵入任何地方,污染各种食物,传播许多种病原体如病毒、细菌、霉菌和寄生虫等。苍蝇以人的各种食物以及人畜排泄物为食。苍蝇的幼虫则以腐败食物为食。因此,苍蝇或其幼虫体表或内部携带着大量的病原体。当家蝇与食物接触时,它们携带的病原体传播到食物中或转移到苍蝇粪便中。此外,苍蝇只能摄取液体食物,在进食固体时,先将唾液和吸取的液体呕出以便溶解食物,而它们的唾液或呕吐物中含的病原体可以在进食时污染食品、设备、物品及器具。人摄入受苍蝇污染的食物有可能导致食源性疾病。预防和控制苍蝇危害最为有效的方法就是防止其飞入加工、储藏、制备及经营食品的区域,从而减少在这些区域中苍蝇的数量。迅速彻底地消除食品加工区域内的废弃物可防止苍蝇的侵入。采用安装纱窗和双道门具有防止苍蝇侵入的作用。为了减少食品企业周围环境对苍蝇的吸引,室外垃圾应尽可能远离门口,垃圾应置于密闭容器中。

## 二、蟑螂

蟑螂是全世界食品加工和食品服务部门内最为普遍的一类害虫,学名称蜚蠊,是食品危害中最大型的害虫,蟑螂是夜行性和喜温性的爬行昆虫,喜欢生活在温暖、潮湿、阴暗、不受惊扰、接近水源和食源的地方,一般在24~35℃之间最为活跃。其主要特点:见缝就钻、昼伏夜出、耐饥不耐渴、边吃边拉边吐、繁殖速度快等。蟑螂具有较强的耐饥力,在有水条件下,不吃任何食物可存活40d,不喝水也能存活7~10d。在60℃以上或-5℃以下才易死亡。研究表明,经蟑螂携带和传播的病原体主要有:①细菌类,如副霍乱弧菌、痢疾杆菌、猩红热溶血性链球菌、鼠伤寒沙门菌等40多种,以肠道菌最为重要;②病毒类,如乙肝病毒、脊灰病毒、腺病毒等,以及SARS冠状病毒特异性引物扩增可疑阳性;③寄生虫类,如钩虫、蛔虫、绦虫、蛲虫、鞭虫等多种寄生虫卵、原虫;④真菌类,如黄曲霉菌、黑曲霉菌等,引起多种疾病。

有效防止蟑螂的措施是:①保持环境整洁,清除垃圾、杂物、清扫卫生死角、清除蟑迹;②堵洞抹缝,用水泥将蟑螂孳生藏匿处的孔洞、缝隙堵嵌填平,及时修缮家具缝隙,修缮漏水的水龙头,堵塞各类废弃的开口管道,消除或尽量减少蟑螂的孳生场所;③收藏好食物、饲料,清除散落残存的食物,及时处理潲水泔脚,减少蟑螂可取食的食源和水源;④检查进入室内的货物,发现携带的蟑螂或虫卵应及时清除杀死,防止蟑螂带入。

## 三、螨类

螨类是属于蛛形纲、蜱螨亚纲的一大类群微小节肢动物。危害食品及影响人类健康的螨类主要是属于粉螨亚目的螨类,因其个体大小恰如一颗散落的面粉,故有"粉螨"的俗称,成螨体长不到0.5mm,肉眼不易见。一旦在食品仓库里发现螨类,此时已经造成了重大的经济损失。在中国,重要的食品螨类有粗脚粉螨、腐食酪螨、纳氏皱皮螨、椭圆食粉螨、家食甜螨、害嗜鳞螨、棕脊足螨、甜果螨、粉尘螨和马六甲肉食螨等。

螨虫主要污染储藏食品中的食糖、蜜饯、糕点、乳粉、干果及粮食。尤其是在糖的储存、运输和销售时,容易受到螨虫的污染。有资料显示,在1kg受污染的糖内可检出3万只螨虫。当人食用受螨虫污染的食品后,螨虫侵入人体肠道,损害肠黏膜并形成溃疡,引起腹痛、腹泻等症状。螨虫侵入肺部可引起肺螨病,可致肺毛细血管破裂而咯血等。预防螨虫污染的措施是保持食品的干燥,保持室内卫生、通风。食用储存过久的白糖,应先加热处理,70℃,3min以上即可杀灭螨虫。

## 四、甲虫

甲虫是危害食品及粮食的重要类群,体长 2~18mm。在全世界,鞘翅目储藏食品害虫有几百种,但重要的仅 20 多种。它们是玉米象、米象、谷象、咖啡豆象、谷蠹、大谷盗、锯谷盗、米扁虫、锈赤扁谷盗、长角扁谷盗、土耳其扁谷盗、杂拟谷盗、赤拟谷盗、脊胸露尾甲、黄斑露尾甲、日本蛛甲、裸蛛甲、烟草甲、药材甲、白腹皮蠹、黑毛皮蠹、赤足郭公虫、绿豆象、蚕豆象和豌豆象等。

## 五、蛾类

蛾类成虫翅展可达 20mm。在两对翅上覆有许多微小鳞片并构成图案。归在鳞翅目中。蛾类成虫不取食,危害食品的是其幼虫。根据织物和食品与包装材料中的蛀洞可以鉴别害虫种类。重要的种类有麦蛾、粉斑螟、烟草螟和印度谷螟等。保持良好的环境卫生、合理存放食品可以有效防止蛾类的危害。

## 六、书虱

书虱成虫体长约 2mm,属于啮虫目,全身淡黄色,半透明,常栖息于纸张和古旧书籍中,故有书虱的名称,中国主要的种类有无色书虱和嗜虫书虱等。由于它对储藏大米的危害严重,有"米虱"之俗称。大米保管不善,储藏 4 个月后由它所造成的质量损失可达 4%~6%。在欧洲各国书虱是一种家庭害虫,危害食糖和粉状食品。

# 第四章　化学性污染

## 第一节　有毒元素

### 一、食品中化学元素污染的来源与途径

1. 自然环境的污染

一些特殊地区如海底、火山地区的一些高含量有毒元素及其化合物可使动植物和水体污染带毒。

2. 工业三废和农药的污染

随着工农业生产的发展,有些农药中含有有毒金属,在一定条件下,可引起土壤的污染和在食用作物中残留。含有各种金属毒物的工业废气、废渣、废水不合理排放,也可造成环境污染,并使这些工业三废中的金属毒物转入食品。

3. 食品生产和加工过程的污染

在食品加工中使用的机械、管道、容器或加入的某些食品添加剂中存在的金属元素及其盐类,在一定条件下可污染食品。如酸性食品可从上釉的陶、瓷器中溶出铅和镉,从不锈钢器具中溶出铬,机械摩擦可使金属尘粒掺入面粉。

### 二、影响食品安全的化学元素

(一)汞

汞俗称水银,银白色液态金属。金属汞具有易蒸发特性,蒸发量随温度升高而增加,水中的汞蒸气能通过覆盖的水层进入空气。金属汞几乎不溶于水,易溶于硝酸,可溶于类脂质中。与金、银、镉等形成合金,称汞齐。汞可与烷基、烯基、炔烃基、芳基、有机酸残基结合而生成有机汞化合物。有机汞化合物都是脂溶性的,也有不同程度的水溶性。

1. 汞对食品的污染

汞对食品的污染主要是通过环境引起的,环境中汞的来源主要是工业上含汞废水的排放和应用汞农药造成的。排入大气、土壤中的汞,最终都可能转到水体中去。在水体中,汞及其化合物可被水中胶体颗粒、悬浮物、浮游生物等吸附

而沉积于水体的底质中。底质中的无机汞可以在微生物的作用下,转化为甲基汞或二甲基汞,通过食物链的一系列生物富集作用之后进入人体。

环境中的微生物可以使毒性低的无机汞转变成毒性高的甲基汞,鱼类吸收甲基汞的速度很快,通过食物链引起生物富集。在体内蓄积不易排出,相对而言植物不易富集汞,甲基汞的含量相对也低。食品中汞污染的来源主要有:①自然界的释放;②工矿企业中汞的流失和含汞三废的排放;③环境中毒性低的无机汞在微生物的作用下,能转化成毒性高的甲基汞,甲基汞溶于水,在水生生物中易于富集,并在体内蓄积不易排出。

### 2. 汞污染食品的危害

汞对人体的毒性主要取决于它的吸收率,金属汞的吸收率仅为0.01%,无机汞的吸收率平均为7%,而甲基汞吸收率可达95%以上,故甲基汞的毒性最大。汞与甲基汞均可通过呼吸道、消化道和皮肤侵入人体。无机汞进入血液后,大部分分布于血浆中,在人体内主要分布于肾脏,其次是肝脏和脾脏。主要从肾脏排出,也可经过肝脏借助胆汁排至肠道,此外还可由汗腺和唾液腺排出。

甲基汞绝大部分存在于红细胞内。甲基汞主要侵犯神经系统,特别是中枢神经系统,严重损害小脑和大脑。甲基汞经肾脏的排泄量小于总排出量的10%,大部分经胆汁以甲基汞半胱氨酸的形态从肠道排出。排出时,50%已转变为无机汞,而另一半可在肠道内被再吸收。故甲基汞的排出远比无机汞的排出缓慢,易于在人体内蓄积。除蓄积于肾、肝等脏器外,还可通过血脑屏障在脑组织内蓄积。此外甲基汞还可透过胎盘侵入胎儿体内使胎儿发生中毒。主要表现为发育不良、智力发育迟缓、畸形,甚至发生脑麻痹死亡。

慢性甲基汞中毒(水俣病)是世界上第一个出现的由环境污染所致的公害病。位于日本南部沿海的水俣湾,于1953年前后曾有多人患了以神经系统症状为主的一种奇病,经过日本近10年的研究查明,是由于甲基汞中毒而引起的。原因是位于水俣湾的一家氮肥厂以无机汞作为催化剂,在生产乙醛和氯乙烯的过程中,使无机汞转化成甲基汞,含有甲基汞的工厂废水排放到海湾后经过食物链的作用,甲基汞富集到鱼贝类体内,人和动物因食鱼贝类而引起甲基汞中毒。水俣病最常出现的特异性的体征是末梢感觉减退,视野向心性缩小,听力障碍及共济性运动失调,智力障碍以及震颤无力等。

### 3. 食品中汞的限量

WHO规定成人每周摄入总汞量不得超过0.3mg,其中甲基汞摄入量每周不得超过0.2mg。中国颁布实施的《食品安全国家标准 食品中污染物限量》(GB

2762—2017)规定汞允许残留量(mg/kg,以 Hg 计)为谷物及其制品≤0.02,蔬菜及其制品≤0.01,乳及乳制品≤0.01,肉及肉制品肉≤0.05,水产动物及其制品(肉食性鱼类及其制品除外)≤0.5(甲基汞),食用菌及其制品≤0.1。

4. 食品中汞污染的预防措施

汞和甲基汞一旦进入水体,依靠水体自净作用是很难消除的。因此应以预防为主,不向环境中排放汞。对已知被甲基汞污染地区,应根据污染程度限制捕捞或禁止食用鱼贝类,并应制定甲基汞摄入量控制标准。日本提出每日每千克体重摄入量不超过 0.5μg,瑞典提出不超过 0.43μg,可作为参考。

### (二)铅

1. 铅对食品的污染

我国食品中重金属污染主要是铅污染。铅是日常生活和工业生产中广泛使用的金属,食品加工设备、食品容器、包装材料以及食品添加剂等均含有铅。

人体内的铅除职业性接触外,主要来源于食物。食品中铅污染的来源主要有:①工业三废和汽油的燃烧;②食品容器和包装材料;③含铅农药的使用造成农作物的铅污染;④含铅的食品添加剂或加工助剂的使用;⑤文化用品。

2. 铅污染食品的危害

铅对体内多种器官、组织均有不同程度的损害,尤其造血器官、神经系统、胃肠道和肾脏的损害较为明显。食品中铅污染主要导致慢性铅中毒,表现为贫血、神经衰弱、神经炎和消化系统症状,如头痛、头晕、乏力、面色苍白、食欲不振、烦躁、失眠、口有金属味、腹痛、腹泻或便秘等,严重者可出现铅中毒脑病。儿童对铅较成人敏感,过量铅能影响儿童生长发育,造成智力低下。

3. 食品中铅的限量

FAO/WHO 食品添加剂委员会推荐铅的每周耐受摄入量(PTW1)成年人为 0.05mg/kg(以体重计)。1996 年制定儿童每周耐受摄入量(PTWI)为 0.025 mg/kg(以体重计)。中国颁布实施的《食品安全国家标准　食品中污染物限量》(GB 2762—2017)规定(mg/kg,以 Pb 计):蔬菜制品≤1.0,米面制品≤0.5,豆类≤0.2,肉类≤0.2,肉制品≤0.5,生乳、巴氏杀菌乳、灭菌乳、发酵乳、调制乳≤0.05,蛋及蛋制品≤0.2,皮蛋、皮蛋肠≤0.5。

### (三)砷

1. 砷对食品的污染

食品中砷污染的来源主要为:工业三废的排放;含砷农药的使用;误用容器或误食。砷以含砷肥料、农药、食品添加剂、砷化合物污染食品为主,无机砷的毒性大于有机砷,体内的三价砷与巯基结合形成稳定的络合物,从而使细胞呼吸代谢发生障碍,并对多种酶有抑制作用。

2. 砷污染食品的危害

砷可引起急性中毒、慢性中毒。一般无机砷的毒性较有机砷大,三价砷的毒性较五价砷大。急性中毒主要表现为恶心、呕吐、腹痛、腹泻等胃肠炎症状,严重者可导致中枢神经系统麻痹而死亡,并出现七窍出血。砷的急性中毒主要见于意外事故如误食导致。慢性砷中毒主要表现为神经衰弱症候群、皮肤色素异常(白斑或黑皮症)、皮肤过度角化及末梢神经炎等症状。近年来,发现砷有致癌作用。已证实多种砷化物具有致突变性,能导致基因突变、染色体畸变并抑制 DNA 损伤的修复。流行病学调查表明,无机砷化合物与人类皮肤癌和肺癌的发生有关。

3. 食品中砷的限量

FAO/WHO 暂定砷的每日允许最大摄入量为 0.05mg/kg(以体重计),对无机砷每周允许摄入量建议为 0.015mg/kg(以体重计)。中国颁布实施的食品中砷允许量标准 GB 2762—2017 规定砷的含量(mg/kg,以 As 计)为:谷物≤0.5,蔬菜及其制品≤0.5,油脂及其制品≤0.1,生乳、巴氏杀菌乳、灭菌乳、发酵乳、调制乳≤0.1,乳粉≤0.5,肉及肉制品≤0.5,包装饮用水≤0.01mg/L。

**(四)镉**

1. 镉对食品的污染

食品中镉污染的来源如下:①工业三废尤其是含镉废水的排放,污染了水体和土壤,通过食物链和生物富集作用而污染食品;②食用作物可从污染的土壤中吸收镉,使食物受到污染;③用含镉的合金、釉、颜料及镀层制作的食品容器,有释放出镉而污染食品的可能,尤其是盛放酸性食品时,其中的镉大量溶出,将严重污染食品,引起镉中毒。

2. 镉污染食品的危害

镉在一般环境中含量较低,但可以通过食物链的富集,使食品中的镉含量达到相当高,日本发生的"痛痛病"就是因为环境污染使粮食中的镉含量明显增加,对人体造成以骨骼系统病变为主的疾病。

镉可引起急性中毒和慢性中毒,经动物实验证实有致癌、致畸作用。通过食物摄入镉是其进入人体的主要途径。其中毒表现主要为肾脏、骨骼和消化器官的损害,镉使骨钙析出,从尿排出体外,从而引起骨质疏松,造成多发性病理骨折,关节重度疼痛。

食物中镉对人体的危害主要是引起慢性镉中毒。镉对体内巯基酶有较强的抑制作用,其主要损害肾脏、骨骼和消化系统,尤其损害肾近曲小管上皮细胞,使其重吸收功能障碍。临床上出现蛋白尿、氨基酸尿、高钙尿和糖尿,致使机体负钙平衡,使骨钙析出,此时如果未能及时补钙,则导致骨质疏松、骨痛而易诱发骨折;镉干扰食物中铁的吸收和加速红细胞的破坏而引起贫血。

镉除能引起人体的急、慢性中毒外,国内外也有研究认为,镉及镉化合物对动物和人体有一定的致畸、致癌和致突变作用。

3. 食品中镉的限量

FAO/WHO 推荐镉的每周允许摄入量(PTWI)为 0.007mg/kg(以体重计),中国颁布实施的《食品安全国家标准　食品中污染物限量》(GB 2762—2017)规定镉的限量(mg/kg,以 Cd 计)为:谷物≤0.1,稻谷、大米≤0.2,新鲜蔬菜≤0.05,叶菜蔬菜≤0.2,新鲜水果≤0.05,豆类≤0.2,肉类(畜禽内脏除外)≤0.1,蛋及蛋制品≤0.05。

## (五)铝

1. 铝对食品的污染

铝是地壳中含量最多的金属元素,约占地壳总质量的 80%,仅次于氧和硅,在自然界和人类食物中普遍存在。长期以来铝被认为是安全无害的物质而被广泛地用于食品添加剂、药物、水处理剂和各种容器炊具。随着铝毒性特别是其神经毒性的研究进展,人们逐渐加深认识了铝的生物毒性效应,1989 年世界卫生组织把铝列为食品污染物之一。我国于 1994 年提出面制食品中铝的限量卫生标准。

含铝膨松剂的使用是食品中铝的主要来源。油条、油饼、膨化食品等含铝较多的原因就是使用了明矾这种食品膨松剂。

2. 铝污染食品的危害

摄入过量的铝与发生早老性痴呆(又称阿尔茨海默病,是一种中枢神经系统原发性变性疾病,常起病于老年期或老年前期,年轻人中也有得此病者。患病者会逐渐失去记忆、判断、讲话能力和知觉,直至最后变成植物状态。这是一种难以治疗的疾病)有关;同时,铝离子在人体内会妨碍钙、锌、铁、镁等元素的吸收,容易引起骨质软化、骨折。

人体摄入铝后仅有 10%~15%能排泄到体外,大部分会在体内蓄积,与多种蛋白质、酶等人体重要成分结合,影响体内多种生化反应,对肝、肾、心脏,以及免疫系统造成不同程度的损害。食用铝超标的膨化食品,铝会在人体内不断地累积,引起神经系统的病变,干扰人的思维、意识和记忆功能,严重者可能痴呆。摄入过量的铝,还可能导致沉积在骨质中的钙流失,抑制骨生成,发生骨软化症。儿童作为膨化食品消费的"主力军",最易受铝超标食品的伤害。长期铝摄入量过多对孩子的骨骼生长和智力发育会造成不良影响。

### 3. 食品中铝的限量

面制品中铝的国家卫生标准限量为 100mg/kg;饮用水中铝的标准限量为 0.2mg/kg。

### 4. 食品中铝污染的预防措施

在日常生活中应尽量避免用铝锅烹饪食物,或者用铝制的容器盛放醋、果汁等酸性物质;少吃添加铝盐的食物,如油条、膨化食品、腌菜(用明矾作澄清固定剂);少用含铝药物。

# 第二节　农用化学品

## 一、农药残留对食品安全性的影响

### (一)农药的概念及其分类

农药(Pesticide)是指用于预防、消灭或者控制危害农业、林业的病、虫、草及其他有害生物,以及有目的地调节植物、昆虫生长的化学合成的或来源于生物或其他天然物质的一种或几种物质的混合物及其制剂。农药主要以其毒性作用来消灭或控制虫、病原菌的生长。全世界实际生产和使用的农药品种有上千种,其中绝大部分为化学合成农药。

按用途农药可分为杀虫剂、杀菌剂、除草剂、杀螨剂、植物生长调节剂和杀鼠药等;按化学成分可分为有机氯农药、有机磷农药、氨基甲酸酯农药、拟除虫菊酯农药、苯氧乙酸农药、有机锡农药等;按农药的作用方式可分为触杀剂、胃毒剂、熏蒸剂、内吸剂、引诱剂、驱避剂、拒食剂以及不育剂等;按农药毒性和杀虫效率又可分为高毒、中毒、低毒农药以及高效、中效、低效农药等。按来源可分为有机合成农药(包括有机氯、有机磷、氨基甲酸酯、拟除虫菊酯等,应用广,毒性较大)、生物源农药(包括微生物农药、动物源农药和植物源农药)、矿物源农药(包括硫制剂、矿物油乳剂等)。

### (二)农药污染食品的途径

农药对食品的污染有施药过量或施药期距离收获期间隔太短而造成的直接

污染;也有作物从污染环境中对农药的吸收,生物富集及食物链传递作用而造成的间接污染。集中表现在食品中农药残留超标,甚至引起人的中毒事故。

1. 直接污染

(1)施用农药时可直接污染食用作物,作物可通过根、茎、叶从周围环境中吸收药剂。一般来讲,蔬菜对农药的吸收能力最强的是根菜类,其次是叶菜类和果菜类。此外施药次数越多,施药浓度越大,时间间隔越短,作物中的残留量越大。所以,农药在食用作物上的残留受农药的品种、浓度、剂型、施用次数、施药方法、施药时间、气象条件、植物品种以及生长发育阶段等多种因素影响。

(2)熏蒸剂的使用也可导致粮食、水果、蔬菜中农药残留。

(3)杀虫剂、杀菌剂也会造成农药在饲养的动物体内残留。

(4)粮食、水果、蔬菜等食品在贮藏期间为防止病虫害、抑制生长、延缓衰老等而使用农药,可造成食品上的农药残留。

(5)食品在运输中由于运输工具、车船等装运过农药未予以彻底清洗,或食品与农药混运,可引起农药对食品的污染。此外,食品在贮存中与农药混放,尤其是粮仓中使用的熏蒸剂没有按规定存放,也可导致污染。

(6)果蔬经销商为了谋求高额利润,低价购买未完全成熟的水果,用含有$SO_2$的催熟剂和激素类药物处理后,就变成了色艳、鲜嫩、惹人喜爱的上品,价格可提高 2~3 倍。如从南方运回的香蕉大多七八成熟,在其表面涂上一层含有$SO_2$的催熟剂,再用 30~40℃的炉火熏烤后储藏 1~2d,就变成上等蕉。

2. 间接污染

农药通过对水、土壤和空气的污染而间接污染食品。

(1)土壤污染。

农药进入土壤的途径主要有三种:一是农药直接进入土壤,包括施用于土壤中的除草剂、防治地下害虫的杀虫剂、与种子一起施入以防治苗期病害的杀菌剂等,这些农药基本上全部进入土壤;二是防治田间病虫草害施于农田的各类农药,其中相当一部分农药进入土壤;三是随大气沉降、灌溉水等进入土壤。

土壤具有极强的吸附能力,不仅是农药的重要贮留场所,也是农药代谢和分解的地方。土壤中的农药经光照、空气、微生物作用及雨水冲刷等,大部分会慢慢分解失效,但贮留在土壤中的农药会通过作物的根系运转至作物组织内部,根系越发达的作物对农药的吸收率越高,如花生、胡萝卜、豌豆等。

(2)水体污染。

水体中农药来源有以下几个途径:

1）大气来源。在喷雾和喷粉使用农药时,部分农药弥散于大气中,并随气流和风向迁移至未施药区,部分随尘埃和降水进入水体,污染水生动植物进而污染食品。

2）水体直接施药。这是水中农药的重要来源,为防治蚊子、杀灭血吸虫寄主、清洁鱼塘等在水面直接喷施杀虫剂,为消灭水渠、稻田、水库中的杂草使用的除草剂,绝大部分农药直接进入水环境中,其中的一部分在水中降解,另外部分残留在水中,对鱼虾等水生生物造成污染,进而污染食品。

3）农药厂点源污染。农药厂排放的废水会造成局部地区水质的严重污染。

4）农田农药流失。这是水体农药污染的最主要来源。

（3）大气污染。

根据离农业污染点远近距离的不同,空气中农药的分布可分为三个带。第一带是导致农药进入空气的药源带,这一带中的农药浓度最高。此外,由于蒸发和挥发作用,施药目标和土壤中的农药向空气中扩散,在农药施用区相邻的地区形成第二个空气污染带。第三带是大气中农药迁移最宽和浓度最低的地带,此带可扩散到离药源数百公里甚至上千公里。据研究,滴滴涕等有机氯杀虫剂可以通过气流污染到南北极地区,那里的海豹等动物脂肪中有较高浓度的滴滴涕蓄积。当飞机喷药时,空气中农药的起始浓度相当高,影响的范围也大,即第二带的距离较宽,以后浓度不断下降,直至不能检出。

3. 通过食物链和生物富集作用污染

有机氯、汞和砷制剂等化学性质比较稳定的农药,与酶和蛋白质的亲和力强,在食物链中可逐级浓缩,这些农药残留被一些生物摄取或通过其他方式吸入后积累于体内,造成农药的高浓度贮存,再通过食物链转移至另一生物,经过食物链的逐级富集后,若食用该类生物性食品,可使进入人体的农药残留量成千上万倍增加,从而严重影响人体健康,尤其是水产品。如贝类在含六六六或滴滴涕$0.012\sim0.112mg/L$的水中生活10h,体内富集六六六可达600倍或滴滴涕15000倍。

4. 饲料中的残留农药转入畜禽类食品

乳、肉、蛋等畜禽类食品含有农药,主要是饲料污染之故。畜禽的饲料主要为农作物的外皮、外壳和根茎等废弃部分。一般植物性食品都有农药残留,而外皮、外壳和根茎部分的残留量远比可食部分高,如稻谷的外壳中附有70%的农药。用这些下脚料做饲料,通过畜禽体内的再浓缩,导致其体内再蓄积的农药量远高于进食的饲料,并可转移到蛋和乳中去。

5. 意外污染

食品或食品原料在运输或贮存中由于和农药混放,或是运输过程中包装不严以及农药容器破损导致运输工具污染,再以未清洗的运输工具装运粮食或其他食品,会造成食品污染。农药泄漏、逸出事故也会造成食品的污染。

### (三)农药残留及其危害

农药残留是指动植物体内或体表残存的农药化合物及其降解代谢产物,以农药占本体物质量比来表示,单位为 mg/kg。残留的数量称为残留量。

1. 急性毒性

急性中毒主要由于职业性(生产和使用)中毒,自杀或他杀以及误食、误服农药,或者食用刚喷洒高毒农药的蔬菜和瓜果,或者食用因农药中毒而死亡的畜禽肉和水产品而引起。中毒后常出现神经系统功能紊乱和胃肠道症状,严重时会危及生命。

2. 慢性毒性

目前使用的绝大多数有机合成农药都是脂溶性的,易残留于食品原料中。若长期食用农药残留量较高的食品,农药会在人体内逐渐蓄积,可损害人体的神经系统、内分泌系统、生殖系统、肝脏和肾脏,引起结膜炎、皮肤病、不育、贫血等疾病。这种中毒过程较为缓慢,症状短时间内不是很明显,容易被人们所忽视,因而其潜在的危害性很大。

3. 特殊毒性

目前动物试验已经证明,有些农药具有致癌、致畸和致突变作用,或者具有潜在"三致"作用。

### (四)控制食品中农药残留的措施

食品中农药残留对人体健康的损害是不容忽视的。为了确保食品安全,必须采取正确的对策和综合防治措施,防止食品中农药的残留。

1. 加强农药管理

为了实施农药生产和经营管理的法治化和规范化,许多国家设有专门的农药管理机构,并有严格的登记制度和相关法规。美国的农药管理归属于环保局(EPA)、食品及药物管理局(FDA)和农业部(USDA)。我国也很重视农药管理,颁布了《中华人民共和国农药登记管理条例》,要求农药在投产之前或国外农药进口之前必须进行登记,凡需登记的农药必须提供农药的毒理学评价资料和产品的性质、药效、残留以及对环境影响等资料。中国颁布的《中华人民共和国农药管理条例》,规定农药的登记和监督管理工作主要归属农业行政主管部门,并实行农药登记制度、农药生产许可证制度、产品检验合格证制度和农药经营许可证制度,未经登记的农药不准用于生产、进口、销售和使用。《农药登记毒理学试验方法》(GB 15670.2—2017)和《食品安全国家标准 食品安全性毒理学评价程序》(GB 15193.1—2014)规定了农药和食品中农药残留的毒理学试验方法。

2.合理安全使用农药

为了合理安全使用农药,我国自20世纪70年代后相继禁止或限制使用了一些高毒、高残留、有"三致"作用的农药。1971年中华人民共和国农业部发布命令,禁止生产、销售和使用有机汞农药,1974年禁止在茶叶生产中使用农药六六六和滴滴涕,1983年全面禁止使用六六六、滴滴涕和林丹。《农药合理使用准则》(GB 8321.10—2018)规定了常用农药的适用作物、主要防治对象、每次制剂施用量或稀释倍数、施药方法、每季作物最多使用次数、安全间隔期(最后一次施药距农产品收获的天数)、最大残留限量等,以保证农产品中农药残留量不超过食品卫生标准中规定的最大残留限量标准。

3.制定和完善农药残留限量标准

FAO/WHO及世界各国对食品中农药的残留限量都有相应规定,并进行广泛监督。我国政府也非常重视食品中农药残留,制定了食品中农药残留限量标准和相应的残留限量检测方法,确定了部分农药的ADI,并对食品中农药进行监测。为了与国际标准接轨,增加中国食品出口量,还有待于进一步完善和修订农产品和食品中农药残留限量标准。此外,应加强食品卫生监督管理工作,建立和健全各级食品卫生监督检验机构,加强执法力度,不断强化管理职能,建立先进的农药残留分析监测系统,加强食品中农药残留的风险分析。

**(五)食品农药残留的消除**

农产品中的农药,主要残留于粮食糠麸、蔬菜表面和水果表皮,可用机械的或热处理的方法予以消除或减少,尤其是化学性质不稳定、易溶于水的农药,在食品的洗涤、浸泡、去壳、去皮、加热等处理过程中均可大幅度消减。粮食中的滴滴涕经加热处理后可减少13%~49%,大米、面粉、玉米面经过烹调制成熟食后,六六六残留量没有显著变化;水果去皮后滴滴涕可全部除去,六六六有一部分还残存于果肉中。肉经过炖煮、烧烤或油炸后滴滴涕可除去25%~47%。植物油经精炼后,残留的农药可减少70%~100%。

粮食中残留的有机磷农药,在碾磨、烹调加工及发酵后能不同程度地消减。马铃薯经洗涤后,马拉硫磷可消除95%,去皮后消除99%。食品中残留的克菌丹通过洗涤可以除去,经烹调加热或加工罐头后均能被破坏。

为了逐步消除和从根本上解决农药对环境和食品的污染问题,减少农药残留对人体健康和生态环境的危害,除了采取上述措施外,还应积极研制和推广使用低毒、低残留、高效的农药新品种,尤其是开发和利用生物农药,逐步取代高毒、高残留的化学农药。在农业生产中,应采用病虫害综合防治措施,大力提倡生物防治。进一步加强环境中农药残留监测工作,健全农田环境监控体系,防止农药经环境或食物链污染食品和饮水。此外,还需加强农药在贮存和运输中的管理工作,防止农药污染食品,或者被人畜误食而中毒。大力发展无公害食品、绿色食品和有机食品,开展食品卫生宣传教育,增强生产者、经营者和消费者的食品安全知识,严防食品农药残留及其对人体健康和生命的危害。

### (六)食品中常见农药简介

1. 有机氯农药

有机氯农药是具有杀虫活性的氯代烃的总称。通常有机氯农药分为三种主要的类型,即滴滴涕、六六六和环戊二烯衍生物。这三类不同的氯代烃均为神经毒性物质,脂溶性很强,不溶或微溶于水,在生物体内的蓄积具有高度选择性,多贮存于机体脂肪组织或脂肪多的部位,在碱性环境中易分解失效。

由于有机氯农药具有较高的杀虫活性,杀虫谱广,对温血动物的毒性较低,持续性较长,加之生产方法简单、价格低廉,因此,这类杀虫剂在世界上相继投入大规模的生产和使用,其中六六六、滴滴涕等曾经成为红极一时的杀虫剂品种。但从 20 世纪 70 年代开始,许多工业化国家相继限用或禁用有机氯农药,我国也早已停止生产和使用。动物试验证明,滴滴涕等有机氯农药对生殖系统和内分泌系统均有影响,并且对大小鼠均有诱发肝癌的作用,因此具有致畸、致癌、致突变作用。

2. 有机磷农药

有机磷农药不但可以作为杀虫剂、杀菌剂,而且也可以作为除草剂和植物生长调节剂,为中国使用量最大的一类农药。有机磷农药作为杀虫剂,具有杀虫效率高、广谱、低毒、分解快的特点。目前商品化的有机磷农药有上百种,按其毒性大小可分成高毒、中等毒及低毒三类;按其结构则可划分为磷酸酯及硫代磷酸酯两大类。

有机磷杀虫剂由于药效高,易于被水、酶及微生物所降解,很少残留毒性等,因而得到飞速发展,在世界各地被广泛应用。但是,有机磷农药存在抗性问题,某些品种存在急性毒性过高和迟发性神经毒性问题。过量或施用时期不当是造成有机磷农药污染食品的主要原因。有机磷农药主要是抑制生物体内胆碱酯酶的活性,导致乙酰胆碱这种神经传导介质代谢紊乱,引起运动失调、昏迷、呼吸中枢麻痹而死亡。

3. 氨基甲酸酯类农药

氨基甲酸酯类农药可视为氨基甲酸的衍生物,具有高效、低毒、低残留、选择性强等优点,在农业生产与日常生活中,主要用作杀虫剂、杀螨剂、除草剂、杀软体动物剂和杀线虫剂等。常见的氨基甲酸酯农药有甲萘威、戊氰威、呋喃丹、仲丁威、异丙威、速灭威、残杀威、涕灭威、抗蚜威、灭多威、恶虫威、双甲脒等。20 世纪 70 年代以来,由于有机氯农药的禁用,且抗有机磷农药的昆虫品种日益增多,因而氨基甲酸酯的用量逐年增加。氨基甲酸酯类农药中毒机制和症状与有机磷农药类似,但它对胆碱酯酶的抑制作用是可逆的,水解后的酶活性可不同程度恢复,且无迟发性神经毒性,故中毒恢复较快。急性中毒时患者出现流泪、肌肉无力、震颤、痉挛、低血压、瞳孔缩小,甚至呼吸困难等症状,重者心功能障碍,甚至死亡。

4. 拟除虫菊酯类农药

拟除虫菊酯农药是一类模拟天然除虫菊酯的化学结构而合成的杀虫剂、杀螨剂,具有高效、广谱、低毒、低残留的特点,广泛用于蔬菜、水果、粮食、棉化和烟草等农作物。迄今已商品化的拟除虫菊酯有近 40 个品种,常见的有烯丙菊酯、胺菊酯、醚菊酯、苯醚菊酯、甲醚菊酯、氯菊酯、氯氰菊酯、溴氰菊酯、杀螟菊酯、氰戊菊酯、氟氰菊酯等。在全世界的杀虫剂销售份额中占 20% 左右。拟除虫菊酯主要应用在农业上,如防治棉花、蔬菜和果树的食叶和食果害虫,特别是在有机磷、氨基甲酸酯出现抗药性的情况下,其优点更为明显。此外,拟除虫菊酯还作为家庭用杀虫剂被广泛应用,可防治蚊蝇、蟑螂及牲畜寄生虫等。拟除虫菊酯属于中等或低毒类农药,在生物体内不产生蓄积效应,因其用量低,一般对人的毒性不强。这类农药主要作用于神经系统,使神经传导受阻,出现痉挛等症状,但对胆碱酯酶无抑制作用。严重时会出现抽搐、昏迷、大小便失禁、甚至死亡。

## 二、兽药残留对食品安全性的影响

### (一)兽药及其相关的概念

兽药是指在畜牧业生产中,用于预防、治疗畜禽等动物疾病,有目的地调节其生理功能,并规定了其作用、用途、用法、用量的物质。包括抗生素、磺胺制剂、生长促进剂和各种激素等,其目的是防治动物疾病,促进动物生长,提高动物的繁殖能力以及改善饲料的利用率。由于这些药物的使用,往往在畜禽体内残留,并随肉制品进入人体,对健康产生有害的影响。

兽药残留是指动物性产品的任何可食部分含有兽药母化合物及(或)其代谢物,以及与兽药有关的杂质。所以兽药残留既包括原药,也包括药物在动物体内的代谢产物及兽药生产中所伴生的杂质。广义上的兽药残留是指化学物残留,除兽药外还包括通过食物链进入畜禽体内的农药和环境污染物在动物的细胞、组织、器官或可食性产品中蓄积、贮存。兽药最高残留限量是指某种兽药在食物中或食物表面产生的最高允许兽药残留量(单位 $\mu g/kg$,以鲜重计)。

**(二)食品中兽药残留来源**

1. 非法使用违禁药物

近年来,由于食用猪肉造成瘦肉精中毒事件时有发生。此外,使用雌激素、同化激素、氯霉素、呋喃唑酮等违禁药物作为药物饲料添加剂的也大有人在。

2. 不遵守休药期

休药期是指自停止给药到动物获准屠宰或其动物性产品获准上市的间隔时间,休药期过短,是造成动物性食品兽药残留过量的一个重要原因。

3. 超量用药

随着集约化饲养时间的延长,常用药物的耐药性日趋严重,因而药物添加剂的添加量和药物的使用量越来越高,造成药物在动物体内残留的时间延长,即使按照一般规定的休药期停药也可能造成残留超标,更何况不遵守休药期的规定。

4. 不遵守兽药标签规定

《兽药管理条例》明确规定,标签必须写明兽药的主要成分及其含量等。如果有些兽药企业为了逃避报批,在产品中添加一些化学物质,但不在标签中进行说明,将会造成用户盲目用药;另外,兽医在某些情况下不按兽药标签说明来开处方或给动物服药,均有可能造成残留量超标。

5. 未经批准的药物或人药用于可食性动物

使用未经批准的药物作为饲料添加剂来喂养可食性动物,或使用人药处方给动物,均可造成动物的兽药残留。

6. 环境污染造成药物残留

空气、土壤、水域被工业三废以及含有兽药的畜禽残留的排泄物等物质的污染,通过食物链逐步转移、积累、富集,可以提高到千百万倍后进入人体,严重威胁人体健康。

7. 有关部门对兽药残留的监督管理不严

即使注重对畜禽的卫生、饮水和防疫,但如果药检监督部门对生产销售和使用违禁药物管理不严、缺乏兽药残留检验机构和必要的检测设备,兽药残留检测标准、制度不够完善,仍然会导致兽药残留的发生。

### (三)兽药残留的危害

1. 兽药残留对人体健康的危害

(1)毒性作用:人长期摄入含兽药残留的动物性食品后,药物不断在体内蓄积,当浓度达到一定量后,就会对人体产生毒性作用。

(2)过敏反应和变态反应:经常食用一些含低剂量抗菌药物残留的食品能使易感的个体出现过敏反应,这些药物包括青霉素、四环素、磺胺类药物及某些氨基糖苷类抗生素等。

(3)细菌耐药性:而抗生素饲料添加剂长期、低浓度的使用是耐药菌株增加的主要原因。经常食用含药物残留的动物性食品,一方面可能引起人畜共患病的耐药性的病原菌大量增加,另一方面带有药物抗性的耐药因子可传递给人类病原菌,当人体发生疾病时,就给临床治疗带来很大的困难,并会出现用抗生素无法控制人类细菌感染性疾病的危险。

(4)菌群失调:在正常条件下,人体肠道内的菌群由于在多年共同进化过程中与人体能相互适应,对人体健康产生有益的作用。但是,过多应用药物会使这种平衡发生紊乱,造成一些非致病菌的死亡,使菌群的平衡失调,从而导致长期的腹泻或引起维生素的缺乏等反应,造成对人体的危害。

(5)"三致"作用:"三致"是指致畸、致癌、致突变。苯并咪唑类药物是兽医临床上常用的广谱抗蠕虫病的药物,可持久地残留于肝内并对动物具有潜在的致畸性和致突变性。另外,残留于食品中的丁苯咪唑、苯并咪唑、丙硫苯咪唑和苯硫氨酯具有致畸作用,克球酚、雌激素则具有致癌作用。近来发现一些抗生素也具有"三致"作用,如四环素类、氨基糖苷类和$\beta$-内酰胺类等抗生素均被怀疑具有"三致"作用。

(6)激素的副作用:激素类物质虽有很强的作用效果,但也会带来很大的副作用。人们长期食用含低剂量激素的动物性食品,由于积累效应,有可能干扰人体的激素分泌体系和机体正常功能。

2. 兽药残留对畜牧业生产的影响

滥用药物对畜牧业本身也有很多负面影响,并最终影响食品安全。如长期使用抗生素会造成畜禽机体免疫力下降,影响疫苗的接种效果。长期使用抗生素还容易引起畜禽内源性感染和二重感染。耐药菌株的日益增加,使有效控制细菌疫病的流行显得越来越困难,不得不用更大剂量、更强副作用的药物,反过来对食品安全造成了新的威胁。

3. 兽药残留对环境的影响

兽药残留对环境的影响程度取决于兽药对环境的释放程度和释放速度。有的抗生素在肉制品降解速度缓慢,如链霉素加热也不会丧失活性。有的抗生素降解产物比自体的毒性更大,如四环素的溶血及肝毒作用。动物养殖生产中滥用兽药、药物添加剂会导致其动物的排泄物、动物产品加工的废弃物未经无害化处理就排放于自然界中,使得有毒有害物质持续性蓄积,从而导致环境受到严重污染,最后导致对人类的危害。

4. 兽药残留超标对经济发展的影响

在国际贸易中,由于有关贸易条约的限制,政府已很难用行政手段保护本国产业,而技术贸易壁垒的保护作用将越来越强。我国是畜禽产品生产大国,加入WTO 使我国畜禽产品在国际贸易中面临更加激烈的竞争。而化学物质残留是食品贸易中最主要的技术贸易壁垒,这不仅会给中国造成巨大经济损失,而且在国际市场的地位也会受到严重冲击。

**(四)动物性食品中兽药残留的控制措施**

(1)完善标准,严格执行有关法律法规。

(2)加强监督与监测。

(3)加强兽药的审批。

**(五)主要残留兽药简介**

1. 抗生素(antibiotics)

抗生素是由微生物(包括细菌、真菌、放线菌属)或高等动植物在生活过程中所产生的具有抗病原体或其他活性的一类次级代谢产物,能干扰其他生活细胞发育功能的化学物质。现临床常用的抗生素有微生物培养液中的提取物以及用化学方法合成或半合成的化合物。目前已知天然抗生素万余种。

在畜禽动物体使用的抗生素药物包括以下几类。

(1)$\beta$-内酰胺类抗生素即青霉素类,包括青霉素、苄青霉素、氨苄青霉素、阿莫西林等。

(2)四环素类包括四环素、金霉素、土霉素、多西环素等。

(3)磺胺类包括磺胺嘧啶、磺胺二甲基嘧啶、磺胺甲基嘧啶、磺胺甲唑等。

(4)氨基糖苷类包括庆大霉素、链霉素、双氢链霉素、卡那霉素、新霉素等。

(5)头孢菌素类包括头孢氨苄、头孢噻吩类。

(6)大环内酯类例如红霉素、螺旋霉素等。

（7）多肽类包括杆菌肽、维吉尼亚霉素。

（8）呋喃类。

（9）氯霉素。

鉴于含抗生素食品的副作用，涉及与人类健康密切相关的公共卫生问题，因而许多国家的卫生部门对此极为关注，采取了许多措施以避免对动物的直接危害和通过动物性食品危害人的健康。第一，对抗生素饲料添加剂的生产和使用进行严格控制和管理。第二，筛选和生产供畜牧兽医专用的抗生素。第三，制定抗生素饲料添加剂使用条件。第四，严格规定休药期。第五，以法规形式制定允许残留量或最高残留限量。

2. 激素（hormone）

激素是由内分泌腺和散在于其他器官内的内分泌细胞所分泌的微量生物活性物质，它们有调节、控制组织器官的生理活动和代谢功能的作用。正常时激素在动物和人体内含量甚微，但能量很大，对机体的作用强，影响大。在食用组织中尽管含量甚微，一旦进入人体，将对人体产生很大影响。如曾在猪肉上发现残留的"三腺"（甲状腺、肾上腺和有病变的淋巴腺）被人食用后而引起中毒。

对人类健康的危害作用最大的是性激素、甲状腺素，这也是应用最多的两类激素。残留于动物性食品中的性激素，进入人体以后，使体内含量增加。当超过人体正常水平时，通过负反馈作用使下丘脑产生的促生长激素释放激素（GRH）和垂体前叶产生的促卵泡素（FSH）和促黄体生成素（LH）分泌减少，从而破坏了机体的正常生理平衡，而呈现不良后果。经动物试验发现，雌激素（特别是人工合成的己烯雌酚）还有致癌作用。因此，这类激素在食用组织中不允许有残留。

3. 磺胺类药物（sulfonamides）

磺胺类药物是指具有对氨基苯磺酰胺结构的一类药物的总称，是一类用于预防和治疗细菌感染性疾病的化学治疗药物。种类可达数千种，其中应用较广并具有一定疗效的就有几十种，已广泛应用于医学临床和兽医临床。

磺胺类药物根据其应用情况可分为三类，即用于全身感染的磺胺药（如磺胺嘧啶、磺胺甲基嘧啶、磺胺二甲嘧啶）、用于肠道感染内服难吸收的磺胺药和用于局部的磺胺药（如磺胺醋酰）。磺胺类药物大部分以原形态自机体排出，且在自然环境中不易被生物降解，从而容易导致再污染，通过各种给药途径进入动物体后，可造成药物在动物组织中的残留，并可转移到肉、蛋、乳等各类动物性食品中。一方面，残留的药物可能对人的健康造成潜在的危害，主要表现在细菌的耐药性、过敏反应与变态反应、致癌、致畸、致突变等作用；另一方面，兽药残留问题也是目前动物性产品贸易中的主要障碍。

另外,磺胺类药物常和一些抗菌增效剂合用,即所谓抗菌增效剂,它是一类新型广谱抗菌药,能显著增强磺胺药效,称为磺胺增效剂。由于增效剂常和磺胺类药合并使用,因此它们的残留情况也就发生变化。

# 第三节 滥用食品添加剂

## 一、食品添加剂基本概念

食品添加剂可以起到提高食品质量和营养价值,改善食品感官性质,防止食品腐败变质,延长食品保藏期,便于食品加工和提高原料利用率等作用。世界各国对食品添加剂没有统一的表述,联合国粮农组织(FAO)和世界卫生组织(WHO)联合食品法规委员会对食品添加剂定义为:食品添加剂是有意识地一般以少量添加于食品,以改善食品的外观、风味、组织结构或贮存性质的非营养物质。按照这一定义,以增强食品营养成分为目的的食品强化剂不应该包括在食品添加剂范围内。按照《中华人民共和国食品卫生法》第43条和《食品添加剂卫生管理办法》第28条,以及《食品营养强化剂卫生管理办法》第2条,我国对食品添加剂和食品强化剂分别定义为:食品添加剂是指为改善食品品质和色、香、味以及为防腐和加工工艺的需要而加入食品中的化学合成或天然物质。食品营养强化剂是指为增强营养成分而加入食品中的天然或者人工合成的属于天然营养素范围的食品添加剂。

食品添加剂按照来源不同可分为天然和化学合成两大类。天然食品添加剂是指以动植物或微生物的代谢产物为原料加工提纯而获得的天然物质;化学合成的食品添加剂则是指采用化学手段、通过化学反应合成的人造物质,以有机化合物类物质居多。

按照 GB 2760—2011《食品添加剂使用标准》,我国食品添加剂根据其功能分为 21 类:酸度调节剂、抗结剂、消泡剂、抗氧化剂、漂白剂、膨松剂、胶姆糖基础剂、着色剂、护色剂、乳化剂、酶制剂、增味剂、面粉处理剂、被膜剂、水分保持剂、营养强化剂、防腐剂、稳定和凝固剂、甜味剂、增稠剂和其他。

## 二、食品添加剂的毒性与危害

食品添加剂在使用限量内一般不会对人体造成严重危害,但由于其普遍存在于食品中,伴随食品的长期摄入,尽管添加量少,这些物质也可能在体内产生积累,对人体健康造成潜在的威胁。毒理学评价的急性毒性、致突变试验及代谢试验、亚慢性毒性和慢性毒性四个阶段的试验是制定食品添加剂使用标准的重要依据。凡属新化学物质或污染物,一般要求进行四个阶段的试验,证明无害或低毒后方可成为食品添加剂。

对于食品添加剂,专家指出"剂量决定危害"。比如食盐也是一种食品添加剂,谁都知道它是人体不可或缺的,但如果一次性大剂量食用食盐的话,也有可能造成人的急性致死。各种食品添加剂能否使用、使用范围和最大使用量,各国都有严格规定并受法律制约。在使用食品添加剂以前,相关部门都会对添加成分进行严格的质量指标及安全性的检测。

与添加剂有关的食品安全问题,往往出在食品加工销售环节。有的是厂家缺乏食品安全意识,根本不顾添加剂的用量问题;有的则是厂家设备简单陈旧,缺乏精确的计量设备,不能控制使用量,很容易出现超标的情况。还有一些厂家没有相关的先进设备,在添加防腐剂时常常出现搅拌不均匀的情况,这样也会造成产品中防腐剂含量过高。

过量地摄入防腐剂有可能会使人患上癌症,虽然在短期内一般不会有很明显的病状产生,但是一旦致癌物质进入食物链,循环反复、长期积累,不仅影响食用者本身健康,对下一代的健康也有不小的危害。摄入过量色素则会造成人体毒素沉积,对神经系统、消化系统等都会造成伤害。

## 三、主要食品添加剂生产和使用现状

质量监督部门的监测结果表明,由于食品添加剂问题而被判定不合格的产品基本上有两种情况:一是故意添加的,且食品添加剂含量很高;二是一些产品中检测出了微量的不允许使用的食品添加剂。下面是常用添加剂的生产和使用现状。

1. 漂白剂

漂白剂在食品加工中应用甚广,有氧化漂白及还原漂白两类,前者如双氧水,后者包括亚硫酸盐类等。在行业中,曾经存在不良商家为降低生产成本,用氧化漂白剂掩盖海产品的腐败变质外观;将含甲醛成分的致癌的工业用品"吊白块"添加到米粉、腐竹、竹笋、雪耳、粉丝、海蜇、牛百叶等食品中,使其变得白净。因此,当食品的外表过于雪白透亮时,应小心提防。

2. 着色剂

着色剂是使食品着色和改善食品色泽的物质,通常包括食用合成色素和食用天然色素两大类,有苋菜红、胭脂红、赤藓红、新红、诱惑红、柠檬黄、日落黄等。在食品行业中曾经存在的安全问题有:滥用柠檬黄等加工情人梅;水果罐头中超量使用日落黄,使其看上去颜色鲜艳,不褪色;以苏丹红作为饲料添加剂喂养禽类,使其产出颜色偏红的禽蛋。

儿童若长期食用含有此类滥用着色剂的"彩色食品",色素不仅会在体内蓄积,对肝脏等器官造成损害,更有可能影响神经系统的发育。此外,人工合成色素在合成过程中,有的可能混入砷、铅、汞等污染物,长期食入含有这种添加剂的食品后,人体健康会受到影响。例如,像长期食入含有柠檬黄等色素的食品还可引起支气管哮喘、荨麻疹、血管性浮肿等症状。

3. 防腐剂

狭义的防腐剂主要是指乳酸链球菌素(ninsin)、山梨酸、苯甲酸等直接加入食品中的生物或化学物质;广义的防腐剂还包括那些通常认为是调料而具有防腐作用的物质,如食盐、醋等。一些食品企业出于成本考虑,选用成本较低的防腐剂。以 Ninsin 和苯甲酸为例,前者对人体更为安全,但前者的成本为后者的几十倍,不少企业为了节省成本,选择并超量使用苯甲酸。

4. 香精香料

香精香料是能使食品增香的物质,如水溶性香精、油溶性香精、调味液体香精、微胶囊粉末香精和拌和型粉末香精。相当一部分企业私自生产、经销、使用未经国家批准的食品香料,或使用低质、违规原料,以牟取暴利。

5. 甜味剂

糖精(糖精钠)是一种人工合成甜味剂,尽管大规模的流行病学调查、动物和人体试验,均未观察到糖精有增高膀胱癌发病率的现象,粮农组织(FAO)/世界卫生组织(WHO)也于 1997 年重新公布了糖精的每人每千克体重的每日允许摄入量(ADI)为 $0\sim5$ mg,但是也有报道,糖精可引起皮肤瘙痒症、日光过敏性皮炎(以脱屑性红斑及浮肿性丘疹为主)。

另一甜味剂——甜蜜素,经水解后能形成有致癌威胁的环己胺,环己胺的主要排泄途径是尿,因此对膀胱致癌的危险性最大。我国《食品添加剂使用卫生标准》对糖精和甜蜜素在加工食品中的适用范围和使用量均作了严格限制,并规定不允许在婴幼儿食品中使用,不允许在果冻中添加。

### 四、食品添加剂安全管理

1. 食品添加剂生产管理要求

我国食品添加剂的管理有一套完整的法律法规体系,符合国家要求生产的添加剂食品是安全的。

2. 食品添加剂的使用要求

食品添加剂,首先应该是对人类无毒无害的,其次才是它对食品色、香、味等性质的改善和提高。使用食品添加剂应无条件遵守《食品添加剂卫生管理办法》《食品卫生法》《食品营养强化剂卫生管理办法》,还应遵守以下要求:

(1)食品添加剂必须经过充分的毒理学鉴定,保证其在允许使用范围内长期摄入而对人体无害。

(2)食品添加剂对食品的营养物质不应有破坏作用,也不影响食品质量及风味。

(3)食品添加剂应有助于食品的生产、加工、制造及贮运过程,具有保持食品营养价值、防止腐败变质、增强感官性能及提高产品质量等作用,并应在较低使用量下具有显著效果,而不得用于掩盖食品腐败变质等缺陷。

(4)食品添加剂最好在达到使用效果后除去而不进入人体。

(5)食品添加剂添加于食品后应能被分析鉴定出来。

(6)价格低廉、原料来源丰富、使用方便、易于贮运管理。

# 第四节　有害有机物

## 一、丙烯酰胺

### (一)食品加工过程丙烯酰胺的形成途径

根据已有研究结果,认为丙烯酰胺的形成途径有以下几种:

(1)氨基酸和还原糖通过美拉德反应产生丙烯酰胺。

根据已有研究结果,认为食品加工过程中丙烯酰胺的形成与食物的非酶促褐变——美拉德反应有关。Mottram 等提出了以下反应机制:

氨基酸+还原糖→二羰基化合物;

二羰基化合物+氨基酸→丙烯醛;

丙烯醛+$O_2$→丙烯酸;

丙烯酸+NH$_3$/氨基酸→丙烯酰胺。

（2）油脂类物质反应生成丙烯酰胺。

Friedman 提出，油脂在高温加热过程中分解生成甘油三酸酯和丙三醇，甘油三酸酯的进一步氧化或丙三醇的进一步脱水均可产生小分子物质丙烯醛，而丙烯醛经由直接氧化反应生成丙烯酸，丙烯酸再与氨水作用，最终生成丙烯酰胺。

（3）食物中含氮化合物自身的反应。

丙烯酰胺可通过食物中含氮化合物自身的反应，如水解、分子重排等作用形成，而不经过丙烯醛过程。一些小分子的有机酸如苹果酸、乳酸、柠檬酸等经过脱水等作用可形成丙烯酰胺。

（4）在脂肪、蛋白质、碳水化合物的高温分解反应中，会产生大量的小分子醛（如乙醛、甲醛等），它们在适当的条件，重新化合生成丙烯醛，进而生成丙烯酰胺。

（5）直接由氨基酸形成。

氨基酸分子的重排也是美拉德反应的常见过程。天冬酰胺脱掉一个二氧化碳分子和一个氨分子就可以转化为丙烯酰胺。

**（二）避免丙烯酰胺形成的措施**

1. 从食品加工的原料控制丙烯酰胺的形成

通过降低原料中天冬氨酸和还原糖的含量或对原料进行预处理，可降低或消除产品中丙烯酰胺的含量。

2. 从食品加工工艺控制丙烯酰胺的形成

（1）降低加工温度。

丙烯酰胺主要产生于高温加工食品中，含淀粉质的食品如马铃薯、面包、饼干、麦片等这些含碳水化合物食品或低蛋白质的植物性食品当加热到120℃以上往往容易产生丙烯酰胺，而且随着加工温度的升高，丙烯酰胺产生量增加，但在140~180℃丙烯酰胺的生成量最大。另外，食品的加热时间也影响丙烯酰胺的生成，但不同的物质影响情况不同。为此，降低加工温度和减少加热时间是非常必要的。研究显示，将煎炸温度降低 10~15℃，丙烯酰胺的浓度可以降低10%~30%。

（2）降低 pH 值。

多数研究小组指出，在加工过程中使用柠檬酸、富马酸、苹果酸、琥珀酸、山梨酸、己二酸、安息香酸等以降低马铃薯的 pH 值，可减少丙烯酰胺的含量。

（3）加工过程采用真空油炸。

丙烯酰胺的沸点为 125℃,热加工食品在真空条件下可使其中的丙烯酰胺挥发。

(4)通过光辐射。

如红外线、可见光、紫外线、X 射线、γ 射线等可使丙烯酰胺发生聚合反应,从而减少其在食品中的含量;利用臭氧使丙烯酰胺发生分解反应,生成小分子物质,也可减少其在食品中的含量。

3. 使用化学抑制剂

Corigan 通过在食品原料中加入多价未整合的金属离子,如钙、镁、锌、铜、铝等金属离子,可以显著降低食品中的丙烯酰胺,减少 10%~90%。

## 二、N-硝基化合物

### (一)来源

自然界存在的 N-亚硝基化合物并不多,但其前体物质亚硝酸盐和胺类化合物却普遍存在,亚硝酸盐与胺在一定条件下通过反应可生成 N-亚硝基化合物。由于硝酸盐可以在硝酸盐还原菌的作用下转化为亚硝酸盐,所以也将硝酸盐划入 N-亚硝基化合物的前体。

1. 硝酸盐与亚硝酸盐不同的作物,硝酸盐的含量差异很大

自然界存在的硝酸还原菌可以把硝酸盐转化为亚硝酸盐,特别是蔬菜中硝酸盐,在蔬菜贮存过程中,亚硝酸盐的含量可迅速升高。如大白菜在采收当天,硝酸盐和亚硝酸盐的含量分别为 2600mg/kg 与 87mg/kg,但在常温下存放 3d 后,硝酸盐和亚硝酸盐分别变为 1700mg/kg 和 420mg/kg。此外,在蔬菜的腌制过程中,亚硝酸盐的含量也增高。如制作泡菜,亚硝酸盐的含量呈先升高后降低的趋势,在腌制初期亚硝酸盐含量上升的幅度不大,以后逐渐上升,至 15d 左右达到高峰,然后再缓慢下降。鱼和肉制品的亚硝酸盐来源于人为的添加,亚硝酸盐能抑制一些腐败菌的生长,特别是可抑制肉毒梭状芽孢杆菌的生长,还可使肉制品呈现鲜艳的红色,所以利用亚硝酸盐作为发色剂应用于肉制品中,可达到发色与防腐的目的。

2. 胺类

胺类广泛存在于动物性和植物性食品中,因为蛋白质、氨基酸、磷脂等胺类的前体物是各种天然食品的成分。鱼和肉产品中仲胺的含量随其新鲜程度、加工过程和贮藏而变化,无论是晒干、烟熏或是装罐等均可导致仲胺的含量增加。

(1)鱼、肉制品中亚硝胺含量:鱼和肉类食物中含有少量的胺类,但鱼和肉的腌制和烘烤加工,尤其是油煎烹调时,能分解出一些胺类化合物。腐烂变质的鱼和肉

也分解出胺类,其中包括二甲胺、三甲胺、脯氨酸、腐胺、脂肪族聚胺、精胺、吡咯烷、氨基乙酰、甘氨酸和胶原蛋白等,这些化合物与亚硝酸作用可生成亚硝胺。

(2)乳制品中的亚硝胺:一些乳制品,如干奶酪、奶粉、奶酒等中,存在微量的挥发性亚硝胺,含量在 $0.5\sim5.2\mu g/kg$ 范围内。

(3)蔬菜、水果中的亚硝胺:蔬菜、水果中含有大量硝酸盐和亚硝酸盐,可与蔬菜和瓜果中的胺类反应,生成微量的亚硝胺。亚硝胺含量在 $0.013\sim6.000\mu g/kg$ 范围内。

(4)啤酒中的亚硝胺:在啤酒的酿制过程中,大麦芽在窑内直接用火加热干燥时,会产生二甲基亚硝胺。在世界各国的啤酒中,几乎都能检出微量的二甲基亚硝胺(NDMA)。1979 年对西德市场上 158 种啤酒样品做了亚硝胺含量分析,其中,70%的样品中含有 NDMA,平均含量为 $2.7\mu g/kg$。1997 年对福建省 52 份啤酒样品进行了 NDMA 分析,NDMA 含量为 $0.9\sim9.5\mu g/L$,检出率为 65.4%。

**(二)形成途径**

$N$-亚硝基化合物是由两类前体化合物在适合的条件下合成的:一类为仲胺和酰胺(蛋白质的分解产物),一类为硝酸盐和亚硝酸盐(俗称硝)。

这两类前体广泛存在于各种食物中,硝酸盐主要来源于蔬菜,亚硝酸盐主要存在于腌菜、泡菜及添加硝用于发色的香肠、火腿中,仲胺、酰胺主要来自动物性食品肉、鱼、虾等的蛋白质分解物,尤其当这些食品腐败变质时,仲胺等可大量增加。

1. 水果蔬菜

蔬菜水果中含有的硝酸盐来自土壤和肥料,大量硝酸盐进入肠道,若肠道消化功能欠佳,则肠道内的细菌可将硝酸盐还原为亚硝酸盐。

2. 畜禽肉类及水产品

这类产品中含有丰富的蛋白质,在烘烤、腌制、油炸等加工过程中蛋白质会分解产生胺类,腐败的肉制品会产生大量的胺类化合物。

3. 乳制品

乳制品中含有枯草杆菌,可使硝酸盐还原为亚硝酸盐。

4. 腌制品

刚腌不久的蔬菜(暴腌菜)含有大量亚硝酸盐,一般于腌后 20d 消失。腌制肉制品时加入一定量的硝酸盐和亚硝酸盐,以使肉制品具有良好的风味和色泽,且具有一定的防腐作用。

5. 啤酒

传统工艺生产的啤酒含有 $N$-亚硝基化合物,改进工艺后已检测不出啤酒中含有亚硝基化合物。

6. 反复煮沸的水

这种水因煮得过久,水中不挥发性物质,如钙、镁等重金属成分和亚硝酸盐含量升高,一般不能食用,只能用于提取水中有害物质的研究。

**(三)N-亚硝基化合物对人体的危害**

许多动物实验证明,N-亚硝基化合物具有致癌作用,但 N-亚硝胺是前致癌物,需在人体代谢活化后才具有致癌作用。目前尚未发现有一种动物对 N-亚硝基化合物的致癌作用有抵抗力。

亚硝胺毒性的一个显著特点是具有对神经器官诱发肿瘤的能力,由于这一原因,其被认为是人们所知的最多面性的致癌物质。另外值得注意的是 N-亚硝基化合物可通过胎盘屏障给后代引起肿瘤。动物实验表明,动物在胚胎期对 N-亚硝基化合物的致癌作用敏感性明显高于出生后或成年。

**(四)N-亚硝基化合物危害的控制**

人体中 N-亚硝基化合物的来源有两种,一是由食物摄入,二是体内合成。无论是食物中的亚硝胺,还是体内合成的亚硝胺,其合成的前体物质都离不开亚硝酸盐和胺类,因此减少亚硝酸盐的摄入是预防亚硝基化合物危害的有效措施。

(1)防止食物霉变及其他微生物的污染:食品发生霉变或有其他微生物污染时,可将硝酸盐还原为亚硝酸盐,当存在硝酸还原菌时,这一作用更快更强。为此,在食品加工时,应保证食品新鲜,防止微生物污染。

(2)控制食品加工中硝酸盐及亚硝酸盐的使用量:这可以减少亚硝基化合物前体的量,在加工工艺可行的情况下,尽量使用亚硝酸盐及硝酸盐的替代品,如在肉制品生产中用维生素 C 作为发色剂等。

(3)合理使用肥料,适当施用钼肥:蔬菜、水果中的硝酸盐和亚硝酸盐含量与农业用肥有关,当植物光合作用发生障碍时,过剩的硝酸盐和亚硝酸盐蓄积在植物体内,造成污染。研究表明,使用钼肥可降低硝酸盐含量,如白萝卜和大白菜施用钼肥后,亚硝酸盐含量平均下降 26.5%。

(4)改善饮食卫生习惯:我国学者发现,大蒜中的大蒜素可抑制胃内硝酸盐还原菌,使胃内亚硝酸盐含量明显下降。由于维生素 C 和多酚类物质对亚硝胺的生成有阻断作用,建议多食新鲜蔬菜、水果,另外少食腌制、熏制的鱼肉制品和蔬菜;勤刷牙,注意口腔卫生,减少硫氰酸根的分泌量。

(5)制定食品中 N-亚硝基化合物的允许限量标准:我国对 N-亚硝基化合物的危害十分重视,GB 2762—2017《食品安全国家标准 食品中污染物限量(含第 1

号修改单)》规定了食品中 N-二甲基亚硝胺限量指标:肉制品(肉类罐头除外)和熟肉干制品 ≤3.0g/kg,水产制品(水产品罐头除外)和干制水产品 ≤4.0μg/kg。检测方法按照国家标准《食品安全国家标准　食品中 N-亚硝胺类化合物的测定》(GB 5009.26—2016)规定的方法测定。

## 三、氯丙醇

### (一)对食品安全的影响

氯丙醇类化合物是食品在用盐酸水解过程中由于脂肪被分解成丙三醇和脂肪酸后,丙三醇上的羟基被氯取代后所形成的污染物。氯丙醇有多种同系物,包括单氯取代的 3-氯-1,2-丙二醇(3-MCPD)和 2-氯-1,3-丙二醇(2-MCPD)及双氯取代的 1,3-二氯-9-丙醇(1,3-DCP 或 DC2P)和 2,3-氯-1-丙醇(2,3-DCP 或 DCIP),其中以 3-MCPD 在食品中污染量大,毒性强,因此常作为氯丙醇的代表和毒性参照物。3-MCPD 为无色透明的液体,可溶于水、乙醇、乙醚,密度 1.132g/cm³,沸点 160~162℃。

### (二)可能形成途径

已有研究表明 3-MCPD 水解反应属于一级反应,温度对水解速率有一定影响,但目前关于氯丙醇特别是 3-MCPD 的形成机制尚未得到充分证实。根据文献报道,主要有 4 种可能形成途径。

(1)第 1 种形成途径:氯离子直接取代羧基形成氯丙醇酯,再进一步水解生成氯丙醇。

(2)第 2 种形成途径:甘三酯或其水解产物(甘二酯、甘一酯)首先形成环酰氧鎓离子中间体(cyelicacyloxonium ion)。然后在氯离子存在的坏境中,环酰氧鎓离子打开反式环,与氯离子发生亲核取代生成氯丙醇酯,氯丙醇酯进一步水解形成氯丙醇。

(3)第 3 种形成途径:甘三酯水解成甘二酯或甘一酯后,氯离子取代羟基形成氯丙醇酯,再进一步水解生成氯丙醇。

(4)第 4 种形成途径:甘二酯首先形成缩水甘油酯,然后在氯离子存在的环境中开环生成氯丙醇酯,氯丙醇酯进一步水解形成氯丙醇。

### (三)食品中来源

#### 1.酸水解植物蛋白而产生

盐酸水解植物蛋白生产高游离氨基酸的植物蛋白水解液的工艺一般是将植物蛋白质用浓盐酸在109℃回流酸解。原料(如豆粕、菜籽粕等)中留存的脂肪和油脂被水解生成丙三醇,并且与盐酸的氯离子发生亲核取代作用而生成一系列氯丙醇产物,如 3-MCPD 等。因此,用酸水解法生产植物蛋白调味液时,将不可避免地产生系列氯丙醇产物。

酸水解植物蛋白(HVP)由于具有鲜度高、使用成本低的特点,被许多食品企业用于膨化食品、方便面调料、酱菜、香肠和罐头等食品。食品中 3-MCPD 含量超标可能与添加 HVP 产品有关。

在酿造酱油生产过程中,由于不存在强酸、高温的生产条件,即使大豆的脂肪会被少量的微生物水解成甘油,也不可能形成氯丙醇。但是如果在酿造酱油中加入酸水解植物蛋白调味液、食品添加剂等再配制成酱油,氯丙醇就可以进入到酿造酱油中。这也是酿造酱油氯丙醇超标的一个原因。

2. 焦糖色素的不合理生产和使用

焦糖色素俗称酱色,是目前食用色素中用量最大、使用范围最广的着色剂之一。酱油生产厂家为了满足消费者对深色酱油的需求,通过向其中添加 1% ~ 10% 的焦糖色素来增加、改善酱油的色泽和体态。一般酱油中使用的焦糖色素是氨法焦糖,即用氢氧化铵作为催化剂,用结晶葡萄糖的母液、蔗糖糖蜜、碎米等作为生产原料,用开口式常压法或密闭式加压法生产的焦糖色素。部分焦糖色素生产厂家为了节约成本,分别采用氨水、碱和铵盐为催化剂,用红薯渣等淀粉原料,加压酸解得到焦糖色素。这样的生产工艺,与酸水解制植物蛋白水解液类似,盐酸与残余脂肪反应生成了氯丙醇,从而导致使用该类焦糖色素的酱油中 3-MCPD 超标。

3. 自来水和食品生产用水被氯丙醇污染

自来水厂和某些食品厂用阴离子交换树脂进行水处理时,所采用的交换树脂含有 1,2-环氧-3-氯丙烷(ECH)成分。在水处理过程中,从树脂中溶出 ECH 单体与水中的氯离子发生化学反应可形成 3-MCPD。因此,3-MCPD 也可能在饮水中少量检出。但总的来说,水中氯丙醇的含量相对较低。

4. 食品包装材料中氯丙醇的迁移

某些采用 ECH 交换树脂进行强化的食品包装材料如茶袋、咖啡滤纸和纤维肠衣等也含有低水平的氯丙醇,在使用过程中也可能迁移到食品中,造成食品的污染。

**(四)预防氯丙醇污染食品的措施**

1. 严格原料管理

研究表明,蛋白质原料在盐酸水解过程中,甘油三酸酯是形成氯丙醇的前体产物。因此,严格控制原料中甘油三酸酯的含量可以从源头上杜绝产生氯丙醇的条件,是生产优质酸水解植物蛋白的物质保障。

2.改进生产工艺

改良酸水解蛋白质的生产工艺,可以降低产品中的氯丙醇含量到安全可接受水平。

(1)采用酶解和酸解相结合的工艺方法。先采用中性蛋白酶水解蛋白,然后在温和的条件下即温度 40~45℃,pH 6.5~7.0 进行酸水解,这样制得的 HVP 产品检测不到氯丙醇。

(2)采用碱法工艺试验显示,氯丙醇在 pH<4.0 的范围内较稳定,随着溶液 pH 的升高,氯丙醇分子中的氯原子被置换出来,与 NaOH 形成 NaCl;pH 7.0,可将氯丙醇中的氯原子置换得较完全。所以,可以采用碱法清除酸水解蛋白液中的氯丙醇。还有用蒸汽蒸馏或在减压条件下水蒸气蒸馏去除氯丙醇。

3.加强对焦糖色素生产的监管

焦糖色素是引起酱油 3-MCPD 超标的一个新原因。因此,有必要改进焦糖色素的生产工艺,规范焦糖色素的使用。

4.加强标准的制定与修订

目前国际食品法典委员会尚没有氯丙醇的国际标准,且不同国家对氯丙醇的最高允许限量不同,如加拿大规定调料中 3-MCPD 的允许限量为 1mg/L;美国规定酸水解蛋白和酱油中 3-MCPD 的允许限量为 1mg/L,1,3-DCP 为 50μg/L;英国规定应该尽量达到技术上可以减低的程度(10pg/L);欧盟则规定酱油中 3-MCPD 的允许限量为 20pg/L。

我国在 GB2762-2017 食品安全国家标准 食品中污染物限量(含第 1 号修改单)中对调味品(仅限于添加酸水解植物蛋白的产品)中的 3-MCPD 进行了限量规定,其中,液态调味品为 ≤0.4mg/kg,固态调味品 ≤1.0mg/kg。

**(五)油脂中氯丙醇及其酯的脱除**

油脂中氯丙醇的来源主要有:原料中自然存在、原料贮存产生、使用含氯的水清洗、加工中形成、从食品包装材料中迁移、食品贮存中形成、食品和油脂烹饪后产生,因此降低油脂中氧丙醇及其脂肪酸酯的含量主要有 3 条途径:

(1)减少原料中关键反应物;

(2)改善油脂精炼加工工艺;

(3)从精炼产品中脱除已形成的 3-MCPD 及其相关物质。

## 四、多环芳烃

多环芳烃(polycyclic aromatic hydrocarbons,PAHs)是一大类广泛存在于环境中的有机污染物,也是最早被发现和研究的化学致癌物。它是指由两个以上苯环连在一起所构成的化合物,如联苯、蒽、菲、苯并[a]芘(见图4-1)。虽然多环芳烃的基本单位是苯环,但苯环的数目和连接方式变化很大,它与苯的化学性质也不尽相同。

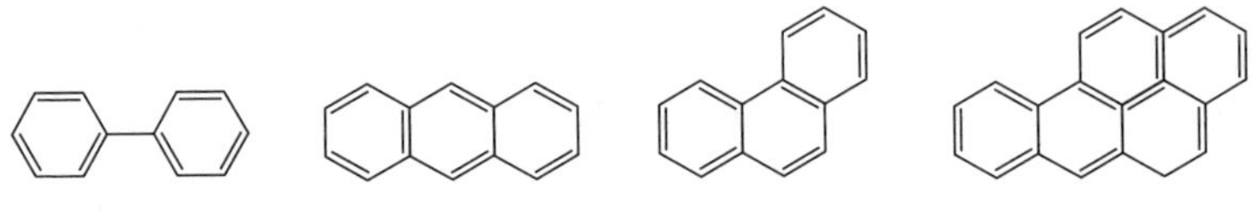

| 联苯 | 蒽 | 菲 | 苯并[a]花 |

图4-1 多环芳烃的化学结构

多环芳烃随其分子质量和结构的不同而具有不同的物理和化学性质。在室温下,所有的多环芳烃皆为固体,并具有高沸点、高熔点和蒸气压低等特点,易溶于苯、石油醚等有机溶剂。

常见的具有致癌作用的多环芳烃多为4~6环的稠环化合物,国际癌症研究中心(IARC)1976年列出的94种对实验动物致癌的化合物,其中15种属于多环芳烃。由于苯并[a]芘是第一个被发现的环境化学致癌物,而且致癌性很强,故常以苯并[a]芘作为多环芳烃的代表,它占全部致癌性多环芳烃的1%~2%。

### (一)来源

自然环境中的多环芳烃含量极微,主要来源于森林火灾和火山爆发。在人类生产和生活中,煤炭、木柴、烟叶以及各种石油馏分燃烧、烹调烟熏以及废弃物质均可产生多环芳烃。此外,煤的气化和液化过程、石油裂解过程也能产生多环芳烃。食品中的多环芳烃主要来源于食品加工过程中发生的裂解、热聚反应以及污染的环境。在食品加工过程中,特别是在烟熏、火烤或烘烤过程中,油脂能发生裂解和热聚反应,产生苯并[a]芘(BAP)。如冰岛人胃癌发病率很高,就与居民爱吃烟熏食物有一定的关系;石油产品如沥青含有PAHs,若在沥青铺成的马路上晾晒粮食,可造成粮食的PAHs污染。在污染的环境中,大气、水和土壤中的多环芳烃可以使粮食、水果和蔬菜受到污染。

### (二)产生机制

1.Badger-Howard机理

早在20世纪50年代末,澳大利亚学者Badger等就对多环芳烃的生成机理进行了探索,并且对多环芳烃的生成机理做出大胆的假设:他首先猜想有机质在高温缺氧的条件会发生裂解生成碳氢自由基,这些碳氢自由基反应生成乙炔,乙炔分子经过聚合反应合成乙烯基乙炔或者1,3-丁二烯,乙烯基乙炔或者1,3-丁二烯再经过环化作用生成乙基苯,乙基苯进一步反应生成丁基苯和四氢化萘,丁基苯和四氢化萘结合反应生成中间体,最后由中间体合成苯并芘。Badger 的猜想是从含两个碳原子的化合物开始的,但是我国学者黄靖芬等在研究烟熏食品中苯并芘的生成机理时发现苯并芘的合成不一定非要从两个碳原子的化合物开始,可以从任意中间体开始反应合成苯并芘。

Bittner JD 和 Howard JB 在 20 世纪 80 年代初提出了多环芳烃生成的另一种可能性:首先苯环脱氢生成苯基,甲醛进行羟醛缩合等一系列反应生成乙烯,然后乙烯与苯基发生取代反应生成 2-苯乙烯基,苯乙烯基接着与甲醛反应生成苯丁烯基,最后通过环化生成萘。该反应机理在反应温度较低的情况下更容易实现。

2. Frenklach 机理

Wang H 和 Frenklach 等在 20 世纪 90 年代末研究发现在温度较高时由 Bitter-Howard 机理产生的 PAHs 含量较少,因此他提出了生成 PAHs 的第二个环的另一条途径:首先苯环脱氢形成苯基,苯基与 1-丁烯-3-炔反应生成 1-苯基-1,3-丁二烯基,接着进行一系列反应生成 2-(2-甲基-1,3-丁二烯基)-1-苯基,最后经过环化作用生成萘。该机理可以很好地模拟在燃烧等高温条件下 PAHs 的生成机理。

3. 由 $C_2H_x$ 分子生长氧化-HACA 形成 PAH 的机理

Wang H 和赵霏阳等通过建立模型,较为完善地描述了从 $C_2H_x$ 到 $CH_x$ 的分子生长过程和苯环的形成,他们认为苯环一旦形成,就能根据分子大小顺序,通过 HACA(氢原子脱除—乙炔分子添加)反应生成萘、菲和芘。研究发现可以通过以下基元反应生成苯环:

①—C≡C—CH₃ 和—C≡C—CH₃ 反应合成苯环;

②—CH＝CH—CH＝CH—和 CH≡CH 反应生成苯基;

③—CH＝CH—CH＝CH₂ 和 CH≡CH 反应生成苯环;

④由—C≡C—CH＝CH—CH＝CH₂ 直接生成苯基;

⑤IC₆H₆ 和氢反应生成苯环。

形成苯环以后,苯环进行脱氢形成苯基,苯基和乙炔进行 HACA 反应生成苯乙烯,苯乙烯加氢再脱氢气形成 2-乙炔基-1-苯基自由基,2-乙炔基-1-苯基自由基与乙炔发生 HACA 反应生成 2-萘基,2-萘基和乙炔发生取代脱氢生成 2-乙炔基萘,2-乙炔基茶萘进一步加氢脱氢气生成 2-乙炔基-3-萘基,2-乙炔基-3-萘基重复与乙炔发生 HACA 反应,逐步实现芳香烃分子的生长和 PAHs 的环化,最终生成芘。

**(三)多环芳烃的危害**

流行病学研究表明,苯并[a]芘可通过皮肤、呼吸道、消化道被人体吸收,诱发皮肤癌、肺癌、直肠癌、胃癌和膀胱癌等,并可透过胎盘屏障,造成子代肺腺癌和皮肤乳头状瘤。长期呼吸含有 PAHs 的空气,饮用或食用受 PAHs 污染的水和食物,会造成慢性中毒。我国云南省宣威市由于在室内燃煤,空气中的 PAHs 污染严重,成为肺癌高发区。职业中毒调查表明,长期接触沥青、煤焦油等富含多环芳烃的工人,易发生皮肤癌。

我国食品安全国家标准 食品中污染物限量 GB2762-2017 规定食品中的 PAHs 允许限量标准见表 4-1。

**表 4-1 食品中 PAHs 允许限量卫生标准(以苯并[a]芘计)**

| 食品类别(名称) | 限量 |
| --- | --- |
| 谷物及其制品 | |
| 稻谷※、糙米、大米、小麦、小麦粉、玉米、玉米面(渣、片) | 5.0 |
| 肉及肉制品 | |
| 熏、烧、烤肉类 | 5.0 |
| 水产动物及其制品 | |
| 熏、烤水产品 | 5.0 |
| 油脂及其制品 | 5.0 |
| ※稻谷以糙米计 | |

**(四)多环芳烃污染的控制**

(1)改进食品加工烹调方法,尽量少用熏、炸、炒等方式;

(2)尽量使用天然气或以燃油代替燃煤,从而减少环境对食品的污染;

(3)减少油炸食品的食用量,尽量避免油脂的反复加热使用;

(4)粮食、油料种子不在沥青路上晾晒,以防沥青污染。

## 五、反式脂肪酸(TFA)

**(一)反式脂肪酸的来源**

一般认为,TFA 中的单不饱和脂肪酸是自由基链式反应,而多不饱和脂肪酸则包括自由基和分子内重排两种途径。TFA 进入食品主要有 3 种不同的渠道，但不管哪种渠道,TFA 都是由不饱和脂肪酸异构化反应而来。

1. 反刍动物脂肪及其乳脂中天然存在

如牛、羊的脂肪和乳与乳制品饲料中的不饱和脂肪酸经反刍动物肠腔中的丁酸弧菌属菌群的生物氢化作用,形成反式不饱和脂肪酸。这些脂肪酸能结合于机体组织或分泌到乳汁中。反刍动物体脂中反式脂肪酸的含量占总脂肪酸的4%~11%,牛奶、羊奶中的含量占总脂肪酸的3%~5%。

2. 食用油的氢化产品

为了防止食品加工用油脂的酸败,延长油脂的保存期,常常将植物油脂或动物油脂予以部分氢化加工,即在油中加入氢气,使液态油中不饱和双键变为固态油脂的单键结构。该工艺亦称为硬化,同时会异构化产生反式不饱和脂肪酸,一般占油脂总量的10%~12%。以反 C18：1 为主,并以反 C18：1△9(反油酸)、反 C18：1△10 和反 C18：1△11 这 3 种形式为主。在人造奶油中反式脂肪酸含量为 7.1%~17.7%,最高可以达到 31.9%;起酥油中反式脂肪酸含量为 10.3%,最高含量可以达到 38.4%。

3. 经高温加热处理的植物油

植物油脂在高温加热脱臭处理过程中,部分异构化植物油脂由于含有色素和具有臭味的游离脂肪酸,醛,酮类等物质,需经过进一步精炼。在油脂精炼工艺脱臭操作中,需添加过量酸、碱、白土等化学品,从而产生肥皂味及土腥味等异味,要全部去除这些异味,通常需要加热到250℃以上并持续 2h 左右的时间,在此过程中会产生一定数量的 TFA。

**（二）食品中 TFA 的安全性**

由于过量食用高热量油脂而极易引发肥胖症,心血管病等疾患,人们用各种不同规格人造奶油,起酥油替代传统油脂,其独特的美味深受人们喜爱但氢化加工过程中产生的 TFA 对人体产生越来越多的负面效应,近几年的科学研究表明,脂肪酸的结构与其是否致病有关,营养专家认为,食品中的 TFA 对人体的危害甚至大于饱和脂肪酸,摄入 TFA 食品对人类健康造成极大危害。

1. TFA 能促进动脉硬化和血栓形成,增加患心血管疾病的危险性

TFA 通过肝脏代谢而导致血浆中总胆固醇、甘油三酯和血浆脂蛋白升高,它们含量的升高是动脉硬化、冠心病和血栓形成的重要危险因素。同时,TFA 的大量存在,可能在一定程度上降低了细胞膜的组织通透性,使得一些营养组分以及信号分子难以通过细胞膜,从而降低细胞膜对胆固醇的利用。由于 TFA 导致了

血液中胆固醇的增加,这不仅加速了心脏动脉和大脑动脉的硬化,还会造成大脑功能的衰退。研究发现,摄食含占能量6%的反式脂肪酸膳食人群,全血凝集程度比摄食含占能量2%的反式脂肪酸膳食人群严重。

2.TFA增加了患心脏病的危险性

荷兰研究人员对700位64~84岁的男性志愿者的膳食习惯和健康状况进行了跟踪调查结果发现,随着对TFA摄入的减少,这些志愿者患心脏疾病的危险性也相应下降。更重要的是摄食TFA仅仅增加2%,就会导致患心脏疾病的危险急剧增加25%。

3.TFA易导致妇女患Ⅱ型糖尿病

有研究表明,TFA导致血清脂蛋白浓度增加,摄入量多可引起心血管疾病;TFA会导致血糖不平衡,减少红细胞对胰岛素的灵敏性,对糖尿病有潜在的负作用。但是,并不是所有的TFA都是有害的。研究表明,具有反式结构的共轭亚油酸对人体就有潜在的益处。

4.TFA可能导致乳腺癌

妇女在绝经后患乳腺癌的概率和TFA摄入量存在正比关系。Mary Enig博士在1978年研究TFA对营养的作用,发现饮食摄入总油脂量与植物油量和总癌症病率存在一个正相关系,与动物油摄入量为负相关。

5.TFA可抑制人类的正常生长发育

TFA能经胎盘转运给胎儿,如果母亲大量摄入氢化植物油,TFA还可以通过乳汁进入婴幼儿体内,使他们被动摄入TFA,对其生长发育产生不可低估的影响。胎儿和新生儿由于生长发育迅速,体内多不饱和脂肪酸储备有限,与成年人相比更容易患必需脂肪酸缺乏症,从而影响生长发育。TFA能结合于机体组织脂质中,特别是结合于脑中脂质,抑制长链多不饱和脂肪酸合成,从而对中枢神经系统的发育产生不利影响。TFA抑制前列腺素的合成,母体中的前列腺素可通过母乳作用于婴儿,通过调节婴儿胃酸分泌,平滑肌收缩和血液循环等功能而发挥作用,因此TFA可通过对母乳中前列腺素含量的影响而干扰婴儿的生长发育。有研究指出,TFA还会减少男性荷尔蒙分泌,对精子产生负面影响,中断精子在身体内的反应。

## 六、杂环胺

杂环胺(heterocyclic amines)是一类带杂环的伯胺。由于杂环胺具有较强的致突变性,而且多数已被证明可诱发试验动物产生多种组织肿瘤。所以,它对食品的污染以及对人体健康的危害逐渐引起人们的关注。

1. 来源

食品中的杂环胺来源于蛋白质的热解,所以几乎所有经过高温烹调的肉类食品都有致突变性,而不含蛋白质的食品致突变性很低或完全没有致突变性。食品在高温(100~300℃)条件下形成杂环胺的主要前体物是肌肉组织中的氨基酸和肌酸或肌酸酐,反应的可能途径如图4-2所示。

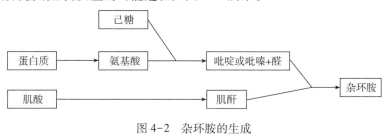

图 4-2　杂环胺的生成

杂环胺的合成主要受前体物含量、加工温度和时间的影响。实验证明,肉类在油煎之前添加氨基酸,其杂环胺产量比不加氨基酸的高许多倍;200℃的油炸温度下,杂环胺主要在前5min形成,在5~10min形成速度减慢,再延长烹调时间不但不能使杂环胺含量增加,反倒使肉中的杂环胺含量有下降的趋势,其原因是前体物和形成的杂环胺随肉中的脂肪和水分迁移到锅底残留物中。如果将锅底残留物作为勾芡汤汁食用,那么杂环胺的摄入量将成倍增加。肉中的水分是杂环胺形成的抑制因素。所以,油炸、烧烤要比烘烤、煨炖产生的杂环胺多。除了肉类食品外,葡萄酒和啤酒中也含有杂环胺。

煎炸、烤鱼和肉类食品是膳食杂环胺的主要来源,而煎烤是我国常用的烹调鱼类和肉类食品的方法,因此应重视杂环胺的污染问题。

2. 杂环胺的危害

在进行杂环胺的动物实验中发现,经口摄入咪唑喹啉(IQ)和2-氨基-1-甲基-6-苯基咪唑并[4、5-6]吡啶的动物出现心肌组织镜下改变,包括灶性细胞坏死伴慢性炎症、肌原纤维融化和排列不齐以及T小管扩张等。心肌损伤的严重程度与IQ的累积剂量高度相关。

已进行的杂环胺致癌试验表明,杂环胺致癌的主要靶器官是肝脏,但大多数还可诱发其他多种部位的肿瘤。除了经口外,经皮肤涂抹、经膀胱灌输和经皮下注射杂环胺的致癌实验也都得到阳性结果。

由于杂环胺含有咪唑氮杂芳烃或咔啉结构,因而在紫外区有最大吸收峰,这样可以利用 HPLC 紫外检测器进行分析。

## 七、二噁英

二噁英(dioxins)是 2,3,7,8 四氯二苯并二噁英(2,3,7,8-tetrachlorrodibenzopdioxin,TCDD)的简称,也是 TCDD 和化学结构类似的多氯联苯芳香族一大类化合物的总称。这类化合物共有 210 种,分为两类族:多氯二苯并二噁英(TCDD)和多氯二苯并呋喃(PCDE),都是三环芳香族化合物,具有相似的物理和化学性质。多氯联苯类化合物(PCB)有 209 种,其中某些化合物也具有类似二噁英的毒性,因此都称为类似二噁英化合物。TCDD、PCDE 和 PCB 典型化合物的结构式如图 4-3 所示。

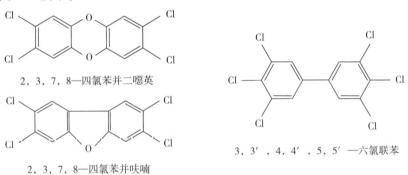

2,3,7,8—四氯苯并二噁英

2,3,7,8—四氯苯并呋喃

3,3′,4,4′,5,5′—六氯联苯

图 4-3　TCDD、PCDE 和 PCB 典型化合物的结构式

从图 4-3 中的 3 种物质的结构来看,都具有对称性,由于形成大的共轭体系,使得化合物具有很强的稳定性,因而在环境中难以降解。

1. 来源

二噁英的主要来源有以下两个方面:一是根据美国国家环保局(EPA)的调查,90% 的二噁英主要来源于含氯化合物的燃烧;另一非常重要的来源是生产纸张的漂白过程和化学工业生产的杀虫剂,与燃烧无关。EPA 估计,大约有 100 种的杀虫剂与二噁英有关。氯在冶金、水消毒和一些无机化工中的使用,也是二噁英的重要来源。

二噁英污染食品的途径主要有以下 3 个方面:

(1)通过食物链污染:食品二噁英污染空气、土壤和水体后,再通过食物链污染食品(图 4-4)。1999 年 5 月,比利时发生因饲料被二噁英污染,导致畜禽产品及乳制品含有高浓度的二噁英的事件。

(2)通过意外事故污染:食品在食品加工过程中,由于意外事故导致二噁英污染食品。众所周知的米糠油事件(1979 年)就是使用多氯联苯作为加热介质生产米糠油时,因管道泄漏,使多氯联苯进入米糠油中,最终导致 2000 多人中毒。

(3)纸包装材料的迁移:随着工业化进程的加快,食品包装材料也在发生改变。许多软饮料及奶制品采用纸包装,由于纸张在氯漂白过程中产生二噁英,作为包装材料可以发生迁移造成食品污染。

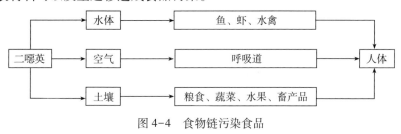

图 4-4 食物链污染食品

2. 二噁英的危害

二噁英已被国际癌症研究中心列为人类一级致癌物。WHO 于 1998 年建议二噁英的限量标准为:每千克体重 $1 \sim 4pg(1pg = 1/10^{12}g)$,这比剧毒品氰化物限量标准(0.005mg/kg 体重)的 $1/10^6$ 还要低,一次摄入或接触较大剂量可引起人急性中毒,出现头痛、头晕、呕吐、肝功能障碍、肌肉疼痛等症状,严重者可残废甚至死亡。长期摄入或接触较少剂量的二噁英会导致慢性中毒,可引起皮肤毒性(氯痤疮)、肝毒性、免疫毒性、生殖毒性、发育毒性以及致畸致癌性等。

3. 二噁英污染的控制

(1)减少含氯芳香族化工产品(如农药、涂料和添加剂等)的生产和使用。

(2)改进造纸漂白工艺,采用二氧化氯或无氯剂漂白。

(3)采用新型垃圾焚烧炉或利用微生物降解技术,以减少二噁英的排放。

(4)加强对环境、食品和饲料中二噁英含量的检测。

二噁英类化学物质由于种类繁多、在环境中含量低和基体效应复杂等原因,目前世界上只有少数实验室具有检测二噁英的能力。检测方法主要有色谱法、免疫法两大类。

## 八、多氯联苯

多氯联苯(polychlorinated biphenyls, PCBs)是一种持久性有机污染物(persistent organic pollutants, POPs),又是典型的环境内分泌干扰物(endocrine disrupting chemicals, EDCs),也被称为二噁英(dioxins)类似化合物,是 1929 年在

美国首次合成的,PCBs 曾经广泛应用于电容器和变压器中的绝缘油、耐火增塑剂和液压油,以及润滑剂、密封剂、染料、杀虫剂(五氧酚及其钠盐)等的生产,并常常存在含有 PCBs 的电器的泄露,含有 PCBs 制剂的蒸发,滤出以及因操作或处理不当造成的泄漏。另外,含 PCBs 的工业废气废水、废渣的排放以及工业液体的渗漏均对环境造成了很大的污染。

PCBs 在大气、水体和土壤中具有持久性、生物蓄积性、长距离大气传输性等特性,是影响食品安全的重要的环境污染物。自 1966 年瑞典科学家 Jensen 首次提出 PCBs 在食物链中具有生物富集的作用,并且容易长期储存在哺乳动物脂肪组织内的研究结论后,PCBs 问题才开始引起了各国的关注,并随之进行了广泛的 PCBs 对生态系统和人类健康影响的研究。

**(一)食品中多氯联苯的来源**

1. 环境中的多氯联苯对食品的污染和生物富集作用

PCBs 可以长期、广泛地存在于大气、水体、土壤和动植物中,并可经食物链的富集作用进行蓄积,通常在鱼类和贝类食品中含量较高。

当水体受到 PCBs 污染时,PCBs 能很快被小球藻吸收,通过生物高集而使鱼类、动物、家畜体内含高浓度 PCBs。

目前,多氯联苯的污染面在逐步延伸。据估计,在全世界的大气、水体和土壤中,多氯联苯的残留总量为 25 万~30 万吨,其污染范围从北极的海豹到南极的海鸟蛋都有多氯联苯的污染,美国、日本、瑞典等国,人乳中也都检出过多氯联苯。

2. 容器、包装材料中的多氯联苯对食品的污染

PCBs 可用于塑料、橡胶、涂料等的添加剂和染料的生产。一些不法的食品生产商和食品经营者使用含有 PCBs 的非食品级的塑料作为食品的容器和包装材料,可发生 PCBs 的迁移而造成对食品的污染。

3. 意外事故造成 PCBs 对食品的污染

如发生在日本和我国台湾的米糠油污染事件就是由于意外事故造成 PCBs 对食品的污染。由于在对米糠油进行脱味的过程中发生管道渗漏,使作为加热载体的 PCBs 进入米糠油中经测定该米糠油中 PCBs 的含量超过了 2400mg/kg,致使食用这种油的数千人出现不同程度的中毒症状。

**(二)多氯联苯对健康的危害**

动物实验表明,PCBs 对皮肤、肝脏以及神经系统、生殖系统和免疫系统的病变甚至癌变都有诱导效应。随着人们对健康的日益重视,该类污染物在毒性方

面的研究近年来也越来越深入。

1. 对皮肤的毒性

研究人员在对职业性接触PCBs的工人和日本、我国台湾米糠油事件的受害者的研究中观察到，PCBs可能对皮肤造成损害，造成皮肤炎症、氯痤疮、指甲和皮肤的色素沉着。而氯痤疮是最可能与接触PCBs相关的皮肤损害。

2. 对牙齿的影响

斯洛文尼亚的一项研究表明：长期接触PCBs可造成儿童恒牙牙釉质发育缺陷。此项研究运用国际牙科联合会的指标对儿童恒牙牙釉质发育情况进行评估，结果显示，PCBs污染地区的儿童恒牙牙釉质发育缺陷的比例和程度均明显高于对照组。

3. 对神经行为发育的影响

在美国密歇根进行了一系列关于子宫内暴露PCBs对儿童神经行为发育影响的研究。研究对象是313对母婴，并随访了婴儿不同年龄阶段的神经行为发育状况。结果显示：

（1）孕期缩短、婴儿出生体重低：头围缩小和认知记忆能力不足，与母亲大量食用被PCBs污染的鱼和脐带血中PCBs的浓度较高有关。

（2）智商测试得分、记忆力、注意力集中能力、语言智商测试得分及阅读理解能力等，与脐带血PCBs的浓度呈负相关；脐带血中PCBs浓度高的儿童，其智商低于平均水平的可能性是其他儿童的3倍，阅读理解能力比正常儿童落后2年以上的可能性是其他儿童的2倍。

PCBs还可通过影响内分泌系统间接导致儿童神经行为的改变。

4. 对内分泌系统的影响

PCBs有209种异构体，具有多种氯化形式，也有多种体内代谢产物。某些PCBs混合物性质类似于多氯代二苯-对-二噁英（PCDD）s，其毒性通过芳烃受体（AhR）依赖机制介导；某些PCBs异构体是雌激素受体（ER）的配体，通过ER依赖机制介导；一些PCBs能改变第二信使的体内平衡，一些PCBs的羟化代谢物能抑制雌激素转硫酶，提高内源性雌激素的活性，表现出类雌激素样活性。

甲状腺激素主要包括甲状腺素（$T_4$）和三碘甲状腺素（$T_3$），它们的异常增高或降低可以直接或间接地影响各器官、系统的功能。

5. 对免疫功能的影响

研究人员认为，PCBs可引起机体免疫抑制，而免疫抑制已被证明为NHL的危险因素，PCBs可能通过免疫抑制机制引发人类癌症。

6. 对肝脏的危害

许多动物实验证实,肝脏是 PCBs 作用的主要靶器官。PCBs 对动物肝脏可产生多方面的影响;诱导肝微粒体酶,肝酶和脂质在血中的浓度增高,引发脂肪肝、肝脏肿大和肝脏肿瘤。

7. 生殖毒性和致畸性

(1)对男性生殖系统的影响:PCBs 可能是导致男性不育原因不明的精子质量恶化的原因之一。

(2)对女性生殖系统的影响:女性受孕能力下降可能与食用大量被 PCBs 污染的鱼类有关。女性体内 PCBs 的浓度与流产、早产的发生概率呈正相关。

(3)PCBs 对某些动物的胎儿存活率、畸胎率、胎儿肝胆管和外形发育等有影响。

8. 致癌性

1973 年以来的多项研究证实,PCBs 可使动物发生癌前病变或癌变。1987年,国际癌症研究机构(IARC)将 PCBs 列为"人类可能的致癌物质"和"动物已知的致癌物质"。

在动物实验的结果显示 PCBs 可导致肝癌和胃肠肿瘤的发生。研究表明,184 只雌性小鼠长时间摄入 100mg/kg 体重的 PCBs,结果有 26 只出现肝肿瘤,146 只发生肝脏的癌前病变;而在对照组,78 只中只有 1 只出现肝肿瘤。

### (三)预防多氯联苯污染食品的措施

目前,世界各国对多氯联苯的生产和使用进行了控制,有力地减缓了多氯联苯对环境的污染。

(1)彻底清除多氯联苯可能的污染源。

(2)加强食品安全监管,防止意外事故的发生。

(3)严格执行国家相关管理规定。

(4)建立对多氯联苯管理的科学体系。

建立完善的在使用 PCBs 装置申报,登记和环境无害化管理体系;完成全国已识别高风险在用含 PCBs 装置的环境无害化管理与处置;建立涉及 PCBs 污染场地的封存、土地利用和环境修复等环境无害化管理和修复支持体系、完成在用含 PCBs 装置的识别和 PCBs 使用的消除、建立 PCBs 污染场地清单,逐步清除 PCBs 废物和污染场地的污染。

# 第五章　物理性污染

物理性污染指食品生产加工、储运、销售过程中的杂质或放射性核素超过规定的限量而对食品造成的污染。主要来源于复杂的多种非化学性的杂物，虽然有的污染物可能并不威胁消费者的健康，但是严重影响了食品应有的感官性状和营养价值，使食品质量得不到保证。

## 第一节　放射性污染

天然放射性物质在自然界中分布很广，存在于矿石、土壤、天然水、大气和动植物组织中，由于生物体和其所处的外环境之间固有的物质交换过程，天然放射性物质可以通过食物链进入食品中，在绝大多数动植物性食品中都不同程度地含有天然放射性物质，即食品的放射性本底。食品吸附的人为放射性核素，高于自然放射性本底值时称为食品的放射性污染。一般认为，除非食品中的天然放射性物质的核素含量很高，基本不会影响食品安全，但核试验、核爆炸、核泄漏及超量辐射等可能使食品受到放射性核素的污染。食品的放射性污染主要来自放射性物质的开采、冶炼、生产、应用及意外事故造成的污染。

### 一、放射性污染的概述

自然界的各种物质都是由元素组成的，有些元素的原子核不稳定，它们能自发地改变原子核结构形成另一种核素，这种现象称为核衰变。在衰变过程中不稳定的原子核总能放出具有一定动能的带电或不带电的粒子（如 α 射线、β 射线和 γ 射线），这种现象称为放射性。

放射性分为天然放射性和人工放射性。天然放射性指天然不稳定核素能自发放出的性质，而人工放射性指通过核反应由人工制造出来的核素的放射性。

### 二、放射性来源和进入人体的途径

1. 放射性的来源

（1）天然放射性的来源。

宇宙射线及由其引生的放射性核素。宇宙射线是从宇宙辐射到地球表面的射线,可分为初级宇宙射线和次级宇宙射线两类,初级宇宙射线是指外层空间射到地球大气的高能辐射,主要是质子和 α 粒子等。其能量很高,穿透力强。次级宇宙射线的主要成分为介子、核子和电子,其特点是能量高、强度低。

（2）人工放射性的来源。

引起环境放射性污染的主要来源是生产和应用放射性物质的单位所排放出的放射性废物,以及核武器试验、爆炸、核事故等产生的放射性核素。

2. 放射性元素进入人体的途径

放射性核素产生污染主要有三种途径:一是核试验的沉降物产生的污染;二是核电站和核工业废弃物的排放产生的污染;三是意外事故泄露造成的局部性污染。通过这些途径释放到环境中的放射性核素,进一步通过水及土壤污染农作物、水产品、饲料等,再经过生物圈进入食品,最终进入人体。另外,在自然界广泛存在的天然放射性核素,其含量很低,一般不会影响食品安全。但是一些水生生物,特别是鱼类、贝类等水产品对某些放射性核素有很强的富集作用,也会使食品中的放射核素的含量显著增加,最终通过食物链进入人体。

放射性进入人体主要有三种途径:呼吸道进入、消化道进入、皮肤或黏膜侵入。当放射性物质进入环境后,首先通过直接辐射即外辐射对人体产生危害,另外也可通过以上三种途径进入人体,对人体产生内辐射,损害人体的组织器官。为保护人体的健康,应对人类活动中可能产生的放射性物质采用妥善防护措施,严格将含量控制在规定范围内。

## 三、放射性核素的危害

一切形式的放射线对人体都是有害的,所有的放射线都能使被照射物质的原子激发或电离,从而使机体内的各种分子变得极不稳定,发生化学键断裂、基因突变、染色体畸变等,从而引起损害症状。

放射性物质对人体的损害主要由核辐射引起,辐射对人体的损害可以分为急性效应、晚发效应、遗传效应。

1. 急性效应

急性效应是一次或在短期内接受大剂量照射时所引起的损害。这种效应仅发生在大的核事故、核爆炸和违章操作大型辐射源等特殊情况中。不同照射剂量引起的急性效应见表 5-1。

表 5-1　不同照射剂量引起的急性效应

| 受照射剂量/Gy | 急性效应 |
| --- | --- |
| 0~0.25 | 无可检出的临床效应 |
| 0.5 | 血象发生轻度变化、食欲减退 |
| 1 | 疲劳、恶心、呕吐 |
| >1.25 | 血象发生显著变化,有 20%~25% 的被照射者发生呕吐等急性放射性病症状 |
| 2 | 24h 内出现恶心,呕吐,经过大约 1 周的潜伏期,出现毛发脱落、全身虚弱的病症 |
| 4(半死剂量) | 数小时内出现恶心、呕吐,2 周左右毛发脱落、体温上升,3 周后出现紫斑、咽喉感染、极度虚弱的病症,50% 的人 4 周后死亡,存活者半年后可逐渐康复 |
| ≥5(致死剂量) | 1~2h 内出现严重的恶心、呕吐症状,1 周后出现咽喉炎、体温增高迅速消瘦等症状,第 2 周就会死亡 |

2. 晚发效应

晚发效应是受照射后经过数月或数年,甚至更长时期才出现的损害。急性放射病恢复后若干时间,小剂量长期或低于容许水平长期照射,均有可能产生晚发效应。常见的危害有白细胞减少、白血病、白内障及其他恶性肿瘤。日本广岛、长崎原子弹幸存者的调查表明,在幸存者中白血病发病率明显高于未受此照射的居民。

3. 遗传效应

遗传效应是指出现在受照者后代身上的损害效应,它主要是由于被照射者受到辐射损伤,发生基因突变或染色体畸变,传给后代而产生某种程度异常的子孙或致死性疾病。

# 第二节　异物

其他物理性危害主要是指食品中能引起疾病和伤害的外来物质,主要包括金属物、玻璃物和其他一些头发、尘埃、油漆、机油、垃圾、纸、玻璃、金属、铁锈、金属碎片、碎石块、碎骨头、木屑、蟑螂等昆虫残体等异物。

## 一、金属物

1. 来源

金属物造成食品的危害是物理性安全危害中比较常见的一种,食品中的金属物一般来源于各种机械、电线等,它的产生可归因于多种原因,如食品加工制造工作中由于疏忽引起的,在食品运输过程中造成的,也可能是人为的故意破坏而引起的。

2. 危害

消费者最终食入这些食物的金属物,可能会对人体造成不同程度的损伤,如口腔的割伤、咽部的划伤等,一些进入体内的金属物如不能及时排出,只能通过外科手术取出,这些都将给消费者造成巨大的身心痛苦和折磨,严重的还会危及消费者的生命。

3. 预防和控制

对于这类物理性危害应该通过适当的工艺来消除,避免通过运输和储存环节使生产好的食品受到污染,来自员工的有意破坏更可怕,而且难以监测,对于这一点,只能靠良好的管理和提高员工素质来保证。应要求员工严格按照 GMP 的要求进行操作。

## 二、玻璃物

1. 来源

玻璃物造成食品的危害也是物理危害中比较常见的,它的产生原因和金属物危害产生的原因相似,玻璃危害物的来源主要是瓶、罐等多种玻璃器皿以及玻璃类包装物。

2. 危害

玻璃物也会对人体造成不同程度的损伤,如割伤、划伤,一些进入人体的玻璃物也需要通过外科手术取出。

3. 预防和控制

与金属物相似,另外还需要加强对玻璃材料包装物的检查。

## 三、其他异物

除了金属和玻璃外,还有石头、骨头、塑料、草籽、毛发、虫体等多种可能对人体造成危害的杂物。

由于来源众多,对这类危害物的检测手法也不尽相同。通常可以通过视觉方法(最常用也是较有效的方法)、金属探测器、瓶底及瓶边扫描仪、X 射线照射等方法进行食品原料中物理危害的检查。

要建立完善的设施设备定检、巡检制度,经常检查及维修用具,确保设备正常运转,避免危害的出现。

员工工装要合乎标准,工作时严禁戴饰品,要有良好的工作习惯,不携带不必要的物品进入操作间等。

# 第六章 环境污染

## 第一节 概述

环境是人类生存的空间及其中可以直接或间接影响人类生活和发展的各种自然因素,是人类进行生产和生活的场所以及人类生存与发展的物质基础,包括自然环境和生活环境。在人类从环境中获取生活资料、食物和空间等的同时,人类对环境的过度摄取和盲目、不符合自然规律的改造,又会造成环境问题,受到环境的惩罚。当环境中进入了超出环境自净能力的污染物,使环境质量降低甚至丧失其使用价值时就产生了环境问题。环境污染是全球性的三大危机(资源短缺、环境污染、生态破坏)之一,在经济全球化趋势下,由于自然的或人为因素使环境的构成或状态发生变化,环境质量下降,从而扰乱和破坏了生态系统和人类的正常生产和生活条件,人类正面临着前所未有的环境危机。环境污染,按人类活动可分为工业环境污染、城市环境污染、农业环境污染;按环境要素分为大气污染、水体污染和土壤污染等;按污染的性质分为生物污染、化学污染和物理污染;按污染物的形态分为废气污染、废水污染、固体废物污染以及噪声污染、辐射污染等;按污染产生的来源分为工业污染、农业污染、交通运输污染和生活污染等;按污染物的分布范围分为全球性污染、区域性污染、局部性污染等。

### 一、环境污染对食品安全的影响

在人类发展的历程中,特别是工业文明以来,人类大量开采热带雨林,不加节制地喷农药,随意丢弃、焚烧有害废物,任意排放污水等行为都在一点点地吞食人类的生存环境,其中许多污染物进入人类的食物,导致大量疾病的暴发和蔓延,人类已经或仍将为此付出惨重代价。人类日新月异的科技进步,未能更有力地保障人类免受环境化学污染物的威胁,反而由于大量化学品的应用和工业的飞速发展,导致环境恶化,更加重和强化了该影响。

多年累积的环境污染,已对食品安全造成了显著危害,排放到环境中的污染物通过多种途径和方式进入人体,严重损害人体健康。其中,有许多环境污染物主要是通过食品进入人体,如以半挥发性和挥发性有机物、类激素、多环芳烃等为代表的微量难降解的有毒化学品引起水体和土壤污染,通过污染的土壤生产出的农副产品进入食物链,进而进入人体。

对食品安全构成威胁的因素包括物理性因素(如玻璃、头发等)、化学性因素(如金属、有毒化学物质、生物素等)和生物性因素(如病菌、病毒等),其中环境污染是构成食品化学性污染的主要部分,并产生部分生物性的危害。食品的化学物质污染,可导致一系列健康危害,有时甚至是急性中毒和死亡,但常常是长期的、慢性的影响。例如镉和一些生物毒素可产生急性毒性;黄曲霉毒素可增加肝癌的发病率,一些农药有致癌和致突变性;有些氯化物可在体内长期存在,导致内分泌紊乱和免疫力下降等。化学污染物质产生的健康损害,可给一个家庭甚至社会带来严重的经济负担。

## 二、我国环境污染现状

改革开放以来,我国经济处于快速发展阶段,人民的物质生活水平也有了显著提高,所有国民都享受到了发展福利,然而在经济高速发展,物质生活质量不断提高的背后,正如大部分工业化强国都经历过环境破坏问题一样,我国也为经济发展付出过环境代价。由于过去曾经存在的一些问题,如发达国家污染环境的企业大量搬迁到中国,我们一些地方政府为了发展地方经济,还给予各种优惠政策;国内一些中小企业不重视保护环境,甚至净化污染物的设备只是摆设,平时随意排污;对于造成污染的企业处理不力,发生了大的污染事故时只是象征性的罚款起不了警示作用;对于洋垃圾走私的处理不力,以至于有的地方、有的人敢于从国外搞了洋垃圾来赚钱,却污染了自己的环境;城市的盲目扩大、发展,忽视公共交通,不切实际地发展私家车造成交通堵塞、机动车尾气排放严重污染大气环境;农药、化肥的过量使用;城市垃圾没有好好处理,没有分类收集造成垃圾污染,使得我国地表水普遍受到污染,特别是流经城市的河段有机污染比较严重,湖泊富营养化问题突出,地下水受到点源或面源污染,都导致了我国近岸海域水污染加剧、生态破坏、固体废弃物污染、土壤污染加剧,这些大气污染、水环境污染、垃圾处理、土地荒漠化和沙灾、水土流失、旱灾和水灾、生物多样性破坏、持久性有机物污染等问题,造成的城市生态环境失衡,在很大程度上影响着人们的身体健康,也让环境治理问题逐渐成为社会各界关注的重点。

近年来,我国对城市环境污染的现状与危害进行分析,提出有效治理城市环境污染的对策,结合城市发展现状,积极总结与借鉴国外先进的环境污染治理理念,积累宝贵经验,针对水污染、大气污染、固体废弃物污染采取有针对性的治理措施,同时不断增强居民环保意识、优化城市发展规划、强化环境保护监理、加大环境治理投入、出台有针对性的治理对策,在保持经济快速增长的同时,有步骤、有措施地解决环境污染问题,实现可持续发展,取得了可喜成绩。

# 第二节　大气污染

大气污染是指空气中某些污染物的数量超过了大气本身的稀释、扩散和净化能力,对人体、动植物产生不良影响时的大气状况。一般说来,由于自然环境的自净作用,会使自然过程造成的大气污染经过一定时间后自动消除。所以说,大气污染主要是人类活动造成的,其种类很多,理化性质非常复杂,毒性也各不相同。大气污染物种类很多,如 $SO_2$、$NO_2$、$Cl_2$、氯化剂、汽车尾气、粉尘等。长期暴露在污染空气中的动植物由于其体内外污染物增多而造成了生长发育不良或受阻,甚至发病或死亡,从而影响了食品的安全性。受氯污染的农作物除会使污染区域的粮菜的食用安全性受到影响外,氯化物还通过食用牧草进入食物链,对畜产品造成污染。

## 一、大气主要污染物及来源

### (一)按照污染的范围

大气污染大致可分为四类:①局限于大范围的大气污染,如受到某些烟囱排气的直接影响;②地区污染,如工业区及其附近地区或个城市大气受到污染;③比城市范围更大的广域污染;④全球性污染,如大气中的飘尘和二氧化碳气体的不断增加,造成了全球性污染,受到世界各国的关注。

### (二)按污染物质的来源

1. 天然污染

自然界中某些自然现象向环境排放有害物质或造成有害影响的场所,是大气污染物的一个很重要的来源,在某些情况下,导致大气污染的天然污染源比人为污染源更重要。天然污染包括:

(1)火山喷发,放出 $SO_2$、$H_2S$、$CO_2$、$CO$、$HF$ 及火山灰等颗粒物;

(2)森林火灾,排放出 $CO$、$CO_2$、$SO_2$、$NO_2$ 等;

(3)自然尘:风沙、土壤尘等;

(4)森林植物释放,主要为烯类碳氢化合物;

(5)海浪飞沫,颗粒物主要为硫酸盐与亚硫酸盐。

2. 人为污染

人类的生产和生活活动是大气污染的主要来源,通常所说的大气污染源是指人类活动向大气输送污染物的人为污染源。

(1)燃料燃烧;

(2)工业生产过程排放;

(3)交通运输过程中排放;

(4)农业活动排放。

**(三)按照污染物成因**

1. 一次污染

直接从各种污染源排放到空气中的有害物质,常见的有二氧化硫、一氧化碳。

2. 二次污染

指由一次污染物与大气中已有组分或几种一次污染物之间经过一系列化学或光化学反应而生成的与一次污染物性质不同的新污染物质,又称继发性污染物。例如汽车尾气中的一氧化氮、臭氧(碳水化合物在日光照射下发生光化学反应生成)。

**(四)按照污染存在状态**

1. 分子状态污染物

它指的是以气态和蒸气形式在大气中存在的污染物。例如,二氧化硫、氮氧化物、一氧化碳、氯化氢、氯气、臭氧等沸点都很低,在常温、常压下以气体分子形式分散于空气中;苯、苯酚等,在常温、常压下虽为液体或固体,但因其挥发性强,故能以蒸汽形式进入空气中,所以也属于分子状态污染物。无论是气体分子还是蒸汽分子,分子状态污染物都具有运动速度较大、扩散快、在空气中分布比较均匀的特点。它们的扩散情况与自身的相对密度有关,相对密度大者向下沉降,相对密度小者向上飘浮;同时分子状态污染物的扩散也受气象条件的影响,它们可随气流扩散到很远的地方。

2. 气溶胶

(1)烟,某些固体物质因加热变成气体逸散到空气中,遇冷后又凝聚成微小的固体颗粒悬浮于空气中而形成的。直径一般在 $0.01 \sim 1\mu m$。

(2)尘,它是固态分散气溶胶,是固体物质被粉碎时所产生的悬浮于空气中的固体颗粒,如碾碎石英石时可产生二氧化硅粉尘。

(3)雾,是由悬浮在空气中微小液滴构成的气溶胶。按其形成方式可分为分散型气溶胶和凝聚型气溶胶。常温状态下的液体,由于飞溅、喷射等原因被雾化而形成微小雾滴分散在空气中,构成分散型气溶胶。液体因加热变成蒸气逸散到空气中,遇冷后又凝集成微小液滴形成凝聚型气溶胶,如水雾、酸雾、碱雾、油雾等。雾的粒径一般在 $10\mu m$ 以下。

(4)霾,表示空气中因悬浮着大量的烟、尘等微粒而形成的浑浊现象。它常与大气能见度降低相联系。

## 二、常见大气污染物对食品质量及安全性的影响

大气污染物的种类很多,其理化性质很复杂,毒性也各不相同。大气污染物主要来自煤、石油、天然气等的燃烧和工业生产。动植物生长在被污染的空气中,不但生长发育受到影响,其产品作为人类的食物,安全性也没有保障。

### (一)氟化物

大气氟化物污染可分为两类:一是生活燃煤污染;二是化工厂硫酸铵等物质的气溶胶随雨而降,即酸雨。

氟化物通过作物叶片上的气孔进入植株体内使叶尖和叶缘坏死,嫩叶、幼芽受害尤其严重,氟化物对花粉粒发芽和花粉管伸长有抑制作用。氟可以在植物体内富集,在受氟污染的环境中生产出来的农作物,一般氟含量较高,氟化物还可能通过畜禽食用饲草进入食物链,对人类的食品造成污染。氟在人体内积累可造成氟斑牙和氟骨症。

### (二)二氧化硫和氮氧化物

大气中的二氧化硫和氮氧化物是酸雨的主要来源。二氧化硫在干燥的空气中较稳定,但在湿度大的空气中经催化和化学反应,可转化成一氧化硫,进而生成硫酸雾和硫酸盐。叶片因酸雨使呼吸、光合作用受到阻碍,根系的生长和吸收作用受影响,豆类作物根瘤固氮作用被抑制。处于花果期的作物受酸雨侵袭后,花粉寿命缩短,结实率下降,果实种子的繁殖能力减弱。不仅如此,当酸雨进入土壤后,土壤逐渐酸化,使土壤中的对作物有益的钙,镁,钾离子流失,而是某些微量重金属,如锰、铅、铝离子活化。酸雨的危害是多方面的,对作物,林业,建筑物,渔业以及人体健康都带来了严重的危害。

### (三)煤烟粉尘和金属飘尘

煤烟粉尘产生于冶炼厂、钢铁厂、焦化厂、供热锅炉以及家庭取暖烧饭的烟囱。因燃烧条件和燃烧程度不同,所产生的烟量也各不同。一般每吨煤产生 4~28kg 烟尘。这些烟尘的粒径极小,在 0.05~10μm。以粉尘污染源为中心,周围

几十公顷的耕地和下风向几千米区域内的作物都会受到影响。金属飘尘来源于矿区和冶炼厂。飘尘中可能含有粒径小于 $10\mu m$ 的铅、锌、镍、砷、汞等有毒有害微粒。这些微粒可能长时间随风飘浮在空中,也可能随着雨水下降到地面,然后又在粮、菜中积累,进入食物链,给人畜带来危害。

# 第三节　土壤污染

土壤污染指人类活动产生的有害物质进入土壤,超过土壤本身的自净能力,并使土壤的成分、性质发生变化,降低农作物的产量和质量,并危害人体健康的现象。土壤污染包括重金属污染、农药和持久性有机化合物污染、化肥施用污染等。作物从土壤中吸收和积累的污染物常通过食物链传递而影响人体健康。

## 一、来源

1. 污染物进入土壤的途径

(1)污水灌溉:用未经处理或未达到排放标准的工业污水灌溉农田是污染物进入土壤的主要途径,在灌溉渠系两侧形成污染带,属封闭式局限性污染。

(2)酸雨和降尘:工业排放的 $SO_2$、$NO$ 等有害气体在大气中发生反应而形成酸雨,以自然降水形式进入土壤,引起土壤酸化。

(3)汽车尾气:汽油中添加的防爆剂四乙基铅随废气排出污染土壤,行车频率高的公路两侧 150m 范围内常形成明显的铅污染带。

(4)向土壤倾倒固体废弃物:堆积场所土壤直接受到污染,自然条件下的二次扩散会形成更大范围的污染。

(5)过量施用农药、化肥:属农业区开放性的污染。

2. 土壤污染物的类型

(1)化学污染物:包括无机污染物和有机污染物。前者如汞、镉、铅、砷等重金属,过量的氮、磷植物营养元素以及氧化物和硫化物等;后者如各种化学农药、石油及其裂解产物,以及其他各类有机合成产物等。

(2)物理污染物:指来自工厂、矿山的固体废弃物如尾矿、废石、粉煤灰和工业及民用垃圾等。

(3)生物污染物:指带有各种病菌的城市垃圾和由卫生设施(包括医院)排出的废水、废物以及厩肥等。

(4)放射性污染物:主要存在于核原料开采和大气层核爆炸地区,以锶和铯等在土壤中生存期长的放射性元素为主。

## 二、土壤污染对食品安全性的影响

进入土壤的污染物增加到一定浓度时,农作物就会产生一定的反应,若污染物的浓度超过作物需要或可忍受程度,无论是出现受害症状,还是作物生长并未受害,只要产品中该污染物含量超标,都会对人畜造成危害。土壤中可能对食品安全造成影响的污染物有以下几种。

1. 农药

喷洒农药时有 40%~60% 降落于地面,随降雨过程经地表流入水域或下渗进入土壤。

2. 重金属

一些人体需要量极少或不需要的元素如 Pb、Cd、Al、Au、Sn、Hg、Be 等,摄入量达到一定数量时就会发生毒害作用,特别是 Hg、Pb、Cd、As 等毒性较强的元素。

3. 多环芳烃和酚类物质

多环芳烃是煤、石油、木材、烟草、有机高分子化合物等有机物不完全燃烧时产生的挥发性碳氢化合物具有致癌、致畸和致突变效应,对人体健康有较大的危害。土壤中残留酚能维持植物中较高水平的含酚积累,并且植物中的酚残留一般随土壤酚的增多而增大。含酚类物质可破坏植物细胞渗透,抑制植物生长。

4. 化肥

化肥对提高农作物产量起到了巨大的作用,但施用后其负面影响也在增加,例如,施氮过多的蔬菜中硝酸盐含量是正常情况的 20~40 倍。人畜食用含硝酸盐的植物后,极易引起高铁血红素白血症,主要表现为行为反应障碍、工作能力下降、头晕目眩、意识丧失等,严重的会危及生命。

5. 污泥

污泥中含有丰富的氮、磷、钾等植物营养元素、有机质及水分等,因此常利用污泥作肥料。但污泥中还含有大量的有毒有害物质,如寄生虫卵、病原微生物、合成有机物及重金属离子。由于污泥易于腐化发臭,颗粒较细,密度高且不易脱水,若处理不当、任意排放,就会污染水体、土壤和空气,危害环境,影响人类健康。

6. 垃圾

垃圾对环境的危害有很大的即时性和潜在性,随着数量的增多,对生态、对资源存在着毁灭性的破坏,并且对人体健康也构成极大的威胁。垃圾主要来源于工业生产、生活垃圾及医疗垃圾。垃圾污染影响食品安全表现在两个方面：其一为垃圾本身对食品的污染，城市垃圾含有大量的有害物质，如其中的有机质会腐败、发臭，易滋生蚊蝇、蟑螂、老鼠。来自医院、屠宰场、生物制品厂的垃圾常含有各种病原菌，处理不当会污染土壤。土壤生物污染不仅可能危害人体健康，而且有些长期在土壤中存活的植物病原体还能危害植物，造成减产。其二为垃圾的利用，如垃圾堆肥，对农作物产品带来不利影响。垃圾堆肥中含有部分重金属，施用于农田后会造成土壤污染，使生长在土壤中的农作物籽粒中重金属含量超过食品卫生标准。

# 第四节　水体污染

水体污染是指水体受到人类或自然因素的影响，使水的感官性状、物理化学性能、化学成分、生物组成等产生了恶化，污染物指标超过地面水质量标准。

造成水体污染的因素是多方面的：①向水体排放未经过妥善处理的城市生活污水和工业废水；②施用的化肥、农药及城市地面的污染物，被雨水冲刷，随地面径流进入水体；③随大气扩散的有毒物质通过重力沉降或降水过程而进入水体等。水体的污染物，总体上可划分为无机污染物和有机污染物两大类，在水环境化学中较为重要的、研究较多的污染物是重金属和有机物。

## 一、水体主要污染物及来源

### （一）病原体污染物

生活污水、畜禽饲养场污水以及制革、屠宰业和医院等排出的废水，常含有各种病原体，如病毒、病菌、寄生虫等。病原体污染的特点是：①数量大；②分布广；③存活时间较长；④繁殖速度快；⑤易产生抗药性，很难绝灭；⑥传统的二级生化污水处理及加氯消毒后，某些病原微生物、病毒仍能大量存活。病原体污染物可通过多种途径进入人体，一旦条件适合，就会引起人体疾病。

### （二）耗氧污染物

在生活污水、食品和造纸等加工废水中含有碳水化合物、蛋白质、油脂、木质素等有机物质。这些物质以悬浮或溶解状态存在于污水中，可通过微生物的生物化学作用而分解。在其分解过程中需要消耗 $O_2$，因而被称为氧污染物。这种污染物可造成水中溶解氧减少，影响鱼类和其他水生生物的生长水中溶解氧耗尽后，有机物进行厌氧分解，产生硫酸氢、氨和硫醇等难闻气味气体，使水质进一步恶化。水体中有机物成分非常复杂,耗氧有机物浓度常用单位体积水中耗氧物质生化分解过程中的耗氧量表示,即以生化需氧量(BOD)表示。

### (三)植物营养物

植物营养物主要指氯、磷等能刺激藻类水草生长、干扰水质净化、使 BOD 升高的物质。水体中营养物质过量所造成的"富营养化"对于湖泊及流动缓慢的水体所造成的危害已成为水源保护的严重问题。富营养化是指在人类活动的影响下,生物所需的氮、磷等营养物质大量进入湖泊、河口、海湾等缓流水体,引起藻类及其他浮游生物迅速繁殖,水体溶解氧量下降,水质恶化,鱼类及其他生物大量死亡的现象。在自然条件下,湖泊也会从贫营养状态过渡到富营养状态,沉积物不断增多,先变为沼泽,后变为陆地。这种自然过程非常缓慢,常需几千年甚至上万年。而人为排放含营养物质的工业废水和生活污水所引起的水体富营养化现象,可以在短期内出现。

植物营养物的来源广,数量大,有生活污水(有机质、洗涤剂)、农业(化肥、农家肥)和工业废水、垃圾等。当大量氮、磷植物营养物排入水体后,促使某些生物(如藻类)急剧繁殖生长,生长周期变短,藻类及其他浮游生物死亡后被需氧生物分解,不断消耗水中的溶解氧,或被厌氧微生物所分解,不断产生 $H_2S$ 等气体,使水质恶化,造成鱼类和其他水生生物的大量死亡。藻类及其他浮游生物残体在腐烂过程中,又把生物所需的氮、磷等营养物质释放到水中,供新的一代藻类等生物利用。因此,水体富营养化后,即使切断外界营养物质的来源,也很难自净和恢复到正常水平,水体富营养化严重时,湖泊可被某些繁生植物及其残骸淤塞,成为沼泽甚至干地,局部海区可变成"死海",或出现"赤潮"现象。

常用氮、磷含量、生产率($O_2$)及叶绿素 a 作为水体富养化程度的指标,防治富营养化,必须控制进入水体的氮、磷含量。

### (四)有毒污染物

有毒污染物是指进入生物体后积累到一定数量,能使体液和组织发生生化和生理功能的变化,引起暂时和持久的病理状态,甚至危及生命的物质。如重金属和难分解的有机污染物等。污染物的毒性与摄入机体内的数量有密切关系。同一污染物的毒性也与其存在形式有密切关系。价态和形态不同,其毒性也有很大的差异。如 Cr(Ⅵ)的毒性比 Cr(Ⅲ)大;As(Ⅲ)的毒性比 As(Ⅴ)大;甲基汞毒性比无机汞大得多,另外污染物的毒性还与若干综合效应有密切关系。

## 二、水体污染对食品安全性的影响

水体包括水中的悬浮物,溶解物、底泥和水生生物等,是一个完整的生态系统。广义的水体一般指地面水体,如江、河、溪、池塘、湖泊、水库、沼泽、海洋等,广义的水体也包括地下水体。

导致水体污染的人为来源主要有工业废水、生活用水和农业废水。水体污染按污染物性质可分为以下几类。

1. 物理性污染

（1）悬浮污染物。

指的是废水中的细小固体或胶体物质,它们能使水体浑浊、透光性下降,从而导致藻类的光合作用减弱,水生生物活动受限。

（2）热污染物。

指的是工矿企业如火力发电厂、食品酿造厂等排放的高温冷却水或温泉溢流水,水体热污染可引起水生植物群落种群组成的改变。水体热污染会减少藻类种群的多样性,随着水温的升高,不耐高温的种类将趋于消失。

（3）放射性污染。

放射性矿石的开采和加工、核能发电站、医院及核试验是使水体受到放射性污染的主要原因。含放射性物质的废水进入水体,会对人体造成很大危害。这是因为水体中的放射性同位素可以通过饮水、动物,农作物多种途径进入人体。用含放射性物质的污染水灌溉农田,污染区的粮食,水果,蔬菜的放射性物质累积也会增加,奶、肉中放射性物质也会升高。水生生物体内的放射性物质甚至可比水中高出千倍以上。人们通过饮食含放射性物质水或食品都能摄入放射性物质。

2. 化学性污染

（1）酸碱污染。

废水中酸主要来源于矿山排水,化肥、农药、石油、酸法造纸等工业的废水;碱主要来自碱法造纸、化学纤维制造,制碱,制革等工业的废水。当水体长期受酸碱污染,破坏了水体的自然缓冲作用,其自净化能力也会逐渐减弱。这既造成水生生物的种群发生变化,又会破坏土壤的性质,影响农作物的生长,还会对船舶水上建筑产生腐蚀作用。另外,酸性废水和碱性废水可相互中和产生各种盐类;酸性、碱性废水也可与地表物质相互作用,生成无机盐类,所以,一般酸性或碱性污水造成的水体污染必然伴随着无机盐的污染。

（2）重金属污染。

重金属元素很多，在环境污染研究中最引人注目的是汞、镉、铬、铅、砷等。

（3）需氧性有机物污染。

生活污水和某些工业废水中含有大量的碳水化合物、蛋白质、脂肪、木质素等有机化合物，在需氧微生物作用下可最终分解为简单的无机物质，即二氧化碳和水等。因这些有机物质在分解过程中需要消耗大量的氧气，故又被称为需氧污染物。

（4）植物营养素。

主要来自食品、化肥、工业废水和生活污水，包括硝酸盐、亚硝酸盐、铵盐和磷酸盐等，这些营养素如果在水中大量积累，造成水的富营养化，使藻类大量繁殖，容易导致水质恶化。

（5）有机毒物污染。

有机有毒物质种类繁多，作用各不相同，有些对环境具有持久污染作用，被称为持久性有机污染物，首批列入《关于持久性有机污染物的斯德哥尔摩公约》受控名单的 12 种持久性有机污染物（POPs）包括滴滴涕、氯丹、灭蚁灵、艾氏剂、狄氏剂、异氏剂、七氯、毒杀酚、六氯苯、多氯联苯、二噁英（多氯二苯并对二噁英）、呋喃（多氯二苯并呋喃），2013 年又更新加入 10 种。与常规污染物不同，持久性有机污染物在自然环境中极难降解，能够在全球范围内长距离迁移；被生物体摄入后不易分解，并沿着食物链浓缩放大，对人类和动物危害巨大。很多持久性有机污染物不仅具有致癌、致畸，致突变性，而且还具有内分泌干扰作用。研究表明，持久性有机污染物对人类的影响会持续几代，对人类生存繁衍和可持续发展构成重大威胁。

3. 致病性微生物污染

致病性微生物污染大多来自未经消毒处理的养殖场、肉类加工厂、生物制品厂和医院排放的污水等。

# 第七章　来自食品包装材料、容器与设备的污染

食品包装是指采用适当的包装材料、容器和包装技术,把食品包裹起来,以使食品在运输和贮藏过程中保持其价值和原有形态。现代包装延长食品保存期,也增加不安全因素。食品包装安全等同食品安全,作为食品的"贴身衣物",食品包装的安全性直接影响着食品的质量。包装材料与食品直接接触后,很多材料成分可"迁移"至食品中,从而污染被包装食品,危害消费者身体健康。

## 第一节　塑料包装材料及其制品

塑料包装材料具有很多优点:①原料来源丰富、成本低廉;②质量轻、机械性能好、运输销售方便;③适宜的阻隔性与渗透性;④化学稳定性好;⑤光学性能优良;⑥卫生性能良好;⑦良好的加工性能和装饰性。

### 一、塑料包装材料中有害物质的来源

塑料包装材料的不安全性主要表现为材料内部残留的有毒有害物质溶出、迁移而导致食品污染,其主要来源有以下几个方面。

(1)树脂本身具有一定毒性:树脂中未聚合的游离单体、裂解物(氯乙烯、苯乙烯、酚类、丁腈胶、甲醛)、降解物及老化产生的有毒物质对食品安全均有影响。

(2)塑料包装容器表面的微尘杂质及微生物污染。

(3)塑料制品在制作过程中添加的稳定剂、塑化剂(增塑剂)、抗氧化剂、抗静电剂、着色剂等带来的危害。

(4)塑料回收再利用时附着的一些污染物和添加的色素可造成食品的污染。

(5)油墨污染:油墨大致可分为苯类油墨、无苯油墨、醇性油墨和水性油墨等种类。油墨中主要物质有颜料、树脂、助剂和溶剂。油墨厂家往往考虑树脂和助剂对食品安全性的影响,而忽视颜料和溶剂对食品安全的间接危害。国内的小油墨厂家甚至用染料来代替颜料进行油墨的制作,而染料的迁移会严重影响食品的安全性;另外,为提高油墨的附着牢度会添加一些促进剂,如硅氧烷类物质,此类物质基团会在一定的干燥温度下发生键的断裂,生成甲醇等物质,而甲醇会对人的神经系统产生危害。在塑料食品包装袋上印刷的油墨,因为苯等一些有

毒物不易挥发,对食品安全的影响更大。近几年来,各地塑料食品包装袋抽检合格率普遍偏低,主要不合格项是苯残留超标,而造成苯超标的主要原因是在塑料包装印刷过程中为了稀释油墨使用含苯类溶剂。

(6)复合薄膜用黏合剂:黏合剂大致可分为聚醚类和聚氨酯类黏合剂。聚醚类黏合剂正逐步被淘汰,而聚氨酯类黏合剂以其良好的黏结强度和耐超低温性能,广泛地应用于食品复合薄膜。聚氨酯类黏合剂有脂肪族和芳香族两种。黏合剂按照使用类型还可分为水性黏合剂、溶剂型黏合剂和无溶剂型黏合剂。水性黏合剂对食品安全不会产生什么影响,但由于功能方面的局限,在我国还不能广泛的应用。我国食品行业主要使用溶剂型黏合剂。对于这种黏合剂的安全性能,绝大多数人认为如果产生的残留溶剂不高就不会对食品安全产生影响,其实这种认识是片面的。我国食品行业使用的溶剂型黏合剂有99%是芳香族的黏合剂,其中含有芳香族异氰酸酯,用这种材料袋包装食品后经高温蒸煮,可使芳香族异氰酸酯迁移至食品中,并水解生成致癌物质芳香胺。我国目前执行国家标准《食品包装材料和容器用胶粘剂》(GB/T 33320—2016)。

## 二、食品包装常用塑料材料及其安全性

### 1. 尿素树脂(VR)

尿素树脂(VR)由尿素和甲醛制成。树脂本身光亮透明,可随意着色。但在成型条件欠妥时,将会出现甲醛溶出的现象。即使合格的试验品也不适宜在高温下使用。

### 2. 酚醛树脂(PR)

酚醛树脂(PR)由苯酚和甲醛缩聚而成。由于树脂本身为深褐色,所以可用的颜色受到一定的限制。酚醛树脂一般用来制造箱或盒,盛装用调料煮过的鱼贝类。酚醛树脂的溶出物主要来自甲醛、酚以及着色颜料。

### 3. 三聚氰胺树脂(MF)

三聚氰胺树脂(MF)由三聚氰胺和甲醛制成,在其中掺入填充料及纤维等而成型。三聚氰胺树脂成型温度比尿素树脂高,甲醛的溶出也较少。三聚氰胺树脂一般用来制造带盖的容器,但在食品容器方面的应用要比酚醛树脂少一些。

### 4. 聚氯乙烯(PVC)

聚氯乙烯(PVC)是由氯乙烯聚合而成的。聚氯乙烯塑料是以聚氯乙烯树脂为主要原料,再加以增塑剂、稳定剂等加工制成。聚氯乙烯树脂本身是一种无毒聚合物,但其原料单体氯乙烯具有麻醉作用,可引起人体四肢血管的收缩而产生

痛感,同时还具有致癌和致畸作用,它在肝脏中可形成氧化氯乙烯,具有强烈的烷化作用,可与DNA结合产生肿瘤。聚氯乙烯塑料的安全性问题主要是残留的氯乙烯单体、降解产物以及添加剂的溶出造成的食品污染。单体氯乙烯对人体安全限量要求小于1mg/kg(以体重计)。中国国产聚氯乙烯树脂单体氯乙烯残留量可控制在3mg/kg以下,成品包装材料已控制在1mg/kg以下。

聚氯乙烯塑料有软质和硬质之分,软质聚氯乙烯塑料中增塑剂含量较大,用于食品包装安全性差,通常不用于直接的食品包装,常用于生鲜水果和蔬菜包装。硬质聚氯乙烯塑料不含或含极少增塑剂,它们安全性好,可用于食品的包装。

氯乙烯与其他塑料不同,多使用重金属化合物作为稳定剂,通称为软质氯乙烯塑料,含有30%~40%的增塑剂。氯乙烯树脂的溶出物以残留的氯乙烯单体、稳定剂和增塑剂为主。聚氯乙烯中的增塑剂己二酸二(2-乙基)己酯(DEHA)能渗透到食物中,尤其是高脂肪食物,DEHA中含有干扰人体内分泌的物质,会扰乱人体内的激素代谢,影响生殖和发育。表7-1为日本国立卫生试验所发表的聚氯乙烯塑料包装食品在室温贮存8周,氯乙烯单体溶入食品中的试验结果。

表7-1　聚氯乙烯容器溶入食品中的单体试验

| 容器 | 氯乙烯单体含量/(mg/kg) | 室温保存8周食品中氯乙烯单体含量/(mg/kg) |
| --- | --- | --- |
| 食用油容器 | 2.8 | >0.05 |
| 威士忌酒容器 | 1.7 | <0.05 |
| 酱油容器 | 5 | <0.05 |
| 醋容器 | 2.6 | <0.05 |

油脂类食品是PVC保鲜膜经常接触的一大类物质,国内保鲜膜产品标准为GB/T 10457—2009《食品用塑料自粘保鲜膜》,但标准中对于保鲜膜增塑剂的指标、检测方法及限量要求并未规定,使得不能有效监管。因此,长期使用PVC保鲜膜存在安全隐患,应尽可能减少使用,确保食品食用安全。

由于增塑剂不溶于水,溶于油脂,因此在与油脂类食品接触时会渗出,渗出或迁移的量与接触的时间及温度有关,从而随着食品进入人体,对人体健康造成威胁。因此,聚氯乙烯保鲜膜生产企业应在产品外包装上标注使用范围。

5. 聚偏二氯乙烯(PVDC)

聚偏二氯乙烯(PVDC)是由偏氯乙烯单体聚合而成,具有极好的防潮性和气密性,化学性质稳定,并有热收缩性等特点。聚偏二氯乙烯薄膜主要用于制造火腿肠、鱼香肠等灌肠类食品的肠衣。聚偏二氯乙烯中可能有氯乙烯和偏二氯乙烯残留,属中等毒性物质。毒理学试验表明,偏二氯乙烯单体代谢产物为致突变阳性。日本试验结果表明,聚偏二氯乙烯的单体偏二氯乙烯残留量小于 6mg/kg 时,就不会迁移进入食品中去,因此日本规定偏二氯乙烯残留量应小于 6mg/kg。聚偏二氯乙烯塑料所用的稳定剂和增塑剂的安全性问题与聚氯乙烯塑料一样,存在残留危害,聚偏二氯乙烯所添加的增塑剂在包装脂溶性食品时可能溶出,因此添加剂的选择要谨慎,同时要控制残留量。我国国家标准《食品安全国家标准　食品接触用塑料树脂》(GB 4806.6—2016)中规定氯乙烯和偏二氯乙烯残留分别低于 2mg/kg 和 10mg/kg。

6. 聚乙烯(PE)

聚乙烯(PE)为半透明和不透明的固体物质,是乙烯的聚合物。采用不同工艺方法聚合而成的聚乙烯,因其相对分子质量、分布、分子结构和聚集状态不同,形成不同聚乙烯品种,一般分为低密度聚乙烯和高密度聚乙烯两种。低密度聚乙烯主要用于制造食品塑料袋、保鲜膜等;高密度聚乙烯主要用于制造食品塑料容器、管等。聚乙烯在植物油中的溶出情况见表 7-2。

表 7-2　聚乙烯在植物油中的溶出情况

| 相对密度 | 浸泡条件 | 溶出量和溶出物 |
| --- | --- | --- |
| 低密度(0.92) | 57℃ 17d | 2.8%直链脂肪族烃 |
| 高密度(0.95) | 57℃ 17d | 0.3%直链脂肪族烃 |
| 高密度(0.95) | 常温短时间(常用条件) | 0.063%直链脂肪族烃 |

7. 聚丙烯(PP)

聚丙烯(PP)是由丙烯聚合而成的一类高分子化合物,它主要用于制作食品塑料袋、薄膜、保鲜盒等。聚丙烯塑料残留物主要是添加剂和回收再利用品残留。由于其易老化,需要加入抗氧化剂和紫外线吸收剂等添加剂,造成添加剂残留污染,其回收再利用品残留与聚乙烯塑料类似。聚丙烯作为食品包装材料一般认为较安全,其安全性高于聚乙烯塑料与聚氯乙烯塑料相类似。

8. 聚苯乙烯(PS)

聚苯乙烯(PS)是由苯乙烯单体聚合而成。聚苯乙烯本身无毒、无味、无臭,不易生长霉菌,可制成收缩膜、食品盒等。其安全性问题主要是苯乙烯单体、甲苯、乙苯和异丙苯等的残留。残留量对大鼠经口的 $LD_{50}$(半致死量):苯乙烯单体

5.09g/kg,乙苯 3.5g/kg,甲苯 7.0g/kg。苯乙烯单体还能抑制大鼠生育,使肝、肾质量减轻。残留于食品包装材料中的苯乙烯单体对人体最大无作用剂量为133mg/kg,塑料包装制品中单体残留量应限制在 1%以下。

9. 聚对苯二甲酸乙二醇酯(PET)

由对苯二甲酸或其甲酯和乙二醇缩聚而成的聚对苯二甲酸乙二醇酯(PET),由于具有透明性好、阻气性高的特点,广泛用于液体食品的包装,在美国和西欧作为碳酸饮料容器使用。聚对苯二甲酸乙二醇酯的溶出物可能来自乙二醇与对苯二甲酸的三聚物聚合时的金属催化剂(锑、锗),不过其溶出量非常少。

10. 复合材料

复合薄膜是塑料包装发展的方向,它具有以下特点:可以高温杀菌,延长食品的保存期;密封性能良好,适用于各类食品的包装;防氧气、水、光线的透过,能保持食品的色、香、味;如采用铝箔层,则增加印刷效果。

复合薄膜的突出问题是黏合剂。目前采用的黏合方式有两种:一种是采用改性聚丙烯直接复合,它不存在食品安全问题;另一种是采用黏合剂黏合,多数厂家采用聚氨酯型黏合剂,这种黏合剂中含有甲苯二异氰酸酯(TDI),用这种复合薄膜袋包装食品经蒸煮后,就会使甲苯二异氰酸酯迁移至食品,并水解产生具有致癌性的 2,4-二氨基甲苯(TDA)。复合薄膜所采用的塑料等材料应符合卫生要求,并根据食品的性质及加工工艺选择合适的材料。此外,复合薄膜各层间应黏合牢固,不应有剥离现象。

### 三、塑料容器和塑料包装材料的卫生要求

用于食品容器和包装材料的塑料制品本身应纯度高,禁止使用可能游离出有害物质的塑料。我国对塑料包装材料及其制品的卫生标准也做了规定,见表7-3。对于塑料包装材料中有害物质的溶出残留量的测定,一般采用模拟溶媒溶出试验进行,同时进行毒理试验,评价包装材料毒性,确定有害物的溶出残留限量和某些特殊塑料材料的使用限制条件。溶出试验是在模拟盛装食品条件下选择几种溶剂作为浸泡液,然后测定浸泡液中有害物质的含量。常用的浸泡液有 3%~4%的乙酸(模拟食醋)、己烷或庚烷(模拟食用油)以及蒸馏水、乳酸、乙醇、碳酸氢钠和蔗糖水溶液。浸泡液检测项目有单体物质、甲醛、苯乙烯、异丙苯等针对项目,以及重金属、溶出物总量(以高锰酸钾消耗量 mg/L 水浸泡液计)、蒸发残渣(以 mg/L 浸泡液计)。

表7-3 我国对几种塑料或塑料制品制定的卫生标准

| 指标名称 | 浸泡条件* | 聚乙烯 | 聚丙烯 | 聚苯乙烯 | 三聚氰胺 | 聚氯乙烯 |
|---|---|---|---|---|---|---|
| 单体残留量/(mg·kg$^{-1}$) | | — | — | — | — | <1 |
| 蒸发残留量/(mg·kg$^{-1}$) | 4%醋酸 | <30 | <30 | <30 | — | <20 |
| | 65%乙醇 | <30 | <30 | <30 | — | <20 |
| | 蒸馏水 | — | — | — | <10 | <20 |
| | 正己烷 | <60 | <30 | — | — | <15 |
| 高锰酸钾消耗量/(mg·kg$^{-1}$) | 蒸馏水 | <10 | <10 | <10 | <10 | <10 |
| 重金属量(以Pb计)/(mg·kg$^{-1}$) | 4%醋酸 | <1 | <1 | <1 | <1 | <1 |
| 脱色试剂 | 冷餐油 | 阴性 | 阴性 | 阴性 | 阴性 | 阴性 |
| | 乙醇 | 阴性 | 阴性 | 阴性 | 阴性 | 阴性 |
| | 无色油脂 | 阴性 | 阴性 | 阴性 | 阴性 | 阴性 |
| 甲醛 | 4%醋酸 | — | — | — | — | — |

*浸泡液接触面积一般按2mL/cm$^2$。

塑料的生产和使用问题一直是食品包装行业的一个重要控制点,能否规范塑料及其添加剂的流通和使用,关系到食品包装行业的发展,更与人们的身体健康密切相关,国际食品包装协会提出了以下建议。

(1)聚氯乙烯保鲜膜政策及标准需完善;

(2)未列入国家准许用于食品容器、包装材料的物质应申报行政许可;

(3)正确认识和使用是关键:

1)尽量不使用一次性塑料餐饮具。在选用食品容器时,应尽量避免使用塑料器材,改用高质量的不锈钢、玻璃和搪瓷容器。

2)保存食品用的保鲜膜宜选择不添加塑化剂的聚乙烯材质,并避免将保鲜膜和食品一起加热。而且最好少用保鲜膜、塑料袋等包装和盛放食品。

3)尽量避免用塑料容器和塑料袋放热水、热汤、茶和咖啡等。

4)尽量少用塑料容器盛放食品在微波炉中加热,因为微波炉加热时温度相当高,油脂性食品更会加速塑料的溶出。

# 第二节　橡胶制品

橡胶也是高分子化合物,一般以橡胶基料为主要原料,配以一定助剂加工而成。橡胶分为天然橡胶和合成橡胶两种。天然橡胶是橡胶树上流出的乳胶,是以异戊二烯为主要成分的天然长链高分子化合物。天然橡胶既不被消化酶分解,也不被细菌和霉菌分解,因此也不会被肠道吸收,可以认为是无毒的物质,其安全性在于生产不同工艺性能的产品时所加入的各种添加剂。合成橡胶是由单体聚合而成的高分子化合物,其安全性主要是单体和添加剂的残留。橡胶中许多成分具有毒性,使用时,单体和助剂有可能迁移至食品,对人体产生不良影响。橡胶水提取液有 30 多种成分,其中 20 种具有毒性。

## 一、合成橡胶的单体

合成橡胶由单体聚合而成,合成橡胶因单体不同分为多种:①硅橡胶:是有机硅氧烷的聚合物,毒性甚小,常制成奶嘴等;②丁橡胶(IIR):是由异戊二烯和异丁二烯聚合而成;③丁二烯橡胶(BR):是丁二烯的聚合物。以上二烯类单体都具有麻醉作用,但未证明有慢性毒性作用;④丁苯橡胶(SBR):是由丁二烯和苯乙烯聚合而成,其蒸气有刺激性,但小剂量未发现慢性毒性;⑤丁腈橡胶(NBR):是丁二烯和丙烯腈的聚合物,耐油,但其中丙烯腈单体毒性较大,可引起溶血并有致畸作用。

## 二、橡胶添加剂

橡胶添加剂有促进剂、防老化剂和填充剂。促进剂促进橡胶的硫化作用,即使直链的橡胶大分子相互发生联系,形成网状结构,以提高其硬度、耐热性和耐浸泡性。常用的橡胶促进剂有氧化钙、氧化镁、氧化锌等无机促进剂和烷基秋兰姆硫化物等。防老化剂可增强橡胶耐热、耐酸、耐臭氧和耐曲折龟裂等性能。适用于食品用橡胶的防老化剂主要为酚类,如 2,6-二叔丁基-4-甲基苯酚(BHT)等。填充剂主要用的是炭黑,炭黑为石油产品,其含有苯并[a]芘,因此炭黑在使用前要用苯类溶剂将苯并[a]芘提取掉。应限制炭黑中苯并[a]芘的含量,法国规定为<0.01%。

### 三、橡胶的卫生标准

无论是食品用橡胶制品,还是在其生产过程中加入的各种添加剂,都应按规定的配方和工艺生产,不得随意更改。生产食品用橡胶要单独配料,不能和其他用途橡胶如汽车轮胎等使用同样的原料。我国颁布的《食品安全国家标准 食品接触用橡胶材料及制品》(GB 4806.11—2016)是对以天然橡胶、合成橡胶(包括经硫化的热塑性弹性体)和硅橡胶为主要原料制成的食品接触材料及制品进行卫生监督的主要依据。标准中规定的感官指标和理化指标,与塑料大致相同。

### 四、橡胶制品的应用

天然橡胶是以异戊二烯为主要成分的天然长链高分子化合物,本身不分解也不被人体吸收。加工时常用的添加剂有交联剂、防老化剂、加硫剂、硫化促进剂及填充料等。天然橡胶的溶出物受原料中天然物质(蛋白质、碳水化合物)的影响较大,而且由于硫化促进剂的溶出使溶出物增多。合成橡胶是用单体聚合而成,使用的防老化剂对溶出物的量有一定影响。单体和添加物的残留对食品安全有一定影响。

我国规定不得使用酚醛树脂用于制作食具、容器、生产管道、输送带等直接接触食品的包装材料;我国规定氯丁胶不得用于制作食品用橡胶制品,氧化铅、六甲四胺、芳胺类、$\alpha$-巯基咪唑琳、$\alpha$-巯醇基苯并噻唑(促进剂 M)、二硫化二甲并噻唑(促进剂 DM)、乙苯-$\beta$-萘胺(防老化剂 J)、对苯二胺类、苯乙烯代苯酚、防老化剂 124 等不得在食品用橡胶制品中使用;我国规定食品工业中使用的橡胶制品的着色剂只能是氧化铁和钛白粉。在外观上规定红、白两种色泽的橡胶为食品工业用橡胶,强调黑色的橡胶制品为非食品工业用橡胶。橡胶制成的包装材料除奶嘴、瓶盖、垫片、垫圈、高压锅圈等直接接触食品外,食品工业中使用的橡胶管道对食品安全也会有一定的影响。需要注意的是,橡胶制品接触酒精饮料、含油的食品或高压水蒸气有可能溶出有毒物质。

## 第三节　成膜涂料

食品是一种较好的溶剂,尤其是饮料、调味品、酒类等对其包装材料和容器的腐蚀性较大,因此对食品容器、包装材料耐腐蚀性的要求较高。为防止食品对食品容器、包装材料内壁的腐蚀,以及食品容器、包装材料中的有害物质向食品中迁移,常常在有些食品容器、包装材料的内壁涂上一层耐酸、耐油、耐碱的防腐蚀涂料。另外,根据有些食品加工工艺的特殊要求,也需要在加工机械、设备上涂有特殊材料。根据涂料使用的对象以及成膜条件,分为非高温成膜涂料和高温成膜涂料两大类。目前,中国允许使用的食品容器内壁涂料有聚酰胺环氧树脂涂料、过氯乙烯涂料、有机硅防粘涂料、环氧酚醛涂料等。

## 一、非高温成膜涂料

非高温成膜涂料一般用于储藏酒、酱、酱油、醋等的大池(罐)的内壁。这类涂料经喷涂后,在自然环境条件下常温固化成膜,成膜后必须用清水冲洗干净后方可使用。常用涂料如下:

1. 聚酰胺环氧树脂涂料

聚酰胺环氧树脂涂料属于环氧树脂类涂料。环氧树脂涂料是一种加固化剂固化成膜的涂料,一般由双酚 A(二酚基苯烷)与环氧氯丙烷聚合而成。根据聚合程度不同,环氧树脂的分子量也不同。分子量越大越稳定,越不易溶出迁移到食品中去,因此其安全性越高。聚酰胺作为聚酰胺环氧树脂涂料的固化剂其本身是一种高分子化合物,未见有毒性报道。聚酰胺环氧树脂涂料的主要问题是环氧树脂的质量(环氧树脂的环氧值)、固化剂的配比以及固化度。固化度越高,环氧树脂向食品中迁移的未固化物质越少。按照《食品安全国家标准 食品接触用涂料及涂层》(GB 4806.10—2016)的规定,聚酰胺环氧树脂涂料中环氧氯丙烷的最大残留量 $QM = 1$ mg/kg,双酚 A 的迁移限量 SML $= 0.6$ mg/kg。

2. 过氯乙烯涂料

过氯乙烯涂料以过氧乙烯树脂为原料,配以增塑剂、溶剂等助剂,经涂刷或喷涂后自然干燥成膜。过氯乙烯树脂中含有氯乙烯单体,氯乙烯有致癌性,按照GB 4806.10—2016 的规定,过氯乙烯涂料中氯乙烯的最大残留量 $QM = 1$ mg/kg。过氯乙烯涂料中所使用的增塑剂、溶剂等助剂必须符合国家的有关规定,不得使用高毒的助剂。

3. 漆酚涂料

漆酚涂料是以我国传统天然生漆为主要原料,经精炼加工成清漆,或在清漆中加入一定量的环氧树脂,并以醇酮为溶剂稀释而成。漆酚涂料含有游离酚,甲醛等杂质,成膜后会向食品迁移。成膜后游离酚、甲醛的残留量应分别控制在0.1 mg/L 和 5 mg/L 以下。

## 二、高温固化成膜涂料

高温固化成膜涂料一般喷涂在罐头、炊具的内壁和食品加工设备的表面,经高温烧结固化成膜。常用涂料如下:

1. 环氧酚醛涂料

环氧酚醛涂料为环氧与酚醛树脂的聚合物,一般喷涂在食品罐头内壁,经高温烧结成膜,具有抗酸特性。成膜后的聚合物中可能含有游离酚和甲醛等未聚合的单体和低分子聚合物,与食品接触时可向食品迁移,按照 GB 4806.10—2016 的规定,酚醛树脂和环氧酚醛涂料中环氧氯丙烷的最大残留量为 1mg/kg,双酚 A 的迁移总量限量 SML(T) 为 15mg/kg。

2. 水基改性环氧涂料

水基改性环氧涂料以环氧树脂为主要原料,配以一定助剂,主要喷涂在啤酒碳酸饮料的全铝易拉罐内壁,经高温烧结成膜。水基改性环氧涂料中含有环氧酚醛树脂,也含有游离酚。按照 GB 4806.10—2016 的规定,环氧氯丙烷的最大残留量为 1mg/kg,双酚 A 的迁移限量为 0.6mg/kg,游离酚的迁移限量为 3.0mg/kg。

3. 有机硅防粘涂料

有机硅防粘涂料是以含羟基的聚甲基硅氧烷或聚甲基苯基硅氧烷为主要原料,配以一定助剂,喷涂在铝板、镀锡铁板等食品加工设备的金属表面,经高温烧结固化成膜,具有耐腐蚀、防粘等特性,主要用于面包、糕点等具有防粘要求的食品工具、模具表面,是一种比较安全的食品容器内壁防粘涂料。一般也不控制单体残留,主要控制一般杂质的迁移。按照 GB4806.10—2016 的规定,双酚 A 的迁移限量 SML = 0.6mg/kg,碳酰二氯的最大残留量 $QM$ = 1mg/kg。

4. 氟涂料

氟涂料包括聚氟乙烯.聚四氟乙烯、聚六氟丙烯涂料等,这些涂料以氟乙烯、四氟乙烯、六氟丙烯为主要原料聚合而成,配以一定助剂,喷除在铝材铁板等金属表面,经高温烧结成膜。具有防粘耐腐蚀特性,主要用于不粘炊具、麦乳晶烧结盘等有防粘要求物表面,其中以聚四氟乙烯最常用。聚四氟乙烯是一种比较安全的食品容器内壁涂料。聚四氯乙烯在 280℃ 时会发生裂解,产生挥发性很强的有毒氟化物,所以,聚甲氟乙烯涂料的使用温度不得超过 250℃。

# 第四节　纸和纸类包装材料

目前世界上用于食品的纸包装材料种类繁多,性能各异,各种纸包装材料的适应范围不尽相同。食品内包装一般采用食品包装纸、蜡纸、玻璃纸、铝箔纸等,食品外包装采用纸板和印刷纸。用纸来制作的包装容器有纸袋、纸杯、纸盒、纸桶、纸复合罐。

纸包装材料具有许多优点:①原料来源丰富,价格较低廉;②纸容器质量较轻,可折叠,具有一定的韧性和抗压强度,弹性良好,有一定的缓冲作用;③纸容器易加工成型,结构多样,印刷装潢性好,包装适应性强;④优异的复合性,加工纸与纸板种类多,性能全面;⑤无二次环境污染,易回收利用或降解。纸包装材料因其一系列独特的优点,在食品包装中占有相当重要的地位。纯净的纸是无毒、无害的,但由于原材料受到污染,或经过加工处理,纸和纸板中会有一些杂质、细菌和某些化学残留物,如挥发性物质、农药残留、制浆用的化学残留物、重金属、防油剂、荧光增白剂等,这些残留污染物有可能会迁移到食品中,影响包装食品的安全性,从而危害消费者的健康。

## 一、纸中有害物质的来源

### 1. 造纸原料本身带来的污染

生产食品包装纸的原材料有木浆、草浆等,存在农药残留。有的纸质包装材料使用一定比例的回收废纸制纸,废旧回收纸虽然经过脱色,但只是将油墨颜料脱去,而有害物质铅、铬、多氯联苯等仍可残留在纸浆中;有的采用霉变原料生产,使成品含有大量霉菌。

### 2. 造纸过程中的添加物

造纸需在纸浆中加入化学品,如防渗剂、施胶剂、填料、漂白剂、染色剂等。纸的溶出物大多来自纸浆的添加剂、染色剂和无机颜料,而这些物质的制作多使用各种金属,这些金属即使在 mg/kg 级以下也能溶出。例如,在纸的加工过程中,尤其是使用化学法制浆,纸和纸板通常会残留一定的化学物质,如硫酸盐法制浆过程残留的碱液及盐类。《食品安全法》规定,食品包装材料禁止使用荧光染料或荧光增白剂等致癌物。此外,从纸制品中还能溶出防霉剂或树脂加工时使用的甲醛。

### 3. 油墨污染较严重

在纸包装上印刷的油墨,大多是含甲苯、二甲苯的有机溶剂型凹印油墨,为了稀释油墨常使用含苯类溶剂,造成残留的苯类溶剂超标。苯类溶剂在《食品安全国家标准 食品接触材料及制品用添加剂使用标准》(GB 9685—2016)中禁止使用,但在我国仍有不法分子在大量使用;其次,油墨中所使用的颜料、染料中,存在重金属(铅、镉、汞、铬等)、苯胺或稠环化合物等物质,容易引起重金属污染,而苯胺类或稠环类染料则是明显的致癌物质。印刷时因相互叠在一起,造成无印刷面也接触油墨,形成二次污染。所以,纸制包装印刷油墨中的有害物质,对食品安全的影响很严重。为了保证食品包装安全,采用无苯印刷已成为发展趋势。

### 4. 贮存、运输过程中的污染

纸包装物在贮存、运输时表面受到灰尘、杂质及微生物污染,对食品安全造成影响。此外,纸包装材料封口困难,受潮后牢度会下降,受外力作用易破裂。

### 5. 挥发性物质、农药及重金属等化学残留物的污染

如果纸中所含荧光物质、蜡纸使用的石蜡中含有的多环芳烃化合物类都是致癌物,那么就会对人体造成一定危害。因此,使用纸类作为食品包装材料,要特别注意避免因封口不严或包装破损而引起的食品包装安全问题。

## 二、食品包装用纸中的主要有毒有害物质及检测

### 1. 荧光增白剂

(1)来源。

荧光增白剂是能够使纸张白度增加的一种特殊白色染料,它能吸收不可见的紫外光,将其变成可见光,消除纸浆中的黄色,增加纸张的视觉白度。

我国颁布的《食品包装用原纸卫生管理办法》中规定,食品包装用原纸禁止添加荧光增白剂等有害助剂。但是,一些不法企业为了降低成本,使用废纸来生产食品包装用纸。有一些企业,虽然是用纯木浆生产食品用纸,但是由于木浆质地不好,其自然白度很难达到标准要求,就在生产木浆的过程中加入一定量的增白剂以达到增白的效果。废纸中的荧光增白剂和纯木浆中添加的荧光增白剂是食品包装用纸荧光增白剂的重要来源。

(2)分析方法。

荧光增白剂的分析方法一般有分子荧光光度法、紫外分光光度法、薄层层析法和高效液相色谱法(HPLC)。紫外分光光度法和分子荧光光度法只能测定荧光

增白剂的总量,而不能定性。薄层层析法操作复杂,只能半定性定量。高效液相色谱法自动化程度高,操作简便,可很好地对荧光增白剂进行定性定量分析。

目前,还没有毒性学试验表明食品包装中的荧光增白剂向食品的迁移量达到对人类健康产生危害的程度,亦未见因食品包装中荧光增白剂迁移而引起食物中毒的报道。然而鉴于荧光增白剂对人们健康具有不可忽视的潜在危害,需要对荧光增白剂在食品纸质包装材料中的应用和迁移状况进行监控。

2. 重金属

在金属元素中,毒性较强的是重金属及其化合物,而铅、镉、汞和铬是在生产生活环境中经常遇到的有害重金属。有害重金属污染对环境和人类具有极大的危害,人体无法通过自身的代谢食物链或其他途径排泄累积的有害重金属。

(1)来源。

食品包装用纸中重金属的来源主要有两个方面:一方面,是造纸用的植物纤维在生长过程中吸收了自然界存在的重金属;另一方面,由于一些不法企业使用了废纸,废纸中的油墨、填料等可能含有有毒重金属,从而导致食品包装用纸中可能含有大量的有毒重金属,对人们的健康构成了严重威胁。

(2)分析方法。

我国食品安全国家标准《食品安全国家标准 食品接触用纸和纸板材料及制品》(GB 4806.8—2016)对铅和砷进行了限量规定:铅$\leqslant$3mg/kg,砷$\leqslant$1mg/kg(以单位纸或纸板质量的物质毫克数计)。检测方法分别见《食品安全国家标准 食品接触材料及制品 铅的测定和迁移量的测定》(GB 31604.34—2016)第一部分、《食品安全国家标准 食品接触材料及制品 砷的测定和迁移量的测定》(GB 31604.38—2016)第一部分,或者《食品安全国家标准 食品接触材料及制品 砷、镉、铬、铅的测定和砷、镉、铬、镍、铅、锑、锌迁移量的测定》(GB 31604.49—2016)第一部分。国家标准《纸、纸板和纸浆 镉含量的测定 原子吸收光谱法》(GB/T 24997—2010)采用了高压消解法或微波消解法进行前处理。一般来说,纸品中的重金属含量很低,所以需采用石墨炉原子吸收法测定。

3. 甲醛

甲醛为较高毒性的物质,在我国有毒化学品优先控制名单上,甲醛高居第一位。甲醛已经被世界卫生组织确定为致癌和致畸物质,是公认的变态反应源,也是潜在的强致突变物之一。

(1)来源。

食品用纸包装产品中甲醛的可能来源主要有三个方面:第一,造纸过程中加入的助剂可能带来甲醛,如二聚氰胺甲醛树脂等;第二,部分不法企业使用废纸做原料,废纸中的填料、油墨等可能含有甲醛;第三,食品包装容器在成型时所使用的胶黏剂可能带来甲醛的残留。

（2）分析方法。

近年来,食品纸制包装产品已成为人们日常生活中不可缺少的必备品,然而,目前国内对于食品用纸包装中微量甲醛的测定研究相对缺乏。有资料显示,用乙酰丙酮紫外分光光度法测定食品纸包装中甲醛的分析方法,可用于食品纸包装中甲醛的常规检测。

4.多氯联苯(PCBs)

（1）来源。

我国食品包装用纸中的多氯联苯的来源主要是脱墨废纸。废纸经过脱墨后,虽可将油墨颜料脱去,但是多氯联苯仍可残留在浆中。有些不法企业,为降低成本通常掺入一定比例的废纸,用这些废纸作为食品包装纸时,纸浆中残留的多氯联苯就会污染食品,从而进入人体,对人们的健康带来了很大威胁。因此我国颁布的《食品包装用原纸卫生处理办法》中规定食品包装用原纸不得采用社会回收废纸做原料。

（2）分析方法。

目前国内对食品包装用纸中多氯联苯残留量的研究报道较为缺乏,尚未建立快速、灵敏、准确的分析方法及相关标准,有关多氯联苯的痕量分析国外有许多报道,其方法主要包括气相色谱-ECD检测法和气相色谱-质谱联用法等。其中质谱的方法又有多种,如多级质谱法、选择性离子监测法、多离子监测法和负离子化学电离法等。

5.二苯甲酮

（1）来源。

随着食品工业对环境保护要求的提高,包装材料采用光固油墨以及光固胶粘剂的用量不断增加。光固油墨不含或很少含有有机挥发成分,最常用的紫外光光固油墨,其主要组分是色料、低聚物、单体、光引发剂以及一些助剂。光引发剂的类型比较多,但是最常用的引发剂是二苯甲酮。通常,紫外光光固油墨中含有5%～10%的光引发剂,但是在光固化反应的过程中只有少量的光引发剂会被反应掉。那么,没有反应掉的光引发剂留在纸张中,最后可能会迁移到被包装的食品中。

（2）分析方法。

常用的二苯甲酮类紫外光吸收剂主要是2-羟基-4-二甲氧基二苯甲酮,一般用高效液相色谱法测定其含量。

6.芳香族碳水化合物

（1）来源。

纸质包装材料中存在的芳香族碳水化合物主要为二异丙基萘同分异构体混合物,用来作为多氯联苯(PCBs)的代替品,作为生产无碳复写纸的染料溶剂。有报道显示,6种二异丙基萘(DIPNs)同分异构体很容易从纸张中迁移到干燥的食品中,试验证实这些二异丙基萘同分异构体来自无碳复写纸。

（2）分析方法。

目前国内尚无对食品用纸包装容器及材料中二异丙基萘残留量测定的研究报道。

7.二噁英

（1）来源。

制浆造纸中含氯漂白剂的使用,是食品包装用纸中二噁英产生的主要原因。二噁英除了可能由氯漂白时的残余木素引起外,还有可能来源于制浆过程使用的消泡剂。此外,五氯苯酚常用做木材的防腐剂。现在,欧盟已经严禁使用五氯苯酚作为木材原料的防腐剂,但是我国尚无明确的规定。

（2）分析方法。

由于二噁英的分析测定要求超微量多组分定量分析,是现代有机分析的难点,分析仪器多采用气相色谱—质谱联用仪(GC/MS),并且需采用分辨率10000以上的高分辨质谱仪(HRMS),我国只有两三家测试机构具备测试的条件。目前,国内尚未颁布有关二噁英分析方法的标准。

# 第五节　金属、玻璃、陶瓷和搪瓷包装材料

## 一、金属包装材料对食品安全性的影响

金属包装容器主要是以铁、铝等金属板、片加工成型的桶、罐、管等,以及用金属箔(主要为铝箔)制作的复合材料容器。此外,还有银制品、铜制品和锌制品等。金属制品作为食品容器,在生产效率、流通性、保存性等方面具有优势,在食品包装材料中占有重要地位。

与其他包装材料相比,金属包装材料和容器的优点包括:①具有优良的阻隔性能。不仅可以阻隔气体,还可阻光,特别是阻隔紫外线,它还具有良好的保藏

性能。这一特点使食品具有较长的货架期;②具有优良的机械性能。主要表现为耐高温、耐湿、耐压、耐虫害、耐有害物质的侵蚀。这一特点使得用金属容器包装的商品便于运输与贮存,使商品的销售半径大为增加;③方便性好。金属包装容器不易破损,携带方便,易开盖,增加了消费者使用的方便性;④表面装饰性好。金属具有表面光泽,可以通过表面印刷、装饰提供理想的美观商品形象,以吸引消费者、促进销售;⑤废弃物容易处理。金属容器一般可以回炉再生,循环使用,既回收资源、节约能源,又可减少环境污染;⑥加工技术与设备成熟。

金属容器内壁涂层的作用主要是保护金属不受食品介质的腐蚀,防止食品成分与金属材料发生不良反应,或降低其相互黏结的能力。用于金属容器内壁的涂料漆成膜后应无毒,不影响内容物的色泽和风味,有效防止内容物对容器内壁的磨损,漆膜附着力好,并应具有一定的硬度。金属罐装罐头经杀菌后,漆膜不能变色、软化和脱落,并具有良好的贮藏性能。金属容器内壁涂料主要有抗酸涂料、抗硫涂料、防粘涂料、快干接缝涂料等。

金属容器外壁涂料主要是彩印涂料,避免了纸制商标的破损、脱落、褪色和容易沾染油污等缺点,还可防止容器外表生锈。金属包装作为可信赖的包装方式,虽然得到各界的认可,但也存在着安全问题。下面介绍几种常用的金属制品容器。

1. 铁制食品容器

铁制容器在食品中的应用较广,如烘盘及食品机械中的部件。铁制容器的安全性问题主要有以下两个方面:①白铁皮(俗称铅皮)镀有锌层,接触食品后锌迁移至食品,国内曾有报道用镀锌铁皮容器盛装饮料而发生食品中毒的事件;②铁制工具不宜长期接触食品。

2. 铝制食品容器

日常生活中用的铝制品分为熟铝制品、生铝制品、合金铝制品三类。它们都含有铅、锌等元素。据报道,一个人如果长期每日摄入铅0.6mg以上,锌15mg以上,就会造成慢性蓄积中毒,甚至致癌。同时,过量摄入铝元素也将对人体的神经细胞带来危害,如炒菜普遍使用的生铝铲属硬性磨损炊具,会将铝屑过多地通过食物带入人体。

因此,在铝制食具的使用上应注意,最好不要将剩菜、剩饭放在铝锅、铝饭盒内过夜,更不能存放酸性食物。这是因为,铝的抗腐蚀性很差,酸、碱、盐均能与铝发生化学反应,析出或生成有害物质。应避免使用生铝制作炊具。在食品中应用的铝材(包括铝箔)应该采用精铝,不准采用废旧回收铝作原料,因为回收铝来源复杂,常混有铅、锡等有害金属及其他有毒物质。铝的毒性表现为对脑、肝、骨、造血和细胞的毒性。研究表明透析性脑痴呆与铝的摄入有关,长期输入含铝营养液的病人易发生胆汁淤积性肝病。我国规定了金属铝制品包装容器的卫生标准,见表7-4。

**表7-4 我国金属铝制品包装容器的卫生标准**

| 金属包装容器 | 项目 | 指标 |
|---|---|---|
| 铝制食具容器 | 锌含量/(mg/L)(以 Zn 计)(4%醋酸浸泡液中) | 1 |
| | 铅含量/(mg/L)(以 Pb 计)(4%醋酸浸泡液中) | |
| | 精铝 | ≤0.2 |
| | 回收铝 | ≤5 |
| | 镉含量/(mg/L)(以 Cd 计)(4%醋酸浸泡液中) | ≤0.02 |
| | 砷含量/(mg/L)(以 As 计)(4%醋酸浸泡液中) | ≤0.04 |

3. 不锈钢食品容器

不锈钢的基本金属是铁,由于加入了大量的镍元素,能使金属铁及其表面形成致密的抗氧化膜,提高其电极电位,使之在大气和其他介质中不易被锈蚀。但在受高温作用时,镍会使容器表面呈现黑色,同时由于不锈钢食具传热快,温度会短时间升得很高,因而容易使食物中不稳定物质如色素、氨基酸、挥发物质、淀粉等发生糊化、变性等现象,还会影响食物成型后的感官性质。

使用不锈钢还应该注意另一个问题,就是不能与乙醇(酒精)接触,以防锡、镍游离。不锈钢食具盛装料酒或烹调使用料酒时,料酒中的乙醇可将镍溶解,容易导致人体慢性中毒。总之,由于食品与金属制品直接接触会造成金属溶出,因此对某些金属溶出物都有控制指标。中国罐头食品中的铅溶出量不超过1mg/kg,锡不超过200mg/kg,砷不超过0.5mg/kg。对铝制品容器的卫生标准规定为4%乙酸浸泡液中,锌溶出量不大于1mg/L,铝溶出量不大于0.2mg/L,锡溶出量不大于0.02mg/L,砷溶出量不大于0.04mg/L。

## 二、玻璃包装材料的食品安全性问题

玻璃是由硅酸盐、碱性成分(纯碱、石灰石、硼砂等)、金属氧化物等为原料,在1000~1500℃高温下熔化而成的固体物质。玻璃是一种历史悠久的包装材料,其种类很多,根据所用的原材料和化学成分不同,可分为氧化铝硅酸盐玻璃、铅晶体玻璃、钠钙玻璃、硼硅酸玻璃等。

玻璃包装材料具有以下优点:无毒无味,化学稳定性好,卫生清洁,耐气候性好;光亮、透明、美观、阻隔性能好,不透气;原材料来源丰富、价格便宜、成型性好、加工方便,品种形状灵活,可回收及重复使用;耐热、耐压、耐清洗,可高温杀菌,也可低温贮藏。玻璃是一种惰性材料,一般认为玻璃与绝大多数内容物不发生化学反应而析出有害物质。

玻璃最显著的特性是其透明性,但玻璃的高度透明性对某些内容物是不利的,为了防止有害光线对内容物的损害,通常用各种着色剂使玻璃着色。绿色、琥珀色和乳白色称为玻璃的标准三色。玻璃中的迁移物与其他食品包装材料物质相比有不同之处。玻璃中的主要迁移物质是无机盐或离子,从玻璃中溶出的主要物质毫无疑问是二氧化硅($SiO_2$)。英国曾做过一个模拟试验,将模拟物贮藏在玻璃容器中 10d,然后用原子吸收分析模拟物中溶出的迁移物。表 7-5 列出了从玻璃进入水(一种模拟物)中的离子。

表 7-5　从玻璃进入水中的不同类型的迁移离子　单位:mg/kg

| 迁移离子 | 白色玻璃 | 琥珀色玻璃 | 绿色玻璃 |
|---|---|---|---|
| 铝(Al) | 0.08 | 8.84 | 18.74 |
| 钙(Ca) | 12.55 | 0.07 | 0.17 |
| 镁(Mg) | 1.07 | 0.45 | 1.76 |
| 钠(Na) | 0.14 | 0.07 | 0.11 |
| 钾(K) | 1.57 | 0.58 | 0.52 |
| 铬(Cr) | 0.07 | 0.05 | 0.12 |
| 铜(Cu) | <0.05 | <0.05 | <0.05 |
| 铁(Fe) | <0.04 | <0.04 | <0.04 |
| 铅(Pb) | <0.07 | <0.07 | <0.07 |
| 锰(Mn) | <0.10 | <0.10 | <0.10 |
| 锌(Zn) | <0.04 | <0.04 | <0.04 |
| 铝(Al) | <0.05 | <0.05 | <0.05 |

玻璃因其稳定的品质不会与油、醋等调味料发生化学反应,产生影响人们健康的有害物质,因此用玻璃瓶盛放液态调味料或者用玻璃容器调制凉菜、水果沙拉是不错的选择。而玻璃品种繁多,作为食品容器,最好选择无色透明的玻璃制品。

### 三、陶瓷和搪瓷包装材料对食品安全性的影响

我国是使用陶瓷制品历史最悠久的国家。与金属、塑料等包装材料制成的容器相比,陶瓷容器更能保持食品的风味。例如用陶瓷容器包装的腐乳,质量优于塑料容器包装的腐乳,是因为陶瓷容器具有良好的气密性,而且陶瓷分子间排列并不是十分严密,不能完全阻隔空气,这有利于腐乳的后期发酵。此外用其包装部分酒类饮料,相当长时间不会变质,甚至存放时间越久越醇香,由此产生了"酒是陈的香"这句俗语。陶瓷包装材料的食品卫生安全问题,主要是指上釉陶瓷表面釉层中重金属元素铅或镉的溶出。一般认为陶瓷包装容器是无毒、卫生、安全的,不会与所包装食品发生任何不良反应。但长期研究表明:釉料主要由铅、锌、镉、锑、钡、铜、铬、钴等多种金属氧化物及其盐类组成,多为有害物质。陶瓷在 1000~1500℃ 下烧制而成,如果烧制温度低,彩釉未能形成不溶性硅酸盐,在使用陶瓷容器时易使有毒有害物质溶出而污染食品。如在盛装酸性食品(如醋、果汁)和酒时,这些物质容易溶出而迁入食品,引起食品安全问题。国内外对陶瓷包装容器铅、镉溶出量均有限定。陶瓷器安全卫生标准是以 4% 乙酸浸泡后铅、镉的溶出量为标准,标准规定铬的溶出量应小于 0.5mg/L。搪瓷是将无机玻璃质材料通过熔融凝于基体金属上,并与金属牢固结合在一起的一种复合材料。搪瓷器安全卫生标准是以铅、镉、锑的溶出量为控制要求,标准规定铅小于 1.0mg/L,镉小于 0.5mg/L,锑小于 0.7mg/L。

# 第二篇　加工食品的安全性

# 第八章 传统加工食品的安全性

## 第一节 粮油加工食品

### 一、豆制品

1. 安全问题

(1)霉菌和霉菌毒素:粮、豆在农田生长时可被田野霉污染,田野霉有很多是植物病原菌,它们寄附和侵入粮、豆作物,生长发育形成粮、豆的自身菌相。粮、豆在收获之后及贮存过程中可被贮藏霉污染,贮藏霉属于腐生微生物,具有强大的分解能力,可耐受低温、低湿和高渗透压,引起粮、豆的霉变,对贮藏粮、豆的危害性很大。人体长期蓄积霉菌毒素可致癌。

(2)农药:防治病虫害和除草时残留在粮、豆中的农药可与粮、豆一起进入人体而损害机体健康。

(3)食品添加剂:用滑石粉,面条、饺子皮中面粉处理剂超量,油条使用膨松剂(硫酸铝钾、硫酸铝铵)过量而造成铝的残留量超标,臭豆腐中滥用硫酸亚铁等。

(4)有毒、有害物质:粮、豆作物中的汞、镉、砷、铅、铬、酚和氰化物等主要来自未经处理或处理不彻底的工业废水和生活污水对农田的灌溉。日本曾发生的"水俣病"和"痛痛病"都与用含汞、镉污水灌溉有关。

(5)仓储害虫:我国常见的仓储害虫有甲虫(如大谷盗、米象、谷蠹和黑粉虫等)、螨虫(如粉螨)及蛾类(如螟蛾)等50余种。仓储害虫在原粮豆、半成品粮豆上都能生长并使其发生变质而失去或降低食用价值。

(6)其他污染:主要指无机夹杂物和有毒种子的污染。泥土、沙石和金属是粮、豆中主要无机夹杂物,这类污染物不但影响感官性状,而且损伤牙齿和胃肠道组织。麦角、毒麦、麦仙翁子、槐子、毛果洋茉莉子、曼陀罗子、苍耳子是粮、豆在农田生长期和收割时混杂的有毒植物种子。

(7)掺假:豆浆加水、豆腐制作时加米浆或纸浆、点制豆腐脑时加尿素等,这些卫生与质量问题非常普遍,不仅降低了食品的营养价值,更对食用者的健康造成了威胁。

（8）违法添加非食用物质：为提高馒头的筋度及口感，曾有不法商贩使用漂白剂硫黄熏蒸以促销；以化工原料硫磺熏面粉，让面团发得更大、蒸出来的馒头更白；用工业矿物油处理陈化大米以改善外观；用工业漂白剂吊白块（主要成分为次硫酸钠甲醛）处理腐竹、粉丝、面粉、竹笋，以期增白、保鲜、增加口感和防腐；用硼酸、硼砂和溴酸钾处理腐竹、凉粉、凉皮、面条、饺子皮以增筋；用工业染料对小米、玉米粉等着色。不法商贩的违法行为严重威胁着人群身体健康，使食品安全事故频发。

2. 安全管理

（1）安全水分：粮谷的安全水分为 12%~14%，豆类为 10%~13%。

（2）贮藏：生粮、豆入库前做好仓库质量检查；仓库应定期清扫；豆制品应及时摊开散热，通风冷却；热天应贮藏于低温环境，尽快食用；发酵豆制品应密封保存，防止苍蝇污染，避免滋生蛆虫；应严格执行粮库的卫生管理要求。仓库使用熏蒸剂防治虫害时，要注意使用范围和用量，熏蒸后粮食中的药剂残留量必须符合国家卫生标准才能出库、加工和销售。

（3）加工：粮、豆在加工时应将有毒植物种子、无机夹杂物、霉变粮豆去除；面粉加工应严格按规定使用增白剂等食品添加剂；豆制品生产用水、添加剂、生产加工场所等辅料须符合国家卫生标准；禁止使用尿素等化肥促进豆芽的生长。

（4）运输、销售：运粮应有清洁卫生的专用车以防止意外污染。粮、豆包装必须专用并要标明"食品包装用"字样。粮、豆在销售过程中应防虫、防鼠和防潮；霉变和不符合卫生要求的粮、豆禁止加工销售；销售过程中豆制品应处于低温环境，以防止微生物大量生长繁殖。

（5）防止农药及有害金属污染。

（6）防霉、去霉。

（7）执行 GAP、GMP 和 HACCP。

（8）加强依法监管，符合国家标准。


## 二、谷物食品

谷物主要包括原粮和成品粮。原粮有稻谷、小麦、大麦、糜子、玉米、青稞和莜麦等；成品粮主要指面粉、大米、玉米面等谷物加工品。

1. 谷类的安全性问题

（1）谷类中的天然有毒物质：禾本科粮食作物的籽粒是人类粮食的主要来

源,它们不含有毒成分,可安全食用。但是有些禾本科作物在某一特定发育期有毒,例如,玉米、高粱、燕麦、稻等在幼苗期含有氰苷,其中玉米、高粱幼苗中所含的这类物质毒性较大。此外,自然界还存在一些种子有毒的植物,容易误食。

1)毒麦:毒麦为黑麦属的一年生草本植物,其繁殖力和抗逆性都较强。成熟籽粒极易脱落,通常有10%~20%落于田中。由于其种子有毒,故人畜食用含4%以上毒麦的面粉即可引起中毒。毒麦的有毒成分主要为黑麦草碱(loline)、毒麦碱(picrosclerotia)、毒麦灵等多种生物碱。

2)荞麦:荞麦花中含有两种多酚的致光敏有毒色素,即荞麦素(fagopyrin)和原荞麦素。当食用混有荞麦花的荞麦苗时,能够引起人畜的过敏反应,表现为颜面潮红并出现豆粒大小的红色斑点的中毒症状,严重者颜面、小腿均有浮肿、皮肤发生破溃。此外,禾本科植物种子籽粒中掺杂有其他有毒植物种子时,也能够在食用面粉类制品中产生食物中毒现象,例如麦角、麦仙翁籽等可引发人类的肠胃道疾病。

(2)危害谷物的生物学因素。

①谷物中的微生物:粮食上的微生物主要有细菌、酵母菌和霉菌三大类群。就粮食危害的严重程度而言,以霉菌最为突出,细菌次之,酵母更轻微些;②真菌毒素:对食品安全性危害最严重的是真菌产生的毒素,在小麦、稻谷和玉米三大系列粮食作物中,主要的真菌毒素是黄曲霉毒素和镰刀菌毒素,其次是杂色曲霉毒素和赭曲霉毒素 A;③影响谷物食品安全性的其他因素:其中主要有食品添加剂、农药残留、重金属、熏蒸剂的残留和粮食掺假问题。

2. 谷类的贮藏卫生管理

①控制粮谷类的水分和贮藏条件;②减少贮藏损失已成为关系到国计民生的大事;③防止农药和有害金属污染谷类,此外要求灌溉水质必须符合标准,工业废水和生活污水必须处理后才能使用;④防止有毒种子及无机夹杂物污染。

## 三、烘焙食品

1. 安全问题

由于焙烤食品营养丰富,具有微生物生长繁殖所需的大部分营养,病原微生物污染是其安全的最大问题,表现为菌落总数、大肠菌群、霉菌等卫生指标超标。焙烤食品的变质在感官上常表现为回潮、干缩、走油、发霉、变味、生虫等。

2. 安全管理

执行《食品安全国家标准 糕点、面包卫生规范》(GB 8957—2016)和《食品安

全国家标准 饼干》（GB 7100—2015）。①原料：制作焙烤食品原料中的奶、蛋极易受到致病菌的污染，如沙门菌、葡萄球菌等。因此，加工前应经过巴氏消毒或煮沸消毒。不应使用毒变、潮结、生虫的面粉以及有酸败气味的油脂；②生产、贮藏、运输过程：严控生产车间、仓库和运输工具的卫生。仓库应建立卫生和保管制度。所有工具、包装箱都应严格执行清洗、消毒制度。对生产人员及工作人员都应严格执行健康检查制度；③食品添加剂：应按照国家规定的《食品安全国家标准 食品添加剂使用标准》（GB 2760—2014）的规定进行管理，严格控制各种添加剂的质量、规格、使用范围和用量，不得使用来源不明的添加剂；④包装：常用的包装材料中，玻璃纸无味、无臭、无毒，是较理想的包装材料。浸蜡包装纸须限制其多环芳烃的含量。油印彩色纸须注意其油墨中含有的有害物质。塑料及其他包装材料容具等须符合相应的各种卫生要求。

## 四、蒸煮食品

### 1. 馒头

馒头中的面粉改良剂是由复合酶制剂、复合乳化剂和增筋剂等多种食品级优质原料精制而成，主要成分均为天然或生物提取物。蒸馒头的面粉里添加含铝的泡打粉就是毒馒头。人体长期过量摄入铝，会干扰机体细胞和器官的正常代谢，尤其对老人、儿童和孕妇产生危害最大，可能会导致儿童发育迟缓、老年人痴呆，影响孕妇的胎儿发育等。

染色馒头是通过回收馒头再加上着色剂而做出来的。染色馒头中掺有防腐剂山梨酸钾、甜味剂甜蜜素和色素柠檬黄。据我国《食品安全国家标准 食品添加剂使用标准》（GB 2760—2014）中的规定，可以使用的添加剂中没有山梨酸钾，允许添加甜蜜素和柠檬黄的食品中也不包括发酵面制品。如果长期过度食用甜味剂超标的食品，就会因摄入过量而对人体造成危害，尤其是对肝脏和神经系统造成危害，特别是对代谢排毒能力较弱的老人、孕妇、小孩危害更明显，因为甜蜜素有致癌、致畸、损害肾功能等副作用。

### 2. 挂面

挂面容易出现的安全问题有：由于控制不当容易出现食品添加剂含量超标现象；干燥过程中各项技术参数控制不当出现挂面酥断现象；自然晾晒和包装过程中对人员、场地环境等未采取有效措施造成交叉污染，影响挂面的卫生。

### 3. 鲜湿面条

在保藏过程中引起鲜湿面条腐败变质的原因包括物理、化学、酶及微生物四个方面,前两个方面造成的损失相对较小,最重要的是微生物及酶引起的腐败变质。

# 第二节　油脂和油炸食品

## 一、油脂酸败对健康的影响

酸败的原因如下:一是油脂在阳光、空气、水分、金属离子等作用下,所含的不饱和脂肪酸的不饱和键与空气中的氧发生加成,生成过氧化物,过氧化物进一步氧化或分解,生成有臭味的低醛、酮、羧酸;二是油脂在微生物或酶的作用下,水解生成甘油和脂肪酸,脂肪酸发生 $\beta$ 氧化,生成 $\beta$-酮酸, $\beta$-酮酸再脱羧或进一步氧化,生成低级的酮、羧酸。在油脂酸败过程中,化学性的氧化和生物性的酶解经常同时发生,但油脂的自动氧化占主导地位。而在高温加热时油脂的氧化酸败速度更快。油脂酸败的产物有"哈喇味""回生味"。

油脂酸败后其感官性状发生改变,产生不愉快气味,如干酪中的油脂水解酸败产生肥皂样和刺鼻气味。这些改变将影响油脂的食用价值,而且对人体健康也有一定的影响。动物试验证明,油脂酸败产生的过氧化物可以破坏机体的琥珀酸脱氢酶、细胞色素氧化酶的活性,油脂酸败可以导致机体缺乏必需脂肪酸而引起高血脂、糖尿病、动脉粥样硬化癌症、早衰等现代病的发生率增加及脂溶性维生素缺乏症的发生。油脂酸败还可破坏食品中的营养成分,如油脂中的过氧化物及其分解产物与食物中的蛋白质、蛋氨酸、赖氨酸、组氨酸、胱氨酸等氨基酸,与抗坏血酸、维生素 A、维生素 D、维生素 E 等发生反应,可影响人体的消化功能和食物的可口性。

应当采取适当的措施延缓油脂酸败的发生。第一,在油脂加工过程中应保证油脂的纯度,去除动植物残渣,避免微生物污染,并且抑制或破坏酶的活性;第二,由于水能促进微生物繁殖和酶的活动,因此油脂水分含量应控制在 0.2% 以下;第三,高温会加速不饱和脂肪酸的自动氧化,而低温可抑制微生物的活动和酶活性,从而降低油脂自动氧化,故油脂应在低温贮藏;第四,由于阳光、空气对油脂的酸败有重要影响,因此油脂若长期贮藏应采用密封、隔氧、避光的容器,同时应避免在加工和贮藏期间接触到金属离子。此外,应用抗氧化剂也可有效防止油脂酸败,延长贮藏期。

## 二、反式脂肪酸对健康的影响

1. 反式脂肪酸的来源

(1)反刍动物如牛、羊的脂肪和乳与乳制品饲料中的不饱和脂肪酸经反刍动物肠腔中的丁酸弧菌属菌群的生物氢化作用,形成反式不饱和脂肪酸。

(2)为了防止食品加工用油脂的酸败、延长油脂的保存期、减少油脂在加热过程中产生的不适气味及味道,常常将植物油脂或动物油脂予以部分氢化,即在油中加入氢气,使双键变为单键结构,该工艺亦称为硬化,同时会异构化产生反式不饱和脂肪酸,一般占油脂总量的 10%~12%。

(3)植物油在精炼脱臭工艺中,由于高温(250℃以上)及长时间(2h 左右)加热,也可能产生一定量的反式脂肪酸。

2. 反式脂肪酸对健康的危害

(1)增加患心血管疾病的危险;

(2)可以显著增加患Ⅰ型糖尿病的危险;

(3)导致必需脂肪酸缺乏;

(4)抑制婴幼儿生长发育。

## 三、芥子苷和芥酸对健康的影响

1. 芥子苷对健康的影响

芥子苷本身无毒,但它在降解过程中产生的异硫氰酸酯(ITC)、恶唑烷硫酮(OZT)、硫氰酸酯和腈类具有较强的毒性。①恶唑烷硫酮是重要的抗营养因子,又称甲状腺肿素;②异硫氰酸酯具有辛辣气味,可以与机体内的氨基化合物形成硫脲类衍生物,具有导致甲状腺肿大的作用。异硫氰酸酯在体内还可以转化为 $SCN^-$;③$SCN^-$甲状腺通过碘泵主动摄取血浆中的碘,而 $SCN^-$ 可与 $I^-$ 竞争碘泵而抑制甲状腺对碘的吸收和摄取游离碘。碘缺乏又会增强硫氰酸盐对甲状腺肿大的作用,从而造成甲状腺肿大;④腈类(RCN)属于有机氰化物,在体内可以代谢为 $CN^-$,毒性约是恶唑烷硫酮的 8 倍,导致甲状腺增生肿大。

2. 芥酸对健康的影响

芥酸存在白芥种子脂肪及菜籽油中。以含菜籽油(芥酸 50%)5% 的食物喂养幼鼠,发现其心肌被脂肪浸润,1 周后心脏脂肪含量为对照组的 3~4 倍,继续喂养则使脂肪沉积量减少;同时还发现心肌中形成纤维组织。喂养的动物(猪和鼠)的消化率降低了 80%,且动物生长发育和生殖功能等受到影响。中国等以菜籽油为主要食用油的国家,芥酸的摄入量远低于动物试验的剂量,未能证明芥酸对人类是否有类似的作用。目前,低芥酸菜籽油中不仅芥酸含量低而且油酸含量平均可以达到61%,仅次于橄榄油中油酸含量75%的水平。加拿大、芬兰、瑞典、美国等国科学家近年的跟踪研究表明,食用低芥酸菜籽油的人胆固醇总量比常规饮食的人群低15%~20%,其心血管病发生率也相应减少。

### 四、残留棉酚对健康的影响

棉酚有游离和结合两种状态。棉籽中含游离棉酚0.15%~2.8%。生棉籽榨油时,棉酚大部分迁移到油中。棉酚在冷榨棉籽油、棉秆、棉籽饼中多呈游离状态故称为游离棉酚,冷榨棉籽油中游离棉酚的含量高达1%~1.3%。游离棉酚是一种具有血液毒和细胞原浆毒的物质,当游离棉酚高于0.15%时可引起动物严重中毒。

### 五、"地沟油"的安全问题

"地沟油"广义上是指包括煎炸老油、泔水油和阴沟油在内的一切废弃食用油脂,狭义"地沟油"则仅仅指阴沟油。食品鉴别技术所指的"地沟油"是指一切可能回流餐桌的餐厨废弃食用油脂。

"地沟油"包含真菌毒素、重金属、有机溶剂等外源性污染物,以及自身三酰甘油或油脂伴随物因氧化、水解等产生的氧化产物、水解产物等内源性污染物,酸价和过氧化值一般都严重超标,这些有害因素不能通过加热烹炒等方法降低。此外,在加热过程中,"地沟油"中的顺式不饱和脂肪酸被氢化,转变为反式脂肪酸,长期摄入将危害人体健康。

# 第三节 肉蛋奶类食品

## 一、肉制品的安全性

### (一)原料肉变质过程

宰后的肉从新鲜到腐败变质要经过僵直、成熟、自溶和腐败四个变化。

1. 僵直阶段

刚屠宰的肉呈中性或弱碱性(pH 7.0~7.4),由于肉中糖原和含磷有机化合物在组织蛋白酶作用下分解为乳酸和游离磷酸,肉的pH下降(pH 5.4~6.7),pH

在5.4时达到肌凝蛋白等电点,使肌凝蛋白发生凝固,导致肌纤维硬化出现僵直。此时为最适宜冷藏阶段,但是肉风味较差,不适宜用作加工原料。

2. 成熟阶段

僵直后,肉中糖原继续分解为乳酸,使 pH 继续下降,组织蛋白酶将肌肉中的蛋白质分解为肽、氨基酸、次黄嘌呤核苷酸等,肌肉组织逐渐变软并具有一定弹性,肉的横切面有肉汁流出,具有芳香味,肉表面可形成干膜,此过程称为肉的成熟。肉的成熟过程可以改进其品质。

3. 自溶阶段

宰后的肉若在不合理条件下贮藏,如较高温度,可以使肉中组织蛋白酶活性增强,导致肉的蛋白质发生强烈分解,产生硫化氢、硫醇与血红蛋白或肌红蛋白中的铁结合,在肌肉表层和深层形成暗绿色的硫化血红蛋白,并伴有肌纤维松弛,此过程称为肉的自溶。

4. 腐败阶段

肉发生自溶后为微生物入侵、繁殖创造了条件,微生物产生的酶使肌肉中的蛋白质进一步分解,生成胺、氨、硫化氢、吲哚、硫醇等具有强烈刺激性气味的物质;同时脂肪也发生酸败,导致肉的腐败变质。

**(二)原料肉的安全问题**

1. 畜肉的安全问题

主要是生物性污染和化学性污染问题。

(1)腐败变质:腐败变质的畜肉既含有大量的病原体,又含有腐败变质的有毒产物,如胺类、吲哚和毒素等,肉品已失去营养价值并对人类健康有很大的危害,如导致食源性疾病的发生,甚至导致暴发和流行。因此,腐败变质的畜肉禁止出售。

(2)食物中毒:食用了被中毒性病原微生物和有毒化学物质污染了的畜肉,可导致人的食物中毒,造成食用者在短时间内出现腹痛、腹泻发热和中毒等一系列症状。

(3)人畜共患传染病:自然屠宰的牲畜也可能携带有某些传染性病原和寄生虫,人若食用了患有人畜共患传染病的动物组织,可出现由这些病原体引起的传染病和寄生虫病。

(4)农药和兽药残留的污染:饲料中含有的农药、化肥和杀虫剂可以通过牲畜的消化系统进入体内,并残留在畜肉中,对牲畜进行体表杀虫时使用的杀虫剂、避免疾病时使用的抗生素、促进生长和改善体质结构使用的生长促进剂和激素等都可以在畜肉中残留。若长期食用农、兽药残留超标的食品将对健康产生危害。

①重金属和砷污染：畜肉的重金属残留会造成人中毒和环境污染；②"注水肉"：也称"灌水肉"，是不法商贩为增加肉品（主要为猪肉和牛肉）质量以牟利，于屠宰前给动物强行灌水，或者屠宰后向肉内注水制成，注水量可达净质量的15%～20%。在"注水肉"里，可能添加了阿托品、矾水、卤水、洗衣粉、明胶、工业色素和防腐剂等，可能注入污水、泔水，带入重金属、农药残留等有毒有害物质和各种寄生虫、病原微生物等，使肉品失去营养价值，易腐败变质，产生细菌毒素，还可能传播动物疫情。因此，"注水肉"不仅是掺假问题，对人体健康的危害也不容忽视。

2. 禽肉的安全问题

主要是细菌污染、重金属和砷污染、农药残留、抗生素残留、雌激素残留问题。

3. 原料肉的安全管理

（1）畜肉的安全管理：①宰前管理，宰前检验检疫须进行严格的外观、行为和体温观察，必要时进行病原学检查；②屠宰场卫生要求符合我国《食品安全国家标准 畜禽屠宰加工卫生规范》（GB 12694—2016）；③宰后卫生检验检疫；④检验检疫结果分类；⑤贮藏、运输、销售过程的卫生要求；⑥畜肉消费过程的加热与冷藏；⑦病畜及病畜肉的处理；⑧"注水肉"的监管；⑨兽药残留的对策；⑩有关卫生标准。

（2）禽肉的安全管理：①宰前、宰后管理；②减少抗生素使用，降低药物残留；③鲜、冻禽肉卫生标准符合《食品安全国家标准 鲜（冻）畜、禽产品》（GB 2707—2016）。

## 二、蛋与蛋制品安全问题

1. 蛋与蛋制品的变质过程

蛋的腐败变质与很多因素有关，包括蛋被粪便、灰尘、土壤等的污染及与水的接触情况，蛋壳的完好情况，蛋的贮藏时间及贮藏条件等。粪便严重污染，用湿手收集或湿容器贮藏搬运，用水洗蛋壳，蛋壳有裂纹，贮藏温度较高或潮湿等情况均易导致蛋的腐败变质。

2. 蛋与蛋制品的安全问题

（1）微生物污染。

主要是禽类饲养环境和蛋的加工环节的生物性污染物（包括病原菌和腐败菌）。一般来说，鲜蛋的微生物污染途径有 3 个：①卵巢的污染（产前污染），禽类感染沙门菌及其他微生物后,可通过血液循环而进入卵巢,当卵黄在卵巢内形成时被污染;②产蛋时污染(产道污染),禽类的排泄腔和生殖腔是合一的,蛋壳在形成前,排泄腔里的细菌向上污染输卵管,从而导致蛋受污染;③产蛋场所的污染(产后污染),蛋壳可被禽类、鸡窝、人手以及装蛋容器上的微生物污染。此外,蛋因搬运、贮藏受到机械损伤而致蛋壳破裂时,极易受微生物污染,发生变质。

(2)抗生素、生长激素及其他化学性污染。

蛋的化学性污染与禽类的化学性污染密切相关。饲料中不正确添加抗生素、生长激素类制剂以及农药、兽药、重金属、无机砷污染,以及饲料本身含有的有害物质(如棉饼中游离棉酚、菜籽中硫代葡萄糖苷)可以向蛋内转移和蓄积,造成蛋的污染。

(3)违法、违规加工蛋类。

在蛋加工品制作中违法、违规添加有毒化学物质。我国曾发生过使用化学药品人工合成假鸡蛋事件。假鸡蛋的蛋壳由碳酸钙、石蜡及石膏粉构成,蛋清和蛋白则主要由海藻酸钠、明矾、明胶、色素等构成,蛋黄主要成分是海藻酸钠液加柠檬黄一类的色素,成本只是售价的25%左右。假鸡蛋不但没有任何营养价值,长期食用可因明矾含铝更有可能导致记忆力衰退、痴呆等严重后果。我国还发生过为了生产高价红心蛋,违法在鸡蛋或鸭蛋中掺入苏丹红的事件。

3. 蛋与蛋制品的安全管理

鲜蛋的安全管理关键为贮藏、运输和销售环节的安全管理,加工蛋制品的蛋类原料须符合鲜蛋质量和卫生要求。应严格执行《食品安全国家标准 蛋与蛋制品》(GB 2749—2015)和《食品安全国家标准 蛋与蛋制品生产卫生规范》(GB 21710—2016)。

## 三、乳制品安全问题

1. 原料乳的安全性问题

若奶牛患有乳房炎、结核等疾病,所产乳不得食用;挤奶操作不规范,对挤奶、贮奶、运奶设备的冲洗不彻底及冷藏设施落后等会造成原料乳质量的下降。乳变质可使乳具有臭味,不仅影响乳的感官性状,而且失去食用价值。若乳牛(羊)的饲料中有农药残留及其他有害物质,可成为影响乳品安全的重要隐患。

2. 乳制品加工中的安全控制

乳品在加工过程中,如果不注意管道、加工器具、容器设备的清洗、消毒,很容易影响产品质量。同时生产设备和工艺水平是否先进、新产品配方设计是否符合国家相关标准,包装材料是否合格也将影响产品的质量。由于乳品的易腐性和不耐贮藏性,其在贮藏、运输、销售过程中可能发生变化。此外,掺杂使假等是影响乳品质量的重要因素,如"三聚氰胺事件""阜阳奶粉事件"等。

(1)原料乳的安全管理:个体饲养乳牛必须经过检疫,领取有效证件。乳牛应定期预防接种并检疫,如发现病牛应及时隔离饲养观察。对各种病畜乳必须经过卫生处理。挤乳操作要规范,挤出的乳立即进行净化处理除去乳中的草屑、牛毛、乳块等杂质,净化后的乳应及时冷却。乳品加工过程中各生产工序必须连续生产,防止原料和半成品积压变质。要逐步取消手工挤乳。加强对生鲜乳收购环节的控制,避免掺杂作假的发生。

(2)乳品加工环节的安全控制:乳品加工企业应遵守良好操作规范,在符合QS质量要求前提下,重点抓好 HACCP 和 GAP(良好农业操作规范)的认证。在原料采购、加工、包装及贮运等过程中,人员、建筑、设施、设备的设置以及卫生、生产及品质等管理必须达到《食品安全国家标准　乳制品良好生产规范》(GB 12693—2010)的条件和要求,全程实施 HACCP 和 GMP。鲜乳的生产、加工、贮存、运输和检验方法必须符合《食品安全国家标准 生乳》(GB 19301—2010)的要求。乳制品要严格执行相关的卫生标准。酸乳生产的菌种应纯正、无害。

(3)乳品流通环节的安全控制:乳品的流通环节要有健全的冷链系统,销售环节需控温冷藏。在贮藏过程中应加强库房管理,根据产品的贮藏条件贮藏产品。贮乳设备要有良好的隔热保温设施,最好采用不锈钢材质,以利于清洗和消毒并防止乳变色、变味。运送乳要有专用的冷藏车辆且保持清洁干净。市售点应有低温贮藏设施。每批消毒乳应在消毒 36h 内售完不允许重新消毒再销售。

# 第四节　酒类

食用酒包括酿造酒、蒸馏酒、配制酒。

## 一、酿造酒的安全问题

酿造酒又称发酵酒、原汁酒,是借着酵母作用,把谷物、果汁等含淀粉和糖质原料的物质进行发酵,产生乙醇而形成低度酒,包括葡萄酒、啤酒、米酒和果酒等。其生产过程包括糖化、发酵、过滤、杀菌等。以啤酒为例说明酿造酒的安全问题。

### (一)啤酒的安全问题

生啤酒除煮麦芽汁时再无其他杀菌过程,因此,在整个生产过程中,环境、容器、工具等必须充分消毒。要加强大麦的管理,防止霉菌、虫害、鼠害,严禁用霉变大麦酿酒,以防霉菌毒素的污染。严格监测啤酒生产中过滤时使用的硅藻土、白陶土或多孔钛滤器对产品的污染。啤酒生产常使用一些添加剂,如 pH 值调节剂、酶制剂、稳定剂、抗氧化剂、增泡剂等,均须符合食品卫生要求方可使用。应注意灌装设备、管道及酒瓶的清洗和消毒等。啤酒的各类包装须符合按食品卫生要求。

1. 双乙酰

双乙酰(丁二酮,$CH_3COCOCH_3$)是微绿黄色液体,有强烈的气味,其沸点是88℃,性质稳定,是多种香味物质的前驱物质,是黄油、蒸馏酒、奶酪等主要的香味物质。双乙酰是啤酒发酵过程中生成的副产物,其含量的高低是啤酒质量优劣的重要标志。双乙酰有"啤酒味",它的阈值为 0.15mg/L。如果浓度超过阈值时就会产生令人不愉快的馊饭味,降低啤酒质量等级。

啤酒中双乙酰是在酵母繁殖阶段形成的,其形成途径有:①酵母活性较差,出现酵母细胞自溶后,其体内的 $\alpha$-乙酰乳酸溶解在酒液中,经氧化形成双乙酰;②由乙酰辅酶 A 与羟乙基硫胺素的焦磷酸盐(又称活性乙醛)缩合,进一步释放出辅酶 A,形成双乙酰;③生产过程中污染了某些厌氧菌(主要是链球菌和乳酸杆菌等),它们在发酵厌氧条件下能够迅速繁殖,并同时生成 $\alpha$-乙酰乳酸和双乙酰;④由 $\alpha$-乙酰乳酸非酶脱羧氧化而成此为生成双乙酰的主要途径。双乙酰的前驱物质 $\alpha$-乙酰乳酸是酵母合成缬氨酸的中间产物,由丙酮酸大量转化为 $\alpha$-乙酰乳酸,但由于乙酰羟基同分异构还原酶效率很低,因此,使双乙酰的前驱物质 $\alpha$-乙酰乳酸得以积累。双乙酰的生成主要受麦汁中氨基酸的种类和数量、酵母菌株、麦汁和发酵液 pH、还原期温度、麦汁充氧量等因素的影响。

消除双乙酰的方法:选择优质的酵母菌种,尽可能使用生成 $\alpha$-乙酰乳酸较少的菌种,以减少 $\alpha$-乙酰乳酸的积累;选择在主发酵阶段悬浮性较好的菌种,有利于双乙酰还原;麦汁中必须保持足够的 $\alpha$-氨基氮,能较有效地反馈抑制 $\alpha$-乙酰乳酸和双乙酰的生成;控制主要工艺参数,$\alpha$-乙酰乳酸主要在有氧呼吸、酵母大量繁殖的情况下积累,它与酵母繁殖有直接的关系,而酵母的繁殖与接种量、温度、溶氧、pH 等工艺参数相关,因此它们应控制在适宜的范围内;在双乙酰还原阶段适当提高发酵温度,使酵母活性得到提高,有利于双乙酰的还原,这也是目前各工厂普遍采用的方法。

2. 醛类

乙醛是构成啤酒生青味的主要物质之一,赋予啤酒不纯正、不协调的口味和气味,对啤酒风味有很大的影响。乙醛的阈值为 1mg/L,当乙醛含量超过此值时,啤酒会给人一种不愉快的粗糙苦味感觉,有酒窖口味;含量过高,就会呈现辛辣的腐烂青草味。乙醛含量高,其他醛类的含量也相对高,是导致成品酒存放后呈现老化味等异味的主要原因之一。因此降低乙醛含量对啤酒风味稳定具有很重要的意义,优质啤酒乙醛的含量应<6mg/L。

啤酒中的乙醛是酵母进行乙醇发酵的中间产物。由丙酮酸在脱羧酶的作用下形成乙醛和 $CO_2$,大部分乙醛受酵母酶的作用还原成乙醇。随着发酵进行,啤酒中的醛类含量随着发酵过程快速增长,又随着啤酒的成熟其含量逐渐减少。由于啤酒成熟后期各种醛类含量大都低于阈值,所以醛类对啤酒口感影响并不大。但未成熟的啤酒,乙醛与双乙酰及硫化氢并存,构成了嫩啤酒固有的生青味。

为了减少醛类物质或促进其分解,主要采用高温后熟工艺,提高温度有利于醛类物质浓度低,保证麦汁通风充分,提高后熟阶段酵母浓度也是促进醛类物质分解的主要措施。

3. 杂醇油

杂醇油是啤酒发酵的主要代谢副产物之一,是构成啤酒风味的重要物质。适宜的杂醇油组成及含量,不仅能促进啤酒具有丰满的香味和口味,且能增加啤酒口感的协调性和醇厚性。啤酒中超量的杂醇油存在会带来令人不愉快的口味。

控制啤酒中杂醇油形成的措施:提高酵母接种量,使处于相对繁殖的酵母数量减少,产生杂醇油的量会减少;降低主发酵温度,采用低温发酵,可避免杂醇油含量增加,带压发酵,在带压条件下,一般酵母的活性都会减弱,所产生的杂醇油量就会减少;添加酵母后麦汁应该避免吸氧,吸氧的结果是酵母的繁殖量增加,从而导致杂醇油浓度提高;保证麦汁中有足够的氨基酸,减少酵母利用糖合成氨基酸的量,这对于降低杂醇油是非常重要的。

4. 硫化物

酵母的生长和繁殖离不开硫元素,但某些硫的代谢产物含量过高时,常给啤酒风味带来缺陷。

(1)硫醇(RSH):啤酒通过光的作用,酒花中异葎草酮裂解并迅速同啤酒中含硫氨基酸如半胱氨酸、甲硫氨酸(蛋氨酸)的巯基反应生成 3-甲基-2-丁烯-

1-硫醇,产生"日光臭"。解决措施主要有:啤酒应尽量用棕色瓶包装,以避免光照;添加二氢、四氢、六氢异构化酒花浸膏,使异葎草酮不易裂解。

(2)二甲基硫(DMS):极易挥发,是啤酒香味成分中的主要物质。现已证明,二甲基硫在很低浓度时对啤酒口味有利,高含量时产生不舒适的气味,描述为"蔬菜味""烤玉米味""玉米味""甜麦芽味"。控制其含量的措施:选择蛋白质适中的大麦品种;发芽采用低浸麦度和低温发芽的工艺;提高煮沸强度,使麦汁中的 DMS 充分蒸发;调节水的 pH 为 5.2~5.5,抑制 DMS-P 的水解反应。

(3)硫化氢($H_2S$):是酵母自溶形成的主要臭味成分之一,大部分来自酵母对半胱氨酸、硫酸盐和亚硫酸盐的同化作用及酵母合成甲硫氨酸受抑制时的中间产物。控制其含量的措施:选育产 $H_2S$ 少的菌株;降低酵母生长率,相应降低 $H_2S$ 的产率;采用 $CO_2$ 洗涤,降低 $H_2S$ 含量;防止酵母出现自溶。

5. 甲醛

啤酒是一种稳定性不强的胶体溶液,在生产中出现多酚与蛋白质的结合,容易产生浑浊、沉淀现象,影响产品外观。为了避免啤酒中絮状沉淀物的出现,让啤酒"好看",在啤酒生产的糖化阶段添加适量甲醛,以有效去除酒体中的多酚类物质,防止非生物浑浊的出现,使啤酒澄清透亮。由于甲醛价格低廉,被众多啤酒厂家普遍使用。

**(二)黄酒的安全问题**

黄酒作为酿造酒,也具有上面的安全问题,黄酒的安全管理应该:

1. 重视环境因素,及时消除隐患

黄酒生产很多工艺是在露天操作,生产环境与产品质量相关性很大,因此必须重视环境影响;

2. 加强对原辅材料的安全性检查

黄酒是以稻米和小麦为原料,采用独特工艺精酿而成。原料的优劣,直接影响到产品的质量。黄酒企业都要严格地按糯米和小麦的国家标准来进行验收;

3. 重视包装物的安全性检查

黄酒包装容器一般是陶坛、陶瓷瓶、玻璃瓶或塑料容器,制成包装容器的材质应采用无毒、无害和无异味的食品级材质,不同的材质应符合相应的国家标准。黄酒是一种带酸性的液体,容器要具有保护黄酒的质量与卫生的功能,不损失黄酒原有的成分与营养,方便贮运销售。

4. 加强工艺分析,消除不安全因素

黄酒生产中容易出现的质量安全问题有发酵醪酸败、黄酒小样配方不合理、黄酒成品微生物超标及出现浑浊等问题。因此应了解有关发酵醪酸败原因、重视黄酒小样配方的合理性、适当改进杀菌与冷冻工艺。

**（三）果酒的安全问题**

果酒的安全管理:用于酿酒的原料应购自无污染区域种植的产品,且收割前15d不得喷洒农药;原料果实应新鲜成熟,无腐烂、生霉、变质及变味,以免甲醇等有害成分含量增高;盛装原料的容器应清洁、干燥,不得使用铁质容器或曾盛装过有毒和有异味物质的容器;原料在运输、贮存时应避免污染。葡萄应在采摘后24h内加工完毕,以防挤压破碎污染杂菌而影响酒的质量。生产果酒的辅料和食品添加剂必须符合《食品安全国家标准 食品添加剂使用标准》(GB 2760—2014)的规定,葡萄汁生产时使用亚硫酸盐,应限制二氧化硫的残留量。用于调兑果酒的酒精必须是经脱臭处理,并符合国家标准级以上酒精指标的食用酒精。酿酒用酵母菌不得使用变异不纯菌种,设备、用具、管道必须保持清洁,避免生霉和其他杂菌污染。发酵酒容器必须使用国家允许使用的,符合国家卫生标准的内壁涂料。

## 二、蒸馏酒的安全问题

蒸馏酒是指把上述发酵原酒或发酵醪以及酒醅等通过蒸馏而得的高度蒸馏酒液。中国白酒、法国白兰地、荷兰金酒、墨西哥龙舌兰酒、古巴朗姆酒、俄罗斯伏特加、苏格兰威士忌等都属于蒸馏酒。

1. 原料

制曲、酿造用粮、稻壳等如果发霉或腐败变质,将严重影响酿造及制曲过程中有益菌的生长繁殖,并可能产生如黄曲霉毒素等有害物,影响酒的风味和品质。因此,应根据不同酒类要求,选用相应优质原料,不使用霉变、生虫等发生了腐败变质的原料。

2. 甲醇

甲醇是有机物醇类中最简单的一元醇,俗称木精、木醇。蒸馏酒中的甲醇主要由果胶质水解产生。果胶质是植物细胞壁的组成成分,化学成分是半乳糖醛酸甲酯。半乳糖醛酸甲酯中含有甲氧基($OCH_3$),在酸、酶和加热的条件下,甲氧基还原可生成甲醇。

以薯干、糠麸或其他果胶含量较高的水果等作为原料发酵生产酒时,成品酒中甲醇含量比普通原料酒中要高。

甲醇有较强的毒性,它的毒性由其本身及其代谢产物甲醛、甲酸的毒性所致的。甲醇对人体的神经系统和血液系统影响最大,表现为头昏、头痛、心悸、失明、死亡,特别是对视神经和视网膜有特殊的选择作用,易引起视神经萎缩,导致双目失明。

在白酒酿造过程中,降低或除去甲醇的方法有:①选用新鲜、未变质的原料和含果胶质少的原料;②选用含果胶酶少的菌种及菌株做糖化剂;③对含有较多果胶质的原辅料可采用蒸汽闷料等方式进行预处理,如谷壳汽蒸 30 min,可去除谷壳中的甲醇;④降低原料的蒸煮压力,增加排气量及原料经浸泡处理可除去一部分可溶性果胶;⑤采用能吸附甲醇的天然沸石或分子筛处理,可减少成品酒中甲醇含量。因为甲醇沸点低于乙醇,因此原料酒在蒸馏时酒头中的甲醇含量较高,采用缓慢蒸酒、去酒头的工艺或设置甲醇分馏塔,可有效减少成品酒中甲醇的含量。

3. 杂醇油

杂醇油是酒在酿造过程中由蛋白质、氨基酸和糖类分解而形成的,特别与氨基酸代谢密不可分。杂醇油可以通过氨基酸氧化脱氨作用或者由葡萄糖代谢作用直接衍生出杂醇油。

影响杂醇油形成的条件如下:

(1)与菌种有关:在同样的条件下,不同菌种的杂醇油生成量相差很大。酵母的杂醇油生成量与醇脱氢酶活性关系密切,该酶活力高,杂醇油生成量大。

(2)与培养基的组成有关:培养基中含支链氨基酸如亮氨酸、异亮氨酸、缬氨酸等,可增加相应的高级醇如异戊醇、活性戊醇和异丁醇的生成量。

(3)与发酵条件有关:发酵温度高,高级醇生成量高;通风有利于高级醇的生成。高级醇的生成与乙醇的生成是平行的,随乙醇的生成而生成。

杂醇油虽然是酒的芳香成分之一,但含量过高,对人们有毒害作用,其毒性和麻醉力比乙醇强,其中以异丁醇、异戊醇的毒性较大,如戊醇的毒性比乙醇约大 39 倍。杂醇油在人体内的氧化速度却比乙醇慢,在机体内停留的时间也较长,因而它的毒性作用也比乙醇持久。杂醇油可以使神经系统充血,可使饮酒者头痛、头昏和大醉,是所谓的饮酒上头。杂醇油的毒性随分子质量增大而加剧。

降低杂醇油的方法:①使用蛋白质少的原料;②杂醇油能够随着酒的贮存期的增长而减少,因此可以通过延长贮存期降低酒中杂醇油的含量,如优质的名酒一般要贮存 3 年后才投放市场;③控制蒸酒温度,去酒尾。杂醇油中各种成分的沸点比乙醇高,如丙醇为 97 ℃,异戊醇为 131 ℃。因此在制作蒸馏酒时,要很好地控制温度,超过乙醇沸点以后的蒸馏物要除去,以减少成品酒中杂醇油的含量。

4. 氰化物

使用木薯、果核为原料酿酒时,由于原料本身含有较高的生氰糖苷,在制酒过程中氰苷水解后可产生氢氰酸(HCN),使酒中含有微量的氰化物。氰化物为剧毒物,即使很少的量就可使人中毒,导致人头昏头痛、口腔、咽喉麻木、恶心、呼吸加快、脉搏加快,严重者死亡。

由于生氰糖苷易溶于水中因此在生产中可采取对原料进行浸泡的方法降低成品酒中氰化物含量;由于氰化物的沸点低,因此也可以采用对原料适当升温处理的方法降低成品酒中氰化物含量,如用木薯制酒时可先将原料粉碎、堆积,发酵升温至40℃,使氢氰酸游离挥发后再进行糖化发酵。

5. 醛类

酒中醛类是相应醇类的氧化产物,主要有甲醛、乙醛、糠醛、丙醛等,毒性比相应的醇强,如10g甲醛即能使人致死。醛类沸点较低,因此在发酵酒的蒸馏过程中,可采取低温排醛法去除大部分醛类,也可去掉含甲醇、醛类及杂醇油较多的"酒头"和"酒尾",以提高产品的品质。

6. 铅

发酵酒在蒸馏过程中,设备如冷凝器、蒸馏器和管道等可能含有铅,当含有机酸的高温酒蒸汽流经这些设备时,铅就可能部分溶于酒中,使成品酒的铅含量增加。因此必须保证蒸馏设备材质合格,确保铅含量低于国家标准。

7. 掺假掺伪

酒类的掺假是目前市场上掺假食品中最严重、最常见的品种之一。掺假的方式多种多样,如用各类名酒的空瓶装入普通白酒冒充名酒出售;非法印制假包装、假商标生产假名酒;用工业酒精非法勾兑成白酒出售,使食用者因甲醇含量过高而致人中毒、失明,甚至死亡。因此,各级管理部门应认真查处,加强管理。

总之,白酒的安全问题一方面是来自白酒生产过程中的外来风险:可能是客观存在的物体,如原料、添加剂、器材、包装等,也可能是客观存在的环境,比如气温、湿度等,特别是一些农药、塑化剂等残留物附着在原料或添加剂中,对白酒整体质量带来巨大风险。另一方面是来自白酒生产过程中自有风险:我国的白酒在酿造过程中,所采用的生产方式是开放式和国外大部分国家都不一样。这种生产过程尽管有一定的优点,但由于酿造微生物直接从自然界中得到,所以在发酵、蒸馏等过程中随时都会给白酒带来风险,稍有不慎就会在白酒中混入危害物,如氰化物、甲醇等。

### 三、配制酒的安全问题

配制饮料酒主要是以发酵原酒或蒸馏酒为酒基,配以一定的物料呈色、香、味,经过规定的工艺过程调配而成。包括鸡尾酒、利口酒、药酒等。

配制酒的安全问题主要来自酒基。①生物性污染:凡是利用发酵原酒作酒基的配制酒,必须防止细菌与细菌毒素、霉菌与霉菌毒素对酒造成的污染;②化学性污染:包括各种有害物质,如金属、非金属、有机、无机化合物等,主要来源于农药、化肥、不符合卫生要求的容器、管道、机械设备、食品添加剂等对酒基的污染,同时还要降低酒中甲醇、杂醇油、氰化物等在酒基中的含量。

# 第五节　果蔬产品

蔬菜、水果是人类食物中维生素和矿物质的主要来源,由于其水分含量较多,给其安全管理带来一定难度。

1. 安全问题

蔬菜和水果的安全问题主要集中在种植过程,种植过程中的灌溉、施肥、农药都是威胁蔬菜安全的主要因素。

(1)腐败变质:蔬菜、水果在采摘之后,仍然进行生命活动,若被腐败菌污染很容易发生腐败。

(2)食物中毒和肠道传染病:果蔬上常见病原微生物为大肠埃希菌 O157:H7、沙门菌、志贺菌及肠道病毒,生食或处理不当可引起食物中毒和肠道传染病。果蔬采摘后,在运输、贮藏或销售过程中也可能受到肠道病原体的污染,污染程度与表皮破损程度有关。

(3)农药:蔬菜和水果常被施用较多的农药,其农药残留问题也较严重。我国卫生标准明确规定蔬菜中不得检出对硫磷,但部分蔬菜、水果中仍可检出对硫磷。

(4)有害化学物质:工业废水中含有许多有害物质,如酚、镉、铬等,若不经处理直接灌溉菜地果园,毒物可通过蔬菜进入人体产生危害。另外,一般情况下蔬菜、水果中硝酸盐含量很少,但在生长时遇到干旱或收获后不恰当地存放、贮藏和腌制时,硝酸盐和亚硝酸盐含量增加。

2. 安全管理

蔬菜和水果都是可以生吃的食物,与其他食物相比缺少了食用前的加工、灭菌步骤,因此其安全管理应更加严格。

（1）肠道微生物及寄生虫卵污染控制:人畜类粪便应经无害化处理后再施用,可采用沼气池处理杀灭微生物和寄生虫卵并提高肥效;用生活污水灌溉时应先沉淀去除寄生虫卵,禁止使用未经处理的生活污水灌溉;水果和生食的蔬菜在食前应洗干净,必要时应消毒;蔬菜、水果在运输、销售时应剔除残叶、烂根、破损及腐败变质部分。

（2）施用农药的安全要求:应符合《食品安全国家标准 食品中农药最大残留限量》（GB 2763—2019）。

（3）灌溉卫生要求:利用工业废水灌溉菜地应经无害化处理,水质符合国家工业废水排放标准后方可使用;应尽量使用地下水灌溉。

（4）贮藏卫生要求:应符合《食用农产品保鲜贮藏管理规范》（GB/T 29372—2012）,保持蔬菜、水果的新鲜度。贮藏条件应根据蔬菜、水果含水分多少,组织嫩脆,易损伤和易腐败变质,水果的种类和品种特点而异。

（5）蔬菜、水果卫生质量要求:优质蔬菜鲜嫩、无黄叶、无伤痕、无病虫害、无烂斑。

（6）蔬菜、水果制品安全标准要求:我国针对蔬菜、水果制品制定的安全标准有:《食品安全国家标准 酱腌菜》（GB 2714—2015）、《食品安全国家标准 食用菌及其制品》（GB 7096—2014）、《银耳干制技术规范》（GB/T 34671—2017）、《干果食品卫生标准》（GB 16325—2005）、《食品安全国家标准 藻类及其制品》（GB 19643—2016）和《食品安全国家标准 蜜饯》（GB 14884—2016）。

# 第六节　饮料

## 一、安全问题

（1）原料污染:一方面,冷冻饮品和饮料中含有较多的乳、蛋、糖及淀粉类物质,作为病原体的良好载体,适于微生物生长繁殖,从配料、生产制作、包装及销售等各个环节中均可受到致病微生物的污染,较多见的病原体是金黄色葡萄球菌和变形杆菌食物中毒等。另一方面,乳畜和蛋禽在养殖过程中如患有传染病或被饲以农药、兽药、重金属和无机砷污染的饲料,则其产品也具有相应的危害。

（2）食品添加剂滥用:饮料中使用的食品添加剂主要有食用色素、食用香料、酸味剂、人工甜味剂、防腐剂等,如超范围使用或使用量过大都可影响产品的安全性。

（3）容器和盛具内渗污染：饮料多是含酸量较高的食品，当与某些金属容器或管道接触时，又可将某些有害金属（如铅、镉等）溶出而污染内容物，危害消费者的健康。

## 二、安全管理

冷冻饮品和饮料应具有原料纯净的色泽和滋味，不得有异味、异臭和外来污染，其理化指标与微生物指标要符合规定的要求。

### （一）原料

冷冻饮品和饮料使用的原料主要有水、甜味剂、乳类、蛋类、果蔬原汁或浓缩汁、食用油脂、食品添加剂和二氧化碳等。

（1）水：水是冷冻饮品和饮料生产中的主要原料，原料用水须经达到《生活饮用水卫生标准》（GB 5749—2006）方可使用。

（2）原辅材料：冷冻饮品和饮料所用原辅料种类繁多，其质量的优劣直接关系到终产品质量，因此，生产中所使用的各种原辅料，如乳、蛋、果蔬汁、豆类、茶叶、甜味料（如白砂糖、绵白糖、淀粉糖浆、果葡糖浆）以及各种食品添加剂等，均必须符合国家相关的卫生标准，不得使用糖蜜或进口粗糖（原糖）、变质乳品、发霉的果蔬汁等作为其原料。

### （二）加工、贮存、运输过程

各种饮料的生产过程不同，其具体的安全管理也不相同。

1. 液体饮料

液体饮料的生产工艺因产品不同而有所不同，但一般均有水处理、容器处理、原辅料处理和混料后的均质、杀菌、罐（包）装等，每道工序必须符合相应的国家标准。

2. 固体饮料

固体饮料因含水分少，即使有微生物污染，一般在封闭包装条件下也不易繁殖，特别是此类饮料多以开水冲溶热饮，所以微生物污染的问题不大。应该注意的是水分含量、化学性污染和金属污染等问题。

3. 冷冻饮品

冷冻饮品工序为配料、熬料、消毒、冷却和冷冻，加工过程中的主要卫生问题是微生物污染，因为冷冻饮品原料中的乳、蛋和果品常含有大量微生物，所以原料配制后的杀菌与冷却是保证产品质量的关键。

# 第七节　水产品

## 一、水产品安全问题

### 1. 微生物污染

①细菌：海水鱼类机体上常见并可引起腐败变质的细菌主要有假单胞菌属、无色杆菌摩氏杆菌属的细菌，而淡水鱼类机体上除上述细菌外，还存在产碱杆菌属和短杆菌属等属的细菌。这些微生物绝大多数在常温下生长发育很快，能引起鱼类的腐败变质；②病毒：容易污染水产品的病毒有甲肝病毒、诺瓦克病毒、星状病毒等。这些病毒主要来自病人、病畜或带毒者的肠道。污染水体或与手接触后污染水产品；③寄生虫：鱼类、贝类水产品是多种寄生虫的中间宿主，常见的有华支睾吸虫、异形吸虫等。这些寄生虫被摄入后易引起人畜共患寄生虫病。

### 2. 天然毒素

许多水产品中都含有天然毒素，被人误食后可能引起食物中毒。如河豚鱼含有河豚毒素，鲨鱼、旗鱼、鳕鱼等的肝脏含有毒素。

### 3. 过敏原

水产品中主要有鱼类及其制品、甲壳类及其制品以及软体动物及其制品引起食物过敏。过敏原比较复杂，主要存在于鱼肉中，鱼皮和骨头制成的鱼胶制品也可能含一定的过敏原。

### 4. 水环境污染

水环境受到污染不仅直接危害水生生物的生长繁殖，而且污染物通过生物富集与食物链传递可危害人体健康，曾发生过的"水俣病""痛痛病"就是水环境受到汞、镉的污染而引起的。

### 5. 鱼药残留

在鱼病防治过程中滥用药物，以及不遵守休药期等都是导致鱼药在水产品中残留的主要原因。

### 6. 水产加工中掺杂使假

部分水产品生产、销售人员在水产品中非法添加违禁物以牟取暴利，如贝类、虾制品滥用添加剂、掺水增重；水发冰鲜水产品使用甲醛等也被报道。

## 二、水产品的安全管理

### 1. 养殖环境的卫生要求

加强水域环境的管理,控制工业废水、生活污水的污染,控制施药防治水产养殖动物病害,保持合理的养殖密度,开展综合防治,健康养殖。

### 2. 保鲜措施

水生动物死亡后,受各种因素影响发生与畜肉相似的变化,包括僵直、自溶和腐败。鱼的保鲜就是要抑制鱼体组织酶的活力、防止微生物污染并抑制其繁殖,延缓自溶和腐败的发生。低温、盐腌是有效的保鲜措施。

### 3. 运输销售过程的卫生要求

运输渔船(车)应经常冲洗,保持清洁卫生;外运供销的鱼类及水产品应达到规定鲜度,尽量冷冻运输。鱼类在运输销售时应避免污水和化学毒物的污染,提倡用桶或箱装运尽量减少鱼体损伤,不得出售和加工已死亡的黄鳝、甲鱼、乌龟、河蟹以及各种贝类。含有天然毒素的鱼类,不得流入市场。有生食鱼类习惯的地区应限制食用品种。水产品的生产要严格执行相关的卫生标准,如《食品安全国家标准 鲜、冻动物性水产品》(GB 2733—2015)。

# 第八节　调味品

## 一、酱油的安全问题

### 1. 安全问题

酱油是我国传统的调味品,一般是以大豆、小麦等为原料,经过浸泡、接种曲霉菌种发酵,再加入适量的食盐、色素、防腐剂等而成的产品。但近几年,在酱油中掺杂使假,以假充真,以非食品原料、发霉变质原料等加工酱油的违法行为屡禁不止。

(1)配制加工中的三氯丙醇。

三氯丙醇产生于工艺水平不合格的利用浓盐酸水解植物蛋白的加工过程中,当用浓盐酸水解植物蛋白(如豆粕)生产氨基酸时,盐酸作用于植物蛋白中的残留脂肪生成三氯丙醇。食品工业中利用这种富含氨基酸的酸水解植物蛋白液作为一种增鲜剂和缩短发酵周期制剂,添加到酱油、蚝油等调味品中,从而使这些调味品含有大量的氯丙醇,造成食品的污染。单纯利用传统微生物发酵工艺生产的酿造酱油一般情况下不含有这种污染物。

（2）违法使用工业盐。

不法商贩违法使用国家明令禁止用于食品加工业的工业盐、苯甲酸钠等食品添加剂制作调味品。工业盐含强致癌物和大量的亚硝酸钠、碳酸钠、铅、砷等有害物质。

2. 安全管理

（1）注意原辅料卫生。

不得使用变质或未去除有毒物质的原料加工制作酱油类调味品，大豆、脱脂大豆、小麦、麸皮等必须符合《食品安全国家标准　粮食》（GB 2715—2016）的规定；不得使用味精废液配制酱油，严格禁止生产化学酱油时使用工业用盐酸。

（2）合理使用食品添加剂。

酱油等生产中使用的防腐剂和色素主要是焦糖色素，我国传统焦糖色素的制作是用食糖加热聚合生成一种深棕色色素，食用是安全的。如果以加胺法生产焦糖色素，不可避免地将产生一种可引起人和动物惊厥的物质4-甲基咪唑（4-methylimidazole）。因此，必须严格禁止以加胺法生产焦糖色素。化学酱油生产时用于水解大豆蛋白质的盐酸必须是食品用盐酸，并限制酱油中砷、铅的含量。用化学法生产酱油，须经省级食品卫生监督部门批准。

（3）严格选用曲霉菌种。

一些用于人工发酵酱油生产的曲菌是不产毒的黄曲霉。为防止菌种退化和变异产毒或污染其他杂菌，必须定期对其进行纯化与鉴定，一旦发现变异或污染应立即停止使用。使用新菌种前应按《新资源食品卫生管理办法》进行审批后方方可使用。其他指标要符合《食品安全国家标准　酱油生产卫生规范》（GB 8953—2018）、《食品安全国家标准　酱油》（GB 2717—2018）。

（4）防腐与消毒。

酱油等调味品中易被大量的微生物污染。其中，有致病性微生物，也有条件致病性微生物。这些微生物污染不仅可引起相应的传染病或食物中毒，还可导致产品质量下降甚至失去食用价值。因此，在生产过程中消毒和灭菌极为重要。可采用高温巴氏消毒法（85～90℃，瞬间）消毒；所有管道、设备、用具、容器等都应严格按规定定期进行洗刷和消毒；回收瓶、滤包布等可采用蒸煮或漂白粉上清液消毒。提倡不使用回收瓶而使用一次性独立小包装。

（5）保证食盐含量。

生产过程中加适量的食盐具有调味作用，并可抑制某些寄生虫（如蛔虫卵）和各种微生物的生长繁殖。《食品安全国家标准　酱油生产卫生规范》（GB

8953—2018)中规定,食盐含量在黄酱为≥12g/kg,在甜面酱为≥7g/kg;用食盐必须符合《食品安全国家标准 食用盐卫生标准》(GB 2721—2015)和《食用盐》(GB/T 5461—2016)的规定。

(6)控制氨基肽氮含量:《食品安全国家标准 酱油》(GB 2717—2018)规定氨基酸肽氮含量≥0.4g/100mL。

(7)控制水产调味品质量。

用于生产水产调味品的原料,如鱼、虾、蟹、牡蛎等必须新鲜,禁止使用不新鲜甚至腐败的水产品加工调味品。水产调味品宜采用机械化、密闭化、规模化生产,容器管道应进行消毒,成品应进行灭菌处理后方可装罐,出厂销售。水产调味品开罐后应冷藏。应符合《食品安全国家标准 水产调味品》(GB 10133—2014)中对微生物污染指标的规定。

## 二、食醋的安全问题

1. 安全问题

食醋是以粮食为原料,利用醋酸杆菌进行有氧发酵生成的含醋酸的液体,是我国传统的调味品之一。

(1)食醋具有一定的酸度,故不应贮存于金属容器或其他不耐酸的容器中,以免将其中铅、砷等有害元素溶入醋中,影响食品安全。

(2)耐酸微生物和其他生物易在其中生长繁殖,形成霉膜或出现醋虱、醋鳗和醋蝇。

(3)为防止生产食醋的种曲霉变,应将其贮存于通风、干燥、低温、清洁的专用房间,对发酵种进行定期筛选、纯化及鉴定,防止它们在生产食醋的过程中产生黄曲霉毒素。

2. 安全管理

食醋生产的卫生及管理按《食品安全国家标准 食醋》(GB 2719—2018)和《食品安全国家标准 食醋生产卫生规范》(GB 8954—2016)执行,成品须符合《酿造食醋》(GB/T 18187—2000)的要求方可出厂销售。

(1)注意原辅料卫生。

生产食醋的粮食类原料必须干燥、无杂质、无污染,各项指标均符合《食品安全国家标准 粮食》(GB 2715—2016)的规定。生产用水须符合《生活饮用水卫生标准》(GB 5749—2006)。

(2)合理使用食品添加剂。

食醋生产过程中允许使用某些食品添加剂,为了抑制耐酸的霉菌在醋中生长并形成霉膜,及为防止生产过程中污染醋虱、醋鳗等,需要添加防腐剂。添加剂的使用剂量和范围应严格执行《食品安全国家标准 食品添加剂使用标准》(GB 2760—2014)。

(3)严格选用发酵菌种。

必须选择蛋白酶活力强、不产毒、不易变异的优良菌种,并对发酵菌种进行定期筛选、纯化及鉴定。为防止种曲霉变,应将其贮存于通风、干燥、低温、清洁的专用房间。

(4)加强容器和包装材料的管理。

食醋具有一定的腐蚀性,故不应贮存于金属容器或不耐酸的塑料包装中,以免溶出有害物质而污染食醋。盛装食醋的容器必须是无毒、耐腐蚀、易清洗、结构坚固,具有防雨、防污染措施,并经常保持清洁、干燥。回收的包装容器须无毒、无异味。灌装前包装容器应彻底清洗、消毒,灌装后封口要严密,不得漏液,防止二次污染。

(5)去除醋虱、醋鳗、醋、蝇。

正在发酵或已发酵的醋中,若发现醋虱、醋鳗等,可将醋加热至72℃并维持数分钟,即可去除。

## 三、酱的安全问题

酱按其原料分为黄豆酱、蚕豆酱、甜面酱和虾酱等。在酱及酱制品的生产过程中,存在一些不安全因素:

(1)如果原辅料存在大量的微生物,可导致其霉烂变质,引起致病菌和霉菌毒素(如黄曲霉毒素)的污染。

(2)生产环境不好、生产人员不按规范操作、生产工艺不合理,都易造成微生物的大量繁殖。

(3)如果原料中的泥沙、石子等混入产品也将影响产品质量和消费者的食用安全。

(4)原料中的农药残留、有害元素污染、无菌包装袋的辐射残留及生产设备中清洗消毒剂残留等均会影响产品质量和消费者健康。

### 四、盐及代盐制品的安全问题

1. 安全问题

食盐的主要成分是氯化钠,按照来源不同分为海盐、湖盐、地下矿物盐,按生产工艺可分为精制盐、粉碎洗涤盐和日晒盐。食盐的安全问题主要是杂质的污染。

(1)矿盐、井盐中硫酸钠含量通常较高,使盐有苦涩味并在肠道内影响食物的吸收,通常采用冷冻法或加热法除去硫酸钙和硫酸钠。此外,矿盐、井盐中还可能含有钡盐,长期少量食入可引起全身麻木刺痛、四肢乏力,严重时可出现弛缓性瘫痪。

(2)精制盐中的抗结剂:食盐常因水分含量较高或遇潮而结块。传统的抗结剂是铝剂,现已禁用。目前,我国允许亚铁氰化钾、硅铝酸钠磷酸三钙、二氧化硅、微晶纤维素5种物质作食盐抗结剂,以亚铁氰化钾效果最好。亚铁氰化钾属低毒类物质,合理使用不会对人体有害。

(3)营养强化食盐:按营养强化剂的卫生标准,碘盐中使用碘化钾的量为30~70mg/kg。考虑到碘盐在贮藏时碘化钾的分解及碘挥发的损失,目前市售碘盐在生产时通常以40mg/kg进行强化,稍高于碘的推荐供给量。

2. 安全管理

纯化食盐成分是保证食盐安全的关键。

(1)纯化:矿盐、井盐的成分复杂,生产中必须将硫酸钙、硫酸钠和钡盐等物质分离出,通常采用冷冻法或加热法除去硫酸钙和硫酸钠。

(2)抗结剂:食盐的固结问题一直困扰着食盐的生产、贮运和使用,抗结剂的使用为解决这一难题提供了有效措施。应严格按照我国规定的最大限量标准使用亚铁氰化钾。

(3)营养强化盐:由于食盐的稳定性及摄入量恒定,被认为是安全而有效的营养素强化载体,我国营养强化食盐除了全民推广的碘盐,尚有铁、锌、钙、硒、核黄素等强化盐。营养强化盐的卫生管理应严格依据《食盐加碘生产工艺规范》(QB/T 5269—2018)、《食品安全国家标准 食盐指标的测定》(GB 5009.42—2016)、《食盐定点生产企业质量管理技术规范》(GB/T 19828—2018)、《食品安全国家标准 水产调味品》(GB 10133—2014)、《食品安全国家标准 食品营养强化剂 亚硒酸钠》(GB 1903.9—2015)、《食品安全国家标准 食品营养强化剂使用标准》(GB 14880—2012)执行。

## 五、味精的安全问题

味精是以粮食如玉米淀粉、大米、小麦淀粉、甘薯淀粉等为原料,通过微生物发酵、提取、精制而得。因此谷氨酸发酵过程中若遭受杂菌污染,轻者影响味精的产量或质量,重者可能导致倒罐,甚至停产。杂菌污染的主要原因如下:①若发酵前期染菌,可能是菌种带菌或发酵罐本身染菌所致;②若罐体或管件有极其微小的漏孔,易造成染菌;③罐或管路连接处的死角,在灭菌时其中的杂菌不易被杀死,易造成连续染菌,影响生产;④味精的发酵生产过程是好氧性发酵,需连续不断地通入大量无菌空气,如果空气系统的设备内积液太多而带入空气中去,可能造成染菌;⑤环境卫生差,易引起染菌。为了保证产品的质量和人体健康,一定要注意防止杂菌污染。

## 六、食糖及蜂蜜的安全问题

### (一)食糖

1. 安全问题

食糖的主要成分为蔗糖,是以甘蔗、甜菜为原料经压榨取汁制成。食糖的安全问题主要是 $SO_2$ 残留。食糖生产过程中为了降低糖汁的色值和黏度。需用 $SO_2$ 漂白。人体若摄入大量 $SO_2$ 可出现头晕呕吐腹泻等症状,严重时会损伤肝、肾功能。

2. 安全管理

严格执行《食品安全国家标准　食糖》(GB 13104—2014),生产加工食糖不得使用变质发霉或被有毒物质污染的原料,生产用水须符合《生活饮用水卫生标准》(GB 5749—2006),用食品添加剂须符合《食品安全国家标准 食品添加剂使用标准》(GB 2760—2014)。生产经营过程中所用的工具、容器、机械、管道、包装用品、车辆等须符合相应的卫生标准。

### (二)蜂蜜

1. 安全问题

蜂蜜是蜜蜂从开花植物的花中采得的花蜜在蜂巢中酿制而成的,新鲜蜂蜜在常温下是透明或半透明黏稠状液体,是糖的过饱和溶液,低温时会生成结晶葡萄糖,不产生结晶的部分主要是果糖。蜂蜜不需要复杂加工过程,其安全问题主要集中在原料和运输、贮藏过程。

(1)抗生素残留。

四环素常被蜂农用于防治蜜蜂的疾病,因此,蜂蜜中可能污染抗生素。我国规定蜂蜜中四环素残留量须≤0.05mg/kg。

（2）锌污染。

蜂蜜因含有机酸而呈微酸性，故不可盛放或贮存于镀锌铁皮桶中，用镀锌容器贮存的蜂蜜含锌量可高达625～803mg/kg，超过正常含量的100～300倍。含锌过高的蜂蜜通常味涩、微酸、有金属味，不可食用。我国规定蜂蜜中锌含量应≤25mg/kg，铅含量须≤1mg/kg。

（3）毒蜜中毒。

具有杀虫作用的中草药，如雷公藤、羊踯躅等植物含有多种微生物碱，食用以其花粉为蜜源的蜂蜜常可引起中毒，表现为乏力头昏、头疼、口干、舌麻、恶心及剧烈的呕吐、腹泻、大便呈洗肉水样、皮下出血、肝脏肿大，严重时可导致死亡。

（4）肉毒梭菌污染。

婴儿肉毒中毒与进食含有肉毒梭菌的蜂蜜有关，因此，防止肉毒梭菌污染蜂蜜，是保证蜂蜜食品安全的关键环节之一。

由于蜂蜜价高，个别商家向蜂蜜中掺入水、蔗糖、转化糖、饴糖、羧甲基纤维素钠、糊精或淀粉等物质制成掺假蜂蜜，不仅损害了消费者的利益，也扰乱了市场秩序。

2. 安全管理

蜂蜜食品要符合《食品安全国家标准 蜂蜜》（GB 14963—2011），不得掺假、掺杂及含有毒、有害物质。应加强有关预防毒蜜中毒的宣传教育。加强蜂群饲养管理，放蜂点应远离有毒植物，避免蜜蜂采集有毒花粉。严禁生产有毒蜜粉。接触蜂蜜的容器、用具、管道和涂料以及包装材料，必须清洁、无毒、无害，符合相应卫生标准和要求。严禁使用有毒、有害的容器，如镀锌铁皮制品、回收的塑料桶等。为防止污染，蜂蜜的贮存和运输不得与有毒、有害物质放在同一个仓库。

# 第九节　罐头产品

罐头食品（canned food）是将加工处理后的食品装入金属罐、玻璃瓶或软质材料等密封容器中，经排气、密封、加热、杀菌、冷却等工序，达到商业无菌，在常温下可长期保存的食品。

## 一、变质过程

罐头的制作过程经高温、高压杀灭微生物并抽真空后密封，正常情况下内容物所携带的微生物和天然抑菌物都已被除去,同时与外界隔绝,内部呈负压无氧状态。因此,罐头食品可较长时间保存。但是,由于制作过程加热不彻底或密封不严,仍可残留微生物或被微生物污染,残留和污染的微生物种类多为厌氧或兼性厌氧的、耐热的变败菌和致病菌,引起罐头的变质或导致食用者中毒。残留和被污染的微生物及化学污染物种类视罐头的内容物不同而异。低酸性罐头的内容物多为动物性食物原料,蛋白质营养丰富,因此常见分解蛋白能力强的嗜热性厌氧芽孢梭菌残留或污染,有些可产生毒素,引起严重的食物中毒;而酸性罐头食品的原料多为植物性食物,富含碳水化合物,残留或污染的微生物类群为耐酸性的种群,多见酵母菌和霉菌,而细菌类群中的致病菌在酸性罐头的环境中不可能繁殖和产生毒素。罐内微生物一旦大量繁殖则引起变质,罐内常产生气体,使罐头盖或底部膨胀,称为胖听;有时罐内容物已酸败但并不产生气体,称为平酸。胖听现象多由微生物繁殖引起,但有时化学性和物理性因素也可引起。

## 二、安全问题

影响罐头食品的安全因素可以来自食品原料、罐藏容器、加工过程中的添加剂和生产过程的污染等。加热杀菌不彻底、密封不严和冷却不充分是变败的关键因素。

(1)罐藏容器:常见3种污染:①包装材料中锡含量超标(超过200mg/kg);②由于镀锡和焊锡造成铅污染;③封口胶中有害物质污染。

(2)加工设备:铁、铜离子可促使含硫氨基酸分解产生硫化氢,可引起罐内容物和罐壁黑变。故加工设备应采用不锈钢而不可用铁、铜制品,

(3)微生物:加热不彻底和密封不严可使罐头食品残留和污染有微生物,并大量繁殖,造成罐头的腐败变质,甚至引起食物中毒。原料中产硫化物微生物如未被彻底杀灭,也是引起罐内容物和罐壁黑变的原因。

(4)添加剂:肉类罐头在制作加工过程中需要添加硝酸盐或亚硝酸盐作为发色剂,既可使肉品呈现鲜艳的粉红色,还可阻止肉类发生腐败变质及抑制肉毒梭菌产毒。但违规添加硝酸盐或亚硝酸盐可引起食物中毒,在适宜的条件下亚硝酸盐遇胺类物质可生成强致癌物亚硝胺或亚硝酰胺。使用焦亚硫酸钠保护食品颜色时,其二氧化硫的残留也是罐内硫的来源。

## 三、安全管理

罐头食品原料、包装材料、贮藏、流通的每一个环节都是罐头食品安全管理

的重要环节。罐头食品生产过程主要包括空罐选择、清洗和消毒,原料初步处理以及灌装、排气、密封、杀菌、冷却、保温试验、外包装入库等工艺程序,每一个工艺过程都是保证罐头食品安全的关键环节。

1. 容器材料卫生要求

(1)金属罐材质为镀锡薄钢板(马口铁)、镀铬薄钢板和铝材。

(2)玻璃罐玻璃瓶顶盖部分的密封面、垫圈等材料应为食品工业专用材料。

(3)塑料金属复合膜是软罐头的包装材料,复合膜黏合剂中含有甲苯二异氰酸酯,其水解产物2,4-氨基甲苯具有致癌性。因此,必须严格掌握限量标准。

2. 原辅材料卫生要求

(1)果蔬类原料应无虫蛀、无霉烂、无锈斑和无机械损伤。

(2)畜、禽肉类原料肉必须来自非疫区的健康动物,并经卫生检验合格,不得使用病畜肉和变质原料。

(3)水产品类挥发性盐基氮应在 15mg/kg 以下。使用冷冻原料时应缓慢解冻,以保持原料的新鲜度,避免营养成分的流失。

(4)其他原辅料生产用水须符合国家生活饮用水质量标准。罐头食品所使用的辅料中,食品添加剂的使用范围和剂量则须符合相关的国家卫生要求。

3. 加工过程卫生要求

符合《食品安全国家标准 罐头食品生产卫生规范》(GB 8950—2016)、《食品安全国家标准 罐头食品》(GB 7098—2015)。

4. 成品检验和出厂前检验

应按照国家规定的检验方法(标准)抽样,进行感官、理化和微生物等方面的检验。主要检查是否超过保存期,有无漏气、锈听、漏听和胖听,内容物有无变色和变味,必要时进行罐内容物微生物学检验。凡不符合标准的产品一律不得出厂。

# 第十节　酿造食品

## 一、腐乳

腐乳又称豆腐乳,是我国独特的传统发酵食品,已有 1500 多年历史。它是以大豆为原料,经过浸泡、磨浆、制坯、培菌、腌坯、装坛发酵制成。但是近些年,从大豆原料中农药残留及转基因大豆安全性问题,到辅料红曲中橘青霉素残留,乃至苏丹红风波等焦点问题的出现使消费者无所适从,对腐乳的食用安全性堪忧。

### (一)腐乳安全问题

1. 原料

腐乳是以大豆为原料经过浸泡、磨浆、制坯、培菌、腌坯、装坛发酵制成,因此所用原料的品质直接关系到腐乳的食用安全性问题。①霉变的大豆可能受到黄曲霉、青霉等真菌毒素的污染,其毒素的特性及致病性是众所周知的;②大豆原料中除真菌污染外,还携带数量和种类几乎不可计数的细菌。引起豆制品腐败的主要微生物是屎肠球菌、革兰氏阳性芽孢杆菌,它们可以使豆制品在短时间内腐败变质,这些腐败菌主要来自大豆原料,在豆制品加工过程中很难除去;③大豆原料中的农药残留、转基因大豆的安全性等都是全球关注的焦点,也是必须考虑的因素。

2. 微生物带来的安全隐患

(1)发酵菌种的安全隐患。

食品工业用菌种可能造成的安全问题主要包括以下 4 个方面:①微生物对人体的感染性,即菌种的致病性问题;②生产菌种所产生的有毒代谢产物、抗生素、激素等生理活性物质对人体的潜在危害问题;③利用基因重组技术所引发的生物安全问题;④相关生产过程微生物的污染问题。

(2)杂菌污染的安全隐患。

目前我们国家腐乳中食盐含量为 5%~15%,乙醇含量 1%~7%,应该不存在病原微生物的威胁。但在实际生产中,由于各厂家所采用的原辅材料不同,实际操作和过程控制的严格程度不一,所生产的产品的安全性也不尽相同。再加上近年来,低盐腐乳的研制与开发,使得腐乳中微生物的安全隐患显得格外突出。

1)霉菌污染带来的安全隐患:目前我国腐乳行业正朝着低盐的趋势发展,再加上各厂生产环境、卫生条件差异很大,腐乳本身又是一种高蛋白食品,因此,腐乳中其他杂霉菌并存的几率很高。这些霉菌的存在对于腐乳风味的形成可能具有一定的有益作用,同时也可能是有害菌株,在发酵过程中产毒,造成多种微量毒素共存的现象。这些微量的毒素中可能其中的单独某一种的含量都不足以引起病变,但这些毒素之间的协同相加效应会使其毒效无法估计。

2)细菌带来的安全隐患:有研究人员在某些腐乳中发现嗜温好氧菌和细菌内孢子,也有人发现过金黄色葡萄球菌内毒素 A。腐乳采用的是固态发酵技术,不像现代深层液体发酵那样对发酵底物进行严格的灭菌,其发酵过程也是开放式的,腐乳作为一种高蛋白食品,其感染病原微生物的概率较大。

3. 辅料带来的安全隐患

（1）红曲带来的安全隐患。

依据产品的色泽将腐乳细分为青方（臭豆腐）、红方（红腐乳）和白方（白腐乳）。红曲是红方腐乳必不可少的辅料之一。红曲添加之后，其中的红曲霉参与腐乳后酵阶段，为红方腐乳特有的风味以及诱人的红色的产生均起到了举足轻重的作用。

红曲霉是一种腐生真菌，生长的最适 pH 为 3.5~5.0，能耐 pH 3.5、10%乙醇。因此，腐乳中存在红曲霉。然而有研究表明，目前我国食品工业用的红曲霉菌株大都产橘青霉素，橘青霉素是一种肾脏毒素，不仅可以致畸、导致肿瘤，而且可以诱发突变，对人体存在潜在危害。

（2）其他辅料带来的安全隐患。

加工辅料也会将一些不安全隐患带入到腐乳加工中。因为制坯时，分别加入葡萄糖酸内酯（GDL）、石膏、盐卤等凝固剂。经检测发现，由于产地和贮存时间的不同，凝固剂 GDL 带入产品中的杂菌总数相差 10 倍以上。而盐卤中除了可能带入重金属离子外，还会带入大量耐盐微生物，这些隐患也是不容忽视的。

4. 生产用水的安全隐患

生产用水一般要符合饮用水国家标准《食品安全国家标准 包装饮用水》（GB 19298—2014）、《食品安全国家标准 包装饮用水生产卫生规范》（GB 19304—2018）。

5. 食用期间的安全隐患

我国腐乳主要是采用瓶或盒包装，开启后很难一次吃完，如果使用不当也会存在安全隐患。①食用时有可能交叉污染；②开瓶后贮藏不当，腐乳会出现发白、长霉等现象。

**（二）腐乳安全管理**

腐乳生产与其他食品生产相比较，设备条件相对落后，没有实现完全的自动化，手工操作环节较多，产品的安全性较低。在腐乳生产过程中引入 HACCP 体系，通过设立关键控制点和关键阈值有效监控腐乳加工过程，产品出厂前要符合《食品安全国家标准 食品添加剂 红曲红（含第 1 号修改单）》（GB 1886.181—2016）、《食品安全国家标准 食品添加剂 红曲米》（GB 1886.19—2015）、《腐乳》（SB/T 10170—2007）。

## 二、豆豉

豆豉也是具有中国传统特色的一类发酵食品,跟腐乳同样,主要以大豆为材料发酵生产,有极高的营养价值,其生产过程中的质量问题与腐乳相似,也需要从原料大豆、发酵菌种、加工工艺、食盐添加量等角度去严控品质。

# 第九章　转基因食品的安全性

基因工程是指利用 DNA 体外重组或 PCR(聚合酶链式反应)扩增技术,从某种生物基因组中分离出感兴趣的基因,或是用人工合成的方法获取基因,然后经过系列切割加工修饰、连接反应形成重组 DNA 分子,再将其转入适当的受体细胞,以期获得基因表达的过程。这种工程所使用的分子生物技术通常称为转基因技术。

转基因食品就是指利用转基因技术,将某些生物的基因转移到其他物种中去,改造它们的遗传物质,使其在性状、营养品质、消费品质等方面向人们所需要的目标转变。这种以转基因生物为直接食品或为原料加工生产的食品就是转基因食品(genetically modified food,GMF),又称基因工程食品或基因修饰食品(简称 GM 食品)。

转基因生物包括转基因微生物、转基因植物和转基因动物,由此而来的转基因食品也相应地分为转基因微生物源食品、转基因植物源食品、转基因动物源食品。

# 第一节　转基因技术

## 一、转基因技术的基本步骤与方法

(1)从复杂的生物有机体基因组中分离出带有目的基因的 DNA 片段;

(2)在体外,将带有目的基因的外源 DNA 片段连接到能够自我复制并具有选择记号的载体分子上形成重组 DNA 分子;

将目的基因与载体重组的方法目前有如下几种:①根据外源 DNA 片段末端的性质同载体上适当的酶切位点相连实现基因的体外重组;②同聚物加尾法;③PCR 法。

(3)将重组 DNA 分子转移到适当的受体细胞(寄主细胞),并与之一起增殖。将重组 DNA 分子送入到受体细胞的方法主要有以下几种:①CaCl$_2$ 处理后的细菌转化或转染;②高压电穿孔法;③聚乙二醇介导的原生质体转化法;④磷酸钙或 DEAE 葡聚糖介导的转染;⑤基因枪介导转化法;⑥原生质体融合;⑦脂质体法;⑧细胞核的显微注射法。

(4)从大量的细胞繁殖群体中筛选出获得了细胞重组 DNA 分子的受体细胞克隆。目前比较常用的筛选方法有以下几种:①重组质粒的快速鉴定;②通过 α 互补使菌落产生的颜色反应来筛选重组体;③重组质粒的限制酶酶解分析;④外源 DNA 片段插入失活;⑤分子杂交筛选法;⑥利用 PCR 方法来确定基因重组体。

(5)将目的基因克隆到表达载体上,导入寄主细胞,使之在新的遗传背景下实现功能表达并对表达产物进行鉴定,从而获得人类所需要的物质。

## 二、转基因技术在食品工业中的应用

目前转基因技术在食品工业中主要应用用于以下几个方面。

### 1. 酶制剂的生产

酶的传统来源是动物脏器和植物种子,随着发酵工程的发展,逐渐出现了以微生物为主要酶源的格局,近年来,由于基因工程技术的发展,更使我们可以按照需要来定向改造酶,其至创造出自然界从未发现的新酶种。蛋白酶、淀粉酶、脂肪酶、糖化酶和植物酶等均可利用基因工程技术进行生产。

利用基因工程技术改善酶的生产菌株、酶制剂的质量和品质,在酶制剂工业上得到广泛应用。如利用基因工程菌生产凝乳酶,实现高效表达,解决了凝乳酶供不应求的状况。20 世纪 90 年代,第一例利用重组 DNA 基因工程菌生产的凝乳酶在奶酪工业中的使用,标志着转基因技术在食品工业中得以应用。目前利用基因工程菌发酵生产的酶制剂已有几十种。

### 2. 改良微生物菌种性能

最早采用基因工程改造的微生物是面包酵母菌。人们把具有优良特性的酶基因转移至该菌中,使经基因工程改良的面包酵母含有的麦芽糖透性酶及麦芽糖酶含量大大提高,在面包加工中产生 $CO_2$ 气体的量高,从而使得面包膨发性能好、松软可口。1990 年英国已经允许使用这种酵母。此外,采用基因工程技术,将大麦中的 α-淀粉酶基因转入啤酒酵母中并高效表达,这种酵母可以直接利用淀粉进行发酵,既节省了原材料,又缩短了生产流程、简化了工序,推进了啤酒技术的革新。

### 3. 改善食品原料的品质

利用基因工程技术对动植物品种进行改良可获得高品质的食品加工原料。

(1)改良动物食品性状,基因工程动物生长激素对加速动物生长、改善饲养动物的效率以及改变畜产品和鱼类的营养品质等方面具有广阔的应用前景。将基因工程生产的牛生长激素(BST)注射到母牛上,能提高其产奶量;而基因工程猪生长激素(porcine somatotropin,PST)注射到猪上,可使猪瘦肉型化,改善肉食品质。

(2)改造植物性食品原料,主要是通过提高植物性食品氨基酸含量、增加食品甜味(环化糊精)、改造油料作物、改良植物性食品蛋白质品质、改良园艺产品的采后品质等来改善植物性食品原料品质。

4.改进食品生产工艺

(1)改进果糖和乙醇的生产方法:以谷物为原料生产果糖和乙醇时,要使用淀粉酶分解原料中的酶类物质。这些酶造价高,而且只能使用一次,利用基因工程技术改变这些酶的编码基因,可大大降低果糖和乙醇的生产成本。

(2)改良啤酒大麦的加工工艺:采用基因工程技术,降低大麦中醇溶蛋白的含量,解决了啤酒生产过程中易产生浑浊、过滤困难的难题。利用基因工程技术将霉菌的淀粉酶基因转入大肠埃希氏菌(E. coli),并将此基因进一步转入酵母单细胞中,使之直接利用淀粉产生乙醇,不需要高压蒸煮工序,可节约60%的能源,缩短了生产周期,降低了成本。

5.生产食品添加剂及功能性食品

食品添加剂如氨基酸、维生素增稠剂、有机酸、乳化剂、表面活性剂、食用色素、食用香料及调味料等都可以利用基因工程菌发酵生产,同时还可以利用基因工程技术开发得到新的优良的食品添加剂。

采用转基因技术,在动、植物或细胞中得到基因表达而制造出有益人类健康的保健成分或有效因子,改变传统的保健食品有效成分主要来源于动、植物的状况,如人的血红素基因,具有实际应用价值。

# 第二节 转基因食品

## 一、转基因食品的种类

### (一)转基因植物源食品

(1)转基因抗病虫害植物:目前主要应用于棉花、玉米、大豆、番茄等植物,我国已经将抗黄瓜花叶病毒的基因导入青椒和番茄中,并获得良好抗病效果。

(2)转基因耐受除草剂植物:如将耐除草剂基因导入植物,使植物耐受除草剂,方便植物生产管理。

（3）转基因改善食物成分植物：在作物中转入所缺乏营养素的产生基因，生产高营养价值的作物，以避免营养素缺乏症。如黄金米、不同脂肪酸组成的油料作物、多蛋白的粮食作物等，主要品种有小麦玉米、大豆蔬菜、水稻、马铃薯、番茄等。

（4）转基因改善农业品质植物：如转入与产量相关的基因或抗逆境基因（耐热或耐寒和抗旱以及耐盐碱等的基因），使植物能更好地适应环境。许多科学家认为，转基因技术可以把发展中国家的农业生产率提高25%，能在一定程度上解决人类粮食问题。

（5）转基因延长食品货架期植物：如利用基因工程技术抑制成熟基因，从而达到推迟果蔬成熟、衰老、保鲜的目的。目前，国内外都已有商品化的转基因耐贮番茄生产，其相关研究也已扩大到草莓、香蕉、芒果、桃、西瓜等。

**（二）转基因动物源食品**

转基因动物源食品主要以提高动物的生长速度、瘦肉率、饲料转化率，增加动物的产奶量和改善奶的组成成分为主要目标，主要应用于鱼类、猪、牛等。此外，通过转入适当的外源基因或对自身的基因加以修饰的方法来降低结缔组织的交联度，而使动物肉质得到改善。转基因技术也可将人类所需的各种生长因子的基因导入动物体内，使转基因动物能够分泌出人类所需的各种生长因子。

1997年，英格兰罗斯林（Roslin）研究所克隆的携带有人凝血因子Ⅸ基因的绵羊；1999年，上海医学遗传研究所培育的中国第一头转基因牛携带有人体清蛋白；2002年，中国科学院水生生物研究所首次亮相的带有草鱼生长激素基因的"转基因黄河鲤鱼"等，这种转基因鱼的肉味像鲫鱼一样鲜美，而生长速度却同鲫鱼一样快，养殖周期短，产量很高；美国转基因三文鱼公司AquaBounty公司研制的"转基因大西洋鲑鱼"于在2015年下半年被美国FDA批准上市，2019年3月FDA批准转基因三文鱼在美国本土养殖。

**（三）转基因微生物源食品**

转基因微生物源食品是用转基因技术改造微生物菌种，以生产食用酶及其生物制剂，提高酶的产量和活力，产品主要有转基因酵母、食品发酵用酶等。其中最成功的是用于改造酿酒酵母菌株。转基因的酵母已经用于葡萄酒、啤酒、酱油等生产。

微生物是转基因过程中最常用的转化材料，所以，转基因微生物比较容易培育，应用也最广泛。例如，生产奶酪的凝乳酶，以往只能从杀死的小牛的胃中才能取出，现在利用转基因微生物已能够使凝乳酶在体外大量产生，避免了小牛的无辜死亡,也降低了生产成本。

## 二、转基因食品安全问题

### (一)转基因食品潜在的安全问题

以重组 DNA 技术为代表的转基因技术为农业生产、人类生活和社会进步带来巨大的利益。虽然目前转基因技术可以准确地将 DNA 分子切断和拼接,进行基因重组,但是异源 DNA 片段被导入一个生物体后对受体基因的影响程度不能事先完全地精确地预测到,受体基因的突变过程及对人类的危害同样是无法预料的。

事实上,由于转基因技术用来改造食品的基因通常来源于亲缘关系较远的物种,有些是人类极少食用的物种,因此,相对于传统的自然食品而言,存在着不确定的因素和未知的长期效应,其安全性尚有待于进一步的检验。

转基因食品的安全性问题主要有两方面:一方面是转基因植物的环境安全性;另一方面是转基因食品的食用安全性。转基因植物的环境安全问题:①破坏生态系统中的生物种群;②转基因生物对非目标生物的影响;③影响生物多样性;④基因漂移产生不良后果;⑤对天敌产生的影响。另外是转基因食品的食用安全性:①营养品质和代谢改变;②抗生素抗性;③潜在毒性;④潜在的过敏原。

基因工程生产的食品不管是用微生物制作的食品,还是植物性或动物性食品,其安全性具体要求如下:①供体和受体必须明确其在生物学上的分类和基因型及表型;②改造用的基因材料的片段大小与序列必须清楚,不能编码任何有害物质;③为避免基因改造食品携带的抗生素抗性基因在人体肠道微生物转化使之产生耐药性,要求尽量减少载体对其他微生物转移的可能性;④导入外源基因的重组 DNA 分子应稳定;⑤转基因食品若含有转基因微生物活体,该种活微生物不应对肠道正常菌群产生不利影响;⑥对含有致敏原的转基因食品,必需标明它可能引起过敏反应。对含有潜在过敏性蛋白质的转基因食品,有关机构必须采取措施进行人群摄入后程序的健康检测。

转基因食品的安全性评价的目的是从技术上分析该产品的潜在危险,以期在保障人类健康和生态环境安全的同时,也有助于促进生物技术的健康、有序和可持续发展。因此,对转基因食品安全性评价的意义可以归结为:①提供科学决策的依据;②保障人类健康和环境安全;③回答公众疑问;④促进国际贸易;⑤促进生物技术的可持续发展。

**（二）转基因食品安全性评价的基本原则**

转基因食品的安全性评价原则有:实质等同性原则、个案评价原则、遗传特性分析原则和危险性评价原则等。1993 年,经济合作与发展组织(OECD)首次提出了"实质等同性原则"。即"在评价生物技术产生的新食品和食品成分的安全性时,现有的食品或食品来源生物可以作为比较的基础"。实质等同性比较主要包括生物学特性和营养成分比较。欧盟国家采用"过程评价法",即采用严格的毒性、过敏性、抗性标记基因的实验并对其应用与发展采取严格的过程检测作为安全评价的方法。目前,国际上对转基因食品安全性评价基本遵循以科学为基础、实质等同、个案分析以及逐步完善等原则。在实际检测过程中综合运用结果评价法、过程评价法和个案分析等。

1. 实质等同性原则

1993 年,经济合作与发展组织(OCED)提出对现代生物技术食品采用实质等同性的评价原则。目前,国际上普遍采用的是以实质等同性原则为依据的安全性评价方法实质等同性原则的含义:在评价生物技术产生的新食品和食品成分的安全性时,现有的食品或食品来源生物可以作为比较的基础。该原则认为,如果导入基因后产生的蛋白质安全,或者转基因作物和原作物在主要营养成分(脂肪、蛋白质、碳水化合物等)、形态和是否产生抗营养因子、毒性物质、过敏性蛋白等方面没有发生特殊变化,则可以认为转基因作物在安全性上和原作物是等同的。实质等同性可以证明转基因产品并不比传统产品不安全,但并不能证明它是绝对安全的。此外,食品成分的改变并非决定食品是否安全的唯一因素。只有对这种差异的各方面进行综合评价,才能确定食品是否安全。因此,实质等同性原则是一个指导原则,并不能代替安全性评价。

1996 年,联合国粮食及农业组织(FAO)/世界卫生组织(WHO)将转基因食品的实质等同分为 3 类:①转基因食品和传统食品具有实质等同性;②转基因食品与传统食品除引入的新性状外具有实质等同性;③转基因食品与传统食品不具有实质等同性。

2. 预先防范原则

由于转基因技术的特殊性,必须对转基因食品采取预先防范作为风险性评估的原则。例如,20 世纪 60 年代末,世界第一例重组 DNA 由斯坦福大学教授 P. Berg 用来自细菌的一段 DNA 与猴病毒 SV40 的 DNA 连接获得。但这项研究受到了其他科学家的怀疑,因为 SV40 病毒是一种小型动物的肿瘤病毒,可以将人的细胞培养转化为类肿瘤细胞。如果研究中的相关材料扩散开来,对人类造成的灾难将无法想象。因此,对转基因食品进行评估必须结合其他评价原则,防患于未然。

3. 个案评估原则

目前,已有300多个基因被克隆用于转基因研究,这些基因来源和功能各不相同,受体生物和基因操作也不同,因此,必须采取的评价方式是针对不同转基因食品逐个地进行评估。

4. 逐步评估原则

转基因生物及其产品的研发经历了实验室研究、中间实验、环境释放、生产性实验和商业化生产等几个环节。每个环节对人类健康和环境所造成的风险是不同的。逐步评估的原则就是要求在每个环节上对转基因生物及其产品进行风险评估,并且下一阶段的开发研究要以前一步的试验结果作为依据来判定。例如,转入巴西圣果2S清蛋白的转基因大豆,1998年在对其进行评价时,发现这种转基因大豆对某些人群是过敏原,因此终止了进一步的开发研究。

5. 风险效益平衡原则

转基因技术虽然可以带来巨大的经济和社会效益,但是该技术可能带来的风险也不容忽视。因此,在对转基因食品进行评估时,应采用风险和效益平衡的原则,综合进行评估,以获得最大利益的同时,将风险降到最低。

6. 熟悉性原则

转基因食品的评估是在短期内完成或者需要长期的监控,取决于人们对转基因食品背景的了解和熟悉程度。在风险评估时,应该掌握这样的概念:熟悉仅仅意味着可以采用已知的管理程序;不熟悉也并不能表示所评估的转基因食品不安全,而仅意味着对此转基因食品熟悉之前,需要逐步地对可能存在的潜在风险进行评估。

**(三)转基因食品安全性评价的内容**

转基因食品安全性评价主要包括转基因食品外源基因表达产物的营养学评价;毒理学评价,如免疫毒性、神经毒性、致癌性、繁殖毒性以及是否有过敏原等;外源基因水平转移而引发的不良后果,如标记基因转移引起的胃肠道有害微生物对药物的抗性等;未预料的基因多效性所引发的不良后果,如外源基因插入位点及插入基因产物引发的下游转录效应而导致的食品新成分的出现,或已有成分含量减少乃至消失等。

转基因食品安全性评价的程序包括以下五个方面:①新基因产品特性的研究;②分析营养物质和已知毒素含量的变化;③潜在致敏性的研究;④转基因食

品与动物或人类的肠道中的微生物群进行基因交换的可能及其影响;⑤体内和体外的毒理和营养评价。通过安全性评价,可以为转基因生物的研究、试验、生产、加工、经营、进出口提供依据。

1. 营养学评价

评价内容包括主要营养素(蛋白质、脂类、矿物质)和抗营养素的评价,营养素利用率问题等。进行营养学评价时,首先检测转基因食品及其加工产品的主要营养成分、抗性因子等,然后与其非转基因亲本进行比较,若存在显著差异,需要进一步进行生物学评价。在此基础上还需进行动物营养学评价,通过生长指标和代谢指标等进行分析。根据实质等同性原则发现,转基因作物和转基因食品与其对照除了预期营养性状改变而致的生物利用率改变以外,基本上实质等同。营养学评价包括营养成分和抗营养因子的安全性评价。

(1)转基因食品营养成分的评价须遵循"实质等同性原则",还应充分考虑与历史上或现在世界栽培品种近似的营养成分比较。即如果转基因作物与其对应的非转基因亲本作物在近似营养成分上出现显著差异时,并不能认为转基因作物加工的食品在营养方面会对人类的营养健康产生不利影响,而需要与文献报道或历史上已有的同种类型食品进行比较,分析转基因食品中的主要营养成分是否在这些已知近似营养成分的范围之内。如果在范围内,就可以认为转基因食品的主要营养成分具有与传统食品营养价值等效。例如,某转基因玉米的主要营养成分与非转基因玉米亲本进行比较发现,转基因玉米的蛋白质含量为7%,与非转基因玉米亲本的蛋白质含量5.6%存在显著差异,但历史已有数据的玉米蛋白质含量为4.5%~8.9%,即转基因玉米的蛋白质含量在历史已有数据的范围内,说明该转基因玉米的蛋白质含量与传统玉米一样。

(2)当转基因食品中抗营养因子超过一定量时则有害。因此,对抗营养因子进行安全性评价是有必要的。目前,已知的抗营养因子主要有蛋白酶抑制剂、植酸、凝集素、单宁等。对抗营养因子的评价与营养成分的评价一致,既要遵循"实质等同性原则",也要与历史数据相比较,还要根据不同食品的具体情况来决定,即符合"个案评估"的原则。

2. 过敏性评价

转基因食品的过敏性是人们关注的焦点之一。对转基因食品过敏性的安全性评价首先应了解被评价食品的遗传学背景与基因改造方法。如果评价程序不能提供潜在的过敏性证据,则要对食品中可能存在的毒素进行检测。若仍得不到满意结果,可采用毒理学实验进行评价,评价其在所有情况下潜在的致敏性。

　　食物过敏是指食品中的某些抗原分子(主要是蛋白质)能引起人产生不适应的反应。成人和儿童的过敏反应有 90% 以上是由蛋、甲壳纲、鱼、奶、花生、大豆、坚果和小麦 8 类食物引起的。1996 年,国际食品生物技术委员会(IFBC)和国际生命科学学会(ILSI)最早提出转基因食品致敏性评价方法——决定树分析法。重点分析基因的来源、目标蛋白与已知过敏原的序列同源性,目标蛋白与已知过敏病人血清中 IgE 能否发生反应,以及目标蛋白的理化特性。2001 年,FAO/WHO 提出了新的过敏原评价决定树,评价主要分两种情况:①在转基因食品中外源基因来自已知含过敏原的生物,在这种情况下,新的决定树主要针对氨基酸序列的同源性和表达蛋白对过敏病人潜在的过敏性;②转基因食品。

　　外源基因来自未知含有过敏原的生物,应考虑与环境和食品过敏原的氨基酸同源性:用过敏原病人的血清做交叉反应;胃蛋白酶对基因产物的消化能力;动物模型实验。

　　对转基因食品过敏性评价,目前主要遵循 IFBC/ILSI 制定的一套分析遗传改良食品过敏性树状分析法,见图 9-1。

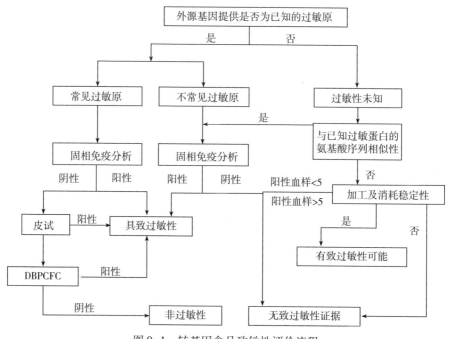

图 9-1　转基因食品致敏性评价流程

## 3. 毒性评价

详见第十一章。

4. 抗生素标记基因的安全分析

抗生素抗性标记基因在遗传转化技术中是不可缺少的,其原理是把选择剂加入到选择性培养基中,使其产生一种选择压力,导致未转化细胞不能生长发育,而转入外源基因的细胞因含有抗生素抗性基因,可以产生分解选择剂的酶来分解选择剂,因此可以在选择培养基上生长。该标记基因的安全分析主要应用于对已转入外源基因生物的筛选。由于抗生素对人类疾病的治疗意义重大,因此,对抗生素抗性标记基因的安全性评价是转基因食品安全性评价的主要问题之一。

在评价抗生素抗性标记基因的转基因食品的安全性时,应考虑到以下因素:

(1)抗生素在临床和兽医上使用的重要性,不应使用对这类抗生素有抗性的标记基因。

(2)食品中被抗生素抗性标记基因标记的或蛋白质是否会降低口服抗生素的治疗效果。

(3)基因产品的安全应作为其他基因产品的实例,如果评价数据和信息表明抗生素抗性基因或基因产品对人类安全存在危险,那么食品中不能出现这类标记基因或基因产品。

# 第十章　非热力杀菌食品的安全性

## 第一节　超高压食品

超高压处理技术,又称为高静压处理技术。是指利用压媒(通常是使用水、甘油、食用油等液体介质)将密封于柔性容器内的食品在超高压(100~1000MPa)下进行处理,使食品中的蛋白质(包括酶类)、多糖等生物大分子产生压力变性,产生蛋白质变性、酶失活以及微生物灭活等理化及生物反应,同时通过影响细胞膜通透性而杀死微生物,从而达到灭菌和改善食品特性的目的。超高压对食品安全性的影响体现在:

(1)超高压对细胞形态的影响。

在超高压条件下细胞的内部形态会直接破裂,无法恢复原状。

(2)超高压对生物化学反应的影响。

加压有利于推动平衡系统朝减小体积的反应方向移动,从而抑制了增大体积的反应。如氢键的形成能够减小原子间的相互距离,高压能够促进这一变化的进行。

(3)超高压对蛋白质的影响。

蛋白质是一切生命的物质基础,它具有四级结构。一级结构是蛋白质的最基本结构,它取决于肽链中氨基酸的排列顺序;二级结构是指肽链中主链原子的局部空间排列;三级结构指的是多肽链在单链基础上盘曲、折叠形成规律的三维空间结构;而多肽链之间通过次级键相互连接,组合而成各种蛋白质,这称为蛋白质的四级结构。通常情况下超高压只能破坏蛋白质的三级、四级结构,对一级结构不产生影响,而对二级结构则有稳定作用。因此超高压处理后的食品,蛋白质结构发生了改变,但氨基酸没有被破坏亦即营养价值没有发生改变。

(4)超高压会引起酶的失活。

酶是活细胞产生的一种特殊的蛋白质,是生化反应的催化剂,因此超高压对酶蛋白结构的改变会直接影响到酶的活性。通常当压力超过300MPa时,蛋白质的变性将是不可逆的,由此引发酶的压致失活能够抑制褐变、腐烂的发生,使食品保持天然的色泽和风味。

（5）超高压的杀菌效果

病毒需要很高的压力才能被灭活,与之相比芽孢要更加耐压。对于一般的微生物、细菌和病毒,通常室温条件下,450MPa 以下的压力下都能够将其灭活。而要想将芽孢杀死,就必须提高处理压力或处理时间,或者结合其他的处理方式。此外超高压还能通过阻断需要酶参加的 DNA 复制和转录过程,影响微生物的增殖与遗传。

# 第二节　辐照食品

食品辐照技术是 20 世纪发展起来的一种灭菌保鲜技术,是以辐射加工技术为基础,运用 X 射线、γ 射线或高速电子束等电离辐射产生的高能射线对食品进行加工处理,在能量的传递和转移过程中,产生强大的物理效应和生物效应,达到杀虫、杀菌、抑制生理过程、提高食品卫生质量、保持营养品质及风味、延长货架期的目的。辐照食品指的是利用辐照加工帮助保存食物,辐照能杀死食品和其中的昆虫以及它们的卵及幼虫。

1. 安全问题

由于辐照技术可以引起辐照食品的物理变化、化学变化和生物变化,从而影响食品的营养价值和感官特性。此外,原子弹爆炸,以及核电站泄露等事件的发生,使世界各国消费者对核能量普遍存在恐惧心理,影响了人们对辐照食品的接受性。随着辐射食品在市场的流通,辐射食品的安全性成为世人关注的焦点。例如,辐照食品中是否会产生诱导放射性及突变微生物的危害? 在探究辐射食品的急性毒性、慢性毒性、致癌性、遗传毒性、细胞毒性、致畸形性、变异原性等毒性的同时,必须调查是否因污染食品的微生物产生突变增加毒性以及是否破坏了营养成分。辐照食品的安全性,主要包括辐射安全、微生物安全性、对营养成分的影响、毒理学安全性等方面。

（1）辐射安全。

在辐照过程中,食物按设定速度通过辐照区,借以控制食物吸收的能量或辐射剂量,在受控环境下,食物绝对不会直接接触辐射源。

必须考虑放射性的污染和放射性物质的诱发,大量的研究结果和理论分析都表明,辐照食品不存在放射性污染和放射性物质的诱发问题。

有结果显示,碎牛肉或牛肉碎屑经能量高达 7.5MeV 电子产生的 X 射线照射后,虽能检测到感生放射性,但其含量远低于食物的天然放射性。相应的年剂量比环境中的辐射量要低几个数量级,对人类来说食用风险极低。

(2)微生物安全性。

以辐照方法处理食物的微生物安全性问题,目的是了解天然微生物菌群减少对致病菌存活的影响,以及微生物发生变异产生耐辐射突变体的可能性。至今尚没有人证明辐照微生物能增加其致病性,或者被辐照的细菌增加了毒素的形成力或诱发了抗菌力。但亦有实验证实,在完全杀菌剂量($4.5 \times 10^{-2} \sim 5.0 \times 10^{-2}$Gy)以下,微生物出现耐放射性,而且经反复辐照,其耐放射性会成倍增长。这种伤残微生物菌丛的变化,生成与原来腐败微生物不同的有害生成物,造成新的危害,这是值得关注的。

(3)对营养成分的影响。

辐照处理会使食物发生营养成分变化,与烹煮、焙烤、装罐、巴氏消毒及其他加热处理方式类似。食品在辐照后,蛋白质、糖类、脂肪的营养价值不会发生显著变化,它们的利用率基本不受辐照的影响。但是其物理化学性质会有一定的变化,如影响蛋白质的结构、抗原性等脂肪可能产生过氧化物,碳水化合物是比较稳定的,但在大剂量照射时也会引起氧化和分解,使单糖增加。①蛋白质:一般来说:在低剂量下辐照,主要发生特异蛋白质的抗原性变化。高剂量辐射型可能引起蛋白质伸直、凝聚、伸展甚至使分子断裂并使氨基酸游离出来;②糖类:辐照可导致复杂的糖类解聚作用;③脂类:辐射对脂类所产生的影响可分为以下三个方面:整个理化性质发生变化、受辐射感应而发生自动氧化变化、发生非自动氧化性的辐射分解;④维生素:食品在辐照时维生素会被破坏,不同维生素对辐照有不同的敏感性,大多数维生素含量变化与加热处理相似。

(4)有害物质的生成。

照射会不会使食品产生有毒物质是一个很复杂的问题。迄今为止,研究结果表明食品在允许辐照条件下辐照时,不会产生有毒、致癌和致畸物质。至于有无致突变作用,仍在继续深入研究。

(5)遗传诱变物的生成。

食品辐照可能生成具有诱变和细胞毒性的少量分解产物,这些产物可能诱导遗传变化,包括生物学系统中的染色体畸变。实验表明,用经过辐照的培养基来饲育果蝇,其突变率增加,数代后病死率增加。

(6)包装材料的化学变化。

辐照可以引起食品及包装材料发生化学变化,致使包装材料中的成分(或这些成分的原解物)转移到食品中。辐照会引起交联,交联可能会减少上述转移,但它也可以导致物质分解成为低分子量分子实体,从而增加了其转移特性。

(7)辐射伤害和辐射味。

所有果品,蔬菜经射线辐射后都可能产生一定程度的生理损伤,主要表现为变色和抵抗性下降,甚至细胞死亡。但是,不同食品的辐射敏感性差异很大,因此致伤剂量和生理损伤加重表现也各不相同。高剂量照射食品特别是对肉类,常引起变味,即产生所谓辐射味。这种情况一般在 5kGy 以上才发生,有些水果、蔬菜用低剂量照射也有异味产生。辐射味随食品的种类、品种不同而异。

2. 安全性控制

辐照食品的安全性保证关键在于辐照生产的管理。世界上许多国家都制定了相应的辐照食品管理法规。辐照食品应严格执行《食品安全国家标准 食品辐照加工卫生规范》(GB 18524—2016)、《食品安全国家标准 辐照食品鉴定 筛选法》(GB 23748—2016)。

# 第三节 其他非热力杀菌食品

## 一、高压脉冲电场杀菌

高压脉冲电场(pulsed electric field ,PEF)是一种非热力处理技术,具有处理时间短、温升小、能耗低和杀菌效果明显等特点,成为近几年来国内外研究的热点之一。高压脉冲电场杀菌技术特点:①灭菌效果好:能更有效地杀灭食物中的酶及微生物,高电压脉冲灭菌法可达到杀菌 6 个数量级以上;②杀菌温度低,对食物的营养成分保留效果好;③高压脉冲处理不会引起食品营养成分的改变;④灭菌速度极快,通过瞬间的电场强度变化,使菌体死亡;⑤处理均匀,在电场中各部分的物料均受到了相同大小场强的处理;⑥灭菌后易处理,食物温度变化很少,完成消毒过程之后即可进行封装,而用巴氏灭菌法进行灭菌后,食物温度很高,必须经过一段时间的冷却后才能进行封装,效率远不及高电压脉冲灭菌法;⑦不会产生对人体有害的自由基物质;对环境无污染、无二次污染及三废问题。

## 二、电磁场杀菌

(1)磁场的感应电流效应。

生物体对于磁场是可透过性的,微生物细胞在磁场下运动时,如果细胞所做运动是切割磁感线的运动,就会导致其中磁通量变化并激起感应电流,此感应电流与磁场相互作用的力密度可破坏细胞正常的生理功能,此感应电流越大,生物效应越明显。

(2)磁场的洛仑兹力效应。

在磁场作用下,细胞中的带电粒子如电子和离子,受到洛仑兹力的影响,其运动轨迹常被限制在一定半径范围之内,磁场强度越大,这种半径就越小,当小于细胞的大小,导致了细胞内的电子和离子不能正常传递,从而影响了细胞正常的生理功能。

(3)磁场的振荡效应。

研究表明,生物体内的大多数分子和原子具有极性和磁性,外加磁场必会对生物产生作用。不同强度分布的外加磁场对不同生物的影响程度是不同的,而且振荡磁场还能松弛离子和蛋白质间的化学键,键的松弛可能影响细胞的代谢活动而使微生物失活。由于脉冲磁场是变化的,在极短的时间内,磁场的频率和强度都会发生极大变化,在细胞膜上产生振荡效应。激烈的振荡效应能使细胞膜破裂,这种破裂会导致细胞结构紊乱,从而达到杀死细胞的目的,进而杀死细菌。

(4)磁场的电离效应。

在磁场的作用下,食品中的带电粒子将产生高速运动,撞击食品分子,使食品分子分解,产生阴、阳离子,这些阴、阳离子在强磁场的作用下极为活跃,可穿过细胞膜,与微生物内的生命物质如蛋白质、RNA 作用,而阻断细胞内正常生化反应和新陈代谢的进行,导致细胞死亡,进而杀死细菌。应特别指出,利用磁场杀菌要求食品材料有较高的电阻率,一般应大于 $10\Omega cm$,以防材料内部产生涡流效应而导致磁屏蔽。这就可解释为什么脉冲磁场杀菌对有些食品物料具有很好的杀菌效果,而有些物料杀菌效果则较差。

## 三、超声波杀菌

超声波对微生物的作用是复杂的,超声波对食品中微生物的影响主要可以归纳为三方面:一方面,适当条件的超声波可促进微生物细胞的生长,同时促进有益代谢产物的合成。低强度超声波产生的稳态空化作用对细胞的破坏很小,主要可以改变细胞膜的通透性,促进可逆渗透,加强物质运输,从而增加代谢活性和促进有益物质的生成。另一方面,一定剂量的超声空化效应可使细胞壁变薄及其产生的局部高温、高压和自由基,从而抑制或杀灭微生物。在食品工业中,超声不仅被单独用于杀菌,有时还和其他杀菌技术联用,利用它们的协同效应增强杀菌效果。最后,超声波诱变菌种,其作用机理可能是超声改变了蛋白的表达水平。

## 四、微波杀菌

微波的透射作用能迅速被食品物料吸收,作用时间短、反应速度快。由于微波杀菌可通过调节时间及功率将物料中心温度控制在一定范围之内,可达到理想的杀菌效果,所以能较大程度地保持食品营养风味。相较于传统的热能杀菌,微波杀菌过程直接对食品进行加热,加热系统不被加热,没有热能损失,节能高效。微波加热是从物料表面以极短的时间将微波能传递到食品的冷点,使食品内外温度快速达到一致,受热均匀,提高了产品质量。在食品中营养物的保留、微生物的抑制或杀灭和某些有毒有害物消除等方面,微波加工比传统方式更安全且品质更高。

## 五、远红外线杀菌

远红外线消毒是以远红外线作为热源产生的高温进行灭菌消毒的。远红外线是一种磁波,它以辐射方式向外传播,热效应好,可达到120℃左右的高温,且特别易被生物体如各种病菌吸收。病菌吸收热能超过它的承受极限,自然会被活活"热"死。

远红外线具有速度快、穿透力强的特点,日常生活中常用的餐具、茶具都可进行高温消毒。物体能充分吸收热能,加热效率高,能在短时间内达到杀菌所需的120℃高温。

## 六、紫外线杀菌

紫外线灯的杀菌能力与照射强度有密切关系。紫外线灯照射强度与距离平方成反比,距离越近,杀菌能力越强,一般质量较好的紫外线灯,距离灯中心垂直1m处可达$120\mu W \cdot s/cm^2$或以上。不同种类的微生物对紫外线的敏感性不同,用紫外线消毒时,必须使用达到杀灭标微生物所需的照射剂量。杀灭一般细菌繁殖体应使用剂量为$20000\mu W \cdot s/cm^2$,杀灭细菌芽孢之间,真菌孢子的抵抗力比细菌芽孢更强。在消毒的目标微生物不详或要杀灭多种微生物时,照射剂量不应低$100000\mu W \cdot s/cm^2$。因为照射剂量是所用紫外线光源的照射强度和照射时间的乘积。所以,根据紫外线光源的照射强度可以计算出需要照射的时间。①对物体表面的消毒,照射表面紫外线强度不应小于$70\mu W/cm^2$,照射时间不应小于 25min，所用紫外线光源强度高时可适当减少照射时间；②对畜舍内空气的消毒，无论采用直接照射还是间接照射，要求消毒后空气中的自然菌减少 90% 以上，采用畜舍内悬吊紫外线灯消毒时，灯的功率平均每立方米不少于 1W。一般畜舍内每 $10m^2$ 面积安装 30W 紫外线灯管 1 只。照射时间为每次 40~120min，然后通风 1h，以减少空气中臭氧含量。

## 七、等离子体杀菌

等离子体灭菌技术是新一代的高科技灭菌技术，它能克服现有灭菌方法的一些局限性和不足之处，提高消毒灭菌效果。例如对于不适宜用高温蒸汽法和红外法消毒处理的塑胶、光纤、人工晶状体及光学玻璃材料、不适合用微波法处理的金属物品，以及不易达到消毒效果的缝隙角落等地方，采用本技术，能在低温下很好地达到消菌灭菌处理而不会对被处理物品造成损坏。本技术采用的等离子体工作物质无毒无害。本技术还可应用到生产流水线上对产品进行消毒灭菌处理。

在环境问题越来越受到人们关注的今天，常压、低温等离子体消毒作为一种清洁的消毒方法将会有一个广阔的应用前景，等离子体灭菌是医疗卫生、制药、生物工程、食品行业、灭菌技术的未来发展方向。低温等离子体灭菌技术是消毒学领域继甲醛、环氧乙烷、戊二醛等低温灭菌技术之后又一新的灭菌技术，具有温度低、操作简便、快速无残留等特点，能够较好地保持食品原有的品质和风味，而且对于耐湿热和不耐湿热的物品、器械均适用，尤其适用于热敏成分和活性成分的保持。

# 第三篇　食品安全管理

# 第十一章　食品安全风险评价

## 第一节　食品安全性评价

### 一、定义和发展历程

食品安全性评价是指对食品及其原料进行污染源、污染种类和污染量的定性、定量评定,确定其食用安全性,并制定切实可行的预防措施的过程,在食品安全性研究、监控和管理上具有重要意义。食品安全性评价的依据是人类或社会能够接受的安全性。安全是相对的,绝对的安全是不存在的,在不同历史阶段和不同国家环境下,食品安全针对的目标可能差异较大,但食品安全是人们对所用食品的一个基本要求。食品安全性评价包括食品安全评价指标体系、安全风险分析及食品中危害成分的毒理学评价。

食品安全性评价是依据科学的评价体系或手段来完成的。自古以来人们就非常重视食物的安全性,公元前十八世纪,古巴比伦王国第六代国王汉谟拉比颁布了著名的《汉谟拉比法典》,其中有涉及关于水源、空气污染、食品清洁等方面的条文;古希腊医生希波拉底和他的学生对空气、水、食品及相关的环境进行了描述;自 20 世纪初以来,美国、法国、德国等一些国家开始在医疗卫生方面专门立法,陆续制定和颁布了关于有毒化学品的管理法规;第二次世界大战后,许多国家和组织先后制定了有毒化学品管理法。美国食品与药物管理局(FDA)1979年颁布联邦食品、药物和化妆品法案,对各种化学物质进行安全性管理;国际经济与发展合作组织(Organization of Economic Cooperation and Development,OECD)于 1982 年颁布了化学物品管理法,提出了一整套毒理学试验指南、良好试验室规范(Good Laboratory Practice,GLP)和化学物质投放市场前申报毒性资料的最低限度,并对新化学物质实行统一的管理办法。

我国对化学物质的毒性鉴定及毒理学试验开始于 20 世纪 50 年代,在 50~60年代对食品、药品等曾做过初步的法律规定,但此后一段时间进展缓慢甚至停滞不前,直到 80 年代以后才有了迅速的发展。目前我国这方面的法律法规体系已逐步形成并不断完善。我国不同时期实施的食品安全有关法律法规:

(1)卫生部在 1983 年发布《食品安全性毒理学评价程序(试行)》,1985 年修订,并在全国范围内实施;1995 年 10 月 30 日颁布了《中华人民共和国食品卫生法》;

(2)卫生部和农业部于 1991 年 12 月颁发了《农药安全性毒理学评价程序》,1995 年 8 月 17 日发布了《农药登记毒理学试验方法》(GB 15670—1995)并从 1996 年 1 月 1 日起实施;

(3)1984 年 9 月 20 日通过了《中华人民共和国药品管理法》,并于 1985 年 7 月 1 日起施行。1985 年 7 月 1 日颁布并实施《新药审批办法》,1988 年卫生部颁布《新药(西药)毒理学研究指导原则》;

(4)1987 年 5 月 28 日卫生部发布了国家标准《化妆品安全性评价程序和方法》(GB 7919—1987),并于 1987 年 10 月 1 日起实施;

(5)1987 年国务院发布《化学危险品安全管理条例》;

(6)1993 年 5 月卫生部食品卫生监督检验所发布了《食品功能毒理学评价程序和检验方法(试行)》,为保健食品的管理提供了科学依据;

(7)2009 年国务院颁布了《食品安全法》,并于当年的 6 月 1 日起施行,《中华人民共和国食品安全法实施条例》也随之出台。《食品安全国家标准管理办法》是对食品安全评价体系的进一步发展和完善。

从各类国家标准、规定或管理法中可见,我国和世界各国一样,对药品、食品(食品添加剂、食品污染物等)、农药、工业化学品、化妆品等人们在日常生活和生产中广泛接触的化学物质,要求必须经过安全性评价后才能被允许投产、进入市场或进出口贸易。

## 二、评价指标体系

食品的安全性评价体系包括各种检验规程、卫生标准的建立,及其对人体潜在危害性的评估。通过一些卫生指标可以有效地评价食品对人体的安全性。

1. 安全系数和日许量

(1)安全系数(safety factor):在对食品进行安全性评价时,由于人类和试验动物对某些化学物质的敏感性有较大的差异,为安全起见,由动物数值换算成人的数值(如以试验动物的无作用剂量来推算人体每日允许摄入量)时,一般要缩小 100 倍,这就是安全系数。实际应用中不同的化学物质一般选择不同的安全系数。

(2)日许量(acceptable daily intake,ADI):又称每日容许摄入量。ADI 是评

价食品、食品添加剂和化学物质毒性和安全性的标志和制定食品添加剂使用卫生标准的依据。ADI 是指人类每日摄入某物质直至终生，而不产生可检测到的对健康产生危害的量。即每天摄入都不会造成急性与慢性中毒的量。以每千克体重可摄入的量表示，即 mg/kg-体重·天。

2. 最高残留限量(maximum residue limits, MRLs)

又称停药期,指允许在食品中残留的药物或其他化学物质最高量,也称为允许残留量(tolerance level)。《动物性食品中兽药最高残留限量》属于国家公布的强制性标准,决定了公众消费的安全性和生产用药的休药期。

3. 休药期(withdrawal period)

休药期指从停止给药到允许动物屠宰或其产品上市的间隔时间。实际生产中影响休药期或体内残留物达到安全浓度所需时间的因素十分复杂。与药物体内过程有关的各种因素和药物使用条件均影响休药期,如剂型、剂量、给药途径、机体机能状态等。《食品安全国家标准 食品中兽药最大残留限量》(GB 31650—2019)将于 2020 年 4 月 1 日实施。

4. 细菌数量

天然食品内部没有或仅有很少的细菌,食品中的细菌主要来源于生产、贮藏、运输、销售等各个环节的污染。

细菌总数是指一定质量、容积或面积的食物样品,经过适当的处理(如溶解、稀释、揩拭等)后,在显微镜下对细菌进行直接计数所得的细菌数量。其中包括各种活菌数和尚未消灭的死菌数。细菌总数也称细菌直接显微镜数。通常以 1g 或 1mL 或 $1cm^2$ 样品中的细菌数来表示。

在实际运用中,不少国家包括我国,多采用菌落总数来评价微生物对食品的污染程度。因显微镜直接计数不能区分活菌、死菌,菌落总数更能反映实际情况。食品的菌落总数越低,表明该食品被细菌污染的程度越轻,耐放时间越长,食品的卫生质量较好,反之亦然。

5. 大肠菌群最近似数

食品受微生物污染后的危害是多方面的,但其中最重要、最常见的是肠道致病菌的污染。但是肠道致病菌不止一种,而且各自检验方法不同,因此可以选择一种指示菌,并通过该指示菌,来推测和判断食品是否已被肠道致病菌所污染及其被污染的程度,从而判断食品的卫生质量。

大肠菌群(coliform group)通常作为衡量食品污染程度的指示菌。大肠菌群是指一群在 37℃ 能发酵乳糖、产酸、产气、需氧或兼性厌氧的革兰氏阴性的无芽孢杆菌。从种类上讲,大肠菌群包括许多细菌属,其中有埃希菌属、柠檬酸菌属、肠杆菌属和克雷伯菌属等,其中以埃希菌属为主。大肠菌群的表示方法有两种,即大肠菌群最近似数和大肠菌群值。

大肠菌群最近似数(most probable number,MPN)是指在100g(mL)食品检样中所含的大肠菌群的最近似或最可能数。大肠菌群值是指在食品中检出一个大肠菌群时所需要的最少样品量。故大肠菌群值越大,表示食品中所含的大肠菌群的数量越少,食品的卫生质量也就越好。目前国内外普遍采用大肠菌群MPN作为大肠菌群的表示方法,并为国家标准采用。

6. 致病性微生物

根据食品卫生要求和国家食品卫生标准规定,食品中均不能有致病菌存在,即不得检出致病性微生物。由于食品种类繁多,致病性微生物也有很多种,包括细菌、真菌、病毒及寄生虫等。在实际操作中用少数几种方法将多种致病菌全部检出是不可能的,而且在大多数情况下,污染食品的致病菌数量并不多。所以,在进行食品中致病菌检验时,不可能将所有的病原菌都列为重点,只能根据不同食品的特点,选定某个种类或某些种类致病菌作为检验的重点对象。如蛋类、禽类、肉类食品以沙门菌检验为主,罐头食品以肉毒毒素检验为主,牛乳以检验结核杆菌和布氏杆菌为主。

7. 风险评估

风险评估是食品安全评价中逐渐被采用的一种重要方式。风险评估是利用现有的科学资料,就食品中某些生物、化学或物理因素的暴露对人体健康产生的不良后果进行识别、确认和定量分析,以此确定某种食品有害物质的风险。食品安全风险评估主要包括三个方面:风险评价或评估、风险管理和风险信息交流。

## 三、评价内容

(1)对重金属、持久性有机污染物等化学污染物的评估。通过评估,确定人体的每日耐受摄入量,并结合人群的膳食消费量确定食品中的最大限量。

(2)对食品添加剂、食品包装材料等食品相关产品新品种的风险评估。目的是评估具体某种化学物质或天然提取物是否适合作为食品添加剂或食品包装材料使用,并通过评估建立人体每日允许摄入量,并进一步规定在食品中的允许使用量。

(3)对农药、兽药等农业投入品的评估。通过评估建立食品中农药、兽药的最大残留限量。

（4）对食源性致病菌的定性或定量风险评估。评估致病菌可能造成的致病风险,甚至可以建立食品中致病菌含量水平的限值。

（5）评估食品中营养素含量水平对人体健康造成的影响。营养素过低可能造成营养素缺乏,营养素过高则可能导致营养素过量而引发健康风险。

食品中危害成分的毒理学评价为风险评估提供了基础,而风险评估的结果是为制定食品安全标准服务,为各类添加物、污染物的限量或最大允许含量提供科学依据。目前,对于化学污染物、食品添加剂、食源性致病菌、各类营养素都已经逐步建立了风险评估的数学模型,应用这些模型,采用本国的各类科学数据,得出适合于本国人群的风险评估结果。

### 四、评价目的

食品的安全性评价主要目的是评价某种食品是否可以安全食用。具体就是评价食品中有关危害成分或者危害物质的毒性以及相应的风险程度,这就需要利用足够的毒理学资料确认这些成分或物质的安全剂量。食品安全性评价是风险分析的基础,在食品安全性研究、监控和管理方面具有重要的意义。

## 第二节　食品安全的风险分析

食品安全风险分析理论是国际上针对食品安全问题应运而生的一种食品质量安全管理方法理论,它为食品安全问题提供了一整套科学有效的宏观管理模式和风险评价体系,并且为制定我国食品安全预警体系、控制体系和检测标准体系奠定了基础,为保证公平的食品贸易和消费者健康提供科学依据。食品安全风险分析的根本目标在于保护消费者的健康和促进公平的食品贸易。《中华人民共和国食品安全法》规定,国家建立食品安全风险监测和评估制度,对食源性疾病、食品污染以及食品中的有害因素进行监测,对食品、食品添加剂中生物性、化学性和物理性危害进行风险评估。目前,食品安全风险分析的理念已经为许多国家和组织所采用,被认为是食品安全标准的制定基础,也是食品安全控制的科学基础。

风险分析是一个结构化的过程,主要包括风险评估、风险管理和风险交流三部分。在一个食品安全风险分析过程中,这三部分看似独立存在,其实三者是一个高度统一融合的整体。在这一过程中,包括风险管理者和风险评估者在内的各个利益相关方通过风险交流进行互动,由风险管理者根据风险评估的结果以及与利益相关方交流的结果制定出风险管理措施,并在执行风险管理措施的同时,对其进行监控和评估,随时对风险管理措施进行修正,从而达到对食品安全风险的有效管理。

食品安全风险分析模式有多种,主要包括食品安全指数评估模式和事态集风险分析模式两种。食品安全指数评估模式用于食品中化学物质污染危险性评估。事态集风险分析模式是通过事物存在和发展的状态的集合体来评价食品中风险存在状态。

**(一)食品安全法相关规定**

《中华人民共和国食品安全法》第二章对食品安全风险评估做出了明确规定。

第十七条 食品安全风险评估制度

国家建立食品安全风险评估制度,运用科学方法,根据食品安全风险监测信息、科学数据以及有关信息,对食品、食品添加剂、食品相关产品中生物性、化学性和物理性危害因素进行风险评估。

国务院卫生行政部门负责组织食品安全风险评估工作,成立由医学、农业、食品、营养、生物、环境等方面的专家组成的食品安全风险评估专家委员会进行食品安全风险评估。食品安全风险评估结果由国务院卫生行政部门公布。对农药、肥料、兽药、饲料和饲料添加剂等的安全性评估,应当有食品安全风险评估专家委员会的专家参加。

食品安全风险评估不得向生产经营者收取费用,采集样品应当按照市场价格支付费用。

第十八条 食品安全风险评估法定情形

有下列情形之一的,应当进行食品安全风险评估:

(1)通过食品安全风险监测或者接到举报发现食品、食品添加剂、食品相关产品可能存在安全隐患的;

(2)为制定或者修订食品安全国家标准提供科学依据需要进行风险评估的;

(3)为确定监督管理的重点领域、重点品种需要进行风险评估的;

(4)发现新的可能危害食品安全因素的;

(5)需要判断某一因素是否构成食品安全隐患的;

(6)国务院卫生行政部门认为需要进行风险评估的其他情形。

第十九条 监管部门在食品安全风险评估中的配合协作义务

国务院食品药品监督管理、质量监督、农业行政等部门在监督管理工作中发现需要进行食品安全风险评估的,应当向国务院卫生行政部门提出食品安全风险评估的建议,并提供风险来源、相关检验数据和结论等信息、资料。属于本法第十八条规定情形的,国务院卫生行政部门应当及时进行食品安全风险评估,并向国务院有关部门通报评估结果。

第二十条　卫生行政、农业行政部门信息共享机制

(1)省级以上人民政府卫生行政、农业行政部门应当及时相互通报食品、食用农产品安全风险监测信息。

(2)国务院卫生行政、农业行政部门应当及时相互通报食品、食用农产品安全风险评估结果等信息。

第二十一条　食品安全风险评估结果

食品安全风险评估结果是制定、修订食品安全标准和实施食品安全监督管理的科学依据。

经食品安全风险评估,得出食品、食品添加剂、食品相关产品不安全结论的,国务院食品药品监督管理、质量监督等部门应当依据各自职责立即向社会公告,告知消费者停止食用或者使用,并采取相应措施,确保该食品、食品添加剂、食品相关产品停止生产经营;需要制定、修订相关食品安全国家标准的,国务院卫生行政部门应当会同国务院食品药品监督管理部门立即制定、修订。

第二十二条　食品安全风险警示

国务院食品药品监督管理部门应当会同国务院有关部门,根据食品安全风险评估结果、食品安全监督管理信息,对食品安全状况进行综合分析。对经综合分析表明可能具有较高程度安全风险的食品,国务院食品药品监督管理部门应当及时提出食品安全风险警示,并向社会公布。

第二十三条　食品安全风险交流

县级以上人民政府食品药品监督管理部门和其他有关部门、食品安全风险评估专家委员会及其技术机构,应当按照科学、客观、及时、公开的原则,组织食品生产经营者、食品检验机构、认证机构、食品行业协会、消费者协会以及新闻媒体等,就食品安全风险评估信息和食品安全监督管理信息进行交流沟通。

**(二)食品风险评估的定义和组成**

1.食品安全风险评估

食品安全风险评估,是指对食品、食品添加剂、食品中生物性、化学性和物理性危害因素对人体健康可能造成的不良影响所进行的科学评估,具体包括危害识别(hazard identification)、危害特征描述(hazard characterization)、暴露评估

（exposure assessment）、危险性特征描述（risk characterization）四个阶段。

（1）危害识别。

国际食品法典委员会（CAC）将其定义为确定食品中可能存在的对人体健康造成不良影响的生物性、化学性或物理性因素的过程。是危险性评估的定性阶段，在食物危险性评估中，这一阶段的主要任务是根据已知的毒理学资料确定某种食源性因素是否对健康有不良影响，该影响的性质和特点以及其在何条件下可能表现出来。用于危害识别的资料主要有四类，即理论分析（如化学物的构效关系等）资料、体外试验资料、动物体内试验资料和人群流行病学资料。

（2）危害特征描述。

危害特征描述，是对某种因素对人体可能造成的危害予以定性或者对其予以量化。可用于危险性评估的人类资料往往有限，常要用到动物试验的资料。需要有从高剂量向低剂量外推及从动物毒性资料向人的危险性外推的方法，这也构成了危害特征描述的主要方面。剂量—反应关系评定又可分为有阈值化学物的剂量—反应关系评定和无阈值化学物的剂量—反应关系评定。

（3）暴露评估。

是通过膳食调查，确定危害以何种途径进入人体，同时计算出人体对各种食物的安全摄入量究竟是多少。在食物危险性评估中，这一阶段的主要任务是对人群暴露于食源性危害的量进行评估。

（4）危险性特征描述。

风险特征描述是综合危害识别、危害描述和暴露评估的结果，总结某种危害因素对人体产生不良影响的程度。在食物危险性评估中，这一阶段的主要任务是将危害识别、危害特征描述和暴露评估中收集到的证据、理由和结论进行综合考虑，并估计假设某物质被特殊机体或人群食用后发生不良作用的可能性和严重性，包括伴随的不确定性。

食品的危险性评估是一个科学技术过程，往往是由科学家完成的。对食源性危害的毒理学资料、人群暴露水平等相关资料进行综合分析，并选用适当的模型对资料进行整合和推导，从而对人群暴露于食源性危害的危险性做出科学的评价。危险性评估的结果可以是定量的，即用数量表示危险性，也可以是定性的。

2. 风险管理

风险管理就是根据风险评估的结果，选择和实施适当的管理措施，尽可能有效地控制食品风险，从而保障公众健康。风险管理可以分为四个部分：风险评价、风险管理的选择评价、执行风险管理决定、监控和回顾。

（1）风险评价：确认食品安全性问题，描述风险概况，就风险评估和风险管理的优先性对危害进行排序，为进行风险评估制定风险评估政策，进行风险评估，风险评估结果的审议。

（2）风险管理的选择评价：确定现有的管理选项，选择最佳的管理选项（包括考虑一个合适的安全标准），最终的管理决定。

（3）监控和回顾：对实施措施的有效性进行评估，在必要时对风险管理和/或评估进行回顾。

为了做出风险管理决定，风险评价过程的结果应当与现有风险管理选项的评价相结合。保护人体健康应当是首先考虑的因素，同时可适当考虑如经济费用、效益、技术可行性、对风险的认知程度等因素，可以进行费用效益分析。执行管理决定之后，应当对控制措施的有效性以及对暴露消费者人群的风险的影响进行监控，以确保食品安全目标的实现。

3. 风险交流

风险交流就是在风险评估人员、风险管理人员、消费者和其他有关的团体之间就与风险有关的信息和意见进行相互交流。风险交流的对象可以包括国际组织（CAC、FAO、WHO 以及 WTO 等）、政府机构、企业、消费者和消费者组织、学术界和研究机构以及大众传播媒介（媒体）。进行有效的风险交流应该包括：风险的性质、利益的性质、风险评估的不确定性、风险管理的选择四个方面的要素。

（1）风险的性质：危害的特征和重要性，风险的大小和严重程度，情况的紧迫性，风险的变化趋势，危害暴露量的可能性，暴露量的分布，能够构成显著风险的暴露量，风险人群的性质和规模，最高风险人群。

（2）利益的性质：与每种风险有关的实际或者预期利益，受益者和受益方式，风险和利益的平衡点，利益的大小和重要性，所有受影响人群的全部利益。

（3）风险评估的不确定性：评估风险的方法，每种不确定性的重要性，所得资料的缺点或不准确度，估计所依据的假设，估计对假设变化的敏感度，有关风险管理决定估计变化的效果。

（4）风险管理的选择：控制或管理风险的行动，可能减少个人风险的个人行动，选择一个特定风险管理选项的理由，特定选择的有效性，特定选择的利益，风险管理的费用和来源，执行风险管理选择后仍然存在的风险。

需要指出的是，在进行一个风险分析的实际项目时，并非风险分析的风险评估、风险管理和风险情况交流三个部分的所有具体步骤都必须包括在内,但是某些步骤的省略必须建立在合理的前提之上,而且整个风险分析的总体框架结构应当是完整的。

**(三)风险分析在国际上的应用现状**

1. 世界贸易组织(World Trade Organization,WTO)

WTO 十分重视保护人类健康,WTO 已经注意到在"保护健康"的理由下极易成为贸易技术壁垒。为了避免和消除卫生措施成为贸易技术壁垒,缔约方达成了《技术性贸易壁垒协定》(technical barriers to trade,简称 TBT 协定)和《卫生和植物卫生措施协定》(sanitary and phytosanitary measure,简称 SPS 协定)。《SPS 协定》的相关条款:

(1)依据国际组织制定的"危险性评估"标准方法来制定。

(2)考虑:已有的科学资料;有关的加工和生产方法;有关的监督、采样和检测方法;某一疾病或虫害的流行情况;有关的生态和环境状况以及关于检疫和其他措施的信息。

(3)要考虑有关的经济因素。

(4)考虑减少对贸易造成的负面影响。

(5)避免提出主观的和不合理的健康保护水平,减少歧视性的或潜在的贸易限制。

(6)考虑了技术和经济上的可能性,并保证所采取的措施在满足适宜的保护水平时,没有对贸易造成更多的限制。

(7)当某个成员国掌握的科学资料不够充分时,临时性地采取某些卫生和植物卫生措施。并在一定时期内进行重新审核。

(8)采取这些措施的成员国就要根据对方的要求提供采取这些卫生和植物卫生措施的理由。

2. 食品法典委员会(Codex Alimentarius Commission,CAC)

CAC 通过的相关文件:《在食品法典工作框架内应用危险性分析的工作原则》(2003 年 6 月)、《微生物危险性评估的一般原则》(CAC/GL 30—1999)、一般原则委员会(Codex Committee On General Principles,CCGP)正在研究制定适合于各国政府及相关机构开展危险性评估工作所依据的原则性文件。

# 第三节　食品毒理学与安全性评价

## 一、食品安全性毒理学评价

### (一)食品毒理学

食品毒理学是借用基础毒理学的基本原理和方法,研究食品中外源化学物的性质、来源与形成,以及它们的不良作用与机制,并确定这些物质的安全限量和评定食品的安全性的科学。食品毒理学是毒理学的基础知识和研究方法在食品科学中的应用,研究食品中有毒有害物质的性质、来源及对人体损害的作用与机制,评价其安全性并确定这些物质的安全限量以及提出预防管理措施,是现代食品卫生学的一个重要组成部分。

食品毒理学研究内容主要包括以下几个方面。

(1)食品中外源化学物的性质、来源和分类。理化性质包括溶解度、解离度、旋光度等。食品中外源化学物根据其来源分为天然物、衍生物、污染物和添加剂等四大类。天然物是动、植物本身固有的;衍生物是食物在贮藏和加工烹调过程中产生的;污染物和添加剂都属于外来的。

(2)食品中的外源化学物与机体相互作用的一般规律。包括外源化学物进入机体的途径、机体对外源化学物的处置(吸收、分布、代谢、排泄)、外源化学物对机体的毒性作用和机制、毒性作用的影响因素等。

(3)食品中的外源化学物在体内的代谢过程、对机体的损害机理。研究各种有代表性的主要外源化学物(如动植物食品中天然毒素、生物毒素、食品工业中的污染物、农药残留、食品添加剂、食品加工过程中的有毒产物)在机体的代谢过程和对机体毒性危害及其机理。

(4)食品中的外源化学物安全性毒理学评价程序和方法。

与食品毒理学相关的国家标准有:《食品安全国家标准 食品安全性毒理学评价程序》(GB 15193.1—2014)、《食品安全国家标准 食品毒理学实验室操作规范》(GB 15193.2—2014)、《食品安全国家标准 食品安全性毒理学评价中病理学检查技术要求》(GB 15193.24—2014)、《实验室质量控制规范 食品毒理学检测》(GB/T 27406—2008)、《饲料毒理学评价 亚急性毒性试验》(GB/T 23179—2008)、《消毒剂安全性毒理学评价程序和方法》(GB/T 38496—2020)、《食品安全国家标准 急性经口毒性试验》(GB 15193.3—2014)、《食品安全国家标准 食品中二噁英及其类似物毒性当量的测定》(GB 5009.205—2013)、《食品安全国家标准 90 天经口毒性试验》(GB 15193.13—2015)、《食品安全国家标准 28 天经口毒性试验》(GB 15193.22—2014)、《食品安全国家标准 慢性毒性试验》(GB 15193.26—2015)、《食品安全国家标准 生殖发育毒性试验》(GB 15193.25—2014)、《食品安全国家标准 生殖毒性试验》(GB 15193.15—2015)、《食品安全国家标准 慢性毒性和致癌合并试验》(GB 15193.17—2015)等。

**（二）毒理分析的框架**

（1）外源化学物在体内的生物转运（主动转运、被动转运、膜动转运）、致癌作用。

（2）化学毒物的生物转化、一般毒性、生殖毒性、致突变作用、免疫毒性。

（3）毒作用机制：化学物质进入机体后，与靶部位或者关键性的生物大分子作用，引起各种结构和功能异常，当超过机体的解毒功能、修复功能和适应能力时，就出现毒性作用，化学物质对机体的损害作用主要取决于化学物质与机体的接触途径、与靶分子的相互作用和机体对损害作用的反应。包括化学物质对生物膜的损害作用、体内生物大分子氧化损伤、化学毒物与细胞大分子的共价结合。

（4）影响毒性作用的因素：①毒物因素；②环境因素：许多环境因素可影响外源化学物的毒性作用，如气温、气压、昼夜或季节节律及其他物理因素（如噪声）、化学因素（联合作用）等；③机体因素：机体对环境化学物的感受性和耐受性，与其种属、年龄、性别、营养和健康状况等有关。

**（三）毒理学安全性评价程序**

1. 适用范围

食品毒理学安全性评价是根据一定的程序对食品所含有的某种外来化合物进行毒性实验和人群调查，确定其卫生标准，并依此标准对含有这些外来化合物的食品做出能否商业化的判断过程。根据我国卫生部于 1994 年颁布的《食品安全性毒理学评价程序》标准（GB 15193.1—1994），食品毒理学安全性评价程序适用于评价食品生产、加工、保藏、运输和销售过程中使用的化学和生物物质以及在这些生产过程中产生和污染的有害物质、食物新资源及其成分和新资源食品，也适用于食品中的其他有害物质。

2. 对受试物的要求

（1）提供受试物（必要时包括杂质）的物理、化学性质（包括化学结构、纯度、稳定性等）。

（2）受试物必须是符合既定的生产工艺和配方的规格化产品，其纯度应与实际应用的相同，在需要检测高纯度受试物及其可能存在的杂质的毒性或进行特殊试验时可选用纯品，或以纯品及杂质分别进行毒性检测。

3. 四个阶段内容及选用原则

（1）食品毒理学安全性评价试验的四个阶段内容。

第一阶段：急性毒性试验。经口急性毒性，$LD_{50}$联合急性毒性；

第二阶段：遗传毒性试验（致突变试验）、传统致畸试验、短期喂养试验；

第三阶段：亚慢性毒性试验——90d喂养试验、繁殖试验、代谢试验；

第四阶段：慢性毒性试验（包括致癌试验）。

（2）对不同受试物选择毒性试验的原则。

1）凡属我国创新的物质一般要求进行全部四个阶段的试验，特别是对其中化学结构提示有慢性毒性、遗传毒性或致癌性可能者或产量大、使用范围广、摄入机会多者，必须进行全部四个阶段的毒性试验。

2）凡属与已知物质（指经过安全性评价并允许使用者）化学结构基本相同的衍生物或类似物，则根据第一、第二、第三阶段毒性试验结果判断是否需进行第四阶段的毒性实验。

3）凡属已知的化合物质，世界卫生组织已公布每日容许摄入量者，同时申请单位又有资料证明我国产品的质量规格与国外产品一致，则可先进行第一、第二阶段毒性试验，如果试验结果与国外产品的结果一致，一般不要求进行进一步的毒性试验，否则应进行第三阶段毒性实验。

4）农药、食品添加剂、食品新资源和新资源食品、辐照食品、食品工具及设备用清洁消毒剂的安全毒理学评价试验的选择原则。

①农药。按卫生部和农业农村部颁发的《农药毒理学安全性评价程序》进行。

②食品添加剂。a. 香料。鉴于食品中使用的香料品种很多，化学结构很不相同，而用量却很少，在评价时可参考国际组织和国外的资料和规定，分别决定需要进行的试验。b. 其他食品添加剂。凡属毒理学资料比较完整，世界卫生组织已公布每日容许摄入量者或不需规定日许量者，要求进行急性毒性试验和一项致突变试验；凡属有一个国际组织或国家批准使用，但世界卫生组织未公布每日容许摄量，或资料不完整者，在进行第一、第二阶段毒性试验后做初步评价，以决定是否需进行进一步的毒性试验；对于由天然植物制取的单一组分，高纯度的添加剂，凡属新品种需先进行第一、第二、第三阶段毒性试验，凡属国外已批准使

用的则需进行第一、第二阶段毒性试验。c. 进口食品添加剂。要求进口单位提供毒理学资料及出口国批准使用的资料,由省、自治区、直辖市一级食品卫生监督检验机构提出意见报卫生部食品卫生监督检验所审查后决定是否需要进行毒性试验。

③食品新资源和新资源食品。食品新资源及其食品原则上应进行第一、第二、第三个阶段毒性试验,以及必要的人群流行病学调查,必要时应进行第四阶段试验。

④辐照食品。按《辐照食品卫生管理办法》要求提供毒理学试验资料。

**(四)食品毒理学安全性评价试验**

1. 毒理学评价试验目的

(1)急性毒性试验:测定 $LD_{50}$,了解受试物的毒性强度、性质和可能的靶器官,为进一步进行毒性试验的剂量和毒性观察指标的选择提供依据,并根据 $LD_{50}$ 进行毒性分级。

(2)遗传毒性试验:对受试物的遗传毒性以及是否有潜在致癌作用进行筛选。

(3)致畸实验:了解受试物是否有致畸作用。

(4)30d 喂养试验:对只需进行第一、第二阶段毒性试验的受试物,在急性毒性试验的基础上,通过 30d 喂养试验,进一步了解其毒性作用,观察对生长发育的影响,并可初步估计最大未观察到有害作用剂量。

(5)亚慢性毒性试验:包括 90d 喂养试验,繁殖试验。观察受试物以不同剂量水平经长期喂养后对动物的毒性作用性质和作用的靶器官,了解受试物对动物繁殖及对子代的发育毒性,观察对生长发育的影响,并初步确定最大未观察到有害作用剂量和致癌的可能性;为慢性毒性和致癌试验的剂量选择提供依据。

(6)代谢试验:了解受试物在体内的吸收、分布和排泄速度以及蓄积性,寻找可能的靶器官;为选择慢性毒性试验的合适动物种、系提供依据;了解代谢产物的形成情况。

(7)慢性毒性试验和致癌试验:了解长期接触受试物后出现的毒性作用以及致癌作用;最后确定最大未观察到有害作用剂量,为受试物能否应用于食品的最终评价提供依据。

2. 毒理学评价试验前的准备

(1)收集掌握受试化合物的基本情况。

①掌握该化合物的有关基础数据。a. 化学结构式,有时可根据化合物结构

对其毒性做出初步估计,如国内外一些学者运用量子力学原理,提出几种致癌活性与化学结构关系的理论,推算多环芳烃等化合物的致癌活性。b.组成成分和杂质,化合物,特别对于低毒化合物,在动物实验中会因其中含有杂质而增加其毒性。c.理化常数,如相对密度、沸点、熔点、水溶性或脂溶性、蒸气压等。d.定量测定方法等;②了解该化合物生产过程中所用的原料和中间体;③了解该化合物应用情况及用量,包括人体接触化合物的途径,化合物所产生的社会效益、经济效益、人群健康效益等,这些将为毒性试验的设计和对试验结果进行综合评价及采取生产使用的安全措施提供参考。作为毒性试验的样品,应是实际生产使用的或人类实际接触的产品。

(2)选择实验动物。

我国将实验动物分为无菌动物(以无菌技术获得,用现有的方法检不出任何微生物的动物)、无特定病原体动物(不带有指定性的致病性微生物和寄生虫的动物,即 SPF 动物)、清洁级动物(原种群为屏蔽系统中的 SPF 动物,饲养在屏蔽系统或温湿度恒定的普通设施中,其体内不带有人畜共患的传染病病原体的动物)和普通级动物(微生物、寄生虫带有情况不明确,但不能带有人畜共患的和致动物烈性传染病的病原体的动物)。毒理学试验中使用的动物,国家颁布了规范化的管理标准,规定必须使用经权威部门认证合格的试验动物。一般而言,至少应选择清洁级动物。要考虑:①实验动物的种属;②实验动物的性别、年龄与数量;③选择受试物的给予方式和途径:受试物与机体接触的途径主要有经口、经皮、经呼吸道三种。人在日常生活中接触食品的主要途径为经口,常用的受试物给予方法为经口方法,主要有以下 3 种方式:灌胃、饲喂、吞咽胶囊。

## 二、保健食品安全性毒理学评价

保健食品是指不以治疗疾病为目的,具有特定保健功能或者以补充维生素、矿物质为目的的食品,适宜于特定人群食用,具有调节机体功能,对人体不产生任何急性、亚急性或者慢性危害。不同国家对保健食品的称谓不同:美国称营养增补剂,日本称功能性食品,欧盟称健康食品。保健食品按照食用目的分为两类:一类是以调节人体机能为目的的功能类品;另一类是以补充维生素、矿物质为目的的营养素补充剂类产品。

保健食品具有食品和功能双重属性。首先,保健食品必须是食品,符合普通食品的基本要求,对人体不产生任何急性、亚急性或慢性危害;其次,保健食品应有特定的保健功能,可满足部分特定人群的特殊生理功能的调节需要,保健食品应通过科学实验(功效成分定性、定量分析,动物或人群功能试验),证实确有有效的功效成分和有明显、稳定的调节人体机能机体的作用。所以,保健食品不是药品,不能以治疗疾病为目的,不能取代药物对病人的治疗作用。《食品安全法》规定,国家对声称具有特定保健功能的食品实行严格监管。

目前,我国保健食品原料的安全性是建立在长期食用、药用经验基础上,缺少系统全面的毒理学研究资料,尤其是改变了传统食用方式的产品。在注重对保健食品原料的安全评估时需要考虑"三致"(致癌、致畸、致突变)问题和慢性毒性。应该对配伍的模式进行毒性研究,加强原料中有害成分的鉴定与毒性研究,权衡与判定其有益与有害作用。但目前我国缺乏对保健食品原料成分安全性评价的方法体系,因此保健食品主要原料的安全性已成为十分重要的食品安全问题。对于保健食品安全性毒理学评价,应遵循《食品安全国家标准 保健食品》(GB 16740—2014)和《保健食品良好生产规范》(GB 17405—1998),由评价程序和评价方法两部分组成。

1. 评价程序

保健食品安全性毒理学评价程序规定了毒理学评价的统一规程。主要内容包括对受试物的要求、对受试物处理的要求、保健食品安全性毒理学评价试验的四个阶段和内容、不同保健食品选择毒性试验的原则要求、保健食品安全性毒理学评价试验的目的和结果判定、保健食品安全性毒理学评价时应考虑的问题等。

保健食品安全性毒理学评价时,要求对受试物进行不同的试验时应针对试验的特点和受试物的理化性质进行相应的样品处理,针对不同情况采取不同的处理方法。

2. 评价方法

保健食品安全性毒理学评价方法规定了安全性毒理学评价试验的项目和方法。评价试验的项目包括急性毒性试验,鼠伤寒沙门菌/哺乳动物微粒体酶试验,骨髓微核试验,哺乳动物骨髓细胞染色体畸变试验,小鼠精子畸变试验,小鼠睾丸染色体畸变试验,显性致死试验,非程序性 DNA 合成试验,果蝇伴性隐性致死试验,体外哺乳类细胞基因突变试验,TK 基因突变试验,30d 和 90d 喂养试验,致畸试验,繁殖试验,代谢试验,慢性毒性和致癌试验,每日容许摄入量(ADI)的制定,致突变物、致畸物和致癌物的处理方法等。

现代毒理学研究认为,传统的毒理学安全评价指标有一定局限性,保健食品含有功效成分,采用一套方法难以评价结构和功能不同的物质,应引入个案评估的原则,了解其作用的机制将有助于安全评价。

### 三、新资源食品安全性毒理学评价

新资源食品是指在中国新研制、新发现、新引进的无食用习惯的,符合食品基本要求,对人体无毒无害的物品,如叶黄素酯、嗜酸乳杆菌等。《新资源食品管理办法》规定新资源食品具有以下特点:①在我国无食用习惯的动物、植物和微生物;②从动物、植物、微生物中分离的在我国无食用习惯的食品原料;③在食品加工过程中使用的微生物新品种;④因采用新工艺生产导致原有成分或者结构发生改变的食品原料。新资源食品对人体不得产生任何急性、亚急性、慢性或其他潜在性健康危害,应符合2013年实施的《新食品原料安全性审查管理办法》。

1. 微生物来源的新资源食品的安全性

(1)单细胞蛋白(single cell protein,SCP):即细菌、真菌和某些低等藻类生物在其生长过程中胡造的丰富的微生物菌体蛋白,是一种工业上生产并用于人类食品或动物饲料的菌体蛋白,菌的病原性、感染性、遗传毒性等均需要经过长期而充分的评价。

(2)微生物油脂(microbial oil):通常微生物细胞含有2%~3%的油脂,称为单细胞油脂(single cell oil,SCO)。有些菌类(如分枝杆菌、棒状菌、诺卡氏菌等)存在潜在的有毒物质,必须保证利用它们批量生产单细胞油脂的安全性。

2. 食品工业用菌种的安全性

食品工业用菌种的安全性关系到消费者的生命安全。食品工业用菌的安全性评价应包括两方面内容:①菌种本身对人和动物有无致病性;②是否产生对人和动物健康造成危害的有毒代谢产物或活性物质。二者缺一不可。

食品工业用微生物酶制剂也存在安全问题。酶制剂常含有培养基残留物、无机盐、防腐剂、稀释剂等;在生产过程中还可能受到沙门菌、金黄色葡萄球菌等的污染;酶制剂还可能含有生物毒素;培养基中添加无机盐时可能混入汞、铜、铅、砷等有毒元素,也会给酶制剂产品的安全性带来隐患。另外,通过基因重组等高新技术改造的基因工程菌种,虽开拓了酶制剂的发展空间,但由于这项技术及其应用尚未十分完善,对菌种的安全性评价问题尚待解决,酶制剂产品使用的安全性也无法在短期内确证。所以,利用基因重组甚至转基因技术改造菌种生产酶制剂时,要充分评价该技术的安全性和可靠性,由此而产生的对人体健康的影响也要经过长期的考察。

3. 新资源食品安全性毒理学评价

《食品安全法》第四版对新资源食品的安全性评价有明确的规定。利用新的食品原料生产食品,或者生产食品添加剂新品种、食品相关产品新品种,应当向国务院卫生行政部门提交相关产品的安全性评估材料。

毒理学试验是评价新资源食品安全性的必要条件,根据申报新资源食品在国内外安全食用历史和各个国家的批准应用情况,并综合分析产品的来源、成分、食用人群和食用量等特点,开展不同的毒理学试验,新资源食品在人体可能摄入量下对健康不应产生急性、慢性或其他潜在的健康危害。

(1)国内外均无食用历史的动物、植物和从动物、植物及其微生物分离的以及新工艺生产的导致原有成分或结构发生改变的食品原料,原则上应当评价急性经口毒性试验、三项致突变试验(Ames试验、小鼠骨髓细胞微核试验和小鼠精子畸形试验或睾丸染色体畸变试验)、90d经口毒性试验、致畸试验和繁殖毒性试验、慢性毒性和致癌试验及代谢试验。

(2)仅在国外个别国家或国内局部地区有食用历史的动物、植物和从动物、植物及其微生物分离的以及新工艺生产的导致原有成分或结构发生改变的食品原料,原则上评价急性经口毒性试验、三项致突变试验、90d经口毒性试验、致畸试验和繁殖毒性试验;但若根据有关文献资料及成分分析,未发现有毒性作用和有较大数量人群长期食用历史而未发现有害作用的新资源食品,可以先评价急性经口毒性试验、三项致突变试验、90d经口毒性试验和致畸试验。

(3)已在多个国家批准广泛使用的动物、植物和从动物、植物及微生物分离的以及新工艺生产的导致原有成分或结构发生改变的食品原料,在提供安全性评价资料的基础上,原则上评价急性经口毒性试验、三项致突变试验、30d经口毒性试验。

(4)国内外均无食用历史且直接供人食用的微生物,应评价急性经口毒性试验/致病性试验、三项致突变试验、90d经口毒性试验、致畸试验和繁殖毒性试验。仅在国外个别国家或国内局部地区有食用历史的微生物,应进行急性经口毒性试验/致病性试验、三项致突变性试验、90d经口毒性试验;已在多个国家批准食用的微生物,可进行急性经口毒性试验/致病性试验、三项致突变试验。作为新资源食品申报的细菌应进行耐药性试验。申报微生物为新资源食品的,应当依据其是否属于产毒菌属而进行产毒能力试验。大型真菌的毒理学试验按照植物类新资源食品进行。

(5)根据新资源食品可能潜在的危害,必要时选择其他敏感试验或敏感指标进行毒理学试验评价,或者根据新资源食品评估委员会评审结论,验证或补充毒理学试验进行评价。

(6)毒理学试验方法和结果判定原则按照《食品安全国家标准 食品安全性

毒理学评价程序》(GB 15193.1—2014)的规定进行。

(7)进口新资源食品可提供在国外符合良好实验室规范(GLP)的毒理学实验室进行的该新资源食品的毒理学试验报告,根据新资源食品评估委员会评审结论,验证或补充毒理学试验资料。

### 四、辐照食品安全性毒理学评价

目前,对辐照食品的毒理学安全性评价是从化学毒理学、动物毒性和人体临床三个方面开展研究的。

(1)化学毒理学研究。

辐照食物含有多种化合物,其中以2-烷基环丁酮和呋喃的安全性最令人关注。2-烷基环丁酮只在经辐照的含脂肪食物中存在,以其他食物加工方式处理的非辐照食物则检测不到。

(2)动物毒性研究。

自20世纪50年代以来,食用辐照食物可能产生的毒性影响一直被广泛研究。为了进行辐照食物的毒理学安全性评价,研究机构把不同的实验膳食和食物成分给人和多种动物(包括大鼠、小鼠、狗、鹌鹑、仓鼠、鸡、猪和猴子)进食做喂饲测试。

动物喂饲试验包括对动物进行终生和多代的研究,以确定动物是否会因进食不同种类的辐照食物而出现生长、血液化学、组织病理学或生殖方面的变化。由FAO/IAEA/WHO共同组成的辐照食物卫生安全联合专家委员会评估过多项研究数据后,于1980年得出结论:"用低于10kGy以下剂量辐照处理的任何食品,不会引起毒理学上的危害,因此用这样的剂量所照射的食品不再需要做毒理学测试。"近年来,对辐照消毒的膳食进行的试验研究也证实,辐照食物是安全的。以辐照剂量介于25~50kGy(远高于辐照人类膳食所用的剂量)的食物饲喂数代试验动物,这些动物的身体并没有因进食辐照食物而出现基因突变、畸形及肿瘤等症状。由于受多种复杂因素的影响,目前从人体临床研究方面对辐照食品的毒理学安全性评价所做的工作相对较少。

### 五、纳米食品安全性毒理学评价

纳米食品是指在食品生产、加工或包装过程中采用纳米技术手段或工具的食品,即采用纳米技术手段改变食品及相关产品的质量、结构、质地等,改变食品的性状或特性,改善食品风味和营养,大大提高食品的生物利用率,再通过一些传输方式的改进,食品包装的改善,延长食品货架期。

目前我国纳米技术在食品工业中的运用还处于初级阶段,但是已渗透到食品工业中的诸多领域,其中以纳米食品和纳米保鲜技术尤为突出。纳米技术在食品领域的研究开发将给整个食品行业带来新的挑战和机遇。

现今在食品工业中采用的纳米技术主要有超微粉碎法、高压均质法、喷雾干燥法、脂质体包埋法、溶剂挥发法、微乳化技术、纳米胶囊制备技术、纳滤膜分离技术、纳米催化剂技术、纳米微粒制备技术、纳米化食品营养成分和食品添加剂等。目前市面上以商品形式出现的有钙、硒等矿物质制剂,添加营养素的钙奶与豆奶,维生素制剂等各种纳米功能食品。

纳米技术加工处理的食品在带来新的特性和活性的同时也伴随着安全隐患。纳米颗粒极其微小,容易被人体消化吸收,进入人体血液和各个组织器官。虽然化学组分未发生变化,但由于比表面积增大,表面结合力和化学活性增加,使其在机体内的生物活性、靶器官和暴露途径发生改变,从而产生的生物效应会被放大,这使得纳米颗粒对人体健康存在潜在危害,同时,粒径减小使得食品原料自身所带的毒素、残留农药和重金属成分更易被吸收,增加了纳米技术在食品工业中应用的风险。一般来说,纳米颗粒的毒副作用与其颗粒的尺寸大小密切相关。随着纳米技术在食品工业中应用的不断深入扩大,这就急切地需要一些实际可行的安全风险评估方案。

然而,纳米食品的安全性评价和危险度评估在技术上,如理化特性的鉴定、剂量标准、暴露评估、试验方案等还存在很多问题。2009年2月,欧盟食品安全局(EFSA)对纳米技术在食品和饲料中应用的安全隐患讨论研究报告中指出,有限的信息提供造成了纳米材料风险评估的不确定性,对于纳米材料在食品或生物组织中的理化特性以及毒物代谢动力学、毒理学的分析检测信息极度缺乏,研究人员无法指定一套有效、完整的评估方案。纳米颗粒危害鉴定需要建立健康指导值,例如,每日可接受摄入量、最高摄入量、适宜摄入量等,这需要以动物毒理学研究数据资料为基础,而其关键效应的无可见有害作用水平或基准剂量形成风险评估的起始点。在确定指导值时,应特别考虑纳米传导系统中生物活性物质(纳米尺度生物活性物质)生物利用率的增加。

## 六、转基因食品安全性毒理学评价

判断转基因食品与现有食品是否为实质等同,对于关键营养素、毒素及其他成分应进行重点比较。若受体生物具有潜在毒性,还应检测其毒素成分有无变化,插入基因是否导致毒素含量的增加或产生了新的毒素。

保证转基因食品的安全性,需要对外源基因表达蛋白进行毒性测验,检测指标有利用生物信息学对已知毒性蛋白进行核酸和蛋白质氨基酸序列的同源性比较,在加热和胃肠道中外源基因表达产物的稳定性,以及急性经口毒性试验。对于全食品的毒理学检测,需进行动物喂养试验。包括急性毒性试验、亚慢性毒性试验、慢性毒性试验、代谢试验等来判断转基因食品的安全性。此外,为确保评价的准确性,评价时还应考虑人的摄入量、安全系数(由动物、人的种属和个体差异决定)、体外模拟人的代谢系统和志愿者的参与得到的数据等。在玉米中插入产生苏云金芽孢杆菌(Bt)杀虫毒素蛋白 Bt 基因的转基因 Bt 玉米,该转基因玉米除含有 Bt 杀虫蛋白外,与传统玉米在营养物质含量等方面具有实质等同性。目前已有实验证明,Bt 蛋白质对少数目标昆虫有毒,对人畜绝对安全。

# 第十二章　食品安全质量管理

## 第一节　原料生产过程的安全质量保证

食品原料的质量安全是食品质量安全的前提,农业生产是食品产业的基础和源头,农产品的质量安全水平不仅直接对消费者的健康产生影响,而且还影响后续加工产品的安全程度,因此农产品是整个食品安全管理链条的关键。必须把终端管理和全程控制结合起来,把最终产品管理和生产体系管理结合为一个整体才是农产品安全管理的最佳选择。

### 一、农产品原料对食品安全的影响

农产品(包括畜牧、渔、林等产品)污染主要来自三大部分:即农用化学物质、环境污染物质以及加工污染物质。另外,由于近年来食品原料中转基因产品和各种新的天然食品原料增加较快,因此影响农产品原料的安全还包括转基因产品和天然毒素等。

1. 农用化学物

农用化学物主要包括农药、兽药、渔药、化肥以及各种生长激素与抗生素等。目前我国农产品与畜牧产品的源头污染严重,如农药兽药残留、抗生素激素残留、微生物污染、天然毒素、转基因产品等,其中影响与危害最大的是农药残留。农药残留对食品安全构成的威胁就是农药残留超标。

2. 转基因农产品

虽然转基因农产品产量高、营养丰富和抗病能力强,但转基因食品是否安全一直存在非常大的争议。目前,国际上对转基因食品安全主要进行个案评估。美国对转基因食品较为宽松些,而欧盟、日本等世界上大多数地区与国家比较谨慎。我国对转基因问题一直持谨慎态度。转基因食品可能的危害有过敏原、毒素和抗营养因子。

3. 天然毒素

天然存在的有毒物质主要来自食品中微生物污染物以及农作物本身产生的毒素;主要包括由霉菌和细菌产生的毒素以及部分食源性植物带有的毒素。常见的有:①蕈类毒素;②黄曲霉毒素;③其他植物毒素。例如,生的扁豆(包括芸豆、菜豆等)中含有一种称之为红细胞凝集素的蛋白质,具有凝血作用,对胃肠黏膜有强烈的刺激作用,人食用后会出现中毒现象;鲜黄花菜中含有的秋水仙碱;马铃薯中的龙葵素。

## 二、农产品生产环境与食品安全

### 1. 生产环境对食品安全的影响

环境污染物进入食品的主要途径有:①食源性动植物从环境中吸收;②由于工业事故而导致农产品的直接污染;③食品包装物中的有害物质迁移到食物中。天然的动植物食品原料很少含有有害物质,但在这些动物、植物的生长过程中,环境污染物质会进入或积累在食源性动植物体内。产地环境污染主要表现为大气污染、水体污染和土壤污染。大气污染主要包括氟化物污染、重金属飘尘、酸雨和沥青等。水体污染主要包括无机有毒物(如各类重金属、氰化物、氟化物等)、有机有毒物(如苯酚、多环芳烃、多氯联苯等)和各种病原体(如生活污水、医院污水和畜禽污水中含有的病毒、细菌和寄生虫等)。土壤污染主要包括农用化学品及工业与生活废弃物污染等。

### 2. 产地环境的监测与选择

农产品的质量安全是所有食品安全的基础。为保证农产品生产环境的安全,防止污染物对作物及生态环境的危害,国家已制定了相应的土壤、水和大气的环境标准。建立严格与完整的产地环境检测网络,严格控制各类污染物的排放,加强对产地环境的监测,有助于从源头上确保食品安全。如何选择生态环境无污染的农产品生产基地,保障农产品生产的安全性,其依据是环境质量评价。但是,在农产品生产基地环境质量评价的指标、标准和方法上还有待逐步完善。

(1)评价标准:具体指标采用国家《环境空气质量标准》(GB 3095—2012),《农田灌溉水质标准》(GB 5084—2021)和《土壤环境质量 农用地土壤污染风险管控标准(试行)》(GB 15618—2018)等。对大气、农田灌溉水和土壤样品指标进行评价,并以综合评价指数分级表对评价结果进行分级,使分级结果在全国范围内具有可比性。

(2)评价方法:农产品生产基地环境质量的评价,可采用单项污染指数和综合污染指数相结合的方法。如果单项污染指数中有重点污染指标超标,即可判定该地不符合农产品生产基地环境质量标准,不再进行综合污染指标评价;反之,继续进行综合污染指数评价。

另外,监测点的布设应该具有代表性和准确性。必须对生产区域内的土壤、大气和灌溉用水体系中最有可能对产地环境造成污染的方位、水源(系)进行实地重点调查、采样和检测。

(3)具体要求:①农田土壤环境质量评价;②农田灌溉水环境质量评价;③大气环境质量评价。

在无公害农产品、绿色食品与有机食品产地环境条件的要求中,大气环境、农田灌溉用水和土壤环境综合污染评价指数均达到相应标准中的一级标准。此外,还应该严格控制污染企业和其他污染源,加强对生活污水和畜禽养殖污水的处理,采用科学施肥并尽可能用生态方法防治病虫害,保护农产品生产基地环境,确保农产品质量安全。目前,我国大多数无公害农产品生产基地环境质量评价中执行的标准并没有统一规范。今后应当健全全国或地方无公害农产品生产基地环境质量评价标准体系,更加严格地执行绿色食品与有机食品生产规范。

## 三、农产品原料安全的对策与方法

### (一)土壤、水体、大气污染的防治

我国对环境污染调查的结果显示,我国部分地区空气、灌溉水和饮用水源、土壤等污染严重。有机农药、多氯联苯、苯系物、苯酚类、重金属等在大气、水体、土壤环境中分别有检出。近年来,我国政府已意识到环境污染对农产品与食品安全的影响,对环境质重的监督管理方面日益重视,特别是提出了"可持续发展"和"永续发展"的许多新理念。如国家环保总局加强了有毒有害化学品的监督管理;农业农村部制定了《农药管理条例》和《农药管理条例实施办法》;国家经贸委颁布了《淘汰落后生产能力、工艺和产品目录》;筛选出些优先控制的污染物,在污水综合排放标准中增加了40项有毒有害化学品项目,在大气污染综合排放标准中增加了17项有机污染物等。各级政府加大对土壤、水体、大气污染的防治,应用包括污水处理、土壤疏松、病虫害综合防治、生物活性肥料等新技术;应用现代生物、材料及信息技术;改进灌溉技术,利用微灌、滴灌、雾灌控制土壤水分、肥力,改善小气候,降低污染物的水平,从而提高农产品质量安全,保护消费者健康。此外,在农产品生产过程中积极推广清洁生产技术,尽可能依靠有机肥、作物轮作、种植豆科作物并合理使用化肥,利用生物技术方法和物理方法控制作物病虫害,对农产品生产环境也大有帮助。

### (二)降低农兽药残留

农药由于存在对人类致癌、致畸、致突变等问题以及对生态环境的污染问

题,世界各国都在研究对高毒剧毒农药禁用和限用,同时大力开发低毒或无毒的生态农药的政策。尽管各国法律存在差别,应用法律的方式也有所不同,但越来越多的国家正在努力使农产品与食品中农药残留不断降低。我国今后在降低农药残留方面主要有以下几方面工作:①提高农药管理水平;②加快发展农药残留控制技术;③提高农药残留检测水平;④研究降低食品中农药残留的简易处理方法;⑤积极开展兽药残留控制技术;⑥积极推广可持续的生产技术。

# 第二节 食品加工过程的安全质量保证

## 一、良好农业规范(GAP)

### (一)GAP 定义及术语

1. GAP 定义

根据联合国粮农组织的定义,GAP 是 Good Agricultural Practices 的缩写,中文意思是"良好农业规范"。广义而言,是应用现有的知识来处理农场生产和生产后的过程环境、经济和社会可持续性,从而获得安全而健康的食物和非食用农产品。

2. GAP 相关术语

注册(registration):农业生产经营者向农业生产经营者组织进行登记;申请人在认证机构登记;政府要求的申请人的登记。

分包方(subcontractor):是与农业生产经营者或其组织签订合同以执行特定任务的组织或自然人。

缓冲带(buffer zone):靠近受控制区域的边缘,或在具有不同控制目标的两个区域之间的过渡地区。

农作物植保产品的风险分析(crop protection product risk analysis)包括下列内容:超出最高残留量(exceeding maximum residue limits);法律登记问题(legal registration issues);残留分析判定(residue analysis decision taking);残留分析决策的依据(reasons behind decision taking for residue analysis)。

综合作物管理(integrated crop management):是满足长期可持续发展要求的耕作体系,是根据环境条件,适应当地土壤、天气和经济条件,有力地管理产品的完整农田战略。可长期保持农田的自然状态。综合作物管理并非严格定义的产品生产形式,而是明智地利用和适应最新研究、技术、建议和经验的动态体系。

综合农田管理(integrated farm management):通过产品轮作、中耕,选择适宜产品种类和谨慎使用输入材料等综合措施,旨在平衡生产与经济和环境的耕作方法。

有害生物综合防治(integrated pest control):通过合理采用农业、物理、生物技术、化学等综合措施,将有害生物控制在经济危害水平以下,降低植保产品的最低使用量。

有害生物综合管理(integrated pest management):是谨慎考虑所有可用虫害控制技术及其随后适宜措施的组合,旨在防止虫害种群发展,控制杀虫剂和其他干预手段维持在适宜成本水平,并降低或将对人类健康和环境造成危害的风险减少到最小。

产品追踪(product tracking):产品在供应链的不同机构中传递时,其特定部分可被跟踪的能力。

产品追溯(product tracing):根据供应链前段的记录来确定供应链中特定个体或产品批次来源的能力。追溯产品的目的包括产品召回和顾客投诉调查等。

应激(stress):机体对不利条件或环境所产生的生理反应,如由于饥饿、疾病、妊娠、运输、不良气候、惊吓、陌生环境造成家畜精神和生理负担,能影响其代谢和生理健康及其生产性能。

动物福利(animal welfare):对待农场动物要在饲养、运输过程中给予良好的照顾,避免动物遭受惊吓、痛苦或伤害,宰杀时要用人道方式进行。

人道屠宰(humanism slaughter):采取快速的、与其他动物隔离的方式进行屠宰。

农场(farm):是一个具有同样的操作程序和管理措施的农业生产单元或农业生产单元的组合。

农业生产经营者(agricultural production operator):代表农场的自然人或法人,并对农场出售的产品负法律责任,如农户、农业企业。

农业生产经营者组织(organization of agricultural production operator):农业生产经营者联合体,该农业生产经营者联合体具有合法的组织结构、内部程序和内部控制,所有成员按照良好农业规范的要求注册,并形成清单,说明注册状况。农业生产经营者组织必须和每个注册农业生产经营者签署协议,并确定一个承担最终责任的管理代表,如农村集体经济组织、农民专业合作经济组织、农业企业加农户组织。

农产品处理(agricultural products processing):指归属农业生产经营者或农业

生产经营者组织收获后的大田作物、果蔬,在农场或离开农场进行的低风险的处理,如包装、贮藏、化学处理、修整、清洗,或使产品有可能和其他原料或物质有物理接触融的处理方法,运出农场;但不包括收获和从收获地到第一个贮藏或包装地的农场内运输及农产品加工。

### (二)GAP 起源和发展

1. 国际良好农业规范(GAP)由来和发展

近年来,随着农药、兽药、化肥、饲料添加剂等投入品在农牧业生产活动中的广泛使用,农产品质量安全问题、动物福利问题、环保问题日趋严重。良好农业规范在此背景下应运而生,其基本思想是通过建立规范的农业生产经营体系,关注食品安全、环境保护、动物福利和员工健康 4 个方面的要求,在保证农产品产量和质量安全的同时,更好地配置资源,寻求农业生产和环境保护之间平衡,实现农业的可持续发展。

(1)食品加工商和零售商的 GAP 标准。

1)EUREPGAP:1997 年欧洲零售商农产品工作组(EUREP)在零售商的倡导下提出了"良好农业规范(GAP)",简称为 EUREPGAP。这是欧洲零售商自发组织起来制定的农产品标准,通过第三方的检查认证和国际规则来协调农业生产者、加工者、分销商和零售商的生产、贮藏和管理,从根本上降低农业生产中食品安全的风险。

EUREPGAP 标准内容是以危害分析与过程控制点(类似 HACCP)形式规定相关的良好农业生产行为和条件,并充分赋予可持续发展和不断改进的新理念,避免农产品在生产过程中受到外来物质的严重污染和危害,充分体现与履行企业或组织的社会责任。

EUREPGAP 的基准体系也包括农产品生产框架下的有害物综合治理(IPM)和农作物综合管理(ICM)体系。2008 年 EUREPGAP 改为 GLOBALGAP,以适应全球对 GAP 认证的需求。

2)全球良好农业操作:GLOBALGAP 认证是全球良好农业操作认证,是在全球市场范围内作为良好农业操作规范的主要参考而建立的。GLOBALGAP 认证将消费者对于农产品的需求转化到农业种植中,并迅速在很多国家被认可。

GLOBALGAP 认证标准版本包含以下 5 个单元:①作物(包含新鲜水果和蔬菜标准、鲜花和观赏植物标准、大田作物标准、绿色咖啡标准、茶叶标准模块);②家畜家禽(包含牛羊、奶牛、生猪、家禽模块);③水产(包含鲑鱼模块);④动物饲料;⑤繁殖材料。

（2）政府的 GAP 规范

美国、加拿大、法国、澳大利亚、马来西亚、新西兰、乌拉圭等国家都制定了本国良好农业规范标准或法规；拉脱维亚、立陶宛和波兰采用了与波罗的海农业径流计划有关的良好方法；巴西的国家农业研究组织（EMBRAPA）正在与粮农组织合作，以 GAP 规范为基础为香瓜、芒果、水果和蔬菜、大田作物、乳制品、牛肉、猪肉和禽肉等制定一系列具体技术准则，供大、中、小型生产者使用。

（3）FAO《农业管理规范框单》

2003 年 3 月，FAO 在意大利罗马召开的农业委员会第十七届会议上，提出了良好农业规范应遵循的四项原则和基本内容要求，指导各国和相关组织良好农业规范的制定和实施。

1）四项原则。FAO 良好农业规范应遵循的四项原则是：经济而有效地生产充足、安全且富有营养的食物；保持和加强自然资源基础；保持有活力的农业企业和促进可持续生计；满足社会的文化和社会需求。

2）基本内容要求。FAO《农业管理规范框单》的基本内容包括：与土壤有关的良好规范；与水有关的良好规范；与作物和饲料生产有关的良好规范；与作物保护有关的良好规范；与家畜生产有关的良好规范；与家畜健康和福利有关的良好规范；与收获和农场加工及储存有关的良好规范；与能源和废物管理有关的良好规范：与人的福利、健康和安全有关的良好规范；与野生生物和地貌有关的良好规范。

2. China GAP 由来及历史

我国 GAP 是结合我国国情，根据我国的法律法规，参照 EUREPGAP 的有关标准制定的用来认证安全和可持续发展农业的规范性标准。2003 年我国卫生部发布了"中药材 GAP 生产试点认证检查评定办法"，作为官方对中药材生产组织的控制要求；2003 年 4 月国家认证认可监督管理委员会首次提出在中国食品链源头建立"良好农业规范"体系，并于 2004 年启动了 ChinaGAP 标准的编写和制定工作，ChinaGAP 标准起草主要参照 EUREPGAP 标准的控制条款，并结合国情和法规要求编写而成。2006 年 1 月，国家认监委制定了《良好农业规范认证实施规则（试行）》；2007 年 8 月，国家认监委又对 2006 年 1 月发布的《良好农业规范认证实施规则（试行）》进行了修订，自 2008 年 1 月 1 日起实施。同时，为与 GLOBALGAP 标准（3.0 版）实现互认，国家认证认可监督管理委员会组织有关专家对农场基础等 9 项 GAP 国家标准（GB/T 20014.2~20014.10）进行了修订，并于 2008 年 10 月 1 日起实施。

截至目前,我国已颁布了 GB/T 20014.1～20014.27 共 27 项良好农业规范国家标准,内容涵盖种植、畜禽养殖和水产养殖等农业生产领域。

3. GAP 认证与认可的国际互认

目前,全球良好农业规范(GlobalGAP)更新了其承认的认可机构名单,中国合格评定国家认可委员会(CNAS)认可结果获得了 GlobalGAP 的承认。根据 GlobalGAP 和国际认可论坛(IAF)签署的谅解备忘录,要求实施 GlobalGAP 认证方案的认证机构需获得已签署 IAF 产品多边互认协议认可机构的认可。CNAS 已于 2008 年 10 月与 IAF 签署了产品多边互认协议,为中国良好农业规范认证机构的认可获得 GlobalGAP 的承认奠定了基础。CNAS 认可结果获得了 GlobalGAP 承认以后,经国家认监委批准且获得 CNAS 认可的中国良好农业规范(ChinaGAP)认证机构可以根据相关要求向 GlobalGAP 申请使用 GlobalGAP 的认证标志,其认证结果将得到 GlobalGAP 的承认。

4. GAP 认证的益处和实施认证的意义

GAP 认证的益处在于全程质量管理,更安全、更健康;可提升产品竞争力,提升企业形象,提高企业效益,促进可持续发展。

良好农业规范是主要针对初级农产品生产的种植业和养殖业的一种操作规范,关注动物福利、环境保护、工人的健康、安全和福利,保证初级农产品生产者生产出安全健康的产品。

通过 GAP 认证的产品,可以形成品牌效应,从而增加认证企业和生产者的收入;稳固与采购商的合作,并拓宽新市场,为长期的发展奠定坚实的基础;提升管理系统,改善与员工的关系,从而提高生产力与效益;有利于增强生产者的安全意识和环保意识,有利于保护劳动者的身体健康;最小化潜在的商业风险,比如工伤乃至工亡、法律诉讼或者是失去订单;开发新市场和客户,使有社会责任的公司从竞争对手中脱颖而出;有利于保护生态环境和增加自然界的生物多样性,有利于自然界的生态平衡和农业的可持续发展。

**(三)GAP 的主要关注点**

GAP 认证的关注点主要包括:食品安全;环境保护;职业健康、安全和福利;动物福利四个方面。

(1)食品安全:该标准以食品安全标准为基础,起源于 HACCP 基本原理的应用;

(2)环境保护:该标准包括良好农业规范的环境保护方面,是为将农业生产对环境带来的负面影响降到最低而设计的;

(3)职业健康、安全和福利:该标准旨在农业范围内建立国际水平的职业健康和安全标准,以及社会相关方面的责任和意识;

(4)动物福利(适宜时):该标准旨在农牧业范围内建立国际水平的动物福利标准,包括安全、质量、环保、社会责任四个方面的基本要求。

按目前国际动物福利协会一致认同的保证动物的福利有五大标准:①享有不受饥渴的自由;②享有生活舒适的自由;③享有不受痛苦伤害和疾病的自由;④享有生活无恐惧、悲伤感的自由;⑤享有表达天性的自由。关注动物福利首先是道德伦理问题,虐待动物在人的潜意识中反映出的是人性的黑暗面;其次是经济问题。肉食动物在饲养、运输、屠宰的过程中,不能按照动物福利的标准执行,这些动物制品的检验指标就可能会出现问题。

**(四)GAP 八个基本原理**

原理1:对新鲜农产品的微生物污染,其预防措施优于污染发生后采取的纠偏措施(即防范优于纠偏)。

原理2:为降低新鲜农产品的微生物危害,种植者、包装者或运输者应在他们各自控制范围内采用良好农业操作规范。

原理3:新鲜农产品在沿着"从农场到餐桌"食品链中的任何一点,都有可能受到生物污染,主要的生物污染源是人类活动或动物粪便。

原理4:无论任何时候与农产品接触的水,其来源和质量规定了潜在的污染,应减少来自水的微生物污染。

原理5:生产中使用的农家肥应认真处理以降低对新鲜农产品的潜在污染。

原理6:在生产、采收、包装和运输中,工人的个人卫生和操作卫生在降低微生物潜在污染方面起着极为重要的作用。

原理7:良好农业操作规范的建立应遵守所有法律法规,或相应的操作标准。

原理8:各层农业(农场、包装设备、配送中心和运输操作)的责任,对于一个成功的食品安全计划是很重要的,必须配备有资格的人员和有效的监控,以确保计划的所有要素运转正常,并有助于通过销售渠道溯源到前面的生产者。

## 二、良好操作规范(GMP)

### (一)GMP 定义及类型

1. 什么是 GMP

食品良好生产规范(good manufacuring practie,GMP)是一种安全和质量保证体系,是为保障食品安全、质量而制定的贯穿食品生产全过程的一系列措施、方法和技术要求。其宗旨在于确保在产品制造、包装和贮藏等过程中的相关人员、建筑、设施和设备均能符合良好的生产条件,防止产品在不卫生的条件下,或在可能引起污染的环境中操作,以保证产品安全和质量稳定。因为 GMP 的内容是在不断完善和补充着的,所以有时称其为 CGMP(current good manufacturing practice)。

GMP 要求食品生产企业具备良好的生产设备、合理的生产过程、完善的质量管理和检测系统,以确保终产品的安全质量符合有关标准。

2. GMP 类型

从 GMP 的发展来看,现行的 GMP 可分为三类:①具有国际性质的 GMP,如 WHO 的 GMP、北欧七国自由贸易联盟制定的 PIC-GMP(PIC 为 pharmaceutical inspection convention,即药品生产检查互相承认公约)、东南亚国家联盟的 GMP 等;②国家权力机构颁布的 GMP,如中华人民共和国卫生部及国家药品监督管理局、美国 FDA、英国卫生和社会保险部、日本厚生省等政府机关制订的 GMP;③工业组织制定的 GMP,如美国制药工业联合会制定的、标准不低于美国政府制定的 GMP,中国医药工业公司制订的 GMP 实施指南,甚至还包括药厂或公司自己制定的。

从 GMP 制度的性质来看,可分为两类:①将 GMP 作为法典规定,如美国、日本、中国的 GMP;②将 GMP 作为建议性的规定,有些 GMP 起到对药品生产和质量管理的指导作用,如联合国 WHO 的 GMP。

GMP 可分为强制性 GMP 和推荐性(或指导性)GMP。强制性 GMP 是食品企业必须遵守的,一般由政府部门制定并监督实施;企业制定的 GMP 对该企业本身而言,一旦制定实施就是强制性的。推荐性(或指导性)GMP 是由政府部门、行业组织或协会等制定并推荐给食品企业参照执行,是非强制性的,企业可以选择是否遵守。

(二)GMP 起源和发展

GMP 起源于国外,它是由重大的药物灾难作为催生剂而诞生的。美国国会于 1963 年颁布了世界上第一部 GMP,GMP 最初是由美国坦普尔大学 6 名教授编写制定的,经 FDA 官员多次讨论修改在美国经过几年实施,确实收到实效。1967年,世界卫生组织(World Health Organization,WHO)在出版的《国际药典》(1967年版)的附录中进行了收载。1969 年,第 22 届世界卫生大会 WHO 建议各成员国的药品生产采用 GMP 制度。到目前为止,全世界 100 多个国家颁布了有关 GMP 的法规。

世界上许多国家对食品企业实施了 GMP 管理。在国外,也有一些行业协会或认证机构制定一些非强制性的食品 GMP,并实施 GMP 认证。例如,国际食品法典委员会(CAC)、美国 GMP、加拿大 GMP、欧盟 GMP。HACCP 体系中的 GMP 一般是指规范食品加工企业环境、硬件设施,加工操作、贮藏、卫生管理等的规范性文件。

我国国家卫生部颁布的 GMP 自 1988 至今,卫生部共颁布 23 个国标 GMP,其中包括 1 个通用 GMP 和 22 个专用 GMP,并作为强制性标准予以发布。原国家商检局颁布了我国出口食品 GMP 体系;原国家环保局发布的有机食品 GMP;农业农村部也发布了很多 GMP。

### (三)GMP 目的、意义

GMP 是食品生产过程质量管理实践中总结、抽象、升华出来的规范化的条款,其目的是保证所生产的食品安全,它所覆盖的是所有食品、所有食品生产企业;推行食品 GMP 的主要目的在于提高食品的品质与卫生安全,保障消费者与生产者的权益,强化食品生产者的自主管理体制及促进食品工业的健全发展。

实施 GMP 有利于降低食品制造过程中人为的错误,防止食品在制造过程中遭受污染或品质劣变,要求建立完善的质量管理体系,这也是食品 GMP 的基本精神所在。

食品企业 GMP 的意义在于为食品生产提供一套必须遵循的组合标准,为卫生行政部门、食品卫生监督员提供监督检查的依据,为建立国际食品标准提供基础,便于食品的国际贸易,使食品生产经营人员认识食品生产的特殊性,提供重要的教材,由此产生积极的工作态度,激发对食品质量高度负责的精神,消除生产上的不良习惯,使食品生产企业对原料、辅料、包装材料的要求更为严格,有助于食品生产企业采用新技术、新设备,从而保证食品质量。

### (四)GMP 基本内容和要求

GMP 所规定的内容是食品加工企业必须达到的最基本的条件。

1. 食品 GMP 的管理要素

GMP 实际上是种包括 4M 管理要素的质量保证制度,即选用规定要求的原料(material),以合乎标准的厂房设备(machines),由胜任的人员(man),按照既定的方法(methods),制造出品质既稳定又安全卫生的产品的一种质量保证制度。

2. 按 GMP 方式制定和实施的食品制造标准的主要环节

各种原材料,每一工序中间产品的安全性和保证:为了避免食品中附着和混入夹杂物、重金属、残留农药、食品中毒的病原菌或有损于食品质量的微生物,必须采取有效措施,切实防止来自工厂设施、操作环境、机械器具、空中沉降细菌和操作人员等方面的污染;加强工艺技术方面的管理,实行双重检查,建立各工艺的检验制度、质量管理制度和对误差的防除措施;进行商标管理和管理记录的保存。

3.我国GMP的主要内容

我国食品企业最基本的GMP是GB 14881—2013《食品安全国家标准 食品生产通用卫生规范》,该标准分14章,内容包括:范围;术语和定义;选址及厂区环境;厂房和车间;设施与设备;卫生管理;食品原料;食品添加剂和食品相关产品;生产过程的食品安全控制;检验;食品的贮存和运输;产品召回管理;培训;管理制度和人员;记录和文件管理;附录"食品加工过程的微生物监控程序指南"针对食品生产过程中较难控制的微生物污染因素,向食品生产企业提供了指导性较强的监控程序建立指南,标准强调了对原料、加工、产品贮存和运输等食品生产全过程的食品安全控制要求,为食品生产企业从事食品生产设置了最低门槛。此外,还颁布了40余项涵盖主要食品类别的生产经营规范类食品安全标准体系。

食品安全国家标准中的GMP包括《食品安全国家标准 乳制品良好生产规范》(GB 12693—2010)、《食品安全国家标准 粉状婴幼儿配方食品良好生产规范》(GB 23790—2010)和《食品安全国家标准 特殊医学用途配方食品企业良好生产规范》(GB 29923—2013)。

## 三、卫生标准操作程序(SSOP)

良好生产规范(GMP)和卫生标准操作规程(SSOP)是建立HACCP的前提性条件或基础程序。GMP是整个食品安全控制体系的基础,SSOP计划是根据GMP中有关卫生方面的要求制定的卫生控制程序,HACCP计划则是控制食品安全的关键程序。SSOP实际上是落实GMP卫生法规的具体程序,SSOP的制定和有效执行是企业实施GMP法规的具体体现,使HACCP计划在企业得以顺利实施;GMP法规是政府颁发的强制性法规,而企业的SSOP文本是由企业自己编写的卫生标准操作程序。

(一)SSOP定义、起源、作用和主要内容

1.SSOP的定义

SSOP是"Sanitation Standard Operating Procedure"的缩写,中文意思为"卫生

标准操作程序"。SSOP 是为了确保加工过程中消除不良的人为因素,使其所加工的食品符合卫生要求而制定的一个指导食品生产加工过程中如何实施清洗、消毒和保持卫生的指导性文件,是食品生产和加工企业建立和实施食品安全管理体系的重要前提条件。

2. SSOP 的起源

20 世纪 90 年代美国食源性疾病频繁暴发,造成每年大约 700 万人次感染、7000 人死亡,1995 年 2 月颁布的《美国肉、禽类产品 HACCP 法规》(9CFRPart 304)中第一次提出了要求建立一种书面的、常规可行的程序卫生标准操作程序(SSOP),确保生产出安全、无掺杂的食品,但在这一法规中并未对 SSOP 的内容做出具体规定。同年 12 月,美国 FDA 颁布的《美国水产品 HACCP 法规》中进一步明确了 SSOP 必须包括的 8 个方面及验证等相关程序,从而建立了 SSOP 的完整体系。此后 SSOP 一直作为 HACCP 的基础程序加以实施,成为完成 HACCP 体系的重要前提条件。

3. SSOP 的作用

企业可根据法规和自身需要建立文件化的 SSOP。企业建立 SSOP 的作用在于指导食品生产加工过程中如何实施清洗、消毒和卫生保持,正确制定和有效执行,对控制危害非常有价值。

4. SSOP 的主要内容

根据美国 FDA 的要求,SSOP 计划至少包括 8 项内容:①与食品接触或与食品接触物表面接触的水(冰)的安全;②与食品接触的表面(包括设备、手套、工作服)的清洁度;③防止交叉污染;④手的清洗与消毒,厕所设施的维护与卫生的保持;⑤防止食品被污染物污染;⑥有毒化学物质的标记、贮存和使用;⑦员工的健康与卫生控制;⑧虫害的防治。

(二)SSOP 的建立

食品企业建立和实施卫生控制程序时,应保证必须建立和实施书面的 SSOP 计划;必须检测卫生状况和操作;必须及时纠正不卫生的状况和操作;必须保持卫生控制和纠正记录。

SSOP 的一般规定如下:

(1)水(冰)的安全:①关键卫生条件;②水质标准;③设施要求;④饮用水与污水交叉污染的预防;⑤监控;⑥记录。

(2)与食品接触的表面(包括设备、手套、工作服)的清洁度:①关键卫生条件;②食品接触面的要求;③清洗消毒;④监控;⑤纠正;⑥记录。

（3）防止发生交叉污染：①关键卫生条件；②交叉污染的来源与控制。

（4）手的清洗和消毒、厕所设备的维护与卫生保持：①关键卫生条件；②设施及要求；③洗手消毒方法；④监控；⑤纠偏措施；⑥记录。

（5）防止食品被污染物污染：①关键卫生条件；②食品被污染物污染的原因及控制；③监控；④纠偏措施；⑤记录。

（6）有毒化学物质的标记、贮存和使用：①关键卫生条件；②有毒化合物的购买要求；③有毒化学物质的贮存和使用；④监控；⑤纠偏措施；⑥记录。

（7）员工的健康与卫生控制：①关键卫生条件；②员工的健康与卫生习惯管理要求；③监控；④纠偏措施；⑤记录。

（8）虫害的防治：①虫害；②关键卫生条件；③虫害的防治方法；④虫害监控；⑤纠偏措施；⑥记录。

食品加工企业应该按照本节推荐的 8 个重要方面（可以视情况增加内容），结合本企业的实际情况制定具体的 SSOP。SSOP 文件一般包括每个方面的要求和程序、每一个环节的作业指导书，以及执行、检查和纠正记录。

## 四、危害分析与关键控制点（HACCP）

随着社会的发展和人民生活水平的不断提高，以往对食品短缺的担忧如今逐渐转变为对食品安全的恐慌。为了满足人们对食品安全的需要，消除人们对不安全食品的恐慌，企业、政府机构，以及相关国际组织都投入大量精力，研究解决问题的各种方法和途径。其中，实施 HACCP 体系是世界公认的控制食品安全问题最为有效的手段之一，是一种保证食品安全与卫生的预防性管理体系。

危害分析与关键控制点（hazard analysis critical control point，HACCP）是一种食品安全保证体系，其基本含义是：为保障食品安全，对食品生产加工过程中造成食品污染发生或发展的各种危害因素进行系统和全面的分析，确定能有效预防、减轻或消除危害的加工环节（即"关键控制点"），进而在关键控制点对危害因素进行控制，同时监测控制效果，发生偏差时予以纠正，并随时对控制方法进行矫正和补充。HACCP 是以科学为基础，通过系统性地确定具体危害及其控制措施，以保证食品安全性的系统。HACCP 的控制系统着眼于预防而不是依靠最终产品的检验来保证食品的安全。任何一个 HACCP 系统均能适应设备设计的革新、加工工艺或技术的发展变化。HACCP 是个适用于各类食品企业的简便、易行、合理、有效的控制体系。

### (一)HACCP 体系的起源和发展

**1. HACCP 体系的起源**

1971 年,美国食品保护会议首次提出 HACCP 的概念;1989 年,美国食品微生物咨询委员会起草了《用于食品生产的 HACCP 原理的基本准则》;1993 年,CAC 食品卫生分委会制定了《应用 HACCP 原理的指导准则》;1997 年,CAC 颁布了新版的食品法典指南《HACCP 体系及其应用准则》;2002 年,我国卫生部制定并颁布了《食品企业 HACCP 实施指南》;2004 年,我国制定了国家标准 GB/T 19538—2004《危害分析与关键控制点(HACCP)体系及其应用指南》;2009 年制定 GB/T 27341—2009《危害分析与关键控制点(HACCP)体系 食品生产企业通用要求》。目前,我国 HACCP 体系已经在乳制品、肉制品、速冻食品、饮料、水产品、调味品、益生菌类保健食品、凉果和餐饮业得到广泛的应用。

**2. HACCP 体系组成和建立**

HACCP 体系一般由七个基本原理和部分组成:①危害分析;②确定关键控制点;③确定关键限值;④确定监控措施;⑤建立纠偏措施;⑥建立审核(验证)措施;⑦建立记录保存措施。

HACCP 体系的建立步骤:组建 HACCP 工作组、描述产品、确定产品的预期用途、制作产品加工流程图、现场确认流程图、危害分析、确定关键控制点(CCP)、确定关键限值、建立监控程序、建立纠偏措施、建立审核 HACCP 计划正常运转的评价程序、建立有效记录保存程序。

### (二)HACCP 体系的相关术语

《HACCP 体系及其应用准则》中规定的基本术语及其定义如下。

危害分析(hazard analysis):指收集和评估有关的危害以及导致这些危害存在的资料,以确定哪些危害对食品安全有重要影响而需要在 HACCP 计划中予以解决的过程。

关键控制点(critical control point,CCP):指能够实施控制措施的步骤。该步骤对于预防和消除一个食品安全危害或将其减少到可接受水平非常关键。

必备程序(prerequisite programs):为实施 HACCP 体系提供基础的操作规范,包括良好生产规范(GMP)和卫生标准操作程序(SSOP)等。

HACCP 小组(HACCP team):负责制定 HACCP 计划的工作小组。

流程图(flow diagram):指对某个具体食品加工或生产过程的所有步骤进行的连续性描述。

危害(hazard):指对健康有潜在不利影响的生物、化学或物理性因素或条件。

显著危害(significant hazard):有可能发生并且可能对消费者导致不可接受的危害;有发生的可能性和严重性。

HACCP 计划(HACCP plan):依据 HACCP 原则制定的一套文件,用于确保在食品生产、加工、销售等食物链各阶段与食品安全有重要关系的危害得到控制。

步骤(step):指从产品初加工到最终消费的食物链中(包括原料在内)的一个点、一个程序、一个操作或一个阶段。

控制(control,动词):为保证和保持 HACCP 计划中所建立的控制标准而采取的所有必要措施。

控制(control,名词):执行了正确的操作程序并符合控制标准的状况。

控制点(control point,CP):能控制生物、化学或物理因素的任何点、步骤或过程。

关键控制点判定树(CCP decision tree):通过一系列问题来判断一个控制点是否是关键控制点的组图。

控制措施(control measure):指能够预防或消除一个食品安全危害,或将其降低到可接受水平的任何措施和行动。

关键限值(critical limits):区分可接受和不可接受水平的标准值。

操作限值(operating limits):比关键限值更严格的,由操作者用来减少偏离风险的标准。

纠偏措施(corrective action):当针对关键控制点(CCP)的监测显示该关键控制点失去控制时所采取的措施。

监测(monitor):为评估关键控制点(CCP)是否得到控制,而对控制指标进行有计划地连续观察或检测。

确认(validation):证实 HACCP 计划中各要素是有效的。

验证(validation):指为了确定 HACCP 计划是否正确实施所采用的除监测以外的其他方法、程序、试验和评价。

**(三)HACCP 控制体系的特点**

HACCP 作为科学的预防性食品安全体系,具有高效性、通用性、科学性、预防性、可操作性、可树立消费者的信心、全面性、协调性、预防性、非零风险等特点。

**(四)实施 HACCP 体系的作用及意义**

HACCP 作为一种与传统食品安全质量管理体系截然不同的、崭新的食品安全保障模式,它的实施对食品企业、消费者、政府保障食品安全具有广泛而深远的作用和意义。

1. HACCP 的作用

食品企业建立并实施 HACCP,其作用在于:①提高食品的安全性;②能增强顾客信心;③作为已经实施 HACCP 体系的生产商会直接影响他们的原料供应商也采用相似的方法来控制食品安全;④食品符合检验标准,降低成本;⑤有助于改善生产商与官方主管当局的关系以及工厂与消费者之间的关系,增强消费者对食品安全的信心;⑥增强组织的食品风险意识;⑦强化食品及原料的可追溯性;⑧具备了改善食品质量的潜能。

2. 实施 HACCP 体系的意义

对食品工业企业而言,有利于增强消费者和政府的信心,减少法律和保险支出,增加市场机会,降低生产成本,提高产品质量的一致性,有利于全员参与,可降低商业风险,增强企业竞争力和出口机会,加强管理,改善公司形象且提高企业的社会效益。

对消费者而言,可减少食源性疾病的危害,增强卫生意识,增强对食品供应的信心,提高生活质量,对促进社会经济的良性发展具有重要意义。

对政府而言,建立 HACCP 可改善公众健康,更有效、有目的地进行食品监控,减少公众健康支出,确保贸易畅通,提高公众对食品供应的信心,增强国内企业竞争力。

## 五、ISO 22000 食品安全管理体系

### (一) ISO 22000 认证定义

食品安全管理体系(food safety management system,FSMS)是国际标准化组织 ISO 于 2005 年 9 月 1 日发布的关于 ISO 9001 与 HACCP 整合的食品安全管理体系。

该标准是对各国现行的食品安全管理标准和法规的整合,是个通用的、统一的国际性标准,我国已将其等同转化成国家标准 GB/T 22000—2006。本标准可应用于食品链内的各类组织,从饲料生产者、初级生产者、食品制造商、运输和仓储工作者、转包商到零售商和食品服务环节以及相关的组织,如设备、包装材料生产者、清洗行业、添加剂和配料生产者,是一个"从种子到餐桌"的全程监管体系。

## （二）ISO 22000 认证依据

认证依据由基本认证依据和专项技术要求组成。

1. 基本认证依据

GB/T 22000《食品安全管理体系 食品链中各类组织的要求》。

2. 专项技术要求

认证机构实施食品安全管理体系认证时,在以上基本认证依据要求的基础上,还应将本规则规定的专项技术规范作为认证依据同时使用。

为提高食品安全管理体系认证的科学性和有效性,本规则未提供专项技术规范的,认证机构在对相应组织实施食品安全管理体系认证前,应当依据以上基本认证依据的要求,按照 GB/T 22003—2017《合格评定 食品安全管理体系 审核与认证机构要求》附录 A 中行业类别或种类的划分,制定对该类别产品和（或）服务种类组织的专项技术规范,并按照《认证技术规范管理办法》要求予以备案。

食品安全管理体系认证专项技术规范如 GB/T 27301—2008《食品安全管理体系 肉及肉制品生产企业要求》、CNCA/CTS 0008《食品安全管理体系 食用植物油生产企业要求》、CNCA/CTS 0027《食品安全管理体系 茶叶加工企业要求》等。

## （三）ISO 22000 认证应用范围

（1）直接介入食品链中一个或多个环节的组织,如饲料加工,种植生产,辅料生产,食品加工、零售,配餐服务,提供清洁、运输、贮存和分销服务的组织。

（2）间接介入食品链的组织,如设备供应商、清洁剂和包装材料及其他食品接触材料的供应商。

## （四）ISO 22000 认证的意义

在不断出现食品安全问题的现状下,基于本标准建立食品安全管理体系的组织,可以遇过对其有效性的自我声明和来自组织的评定结果,向社会证实其控制食品安全危害的能力持续、稳定地提供符合食品安全要求的终产品,满足顾客对食品安全要求;使组织将其食品安全要求与其经营目的有机地统一。食品安全要求是第一位的,它不仅直接威胁到消费者,而且还直接或间接影响到食品生产、运输和销售组织或其他相关组织的商誉,甚至还影响到食品主管机构或政府的公信度。因此,ISO 22000 认证是具有重要作用和深远意义的。

## （五）ISO 22000 认证对于食品企业的作用

ISO 22000 标准使食品安全管理范围延伸至整个食品链,是管理领域先进理念与 HACCP 原理的有效融合,强调交互式沟通的重要性,能满足法律法规要求,是风险控制理论在食品安全管理体系中的体现。其作用在于:①可以有效地识别和控制危害,降低企业的风险;②可以有效地降低企业的运营成本;③可以提高消费者的信任度,提升企业的市场知名度;④通过 ISO 22000 认证后食品企业可以增加投标成功率,也可以促进国际贸易的发展。

## 六、食品安全管理体系间的关系

### (一)GMP、SSOP、HACCP 的概念

GMP 是良好操作规范(good manufacturing practice)的简称,强制性的食品生产、贮存的卫生法规。它是食品生产、加工、包装、运输和销售的规范性文件,是一种具体的食品质量保障体系。

SSOP 卫生标准操作程序(sanitation standard operation procedure)是食品生产加工企业根据有关法律法规及 GMP 的要求制定控制生产加工全过程卫生污染的指导性文件,它主要通过卫生监控、纠正及各种记录来实现对生产加工过程中的卫生污染进行控制。

HACCP 危害分析和关键控制点(hazard analysis critical control point)是一种全面分析食品状况、预防食品问题的控制体系,涉及农田、养殖厂到餐桌全过程食品安全的预防体系。具有科学性、高效性、操作性、易验证性,但不是零风险,有效的 HACCP 体系可以最大限度把食品安全危害降至可接受水平并可持续改进。

### (二)HACCP、GMP 和 SSOP 的相互关系

1. GMP、SSOP 是 HACCP 体系的基础

(1)GMP、SSOP 是 HACCP 体系建立的基础。

GMP 对食品生产、加工、包装贮运、从业人员的卫生健康、建筑和设施、设备、生产和加工控制管理等硬件和软件两方面做出了详细的要求和规定,是政府的一种法规性文件。是国家规定食品企业必须执行的国家标准,也是卫生行政部门、食品卫生监督部门监督检查的依据,为企业 HACCP 体系的建立提供了理论基础。GMP 还规定了食品生产的卫生要求,食品企业制定并执行 SSOP 计划、人员培训计划、IT 维护培养计划、产品回收计划、产品的识别代码计划都必须以GMP 为依据,这些计划也是 HACCP 体系建立的基础。

(2)GMP、SSOP 是 HACCP 体系有效实施的基础。

GMP 特别注重在生产过程中实施对食品卫生安全的管理,要求食品生产企业具备良好的生产设备及管理,完善的质量管理和严格的检测系统,确保最终产品的质量(包括食品安全卫生)符合法规要求。SSOP 具体列出了卫生控制的各

项指标,包括食品加工过程及环境卫生和为达到 GMP 要求所采取的行动。只有在 GMP、SSOP 有效实施,解决了基本问题,终产品基本合格的前提下,通过几个关键点的控制来消除安全隐患、提高食品的安全质量才可能成为现实,GMP、SSOP 为 HACCP 体系的有效实施奠定了基础。

2. GMP、SSOP 对 HACCP 体系的指导作用

(1)GMP 对 HACCP 体系的指导作用。

GMP 所规定的内容是食品生产企业必须达到的最基本条件,是覆盖全行业的全局性规范。各工厂和生产线的情况都各不相同,涉及许多具体的独特的问题,这时,国家为了更好地执行 GMP 规范,允许食品生产企业结合本企业的加工品种和工艺特点,在 GMP 基础上制定自己的良好加工的指导文件,HACCP 就是食品生产企业在 GMP 的指导下采用的自主的过程管理体系,针对每一种食品从原料到成品,从加工场所到加工设备,从加工人员到消费方式等各方面的个性问题而建立的食品安全体系,企业生产中任何因素发生变化,HACCP 体系就会相应调整更改,真正做到具体问题具体分析。GMP 与 HACCP 构成了一般与个别的关系,GMP 为 HACCP 明确了总的规范和要求,具有良好的指导作用。

(2)SSOP 对 HACCP 体系的促进作用。

食品出现的安全危害主要来源于两个方面,一方面是用于食品加工的原料带入的危害,另一方面是食品加工环境和加工过程中的污染或食品加工工艺流程不合理、控制不良所造成的食品不安全,只有对两个方面都实施了有效的控制,才能使最终产品是卫生的、安全的。SSOP 是企业根据法规和自身需要建立起来的文件化的管理方法,SSOP 的正确制定和有效实施消除了加工过程中的不良因素,按产品工艺流程进行危害分析而实施的关键控制点就能集中到对工艺过程中的食品危害的控制方面,就可以减少关键控制点的数量,可以更好地把重点集中在与食品或加工有关的危害上,而不是在生产卫生环节上;SSOP 的规定不明确,或者没有严格执行 SSOP 的规定,HACCP 就要在生产卫生方面增加关键点,难免顾此失彼,发挥不了应有的效能,发展和执行 SSOP 是实施 HACCP 的主要前提。实际上,危害是通过 SSOP 和 HACCP 共同予以控制的,有了 SSOP,HACCP 就能更好地执行,就会更加有效,SSOP 对 HACCP 具有促进作用。

(三)ISO 22000 与 HACCP 的关系

国际标准化组织(ISO)于 2005 年 9 月发布了 ISO 22000:2005《Food safety management system-Requirements for any organizations in the food chain》,我国以等同采用的方式制定了国家标准 GB/T 22000—2006《食品安全管理体系 食品链中

各类组织的要求》(以下简称 GB/T 22000),并于 2006 年 3 月发布,2006 年 7 月开始实施。

国家认证认可监督管理委员会于 2005 年 1 月发布并要求试行的 HACCP-EC-01《食品安全管理体系 要求》(以下简称 HACCP-EC-01),是等同采用 ISO/DIS 22000《Food safety management system - Requirements for organizations throughout the food chain》研究编制的。HACCP-EC-01 在 GB/T 22000 发布之前作为我国食品安全管理体系(FSMS)认证的依据,发挥了统一认证准则的积极作用。

以 HACCP 原理为基础而制订的 ISO 22000 食品安全管理体系标准正是为了弥补以上的不足,在广泛吸收了 ISO 9001 质量管理体系的基本原则和过程方法的基础上而产生的,它是对 HACCP 原理的丰富和完善。所以可以说 ISO 22000 是 HACCP 原理在食品安全管理问题上由原理向体系标准的升级,更有利于企业在食品安全上进行管理。

ISO 22000 采用了 ISO 9000 标准体系结构,在食品危害风险识别、确认以及系统管理方面,参照了食品法典委员会颁布的《食品卫生通则》中有关 HACCP 体系和应用指南部分。ISO 22000 的使用范围覆盖了食品链全过程,即原辅料种植、养殖、初级加工、生产制造、运输,一直到消费者使用,其中也包括餐饮。

ISO 22000 的目的是让食物链中的各类组织执行食品安全管理体系,确保组织将其终产品交付到食品链下一段时,已通过控制将其中确定的危害消除并降低到可接受水平。ISO 22000 适用于食品链内的各类组织,从原辅料生产者、初级生产者、到食品制造者、运输和仓储经营者,直至零售分包商和餐饮经营者,以及与其关联的组织,如设备、包装材料、添加剂和辅料的生产者。

ISO 22000 标准为食品企业提供了一个系统化的食品安全管理体系框架。ISO 22000 标准在整合了 HACCP(危害分析与关键控制点)原理和国际食品法典委员会(CAC)制定的 HACCP 实施步骤的基础上,明确提出了建立前提方案(即 GMP)的要求。

ISO 22000《食品安全管理体系要求》是一个自愿采用的国际标准。该标准为全球食品安全管理体系提供了一个统一参照,同时,标准的实施可以让生产企业避免因不同国家的不同要求而产生尴尬。

(四)ISO 9000 与 HACCP 的关系

ISO 9000 质量体系文件是按照从上到下的次序建立的,即从质量手册到程序文件的到作业指导书到记录等其他质量文件;HACCP 的文件是从下而上,从危害分析到 SSOP 到 GMP,最后形成一个核心产物,即 HACCP 计划。

ISO 9000 质量体系所控制的范围较大,HACCP 控制的内容是 ISO 9000 质量体系的质量目标之一,但 ISO 9000 质量体系中没有危害分析的过程控制方法,因此食品加工企业仅靠建立 ISO 9000 质量体系很难达到食品安全的预防性控制要求。HACCP 是建立在 GMP、SSOP 基础之上的控制危害的预防性体系,与质量管理体系相比,它的主要目标是食品安全,因此可以将管理重点放在影响产品安全的关键加工点上,在预防方面显得更为有效,是食品安全预防性控制的唯一有效方法,填补了 ISO 9000 质量体系在食品安全的预防性控制方面的缺点。

### (五)SSOP 与 HACCP 控制危害的区别

对于某些卫生控制来说,设定关键限值(原理 3)、纠偏行动(原理 5)是很困难的,将额外的卫生监测列入关键控制点控制,会加重 HACCP 计划的负担,分散对关键加工程序的注意力。通常,已鉴别的危害是与产品本身或某个单独的加工步骤有关的,则必须由 HACCP 来控制;已鉴别的危害是与环境或人员有关的,一般由 SSOP 控制较好。这并不是降低其重要性,只是因为 SSOP 控制更加适合(表 12-1)。

表 12-1　HACCP 与 SSOP 控制危害的区别

| 危害 | 控制 | 控制的类型 | 控制计划 |
| --- | --- | --- | --- |
| 组胺 | 贮存、运输、加工鲭鱼的时间和温度 | 特定的产品 | HACCP |
| 致病菌存活 | 烟熏鱼的时间和温度 | 加工步骤 | HACCP |
| | 接触产品前洗手 | 人员 | SSOP |
| 致病菌污染 | 限制员工在生熟区之间走动 | 人员 | SSOP |
| | 清洗、消毒食品接触面 | 工厂环境 | SSOP |
| 化学品污染 | 只使用食品级的润滑油 | 工厂环境 | SSOP |

通过表 12-1 可以看出哪些危害需要由 HACCP 控制,哪些危害需要由 SSOP 控制。有时同一个危害可能由 HACCP 和 SSOP 共同控制,如 HACCP 控制致病菌的杀灭、SSOP 控制致病菌的再污染等。

## 第三节　食品流通和服务环节的安全质量保证

食品流通是整个食品链重要且不可或缺的环节之一。由于食品本身的特性、食品链前端(如生产环节和加工环节)的影响以及食品异地生产、加工或消费的趋势等诸多因素,导致食品在流通消费领域影响质量安全的因素增多。此外,我国食品流通市场全面开放,食品流通渠道增多而造成的食品安全隐患、经营秩序混乱以及各种假冒伪劣食品等问题时有出现,不仅严重扰乱了正常的市场竞争秩序,而且威胁着广大消费者的身心健康。全面而深入分析我国流通消费领域食品安全的现状,借鉴发达国家的成功经验和做法,从系统、科学和合理的角度提出我国加强流通消费领域食品安全的对策,已是我国当前一项极为紧迫的任务。

## 一、农产品批发市场

### (一)农产品批发市场常见的食品安全问题

(1)农产品批发市场的食品质量安全管理功能缺乏:①由于检测的设备与技术等问题,检测结果很难在农产品交易完成之前得到;②由于检测成本很高和检测人员的数量很少,随机抽样检测的比例很小;③由于农产品批发市场本身不具有执法职能,对检测发现问题的农产品的处理也很难实现非常好的效果。

(2)信息缺失:在农产品市场交易中,有关质量安全的信息无法直接显示给消费者,消费者也很难通过检测等手段判断农产品质量是否安全,只能凭观感获得农产品的质量信息。

(3)规范化、标准化程度低:主要体现在以下5个方面①露天市场还很多;②对农产品的农药含量进行规范检测的市场不是很多;③在现行批发市场中,零售现象大量存在;④批发市场主体繁杂,很不明确;⑤废物回收状况不是很理想。

(4)设施简陋。

(5)法律、规范、标准的执行力度太小。

### (二)农产品批发市场的食品安全质量控制

按照中华人民共和国商务部2008年4月发布的《农产品批发市场食品安全操作规范(试行)》规定,农产品批发市场的食品安全质量控制主要从以下方面进行。

(1)入场要求:经销商进入市场经营应具备合法的经营资质。

(2)索证索票:市场应对不同商品的进货,向经销商索取相应的质量证明票证。

(3)检验检测:农产品批发市场应对食用农产品的质量安全进行检测,检测项目要求如下。蔬菜、水果;肉、禽蛋;水产品;粮油产品;调味品;茶叶;其他产品的检测项目应符合相关的法律法规或标准的要求。

(4)商品存储:市场应按食用农产品与非食用农产品划分经营区。

（5）交易管理：市场应要求经销商建立购销台账，并妥善保管以备检查，台账要如实记录，不得随意涂改或损毁。

（6）加工配送：不得在交易区域内进行加工配送活动。产品装车时应轻拿轻放、堆码整齐，防止碰伤、压伤和擦伤产品。产品应在适宜的条件下进行运输，运输过程中不得与其他对产品安全和卫生有影响的货物混载，并应翔实记录配送产品的品名、规格、数量、时间、配送对象及其联系方式、运输条件等信息。

（7）问题产品处理：市场应建立对问题产品的追溯和处理的通报机制。市场对问题产品及处理办法应详细记录。

## 二、超市食品安全质量控制

### （一）超市常见的食品安全问题

虽然超市仍是食品流通最安全的通道，但目前超市在食品安全的管理上也存在以下需加以重视和亟待解决的问题。

（1）超市中食品安全职能部门地位不突出。

（2）超市配送中心和门店食品安全相关设施投入不足。

（3）第三方检测功能发挥不足。

（4）连锁超市管理体系中对加盟店的食品安全控制薄弱。

（5）联营和招商部分的食品安全管理存在重大问题。

（6）供应商向门店直送食品的质量监控存在缺陷。

（7）食品品质控制中的管理执行未常态化。

（8）过期或变质食品的销售仍然比较严重。

按照我国现行的法律，食品进了超市就由超市承担食品安全的责任。调查发现在一些超市中对食品的保质期控制存在问题：一是超过保质期的商品仍在销售；二是在保质期内的食品发生变质后产品未及时下架。

### （二）超市食品安全控制方法

依据中华人民共和国商务部 2006 年 12 月发布的《超市食品安全操作规范（试行）》，超市食品安全主要从以下方面进行全面控制。

（1）从业人员卫生控制。

（2）采购环节控制。

（3）验收环节控制。

（4）食品存储控制。

（5）食品现场制作质量控制：①食品现场制作人员卫生控制；②加工环境控

制;③加工设施控制;④加工工艺控制;⑤销售环节控制;⑥问题商品的处理;⑦超市食品安全管理体系。

### 三、餐饮食品的安全质量控制

#### (一)餐饮常见的食品安全问题

我国餐饮行业目前主要存在以下几个方面的问题。

(1)资质问题。

餐饮企业无证经营现象普遍,一些小型餐饮店、街头商贩和社区网点在没有办理任何证照的情况下就开业经营,也没有为接触食品的生产人员办理"健康证";单位食堂因不对外营业,不用办工商执照和许可证,成为卫生问题的空白点。

(2)原材料问题。

进货渠道混乱,不到卫生部门指定的定点单位进购放心原材料,甚至是用变质的原材料加工食品,如坑渠油、私宰猪等,掺假造假,使用非食用原料添加剂等。

(3)包装运输问题。

一次性包装做二次使用,一次性餐用具或旧包装回收再用等。

(4)生产问题。

许多小型餐饮企业生产场地的卫生情况令人担忧,没有凉菜间,生熟混放,共用砧板造成交叉污染等。

(5)监管问题。

由于餐饮业发展迅速,而监管部门的力量远远不够,导致出现管理真空。餐饮业涉及的范围较广,负责卫生管理的政府部门不少,但政出多门,容易出现管理不到位的情况。在处罚上,除了发生较为大型的卫生安全事故,一般的处罚手段都是以责令整改和罚款为主,不足以对违规者构成威慑力。

#### (二)餐饮的食品安全质量控制

为促进我国餐饮食品的安全性,国家出台了一系列安全控制法规与标准。如《餐饮业餐厨废弃物处理与利用设备》(GB/T 28739—2012)、《食品安全管理体系 餐饮业要求》(GB/T 27306—2008)、《餐厅餐饮服务认证要求》(RB/T 309—2017)、《亚洲街头食品卫生操作规范》(CAC/RCP 76—2017)、《集体用餐食堂食材配送规范》(T/FDSA 001—2019)等。餐饮的食品安全质量控制主要包括从业人员卫生要求、加工经营场所的卫生条件控制、加工操作卫生要求以及卫生管理等方面。

（1）从业人员卫生要求：主要是对从业人员健康管理、人员培训、个人卫生以及工作服管理进行要求，这与超市食品现场制作人员卫生控制基本一致。

（2）加工经营场所的卫生条件控制：基本与《食品安全国家标准 食品生产通用卫生规范》（GB 14881—2013）一致。

（3）加工操作卫生要求：与超市加工操作卫生要求大致相同。

集体用餐配送卫生要求方面，符合《食品安全地方标准 集体用餐配送膳食》（DBS32/ 003—2014）。

## 四、进出口食品安全质量控制

《安全法》2018 年修订版第九十一条规定：国家出入境检验检疫部门对进出口食品安全实施监督管理。

第九十二条　进口食品、食品添加剂和相关产品的要求规定

（1）进口的食品、食品添加剂、食品相关产品应当符合我国食品安全国家标准。

（2）进口的食品、食品添加剂应当经出入境检验检疫机构依照进出口商品检验相关法律、行政法规的规定检验合格。

（3）进口的食品、食品添加剂应当按照国家出入境检验检疫部门的要求随附合格证明材料。

第九十三条　进口尚无食品安全国家标准的食品及"三新"产品的要求规定

（1）进口尚无食品安全国家标准的食品，由境外出口商、境外生产企业或者其委托的进口商向国务院卫生行政部门提交所执行的相关国家（地区）标准或者国际标准。国务院卫生行政部门对相关标准进行审查，认为符合食品安全要求的，决定暂予适用，并及时制定相应的食品安全国家标准。进口利用新的食品原料生产的食品或者进口食品添加剂新品种、食品相关产品新品种，依照本法第三十七条的规定办理。

（2）出入境检验检疫机构按照国务院卫生行政部门的要求，对前款规定的食品、食品添加剂、食品相关产品进行检验。检验结果应当公开。

第九十四条　境外出口商、生产企业、进口商食品安全义务规定

（1）境外出口商、境外生产企业应当保证向我国出口的食品、食品添加剂、食品相关产品符合本法以及我国其他有关法律、行政法规的规定和食品安全国家标准的要求，并对标签、说明书的内容负责。

（2）进口商应当建立境外出口商、境外生产企业审核制度，重点审核前款规

定的内容;审核不合格的,不得进口。

(3)发现进口食品不符合我国食品安全国家标准或者有证据证明可能危害人体健康的,进口商应当立即停止进口,并依照本法第六十三条的规定召回。

第九十五条　进口食品等出现严重食品安全问题的应对措施规定

(1)境外发生的食品安全事件可能对我国境内造成影响,或者在进口食品、食品添加剂、食品相关产品中发现严重食品安全问题的,国家出入境检验检疫部门应当及时采取风险预警或者控制措施,并向国务院食品药品监督管理、卫生行政、农业行政部门通报。接到通报的部门应当及时采取相应措施。

(2)县级以上人民政府食品药品监督管理部门对国内市场上销售的进口食品、食品添加剂实施监督管理。发现存在严重食品安全问题的,国务院食品药品监督管理部门应当及时向国家出入境检验检疫部门通报。国家出入境检验检疫部门应当及时采取相应措施。

第九十六条　进出口食品商、代理商、境外食品生产企业的备案与注册制规定

(1)向我国境内出口食品的境外出口商或者代理商、进口食品的进口商应当向国家出入境检验检疫部门备案。向我国境内出口食品的境外食品生产企业应当经国家出入境检验检疫部门注册。已经注册的境外食品生产企业提供虚假材料,或者因其自身的原因致使进口食品发生重大食品安全事故的,国家出入境检验检疫部门应当撤销注册并公告。

(2)国家出入境检验检疫部门应当定期公布已经备案的境外出口商、代理商、进口商和已经注册的境外食品生产企业名单。

第九十七条　进口的预包装食品、食品添加剂标签、说明书规定

进口的预包装食品、食品添加剂应当有中文标签;依法应当有说明书的,还应当有中文说明书。标签、说明书应当符合本法以及我国其他有关法律、行政法规的规定和食品安全国家标准的要求,并载明食品的原产地以及境内代理商的名称、地址、联系方式。预包装食品没有中文标签、中文说明书或者标签、说明书不符合本条规定的,不得进口。

第九十八条　食品、食品添加剂进口和销售记录制度规定

进口商应当建立食品、食品添加剂进口和销售记录制度,如实记录食品、食品添加剂的名称、规格、数量、生产日期、生产或者进口批号、保质期、境外出口商和购货者名称、地址及联系方式、交货日期等内容,并保存相关凭证。记录和凭证保存期限应当符合本法第五十条第二款的规定。

第九十九条　对出口食品和出口食品企业的监督管理规定

(1)出口食品生产企业应当保证其出口食品符合进口国(地区)的标准或者合同要求。

(2)出口食品生产企业和出口食品原料种植、养殖场应当向国家出入境检验检疫部门备案。

第一百条　国家出入境检验检疫部门收集信息及实施信用管理规定

国家出入境检验检疫部门应当收集、汇总下列进出口食品安全信息,并及时通报相关部门、机构和企业:(一)出入境检验检疫机构对进出口食品实施检验检疫发现的食品安全信息;(二)食品行业协会和消费者协会等组织、消费者反映的进口食品安全信息。

第一百零一条　国家出入境检验检疫部门的评估和审查职责规定

国家出入境检验检疫部门可以对向我国境内出口食品的国家(地区)的食品安全管理体系和食品安全状况进行评估和审查,并根据评估和审查结果,确定相应检验检疫要求。

对进出口食品的质量控制主要依据我国或国际上的有关法律、法规和标准体系进行。在进出口食品残留监控的规定包括《食品安全国家标准 食品中兽药最大残留限量》(GB 31650—2019)、《饲料中兽药及其他化学物检测试验规程》(GB/T 23182—2008)、《动物源性食品中四环素类兽药残留量检测方法 液相色谱—质谱/质谱法与高效液相色谱法》(GB/T 21317—2007)。

# 第十三章　食品污染物检测

## 第一节　食品安全检测技术

食品安全检测通常分为常规检测技术和快速检测技术,随着食品科学技术的发展,传统的理化方法已经难以满足目前食品安全检测需要,生物芯片和传感器检测、酶联免疫和 PCR 检测技术、色谱和光谱分析技术等在食品安全检测中显示出巨大的应用潜力。

### 一、气相色谱—质谱联用检测技术

气相色谱是一种具有高分离能力、高灵敏度和高分析速度的分析技术,但在定性分析方面,由于它仅利用保留时间作为主要依据而受到很大限制。质谱是一种具有很强结构鉴定能力的定性分析技术,把气相色谱和质谱两种技术有机地结合起来可扬长避短,大大扩展了应用的范围,气相色谱—质谱联用仪(简称GC-MS)就是由气相色谱仪和质谱仪通过色质联用接口连接而成的。GC-MS 中的主要技术问题包括:色谱柱的选择、接口技术、扫描速度。

气质联用技术在食品安全领域有极其广泛的应用,在农药残留、兽药残留、真菌毒素、食品添加剂和其他化学污染物的检测与确证方面发挥重要作用,可以进行食品中氯霉素残留量、食品中苯并[a]芘、水产品中多氯联苯残留量等的检测。开发灵敏的、稳定的、多组分的同时定量检测和确证技术将是气相色谱-质谱联用技术应用的重点和方向。

### 二、液相色谱—质谱联用检测技术

液相色谱—质谱联用仪(LC-MS)是分析仪器中组件比较多的一类仪器,其组成部分中液相色谱、接口、质量分析器、检测器中的任何一项,均有不同种类。按接口技术可分为移动接口、热喷雾接口、粒子束接口、快原子轰击接口、基质辅助激光解析接口、电喷雾接口和大气压化学电离接口等。按质量分析器可分为:四极杆、离子阱、飞行时间、傅里叶质谱等。同时,按质量分析器还可以有两个或两个以上的相同或不同种类质量分析器串联,形成多级质谱,如由三个四极杆串联形成四级质谱。

液质联用仪具有以下用途和特点：

（1）解决气质联用仪难以解决的问题：LC-MS可以分析易热裂解或热不稳定的物质（蛋白质、多糖、核酸等大分子物质），弥补了GC-MS在这一分析领域的不足。

（2）用于生命科学研究：LC-MS的使用，可以从分子水平上研究生命科学，比如蛋白质、核酸、多糖等物质的组成等。

（3）解决液相色谱分离组分的定性、定量能力：与液相色谱的常用检测器相比，质谱作为检测器使用时，可以提供相对分子质量和大量碎片结构信息。它在提供保留时间以外，还能提供每个保留时间下所对应的质谱图，相应增加了定性能力。同时，以四极杆为代表的质量分析器也同时具有很强的定量能力。

（4）增强液相色谱的分离能力：LC-MS可以利用选择离子等方法将相同保留时间但具有不同质荷比的色谱峰分离，从而增强了液相色谱的分离能力。

（5）提高质谱灵敏度的检测限：质谱具有很高的灵敏度，通过选择离子（SIM）或多级反应监测（MRM）模式，检测限可以进一步提高。

（6）通用型检测器：质谱是一种通用型监测器，从相对分子质量几十的小分子到相对分子质量几十万的蛋白质大分子都可以检测。

目前液相色谱—质谱联用技术在诸多领域具有相当普遍的应用。比如：生命科学——蛋白质、核酸的研究；食品科学——食品添加剂、致癌物质、食品功能性成分、食品组成等；兽药行业——抗生素、激素、$\beta$-兴奋剂等；司法鉴定——兴奋剂、毒品、爆炸物及其残余物等；制药行业——药代产物、药代动力学、药物中杂质等；环境保护——农药残留物、有机污染物等。

LC-MS联用技术在食品安全检测中主要用于农药残留、兽药残留、生物毒素、色素、抗氧化剂检测等诸多领域，如①水果和蔬菜中农药残留；②兽药残留分析；③食品中四环素类药物检测；④牛乳中$\beta$-内酰胺类药物；⑤黄曲霉毒素的LC-MS分析。

## 三、生物芯片检测技术

### 1. 生物芯片的基本概念

生物芯片（Biochip）的概念源自计算机芯片。狭义的生物芯片是指包被在固相载体（如硅片、玻璃、塑料和尼龙膜等）上的高密度DNA、蛋白质、细胞等生物活性物质的微阵列（Microarray），主要包括cDNA、微阵列、寡聚核苷酸微阵列和蛋白质微阵列。这些微阵列是由生物活性物质以点阵的形式有序地固定在固相载体上形成的,在一定的条件下进行生化反应,反应结果用化学荧光法、酶标法、同位素法显示,再用扫描仪等光学仪器进行数据采集,最后通过专门的计算机软件进行数据分析。对于广义生物芯片而言,除了上述被动式微阵列芯片外,还包括利用光刻技术和微加工技术在固体基片表面构建微流体分析单元和系统,以实现对生物大分子进行快速处理和分析的先进设备,包括核酸扩增芯片、阵列毛细管电泳芯片、主动式电磁生物芯片等。

2. 生物芯片技术优点

在生物技术领域里,一个完整的实验分析过程通常包括三个步骤:样品制备、生化反应以及结果检测,目前这三个步骤往往是在不同的实验装置上进行的。而生物芯片发展的最终目标是将这三个过程通过微加工技术,整合到一块芯片上去,以实现所谓的微型全分析系统。

与传统的研究方法相比,生物芯片技术具有以下优点:①信息的获取量大、效率高;②生产成本低;③所需样本和试剂少;④容易实现自动化分析。

3. 生物芯片在食品安全检测中的应用

(1)生物芯片在转基因食品安全性检测中的应用。

(2)生物芯片在食品安全检测方面的应用:目前,食品营养成分的分析,食品中有毒、有害化学物质的分析、检测(农药、化肥、重金属、激素等),食品中污染的致病微生物的检测,食品中生物毒素(细菌毒素、真菌毒素)的检测等大量的监督检测工作几乎都可以用生物芯片来完成。例如,基因芯片用于检测致病菌。

## 四、生物传感器检测技术

生物传感器是在生命科学和信息科学之间发展起来的一门交叉学科,作为一种新型的检测技术,具有方便、省时、精度高,便于利用计算机收集和处理数据,又不会或很少损伤样品或造成污染,可小型化和自动化,及现场检测等优点。生物传感器可以广泛地应用于食品中的添加剂、农药及兽药残留、对人体有害的微生物及其产生的毒素以及激素等多种物质的检测。在现代食品安全性分析中,这些项目都是进行食品安全性评价的重要依据。

1. 生物传感器分类

生物传感器一般由分子识别元件、信号转换器件及电子测量仪表组成,主要有两种分类方式

(1)根据生物传感器中信号检测器上的敏感物质分类:生物传感器与其他传

感器的最大区别在于生物传感器的信号检测中含有敏感的生命物质。根据敏感物质的不同,生物传感器可分为酶传感器、微生物传感器、组织传感器、细胞器传感器、免疫传感器等,目前生物学方面采用这种分类方法的较多。

(2)根据生物传感器的信号转换器分类:生物传感器是利用电化学电极、场效应晶体管、热敏电阻、光电器件、声学装置等来作为信号转换器的。因此,又将生物传感器分为电化学生物传感器、半导体生物传感器、测热型生物传感器、测光型生物传感器、测声型生物传感器等,目前在电子工程学方面采用这种分类方法较多,当然以上两种分类方法之间可以互相交叉。

2. 生物传感器在食品安全检测中的应用

(1)食品添加剂的分析,如检测亚硫酸盐的传感器、检测亚硝酸盐的传感器,1998 年,Stanislav Miertus 报道了一种多功能生物传感器。它相当于把分别检测几种食品添加剂的几个传感器(酶电极)集成到起,实现了同时检测乳酸、苹果酸和亚硫酸盐,其实验结果表明有比较好的线性范围,灵敏度和稳定性也都很好。

(2)农药和兽药残留的检测,如用于蔬菜等样品中有机磷农药的测定、食品中多氯联苯(PCBs)、磺胺和盘尼西林、激素类药物的检测。

(3)微生物与生物毒素的检测,生物传感器的出现掀起了微生物检测方法学上的一场革命,也使食品工业生产和包装过程中微生物自动检测成为可能。

3. 生物传感器发展趋势

生物科学、信息科学和材料科学发展推动了生物传感器技术飞速发展,但生物传感器的广泛应用仍面临着一些困难。今后一段时间里,生物传感器的研究工作将主要围绕选择活性强、选择性高的生物传感元件,提高信号检测器和转换器的使用寿命,生物响应的稳定性和生物传感器的微型化、便携式等问题,未来的生物传感器将具有以下特点。

(1)功能多样化:未来的生物传感器将进一步涉及医疗保健、疾病诊断、食品检测、环境监测、发酵工业的各个领域;

(2)微型化:随着微加工技术和纳米技术的进步,生物传感器将不断地微型化,各种便携式生物传感器的出现使人们在家中进行疾病诊断、在市场上直接检测食品成为可能;

(3)智能化、集成化:未来的生物传感器必定与计算机紧密结合,自动采集数据、处理数据,更科学、更准确地提供结果,实现采样、进样、结果一条龙,形成检测的自动化系统。同时,芯片技术将引入传感器,实现检测系统的集成化、一体化;

(4)低成本、高灵敏度、高稳定性、高寿命。

### 五、酶联免疫吸附测定技术

酶免疫实验技术是 20 世纪 60 年代在免疫荧光和组织化学基础上发展起来的一种新技术,最初用酶代替荧光素标记抗体作生物组织中抗原的鉴定和定位,随后发展为用于鉴定免疫扩散及免疫电泳板上的沉淀线。到 1971 年,Engwall 等用碱性磷酸酶标记抗原或抗体,建立了酶联免疫吸附测定(ELISA),这一技术的建立被认为是血清学实验的一场革命,是目前令人瞩目的有发展前途的一种新技术。

酶免疫技术发展迅猛、种类繁多,酶免疫技术分为酶免疫组化技术和酶免疫测定技术,酶免疫测定技术又分为均相酶免疫测定和异向酶免疫测定技术,异向酶免疫测定技术又分为固相酶免疫测定技术和液相酶免疫测定技术。目前应用最广泛的是固相酶免疫测定技术中的酶联免疫吸附测定(ELISA)技术。

1. 酶联免疫吸附测定原理

一个抗体分子与靶抗原结合之后,形成的抗原—抗体复合物肉眼是不可见的,如将抗体(或抗原)与某种显色剂偶联,抗原与抗体结合形成的复合物就由不可见变为可见,从而确定样品中是否存在某种抗原(或抗体)。酶免疫技术就是用酶(如辣根过氧化物酶)标记已知抗体(或抗原),然后与样品在一定条件下反应,如果样品中含有相应抗原(或抗体),抗原抗体相互结合的复合物中所带酶分子遇到底物时,能催化底物水解、氧化或还原,产生显色反应,这样就可以定性、定量测定样品中的抗原(抗体)。

2. 测定方法的特点

ELISA 测定方法的特点是,不论定性还是定量,都必须严格按照规定的方法制备试剂和实施测定。如缓冲液可于冰箱中短期保存,但使用前仍需观察是否变质;蒸馏水最好是用新鲜蒸馏的,因不合格的蒸馏水可使空白值升高。测定实验中,应力求各步骤操作的标准化。

3. ELISA 技术的分类

ELISA 常用的方法有直接法、间接法、双抗体夹心法、双夹心法和竞争法。

(1)直接法测定抗原:①将待测抗原吸附在载体表面;②加酶标抗体,形成抗原—抗体复合物;③加底物,底物的降解量与抗原量呈正相关。

(2)间接法测定抗体:①将抗原吸附于固相载体表面;②加待测抗体,形成抗原—抗体复合物;③加酶标二抗(抗—抗体);④加底物,底物的降解量与抗体量呈正相关。

（3）双抗体夹心法测定抗原：①将已知特异性抗体吸附于固相表面；②加待测抗原，形成抗原—抗体复合物；③加酶标抗体，形成抗体—抗原—抗体复合物；④加底物，底物的降解量与抗原量呈正相关。

（4）竞争法测定抗原：①A1、A2、A3 将抗体吸附在固相载体表面；②B1 加入酶标抗原；③B2、B3 加入酶标抗原和待测抗原；④C1、C2、C3 加底物，样品孔底物降解量与待测抗原量呈负相关。

4. ELISA 在食品安全检测中的应用：

①食品中毒素的测定；②食品中病原微生物的筛选；③食品中农药残留的测定；④动物食品兽药残留和违禁药物的测定；⑤转基因食品的检测。

转基因食品的安全性是最近有关食品安全性研讨的热点，由于现还在争议之中，许多国家都有严格的法规来管理转基因食品。其中有一条规定就是要求在转基因食品包装上贴上标签，让消费者有知情权，这就需要对转基因食品进行检测。检测方法有：PCR 技术直接检测转基因；ELISA 法间接检测转基因表达的目的蛋白质。FDA 已研究用双夹心 ELISA 法来检测食品是否含转基因玉米。

## 六、PCR 检测技术

核酸研究已有 100 多年的历史，20 世纪 60 年代末、70 年代初人们致力于研究基因的体外分离技术，1985 年美国 PE-Cetus 公司的 Mullis 等发明了具有划时代意义的聚合酶链式反应（polymerase chain reaction，简称 PCR）。1988 年 Saiki 等从温泉中分离的一株水生嗜热杆菌（*Thermus aquaticus*）中提取到一种耐热 *Taq* DNA 聚合酶（*Taq* DNA polymerase）。此酶具有耐高温、热变性时不会被钝化等特点，每次扩增反应后再加新酶，大大提高了扩增片段的特异性和扩增效率，增加了扩增长度（2.0kb），为 PCR 技术的广泛应用起到了促进作用。

然而 PCR 创立之前，DNA 的扩增非常困难。首先将 DNA 酶切、连接和转化后，构建成含有目的基因或基因片段的载体，然后导入细胞中扩增，最后从细胞中分离筛选目的基因，操作麻烦、耗时长。PCR 技术的发明大大地简化了 DNA 的扩增过程，克服了传统扩增方法的缺点。现在 PCR 技术已被广泛应用于分子生物学、微生物学、医学、分子遗传学、农学和军事学等诸多领域，并发挥着越来越大的作用，已成为实验室的常规技术。该技术发明人 Mullis 也因此获得 1993 年诺贝尔化学奖。

1. PCR 的原理

PCR 的原理并不复杂，实际上它是在体外试管中模拟生物细胞 DNA 复制的过程。PCR 特异性是由两个人工合成的引物序列决定的。在微量离心管中,除加入与扩增的 DNA 片段两条链两端已知序列分别互补的两个引物外,需加入适量缓冲液、微量 DNA 模板、四种脱氧核苷三磷酸(dNTP)溶液、耐热 *Taq* DNA 聚合酶、$Mg^{2+}$ 等。反应时,首先使模板 DNA 在高温下变性,双链解开为单链状态;然后是退火,降低溶液温度,使合成引物在低温下与其靶序列特异配对(复性),形成部分双链;在合适条件下,以 dNTP 为原料,由耐热 *Taq* DNA 聚合酶催化,形成新的 DNA 片段,该片段又可作下一轮反应的模板,此即引物的延伸。如此改变温度,由高温变性、低温复性和适温延伸组成一个周期,反复循环,使目的基因得以迅速扩增。因此,PCR 是一个在引物倡导下反复进行变性—退火—引物延伸三个步骤而扩增 DNA 的循环过程。

2. PCR 的特点

(1)特异性强:PCR 反应特异性的决定因素为:引物与模板 DNA 的正确结合;碱基配对原则;*Taq* DNA 聚合酶合成反应的忠实性;靶基因的特异性与保守性。其中引物与模板的正确结合是关键。

(2)灵敏度高:从 PCR 的原理可知,PCR 产物的生成是以指数方式增加的,即使按 75% 的扩增效率计算,单拷贝基因经 25 次循环后,其基因拷贝数也在 $10^6$ 倍以上,即可将极微量(pg 级)DNA,扩增到紫外光下可见的水平。

(3)简便、快速:现已有多种类型的 PCR 自动扩增仪,只需把反应体系按一定比例混合,置于食品上,反应便会按所输入的程序进行,整个 PCR 反应在数小时内就可完成。扩增产物的检测也比较简单,可用电泳分析,不用同位素,无放射性污染且易推广。

(4)对标本的纯度要求低:不需要分离病毒或细菌及培养细胞,DNA 粗制品及总 RNA 均可作为扩增模板。可直接用各种生物标本,如血液、体腔液、洗漱液、毛发、细胞、活组织等粗制的 DNA 扩增检测。

3. PCR 的类型

近年来,PCR 技术被大力发展和应用,许多 PCR 改良方法相继出现,PCR 相关技术发展很快,这些 PCR 改良方法主要与临床诊断和应用有关,表 13-1 列出了目前常用的几种 PCR 技术,主要有巢式 PCR、复式 PCR、不对称 PCR 和定量 PCR 等。

表 13-1　常用的 PCR 相关技术

| 名称 | 主要用途 |
|------|----------|
| 简并引物扩增法 | 扩增未知基因片段 |
| 巢式 PCR | 提高 PCR 敏感性、特异性,可分析突变 |
| 复式 PCR | 同时检测多个突变或病原 |
| 反向 PCR | 扩增已知序列两侧的未知序列,致产物突变 |
| 单一特异引物 PCR | 扩增未知基因组 DNA |
| 单侧引物 PCR | 通过已知序列扩增未知 cDNA |
| 锚定 PCR | 分析具备不同末端的序列 |
| 增效 PCR | 减少引物二聚体,提高 PCR 特异性 |
| 固着 PCR | 有待于产物的分离 |
| 膜结合 PCR | 去除污染的杂质或 PCR 产物残留 |
| 表达盒 PCR | 产生合成或突变蛋白质的 DNA 片段 |
| 连接介导 PCR | DNA 甲基化分析、突变和克隆等 |
| cDNA 末端快速扩增 | 扩增 cDNA 末端 |
| 定量 PCR | 定量 mRNA 或染色体基因 |
| 原位 PCR | 研究表达基因的细胞比例等 |
| 臆断 PCR | 鉴定细菌和遗传作用 |
| 通用引物 PCR | 扩增相关基因或检测相关病原 |
| 集合扩增表型分析(mapping) | 同时分析少量细胞的 mRNA |

## 七、食品成分综合测定技术

主要是针对食品中宏量元素(蛋白质、脂类、碳水化合物)、微量元素(维生素、矿物质)和其他膳食成分(膳食纤维、水及植物源食物中的非营养素类物质)的成分分析,从而评定该食品的营养价值,因为这些物质是决定食品品质和营养价值的主要指标。

# 第二节　食品中有害成分测定

1. 铅、镉、铜、锌的原子吸收光谱法综合测定

生物元素可分为四类:必需元素、有益元素、沾染元素或污染元素、有毒元素。这些元素的分析方法较多,由于原子吸收分光光度法具有灵敏度高、操作方

便、抗干扰能力较强、选择性好等优点,该方法现已在食品、环保等广泛应用。

2. 总汞及有机汞的测定

汞是生命非必需元素,在自然界中有单质汞(水银)、无机汞和有机汞等几种形态。形态不同毒性不同,有机汞对人体危害较大,特别是甲基汞($CH_3Hg$),比无机汞的毒性强得多。为此,《食品安全国家标准 食品中污染物限量(含第 1 号修改单)》(GB 2762—2017)对其有不同的规定,如鱼肉及制品中甲基汞≤1.0mg/kg,其他水产品中甲基汞≤0.5mg/kg,对汞总量不做要求,而非水产品对甲基汞无要求,但对汞总量要求很严。食品中汞含量应符合国家标准《食品安全国家标准 食品中总汞及有机汞的测定》(GB 5009.17—2014)。食品中总汞采用原子荧光光谱分析法测定、水产品中甲基汞采用液相色谱—原子荧光光谱联用方法测定。

3. 植物源食品中农药残留量的测定

在我国,市场销售的农药杀虫剂中50%以上属于有机磷和氨基甲酸酯类杀虫剂,其产量约占70%以上。对于食品中有机磷和氨基甲酸酯类杀虫剂残留量的检测目前主要有免疫检测法、生物化学测定法和仪器分析法。还有为适应快速检测的需要开发的试剂盒快速检测的方法等。2017 年 3 月实施的 SN/T 4591—2016 介绍了液相色谱—质谱/质谱法,该推荐方法可测定多种农药残留,但设备费用较贵。

4. 动物源食品中抗生素残留量的测定

目前食品中抗生素残留常用的检测方法主要有高效液相色谱法和酶联免疫吸附法。现行有效的相关国家标准有《鸡蛋中氯羟吡啶残留量的检测方法 高效液相色谱法》(GB/T 20362—2006)、《动物源性食品中青霉素族抗生素残留量检测方法 液相色谱—质谱/质谱法》(GB/T 21315—2007)、《蜂蜜中四环素族抗生素残留量的测定》(GB/T 5009.95—2003)、《牛奶和奶粉中六种聚醚类抗生素残留量的测定 液相色谱—串联质谱法》(GB/T 22983—2008)等。

# 第三节　食品掺伪成分检验

食品掺伪是指人为地、有目的地向食品中加入一些非其所固有的成分,以增加其重量或体积,从而降低成本;或改变其某种质量,以低劣色、香、味来迎合消费者心理的行为。食品掺伪主要包括掺假、掺杂和伪造,三者之间没有明显界限。食品掺假是指向食品中非法掺入与其物理性状或形态相似的物质(小麦粉中掺入滑石粉;味精中掺入食盐;油条中掺入洗衣粉;食醋中掺入游离矿酸等)。食品掺杂是指在粮油食品中非法掺入非同一种类或同种类劣质物质(大米中掺入沙石;糯米中掺入大米等)。食品伪造是指人为地用一种或几种物质进行加工仿造,冒充某种食品在市场销售的违法行为(工业酒精兑制白酒;用黄色素、糖精及小麦粉仿制蛋糕等)。

食品鉴伪则是针对上述人为地、有目的地向食品中加入一些非固有的成分或改变某种质量的掺伪手段,通过各种检测检验方法来识别掺假、掺杂、伪造食品的行为。针对形形色色掺伪手段的鉴伪工作主要集中在种类鉴别、掺假鉴定、违禁成分检测和溯源(原产地保护)四大方面。

## 一、食品掺伪现状

目前,食品掺伪主要有植物源食品掺伪和动物源食品掺伪。

### (一)植物源食品掺伪现状(表 13-2)

表 13-2 植物源食品掺伪现状

| 食品种类 | 掺伪情况 |
| --- | --- |
| 粮食 | ①新粮中掺陈粮②掺霉变米③小米加色素④糯米中掺大米⑤面粉中掺滑石粉、大白粉、石膏⑥面条、粉丝中掺荧光增白剂⑦挂面中掺吊白块⑧粮食中掺砂石⑨粉条中掺塑料 |
| 豆及豆制品 | ①大豆粉中掺玉米粉②豆粕冒充大豆制豆腐③干豆腐中掺豆渣、玉米面④干豆腐中加色素、姜黄、地板黄 |
| 油脂 | ①植物油中掺动物油②香油掺伪③掺酸败油④掺矿物油⑤掺米汤⑥毛油冒充精炼油 |
| 蔬菜、水果 | ①滥用催熟剂②蔬菜注水③西瓜注水、糖精、色素 |
| 干菜类 | ①加盐卤、硫酸镁、淀粉、食盐、糖、矾、化肥、河泥、铁屑、沥青②伪造发菜 |
| 酒类 | ①蒸馏酒用兑制酒冒充②工业酒精兑制酒③散白酒兑水④白酒加糖⑤伪造啤酒 |
| 饮料类 | ①使用非食用色素②掺漂白粉、掺洗衣粉③伪造果汁、可乐、咖啡、茶叶④加非食用防腐剂 |
| 糕点 | ①加色素②掺异物③假绿豆粉制绿豆糕④凉糕用滑石粉防黏合⑤用酸败油制作糕点⑥酸败霉变糕点充好糕点 |
| 调料及调味料 | ①假八角、姜粉、花椒②加色素、玉米面调料③酱油掺水、假酱油④非法发酵法合成醋、掺矿酸⑤味精加石膏或小苏打 |
| 其他 | ①食品中加尿素②用人尿生豆芽 |

## (二)动物源食品掺伪现状(表13-3)

表13-3　动物源食品掺伪现状

| 食品种类 | 掺伪情况 |
| --- | --- |
| 肉及肉制品 | ①用不新鲜肉②以低价肉冒充高价肉③用病死畜禽肉冒充好肉④肉中注水⑤加色素⑥香肠中加过量淀粉 |
| 乳及乳制品 | ①牛奶中掺水、中和剂、米汤、豆浆、淀粉、盐、碱、防腐剂②加白广告色、人畜尿、洗衣水、石灰水、药物、化肥 |
| 蜂蜜 | ①掺蔗糖、淀粉、食盐、化肥、人工转化糖、发酵蜜、毒蜜②用非蜂蜜原料伪造 |
| 鱼贝类 | ①掺变质鱼贝②鱼体注水③水发加碱④干虾米加色素⑤掺假海蜇⑥虾酱掺伪、虾油掺水⑦掺食用琼脂 |
| 蛋类 | ①假皮蛋②臭蛋充好蛋 |

## 二、食品掺伪鉴别检验的方法

纵观目前不法分子的造假手段,虽说多种多样,归纳起来主要集中在三个方面对真品进行仿制。①形态:用其他材料仿造外形、质地,如燕窝、鱼翅、雪蛤油制品等人们对其天然外形不甚了解的贵重食品原料;②口味:模仿真品的味道,如天然果汁、鳖精等;③成分:以别的物质替代食品中的一些成分,以蒙混质量检测,如酱油用毛发水解液替代发酵液,奶粉用水解植物蛋白来替代等,这类伪劣品在常规的氨基态氮、蛋白质含量的指标检测中很难鉴别。对于第一种手段,鉴别起来比较简单,行家用肉眼或结合显微观察即可分辨,也可采用一些化学分析方法。由于大多数食品经过了破碎、搅拌、高温、高压和化学和生物反应等加工过程,形态鉴别已毫无意义,因此对第二、三种的伪劣品鉴别有较大的难度,必须依靠现代分析技术。

从鉴伪方法来看,有感官评价法、化学剂量法、仪器检测法、流变学法、数学模型法、同位素法、免疫法、分子生物学法等。从鉴伪手段来看,可概括为基因表达的结果(表现型)和DNA水平两方面。以基因表达的结果(表现型)为基础的分子检测鉴别技术,包括色谱技术、电泳技术、人工神经网络技术、蛋白质芯片—飞行质谱技术、微流控技术等;以DNA水平为基础的分子检测鉴别技术,包括PCR技术、RFLP技术、RAPD技术、AFLP技术、SSR和ISSR技术、多位点小卫星DNA指纹技术和微卫星标记技术、基因芯片技术以及DNA序列分析技术等。

### (一)植物源食品掺伪的鉴别检验

凡从植物中获得的食品及其制品,都属于植物源食品,包括粮食、果蔬、植物油、酒、饮料、调味料等,在一些食品生产中,存在着以次充好或添加非食用物质的现象,如在面食中添入"吊白块"、在大米中添入滑石粉、用化肥催生豆芽等。

1. 感官检验

感官检验粮食、植物油、饮料等植物源食品时,一般依据其色泽、透明度、气味、滋味、杂质等进行综合评价。通过观察食品的饱满度、完整度和均匀度,感受其质地的松紧程度,参考本身固有的正常色泽以及是否含有杂物状态,对食品质量进行初步判断。表13-4以粮食中稻谷为例,介绍其感官指标及检验方法。

**表13-4　稻谷的感官指标**

| 指标 | 特征 |
| --- | --- |
| 形态 | 颗粒饱满、完整,无虫害、无霉变、无杂质 |
| 色泽 | 外壳呈黄色、浅黄色或金黄色,颜色鲜艳,有光泽 |
| 气味 | 具有纯正的稻香味,无霉味,无异味 |
| 滋味 | 无酸味、苦味和其他异味 |

2. 理化检验

通过理化分析,可对特定食品中的酸度、灰分、折射率、熔点等指标进行检验,可判断食品的纯度,从而判断食品质量;利用碘量法、氯仿沉淀实验等经典的化学分析方法,可实现特定物质的快速检测。

食品添加剂应符合《食品安全国家标准 食品添加剂使用标准》(GB 2760—2014)。

**(二)动物源食品掺伪的鉴别检验**

肉、禽、蛋及水产品富含人体所需蛋白质、脂肪、碳水化合物、矿物质和维生素等主要的营养物质,是典型的动物源性食品,在我国食品产业中占有重要地位。一些不法企业和商贩为了牟取暴利,掺杂、掺假和伪造的非法行为屡有发生。"红心鸭蛋""注水肉""三聚氰胺奶粉"等事件时有报道,严重地影响了消费者的利益及食品产业的健康发展。目前动物源食品的质量标准主要有感官指标和理化指标。

1. 感官检验

动物源食品的感官指标包括色泽、组织状态(弹性)、黏度、气味。在实际检验中,可通过质量标准对肉、禽等及其制品的优劣进行初步辨别。鲜、冻牛肉的感官指标如表13-5所示。

表 13-5　鲜、冻牛肉的感官指标

| 项目 | 指标 | |
| --- | --- | --- |
| | 鲜牛肉 | 冻牛肉 |
| 色泽 | 肌肉有光泽,色鲜红或深红;脂肪呈白色或淡黄色 | 肌肉色鲜红,有光泽;脂肪呈乳白色或微黄色 |
| 黏度 | 外表微干或有风干膜,不粘手 | 外表微干或有风干膜,或外表湿润,不粘手 |
| 弹性 | 指压后的凹陷立即恢复 | 肌肉结构紧密,有坚实感,肌纤维韧性强 |
| 气味 | 具有鲜牛肉正常的气味 | 具有牛肉正常的气味 |
| 煮沸后的肉汤 | 透明、澄清,脂肪团聚于表面,具特有香味 | 透明、澄清,脂肪团聚于表面,具有牛肉汤固有的香味和鲜味 |

2. 理化检验

对掺伪的肉、禽等动物源食品及其制品的检验,先进行真伪鉴别,识别出掺伪食品,判断掺伪物质,然后以掺伪食品为检验对象,以掺伪物质为检验目标,选择正确的检验方法进行分析检验,根据某种或某些物质的存在或某成分的含量,对掺伪食品做出科学、正确的坚定结论,确定食品中掺入物质的量和明确仿冒物成分。用于检验的理化指标包括 pH、挥发性盐基氮、硫化氢、水分、蛋白质、淀粉、亚硝酸盐、农兽药及非法添加物等。

3. 肉质鉴伪技术

目前,我国已将 PCR 检测技术作为鉴定肉类的标准方法,国家先后出台了牛、羊、猪、鹿、狗、马、驴、兔、骆驼肉的国家检测标准;农业农村部也出台了牛、猪和羊肉的检测标准。出入境检验检疫系统出台的 PCR 技术检测肉类的行业标准最为全面,包括鸡、牛、山羊、绵羊、鸭、火鸡、鹅、狐狸、猪、狗、貂、鸽子、猫、马、驴、鹌鹑、鲫鱼、鱿鱼、黄鱼、金枪鱼、安康鱼、石斑鱼、鳖鱼、河豚等。PCR 检测技术具有简单、特异性好、灵敏度高等优点,但其缺点是可能会产生假阳性、假阴性等问题,并且存在检测成本高、技术要求高等局限性。在生物技术飞速发展的今天,该领域内各项新技术如基因芯片、蛋白质芯片等不断涌现,将其与 PCR 技术有机结合,必能在肉类掺假检测领域得到更多的应用。

色谱法既是一种分离方法又是一种分析方法,因其具有分离效率高、分析速度快、灵敏度高、能够进行定量检测等优点,能够实现自动化而广泛应用在分析化学、有机化学、生物化学等领域。相对 PCR 技术而言,色谱技术不存在假阳性,且检测限更低,定量更准确,应用范围也更广泛。目前,常用的色谱技术包括气相色谱、液相色谱、凝胶色谱和离子色谱等。在肉类检测中,应用最广泛的则是高效液相色谱。色谱分析主要是通过对肉类氨基酸、蛋白质、肽类等成分的分析而鉴定其种类。

# 第十四章 食品安全监督管理

食品安全监管分广义和狭义两个层面。狭义层面指国家职能部门通过立法、行政、司法手段对食品生产、流通过程实施监督管理的制度,其监管主体是政府各职能部门,客体是与食品生产、流通、销售相关的企业和个人。具体包括对食品生产环节、食品加工环节、食品运输环节、食品销售环节的行政权行使;对质量卫生实施生产许可、生产检验;对食品从生产到销售的各个环节中的食品安全问题进行调查、监督以及追责等。广义的食品安全监管除了政府职能部门监管外,还包括社会第三方监督主体,如消费者协会、新闻媒体等。第三方监督是伴随着市场经济的发展逐步产生的,因而第三方监督在市场经济发展较为成熟的发达国家发展很快,正因为如此,有越来越多的西方学者倾向于多方合作来实现食品安全监管。强调政府和市场进行双重协调管理,可以达到"1+1>2"的效果。然而,由于当前我国的市场经济发展还不完善,导致两种监督主体的地位和作用存在很大不同,政府作为食品安全监管的主体,发挥着核心和领导作用,第三方监督则是政府监督的辅助因素。

我国食品安全监管的历史沿革如下:

1995《食品卫生法》明确规定了卫生行政部门是卫生监督执法的主体,标志着我国卫生监督法律体系初步形成,这是我国食品安全的初级监管阶段。

2003 年,国务院组建了国家食品药品监督管理局,负责食品安全综合监督、组织协调和重大事故查处工作。2004 年国务院发布了《国务院关于进一步加强食品安全监管工作的决定》,把食品安全监管分为四个环节,分别由农业、质检、工商四个部门实施。其中初级农产品生产环节的监管由农业部门负责,食品生产加工环节的质量监督和日常卫生监管由质检部门负责,食品安全的综合监督、组织协调和依法组织查处重大事故由食品药品监督管理局负责,进出口农产品和食品监管由质检部门负责,开启了我国食品安全多头分段管理阶段。

2008 年 3 月,十一届全国人大一次会议启动了新一轮国务院机构改革,实行大部门制,明确了卫生部承担食品安全综合协调、组织查处安全重大事故的责任,国家确立了"全国统一领导,地方政府负责,部门指导协调,各方联合行动"的食品安全监管工作新格局,实行了由卫生部门负责、食品药品监管部门综合协调,各部门协调的食品安全综合监管模式。

# 第一节　食品安全日常监督和应急管理

## 一、食品安全日常监督

2016年3月4日,国家食品药品监督管理总局发布《食品生产经营日常监督检查管理办法》(以下简称《办法》),于2016年5月1日起施行,主要内容包括:

(1)明确日常监督检查职责。《办法》规定国家食品药品监督管理总局负责监督指导全国食品生产经营日常监督检查工作;省级食品药品监督管理部门负责监督指导本行政区域内食品生产经营日常监督检查工作;市、县级食品药品监督管理部门负责实施本行政区域内食品生产经营日常监督检查工作。

(2)明确随机检查原则。《办法》规定市、县级食品药品监督管理部门在全面覆盖的基础上,可以在本行政区域内随机选取食品生产经营者、随机选派监督检查人员实施异地检查、交叉互查,可以根据日常监督检查计划随机抽取日常监督检查要点表中的部分内容进行检查,并可以随机进行抽样检验。

(3)明确日常监督检查事项。《办法》规定食品生产环节监督检查事项包括食品生产者的生产环境条件、生产过程控制、不合格品管理和食品召回、从业人员管理、食品安全事故处置等情况;食品销售环节监督检查事项包括食品销售者资质、从业人员健康管理、一般规定执行、禁止性规定执行、经营过程控制、进货查验结果、食品贮存、不安全食品召回、标签和说明书、特殊食品销售、进口食品销售、食品安全事故处置、食用农产品销售等情况,以及食用农产品集中交易市场开办者、柜台出租者、展销会举办者、网络食品交易第三方平台提供者、食品贮存及运输者等履行法律义务的情况;餐饮服务环节监督检查事项包括餐饮服务提供者资质、从业人员健康管理、原料控制、加工制作过程、食品添加剂使用管理及公示、设备设施维护和餐饮具清洗消毒、食品安全事故处置等情况。

(4)明确制定日常监督检查要点表。《办法》要求国家食品药品监督管理总局根据法律、法规、规章和食品安全国家标准有关食品生产经营者义务的规定,制定日常监督检查要点表;省级食品药品监督管理部门可以根据需要,对日常监督检查要点表进行细化、补充;市、县级食品药品监督管理部门应当按照日常监督检查要点表,对食品生产经营者实施日常监督检查。《办法》规定在实施食品生产经营日常监督检查中,对重点项目应当以现场检查方式为主,对一般项目可以采取书面检查的方式。

（5）明确日常监督检查结果形式。《办法》规定日常监督检查结果分为符合、基本符合与不符合3种形式，并记入食品生产经营者的食品安全信用档案。日常监督检查结果属于基本符合的食品生产经营者，市、县级食品药品监督管理部门应当就监督检查中发现的问题书面提出限期整改要求；日常监督检查结果为不符合，有发生食品安全事故潜在风险的，食品生产经营者应当立即停止食品生产经营活动。

（6）明确日常监督检查结果对外公开。《办法》规定市、县级食品药品监督管理部门应当于日常监督检查结束后2个工作日内，向社会公开日常监督检查时间、检查结果和检查人员姓名等信息，并在生产经营场所醒目位置张贴日常监督检查结果记录表。食品生产经营者应当将张贴的日常监督检查结果记录表保持至下次日常监督检查。

（7）明确日常监督检查法律责任。《办法》规定食品生产经营者撕毁、涂改日常监督检查结果记录表，或者未保持日常监督检查结果记录表至下次日常监督检查的，由市、县级食品药品监督管理部门责令改正，给予警告，并处2000元以上3万元以下罚款。食品生产经营者拒绝、阻挠、干涉食品药品监督管理部门进行监督检查的，由县级以上食品药品监督管理部门按照《食品安全法》有关规定进行处理。

## 二、食品安全应急管理

所谓食品安全应急管理，是指食品安全监管部门及其相关机构在对食品安全风险充分准备的基础上，为应对食品安全事故所带来的严重威胁和重大损害，根据事先制定的应急预案，所采取的避免或减少危害结果的一系列制度和措施。

1. 基本要素

一个功能齐全的食品安全应急管理框架应包括相互关联的四个基本要素：

（1）预备。

预备主要是为了应对可能发生的食品安全危机事先所做的各种应急准备活动，包括制定应急预案、组建应急队伍、配备应急设备和物资等，其目的是为突发食品安全危机储备必要的迅速处置能力，以便在事件发生后根据预案立即采取相应的救援行动，将危害降低到最低限度，防止事态进一步扩大。

（2）监测和预警。

监测和预警是为了防止食品安全事故的发生，避免应急行动而采取的预防措施。监测和预警充分体现了"预防为主"的原则，它不仅是食品安全应急管理机制中的重中之重,也是整个食品安全监控机制所追求的最高目标。

（3）应急反应。

应急反应就是在确认食品安全事件发生及其危害级别的基础上,做出快速反应。食品安全应急管理机制是应急反应的载体和发挥作用的平台,能否作出快速反应是食品安全应急管理机制完善与否的标志,它在一定程度上决定着危害发展的状态。实现快速反应的关键是做到"及时准确",即获取食品安全事件的信息、调动应急队伍、展开救援行动、发布问题食品信息、召回问题食品等都要快速及时;对食品安全危机发生、发展的事态作出的研判要准确,拟定的措施要有针对性和实效性,各项快速反应的措施都要落到实处。

（4）恢复和善后。

食品安全应急管理的另一个重要功能就是做好善后工作,恢复正常的生产生活秩序,主要包括:依法惩处违法涉案人员,平复被害人的报复情绪;消除社会恐慌心理,恢复人们对食品安全的信心;做好赔偿或补偿以及救助工作;总结经验教训,进一步完善和优化应急管理机制等。

2. 应急管理机制存在的主要问题

（1）缺乏独立常设的综合应急协调机构。我国目前缺乏统一、常设的应急管理指挥机构,对食品安全应急管理指挥与协调主要依赖临时设立的"应急处置指挥部"或地方政府设置的临时机构,并且这些临时机构不具体负责日常管理工作,只负责应急管理政策层面的指挥与协调。

（2）缺乏信息共享的监测预警体系平台。

（3）信息披露滞后。

（4）缺乏社会公众的有效参与。

3. 完善应急管理机制的建议

（1）建立常设应急机构,保障食品安全应急管理机制协调高效运行。

（2）建立健全畅通、高效的应急管理信息指挥平台。

（3）建立严密的食品追溯和召回制度。

# 第二节　产品认证和市场准入制度

## 一、产品认证

产品认证是由可以充分信任的第三方证实某一产品或服务符合特定标准或

其他技术规范的活动。产品认证分为强制认证和自愿认证两种。世界大多数国家和地区设立了自己的产品认证机构,使用不同的认证标志,来标明认证产品对相关标准的符合程度。

所谓无公害食品,是指按照无公害食品生产标准和产品标准要求从事生产活动,产品的质量指标达到无公害食品的质量要求,并通过农业农村部无公害农产品质量认证中心认证的产品。无公害食品标准对食品的安全性提出了基本要求,普通食品都应达到这一要求。

绿色食品的质量要求高于无公害食品;而有机食品是目前农产品的最高标准。这三类产品的冠名,都需要通过国家认证。对于肉鸭和蛋鸭养殖企业、养殖户来说,应参考相关标准,提高产品品质,争取达标认证。

有机食品是指采取有机的耕作(饲养)和加工方式生产和加工的,在生产和加工中不使用农药、化肥、化学防腐剂等化学合成物质,也不使用基因工程生物及其产品,产品符合国际或国家有机食品要求和标准;并通过国家有关部门认可的认证机构认证的农副产品及其加工品。

三者区别如下:

标准不同:无公害食品禁用高毒高残农药、推广使用低毒低残农药;绿色食品提倡减量化使用常规农药、化肥;有机食品在生产加工过程中绝对禁止使用农药、化肥、激素等人工合成物质,并且不允许使用基因工程技术;其他食品并不禁止使用基因工程技术。绿色食品对基因工程技术和辐照技术的使用就未作规定。

认证机构不同:无公害食品由农业农村部及各省市食用农产品安全生产体系办公室统一认证;绿色食品的认证由中国绿色食品发展中心负责全国绿色食品的统一认证和最终认证审批,各省、市、区绿色食品办公室协助认证。有机食品的认证是由具有有机认证资质的认证机构进行认证。

认证方法不同:无公害食品的认证以检查认证为主,检测认证为辅,绿色食品的认证以检测认证为主,有机食品的认证是在国家认监委监督下,由具有认证资质的机构进行认证。

生产方面,有机食品在土地生产转型方面有严格规定。考虑到某些物质在环境中会残留相当一段时间,土地从生产其他食品到生产有机食品需要两到三年的转换期,而生产绿色食品和无公害食品则没有转换期的要求。

数量控制方面,有机食品在数量上进行严格控制,要求定地块、定产量,生产其他食品没有如此严格的要求。

## 二、市场准入制度

市场准入的概念最早始于 20 世纪 30 年代,一般是指货物、劳务与资本进入市场的程度的许可。对于产品的市场准入,一般是指市场的主体(产品的生产者与销售者)和客体(产品)进入市场的程度的许可。

食品市场准入,是指对经有权质量认证或认定机构认证、认定的食品(包括无公害食品、绿色食品、有机食品等),以及经检验质量安全卫生指标符合国家食品安全卫生标准、无公害标准或检疫合格的食品准予入市经营,对未经认证、认定、检验、检疫或经检验、检疫不合格的食品,不准予上市流通,禁止经营销售。开展食品市场准入管理,是保障食品安全生产和消费的有效措施,也是发达国家的通行做法,更是国内食品质量管理的必然趋势。严格的市场准入,不仅可以阻止有毒有害食品走上城乡居民的餐桌,而且可以促进安全优质食品的生产,促进农民增收。

食品质量安全市场准入制度的主要内容包括以下三个方面:

(1)对食品生产企业实施生产许可证制度。对于具备基本生产条件、能够保证食品质量安全的企业,发放《食品生产许可证》,准予生产许可获证范围内的产品;未取得《食品生产许可证》的企业不准生产食品。

(2)对企业生产的食品实施强制检验制度。具体要求:①那些取得食品质量安全生产许可证并经质量技术监督部门核准,具有产品出厂检验能力的企业,可以实施自行检验其出厂的食品。实行自行检验的企业,应当定期将样品送到指定的法定检验机构进行定期检验;②已经取得食品质量安全生产许可证,但不具备产品出厂检验能力的企业,按照就近就便的原则,委托指定的法定检验机构进行食品出厂检验;③承担食品检验工作的检验机构,必须具备法定资格和条件,经省级以上(含省级)质量技术监督部门审查核准,由国家质检总局统一公布承担食品检验工作的检验机构名录。

(3)对实施食品生产许可证制度的产品实行市场准入 QS 标志制度。对检验合格的食品要加印(贴)市场准入标志(QS 标志),没有加贴 QS 标志的食品不准进入市场销售。

我国食品市场准入管理制度的开展,在一定程度上提升了食品的质量安全水平,但同时也还存在一些问题:①检验对象有限、检验项目单一;②检测机构不健全、检测手段落后;③市场准入缺少联动机制;④市场准入缺少有效的惩罚措施;⑤外地食品的市场准入还不规范;⑥质量体系运行不规范。

针对食品质量安全市场准入管理存在的问题,应该从以下几个方面入手,从而提高我国食品质量安全市场准入管理的水平:①完善食品市场准入的法规、标准体系;②提高市场准入检测水平;③建立市场准入联动机制和惩罚机制;④扩大市场准入的范围;⑤强化日常监督管理,确保食品市场准入制度的有效实施。

# 第三节　食品安全预警

食品安全预警是指通过对食品安全隐患的监测、追踪、量化分析、信息通报预报等,对潜在的食品安全问题及时发出警报,从而达到早期预防和控制食品安全事件,最大限度地降低损失,变事后处理为事先预警的目的。

一般认为政府对食品安全进行的社会性监督管理,是以保障劳动者和消费者的安全、健康、卫生、防止公害为目的进行的政府干预。食品安全预警机制可以被定义为政府通过颁布法律、法规、行政规章等方式,动员社会各种力量,积极做好危机准备工作和保障措施,对食品原材料及食品的生产、加工、流通、销售等环节的企业和个体的行为进行严密监控,对其发展趋势、危害程度等做出科学合理有效的判断,通过危机传导流程,发出正确的警报,并在政府其他各部门的协同工作下,充分保证各系统有效运行的组织体系,从而对食品安全进行早期预报和早期控制的一种管理机制。

## 一、食品安全预警的目的

建立食品安全信息管理体系,构建食品安全信息的交流与沟通机制,为消费者提供充足、可靠的安全信息;及时发布食品安全预警信息,帮助社会公众采取防范措施;对重大食品安全危机事件进行应急管理,尽量减少食源性疾病对消费者造成的危害与损失。

## 二、食品安全预警的意义

食品安全是我国亟待解决的民生问题,它关系到经济的健康发展与社会的和谐。鉴于食品安全关系到消费者健康,食品安全问题可能造成重大经济损失、引发国际食品贸易争端、影响政府公信力,甚至导致严重的政治后果。因此,开展食品预警研究,建立食品安全预警系统,及时发布食品安全预警信息,可以在相当大的程度上保障劳动者或消费者的安全、健康、卫生,防止公共危机的发生,提高国民的幸福指数,可减少食品安全事故对消费者造成的危害及损失,加强政府对重大食品安全危机事件的预防和应急处置。

### 三、欧盟食品安全快速预警系统

欧盟食品快速预警系统(rapid alert system,RAS)是建立在欧洲委员会网站上的一个信息系统,它的目标是快速通报其成员国关于食品安全、食品标签问题或消费者风险等信息。

1. RAS 的目标

RAS 的目标主要是使消费者免受食品中的危险因素或潜在危害的伤害以及在成员国和欧盟委员会之间快速交换信息。

2. RAS 的信息通报

当一个成员国得知本区域有食品安全问题出现,并且这一问题可能蔓延到其他成员国地区时,该成员国必须立即将尽可能完整的关于该食品的安全信息向欧盟官方联络处通报。

3. RAS 通报级别

RAS 系统具有两种通报级别,即预警级通报和非预警级通报。

4. RAS 通报类型

主要有以下几类:

(1)原始通报:指针对某一可能对消费者健康带来危害的特定食品安全事件,在 RAS 系统内发布的通报。

(2)其他通报:和已发布过的某项通报相关的通报,通报的产品类型以及危害源本质上一致,但在批次数量、原始生产国或生产商/包装者方面和原始通报有区别。

(3)附加信息:在原始通报发布后收集的可能对疾病控制机构有用的信息。

5. RAS 执行

(1)各成员国的任务:信息通报国有责任收集必需信息,尤其是关于可能对其他成员国和第三国造成危害的信息。

(2)问题跟踪及系统维护:所有成员国有义务告知欧盟事务处对当前预警级通报的食品安全问题所采取的措施。

(3)媒体通报及问题产品召回:媒体是信息传播的快速通道,借助媒体能够将食品安全风险信息快速通知消费者。

## 四、中国食品安全预警

### (一)我国食品安全预警快速反应系统

1. 系统特点及使用方法

(1)疫情信息资料具有很高的保密要求;用户的分级管理以及用户身份有效性的验证十分关键。

(2)系统通过对数据库的扫描,如发现在数据趋势、数据分布、未检项目、检测数据、数据规范性等方面存在不符合要求的项目,便自动以 E-mail 的形式通报进出口食品安全局和有关机构。另外,本系统还具有人工预警信息的收集、处理和发布功能。

(3)由于食品安全事件发生地点的广泛性和不确定性,以及疫情预警对数据采集要求的及时性等特点,于第一时间,客户端上报疫情资料,系统将信息通知国家出入境检验检疫局。

2. 系统功能

中国食品安全预警系统包括如下功能:①食品安全预警信息的自动产生;②食品安全信息分析;③食品安全趋势分析;④预警信息发布;⑤信息浏览;⑥密级评定;⑦快速反应措施;⑧统计和分析。

3. 效果评价

(1)保证了输入数据的准确性、安全性,实现了疫情快速发现、快速报告、快速反馈、快速控制。

(2)加强了信息交流与共享。

(3)规范了疫情上报方式和渠道,便于统一管理。

(4)提高了疫情信息管理的自动化水平。

(5)建立疫情资料数据库,为构建危险性分析模型打下基础。

### (二)我国食品安全预警机制存在问题

(1)多部门的监管模式存在监管盲点,监控机构不健全。

目前,我国采取的是典型的多部门管理模式,按照生产、流通、消费的环节进行分段管理,工商、质检、农业、卫生等部门各司其职,因而部门之间的协作配合断裂,没有配合默契的综合协调,便不可能有执法行动的高度统一。

(2)检测行业体系的不完善、科技力量尚显薄弱。

(3)行业协会的组织作用力不够。

行业协会是市场经济发展的产物,发达完善的行业协会是市场经济成熟的显著特征。在发达的市场经济国家,行业协会及类似于行业协会的组织,如行会、同业工会、商会等已形成了一套既定的社会规范,在维护市场秩序、知识产权保护中起着不可替代的作用。行业协会、维护消费者权益的民间组织等社会参与的重要力量的作用还没有完全释放出来。由于法制力、行政力、协调力和社会力等多种力组合而成的治理结构及其功能还存在着一些缺陷,使不安全的食品总能找到产生的空间和时间,这是不安全食品屡禁不止的体制根源。

（4）预警责任机制不健全。

目前我国食品安全监管机制没有建立责任制,没有彻底解决谁来监管种植、养殖,谁来监管生产、加工,谁来监管贮藏、流通等环节,每一个环节都要有人对食品安全流程负责,但其监管责任却没有真正落实到每一个具体环节中去。

**（三）建立完善食品安全预警系统**

食品安全风险预警系统,可快速形成信息采集、传递、处理、预警和决策反馈机制,实现对食品安全种植养殖环节、生产环节、经营环节、进出口环节的全方位监控、有效防御与及时处置,并在整合分析风险监测、风险评估、风险交流等信息的基础上,进行分层次、多渠道的风险预警。

食品安全风险预警系统包括信息源管理、预警分析管理和预警发布管理三个组成部分:①信息源管理的功能主要是实现食品风险预警系统数据的采集、存储、更新和补充。信息源管理主要分为监测管理和标准信息管理。监测管理包括数据采集管理和共享交换管理:采集管理的功能主要是实现系统内食品安全监测抽检数据上报、审核等功能;共享交换管理的功能主要是不同部门之间的数据共享。标准信息管理主要是收集与食品安全相关的数据标准、政策等信息,从而实现监测数据的标准化及辅助支撑;②预警分析系统的管理功能主要是基于监测数据和分析模型的决策支撑,为食品安全预警决策提供科学的保障;③预警发布系统将发布食品安全的预警信息,并与食品安全相关机构的内部办公系统对接,实现发布的线上编撰、在线审核、终端发布等。值得注意的是,建立食品安全预警系统需要强大的技术支持。

对此,我国主要还应解决三方面问题:①制作食品安全多维地理信息图谱,即利用空间统计分析技术,建立地理信息系统(GIS)环境下覆盖全国主要食品污染物、食源性疾病、致病因子时空分布和时空变化驱动力的分区地理信息图谱,这是食品安全预警系统分析的基础;②建立食品安全时空推理等预警模型,即根据食品安全风险中自然和社会环境影响因子的时空数据集,使用空间统计的分析法,建立食品安全影响因子作用模型、复杂网络模型和时空推理模型。这些模型的建立,可对食品安全的风险程度和可能的危害做出预测性推断。③建立食品安全事件模拟仿真系统,即从致病菌生物特性、自然环境影响和社会环境影响等多个方面,分别对我国不同地理空间区域的食品安全演化趋势和食品安全事件流行风险进行时空推理和预测,定量评估各类防控措施的实施效果,根据风险阈值对超出预期的风险异常偏高区域进行早期预测。

# 第四节　食品安全追溯体系和食品召回

## 一、食品安全追溯体系

### (一)概述

1. 可追溯性与可追溯体系

在我国等同采用的国际标准"GB/T 19000—2016/ISO 9000:2015《质量管理体系 基础和术语》"中认为追溯是质量管理系统中的一个重要组成部分,并将"可追溯性(traceabilty)"定义为:追溯所考虑对象的历史、应用情况或所处位置的能力。

在"GB/T 22000—2006/ISO 22000:2018《食品安全管理体系食品链中各类组织的要求》"中引用了 ISO 9000 中的术语和定义并提到,组织应建立且实施可追溯系统,以确保能够识别产品批次及其原料批次、生产和交付记录的关系;可追溯性系统应能够识别直接供方的进料和终产品初次分销的途径应按规定的期限保持可追溯性记录,以便对体系进行评估使潜在不安全产品得以处理;在产品撤回时,也应按规定的期限保持记录。

2. 食品安全追溯体系

食品安全溯源体系是指在食品产供销的各个环节(包括种植养殖、生产、流通以及销售与餐饮服务等)中,食品质量安全及其相关信息能够被顺向追踪(生产源头—消费终端)或者逆向回溯(消费终端—生产源头),从而使食品的整个生产经营活动始终处于有效监控之中。

我国《食品安全法》第四十二条规定,国家建立食品安全全程追溯制度,食品生产经营者应当依照本法的规定,建立食品安全追溯体系,保证食品可追溯。国家鼓励食品生产经营者采用信息化手段采集、留存生产经营信息,建立食品安全追溯体系。

食品安全追溯体系是一种基于风险管理为基础的安全保障体系。包括两个层次内容:宏观意义上指便于食品生产和安全监管部门实施不安全食品召回和食品原产地追溯,便于与企业和消费者信息沟通的国家食品追溯体系;微观上指食品企业实施原材料和产成品追溯和跟踪的企业食品安全和质量控制的管理体系。

该体系提供了"从农田到餐桌"的追溯模式,提取了生产、加工、流通、消费等供应链环节消费者关心的公共追溯要素建立食品安全信息数据库,一旦发现问题,能够根据追溯进行有效的控制和召回,从源头上保障消费者的合法权益。也就是说,食品追溯体系就是利用食品追溯技术标识每一件商品、保存每一个关键环节的管理记录,能够追踪和追溯食品在食品供应链的种植/养殖、生产、销售和消费整个过程中相关信息的体系。

3. 食品安全追溯体系的由来与发展

自 20 世纪 70 年代以来,无论是国际上还是在国内,食品安全问题日益突出(食物中毒、牛海绵状脑病、口蹄疫、禽流感等畜禽疾病以及严重农产品残药、进口食品材料激增等),食源性疾病危害越来越大,危机频繁发生,严重影响了人们的身体健康,尤其是 1990 年英国牛海绵状脑病"BSE"的爆发,政治上使欧盟各国产生矛盾,欧盟的权威性受到挑战,经济上使欧盟损失惨重,导致了公众对政府监督下的食品安全产生了严重的信任危机。如何对食品有效跟踪和追溯,已成为一个极为迫切的全球性课题。欧盟把食品可追溯系统纳入到法律框架下。2000 年 1 月欧盟发表了《食品安全白皮书》,提出一项根本性改革,就是以控制"从农田到餐桌"全过程为基础,明确所有相关生产经营者的责任。美国的食品可追溯系统主要是企业自愿建立,政府主要起到推动和促进作用。2003 年 5 月 FDA 公布了《食品安全跟踪条例》,要求所有涉及食品运输、配送和进口的企业要建立并保全相关食品流通的全过程记录。美国的行业协会和企业建立了自愿性可追溯系统。日本于 2003 年 6 月通过了《牛只个体识别情报管理特别措施法》,于同年 12 月 1 日开始实施。2004 年 12 月开始实施牛肉以外食品的追溯制度。这部法律以动物出生时就赋予的 10 位识别号码为基础,建立了从"农田到餐桌"追溯体系。

我国从 2002 年开始建立食品可追溯体系有关的相关法律和法规,并在一些地区和企业设立食品可追溯体系的试点,2002 年 5 月 24 日农业部令第 13 号令发布《动物免疫标识管理办法》规定对猪、牛、羊必须佩戴免疫耳标,建立免疫档案管理制度。国家质检总局 2003 年启动的"中国条形码推进工程",国内的部分蔬菜、牛肉产品开始拥有了属于自己的身份证。2004 年 12 月国家质检总局发布实施了《食品安全管理体系要求》和《食品安全管理体系审核指南》,依据此系列标准可以加强原料提供的管理,一旦出现问题也有助于有效地追本溯源,采取应急预案,使危害降到最低。农业农村部启动"城市农产品质量安全监管体系试点工作",重点开展了农产品质量安全追溯体系建设。2010 年实施了等同采用的国际标准"GB/T 22005—2009/ISO 22005:2007《饲料和食品链的可追溯性 体系设计与实施的通用原则和基本要求》"和指导性技术文件"GB/Z 25008—2010《饲料和食品链的可追溯性 体系设计与实施指南》"。中国物品编码中心近年来参照国际编码协会出版的相关应用指南。并结合我国的实际情况相继出版了《牛肉产品跟踪与追溯指南》《水果蔬菜跟踪与追溯指南》和《食品安全追溯应用案例集》。

**4. 食品安全追溯体系的作用和意义**

追溯体系最重要的功能是在整个供应链内作为沟通和提供信息的工具。它的主要作用及意义有以下几点:

(1)以向消费者提供食品真实可靠信息,增加信息的透明度,维护消费者知情权。

(2)可以提高生产供应链管理的效率,减少企业的成本和损失,增加经济效益。

(3)可以提高食品企业的竞争力,促进相关贸易全球一体化。

(4)可以提高生产企业和供应链的管理的水平。

食品追溯包含着食品的某种或某些特性等信息在整个产品生产供应链中的流动。企业对信息的合理利用有利于企业对产品流动和仓储的管理以及对不合格原料和生产过程的控制,从而提高企业的管理水平和整条生产供应链的管理水平。

食品安全追溯体系概括来说就是"源头可追溯,生产(加工)有记录、流向可跟踪、信息可查询、产品可召回、责任可追究"。前三项是对食品安全追溯系统本身功能的要求,后三项是食品追溯系统所要达到的目的。

**5. 食品溯源相关技术**

国内现行的食品安全溯源技术大致有三种:一种是 RFID 无线射频技术,在食品包装上加贴一个带芯片的标识,产品进出仓库和运输就可以自动采集和读取相关的信息,产品的流向都可以记录在芯片上;一种是二维码,消费者只需要通过带摄像头的手机拍摄二维码,就能查询到产品的相关信息,查询的记录都会保留在系统内,一旦产品需要召回就可以直接发送短信给消费者,实现精准召回;还有一种是条码加上产品批次信息(如生产日期、生产时间、批号等),采用这种方式食品生产企业基本不增加生产成本。

6. 食品溯源不等于食品安全

一个产品如果能追溯,能知道它从哪里来,就会放心一些,更安全一点,但是食品溯源并不等于食品安全。食品安全是一个综合的系统工程,追溯只是保障其安全的一个方面。食品溯源标识相当于食品的"出生证",食品的来源终于可以查看,质量、安全等问题也有据可查。但是上有政策下有对策。当前,一些简单的二维码和条形码可以复制,就给不良商家钻空子的机会,必须像对待自然人的出生证那样,对溯源码、溯源标签及溯源信息系统严格管控,并且提高二维码的科技含量。此外,跨部门数据共享困难、多源头数据质量不尽如人意、业务需求与技术实现存在认知差异,是当前大数据在食品安全领域应用需要面临的挑战。"十二五"国家科技支撑计划"食品安全电子溯源技术研究及示范"项目也已经于 2017 年 11 月 17 日召开验收筹备工作会。

专家表示,希望我国建立完善食品安全可追溯制度的相关法律法规和技术标准,整合分散的生产方式,提高规模化,逐渐形成完善的现代食品供应链,并通过政府、企业、公众参与建立食品供应链可追溯制度;进一步增强监管工作的科学性、有效性和针对性,在食品安全监管的薄弱环节加强科技研究和成果应用,切实提高食品安全的监管手段、检测技术和检测标准,是当前食品安全形势的必然需要。以科技引领监管工作,用科技提高监管工作效能,确保食品质量安全,解决"道高一尺、魔高一丈"的问题。

### (二)食品安全追溯体系设计与实施

食品安全追溯体系需充分涵盖食品原材料生产、产品加工、储运、销售等食品供应链各个环节,通过对整个链条、各环节业务流程的分析,常采用 HACCP 原理及方法,研究提出食品追溯链各环节的质量安全要素及关键控制点,采用国家及行业的相关编码标准,设计食品安全追溯链编码体系并利用信息采集数据交换等技术获取食品追溯链上的相关信息,构建食品生产过程加工过程、储运过程、消费过程质量安全信息管理体系,并在此基础上建设食品安全追溯平台,除满足企业日常管理及内部追溯的需要外,还要开发基于网站、短信、电话的服务接口,研发移动溯源终端,提供面向消费者、监管部门的服务。

食品安全可追溯体系还可从信息采集、信息处理、信息服务三个层面对整体架构进行分解。体系架构如图 14-1 所示。

在食品安全追溯体系中,体系各参与方均会频繁地使用体系,生产、加工通

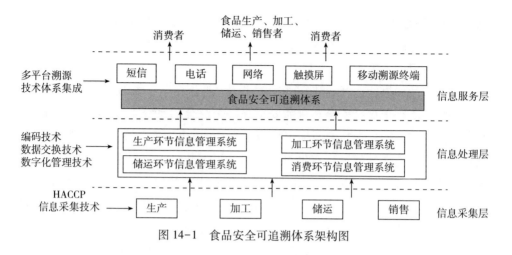

图 14-1　食品安全可追溯体系架构图

过体系查看其生产、加工的动态信息,以及食品流向等信息;消费者通过该体系查看所购买食品的质量安全信息;监管者在出现食品安全事件时,通过体系快速找出食品安全问题发生的环节及原因为方便追溯体系向各方提供服务,通常会开发多种服务接口,支持手机短信电话网站超市触摸屏和移动溯源终端等多种方式对体系的访问,其中手机短信、电话、网站、超市触摸屏是为消费者提供服务,监管部门可通过网站、超市触摸屏和移动溯源终端等方式对食品安全进行监管。

1.体系设计

设计的原则是,要考虑可操作性,食品安全追溯体系的设计原则应采用"向前一步,向后一步"原则,即每个组织只需要向前溯源到产品的直接来源,向后追踪到产品的直接去向;要根据追溯目标、实施成本和产品特征,要适度界定追溯单元、追溯范围和追溯信息。具体包括如下步骤:①确定追溯单元:追溯单元是指需要对其来源、用途和位置的相关信息进行记录和追溯的单个产品或同一批次产品;②明确组织在食品链中的位置;③确定食品流向和追溯范围;④确定追溯信息;⑤确定标识和载体;⑥确定记录信息和管理数据的要求;⑦明确追溯执行流程。

对于一个组织来说,在组织内实施可追溯体系一般有四个关键步骤:第一步:追溯并记录接收的原料信息;第二步:确定原材料贮藏的信息;第三步:规范化并记录组织生产过程信息;第四步:跟踪组织生产的产品销售给谁。

当有追溯性要求时,应按如下顺序和途径进行:①发起追溯请求:任何组织均可发起追溯请求;②响应:当追溯发起时,涉及的组织应将追溯单元和组织信息提交给予其相关的组织,以帮助实现追溯的顺利进行;③采取措施:若发现安全或质量问题,组织应依据追溯界定的责任,在法律和商业要求的最短时间内采取适宜的行动。

2. 食品安全追溯体系实施

通常来说,要建立良好、有效的食品安全追溯系统需遵循以下基本原则:①科学性原则;②系统性原则;③经济实用原则;④通用性原则;⑤预防性原则。

在食品安全追溯标准方面,国家标准化管理委员会于 2008 年 7 月底已正式批准全国食品安全管理技术标准化技术委员会下的食品追溯技术分技术委员会(SAC/TC313/SCI,简称食品追溯技术分标委)成立,以开展我国食品安全追溯领域内的标准化工作。目前我国食品安全追溯标准体系架构已初步搭建,而且已经制定了《食品可追溯性通用规范》和《食品追溯信息编码与标识规范》等多项国家标准。

食品安全追溯系统包括以下内容:①制订可追溯计划;②明确人员职责;③制定培训计划;④建立监视方案;⑤使用关键绩效指标评价体系有效性。

3. 内部审核

内部审核计划和程序的内容包括但不限于:审核的准则、范围、频次和方法;审核计划、实施审核、审核结果和保存记录的要求;审核结果的数据分析,体系改进或更新的需求。

可追溯体系不符合要求的主要表现有:违反法律法规要求;体系文件不完整;体系运行不符合目标和程序的要求;设施、资源不足;产品或批次无法识别;信息记录无法传递。

导致不符合的典型原因有:目标变化;产品或过程发生变化;信息沟通不畅;缺乏相应的程序或程序有缺陷;员工培训不够,缺乏资源保障;违反程序要求和规定。

4. 评审与改进

纠正措施和(或)预防措施应包括但不限于:立即停止不正确的工作方法;修改可追溯体系文件;重新梳理物料流向;增补或更改基本追溯信息以实现饲料和食品链的可追溯性;完善资源与设备;完善标识、载体,增加或完善信息传递的技术和渠道;重新学习相关文件,有效进行人力资源管理和培训活动;加强上下游组织之间的交流协作与信息共享;加强组织内部的互动交流。

综上所述,整个追溯体系的实施可以分为三个阶段。

(1)策划、建立阶段。

确定追溯目标,识别追溯体系应满足的相关法规及政策要求,识别与追溯目标相关的产品及(或)配料,设计追溯体系(确定在食品链中的位置,确定并文件化物料的流向,收集来自供应商、顾客、加工过程的信息),建立追溯程序(包括产品定义、批定义及标识、追溯信息、数据及记录管理、信息获取途径处理追溯体系不符合的纠正及预防措施),形成文件;组织设计的追溯体系要素应与其他组织协调一致。

(2)运行实施阶段。

管理层应承担相应的管理职责,并按设计的追溯程序运作;制定追溯计划,确定追溯职责并就追溯相关的培训计划与其员工进行沟通,监控实施追溯计划,以验证追溯目标及程序的有效性。

(3)评估与改善阶段。

定期进行内审,以评估追溯体系的有效性,验证其是否符合追溯目标;管理层应对追溯体系进行评审,提出适当的纠正和预防措施,持续改进过程。

### (三)食品追溯信息系统

食品追溯信息系统(food traceability information systemn)是指运用信息技术,系统化地采集、加工、存储、交换食品企业内外部的追溯信息,从而实现食品供应链中各环节信息追溯的系统。

在我国食品安全追溯平台方面,各相关机构纷纷建立了基于其核心业务的追溯平台。例如,"国家食品(产品)安全追溯平台是国家发改委确定的重点食品质量安全追溯物联网应用示范工程;农业农村部建立"农垦农产品质量安全信息网"和"国家农产品质量安全追溯管理信息平台"。近年来,各省、自治区,还有一些城市,也相继建立了食品或农产品追溯平台,如上海市由上海市食品安全办公室与上海仪电集团共同建设了"上海市食品安全信息追溯平台",浙江、江苏、福建、内蒙古、武汉市的"农(畜)产品质量安全追溯平台"等,有关行业协会和企业也建立或参与追溯平台建设。如中国副食流通协会食品安全与信息追溯分会建立的"中国食品安全与信息追溯平台"。

建立食品追溯系统时以下基本内容和要求可供参考。

(1)在各个环节记录和贮存信息。

(2)食品身份的管理是建立追溯的基础:①确定食品追溯的身份单位(identification unit)和生产原料(raw material);②对每一个身份单位的食品和原料分隔管理;③确定食品及生产原料的身份单位与其供应商、购买者之间的关系,并记录相关信息;④确立生产原料的身份单位与其半成品和成品之间的关系,并记录相关信息;⑤如果生产原料被混合或被分割应在混合或分割前确立与其身份之间的关系,并记录相关信息。

(3)企业的内部检查:①根据既定程序,检查其工作是否到位;②检查食品及其信息是否得到追踪和追溯;③检查食品的质量和数量的变化情况。

(4)第三方的监督检查:包括政府食品安全监管部门的检查和中介机构的检查。

(5)向消费者提供信息:①食品追溯系统所收集的即时信息,包括食品的身份编码、联系方式等;②历史信息,包括食品生产经营者的活动及其产品的历史声誉等信息。向消费者提供此类信息时,应注意保护食品生产经营者的合法权益。

食品追溯信息系统应提供系统查询和公共查询。追溯码在整个供应链中会经历从最初产生到最终失效的过程,称为追溯码的生命周期,由以下几个阶段构成:①在生产环节产生追溯码;②在产品包装阶段打印商品条码和追溯码标签;③包装箱/托盘在存储和物流过程中将包装箱/托盘编码与所在库房、车辆等物流信息关联,并形成对应关系;④食品到达目的地分拆包装或卸载托盘时,将包装箱/托盘编码与产品的追溯码关联,使包装箱/托盘编码与产品追溯码形成对应关系。产品销售到最终客户时,应包含清晰的追溯码标签。若系统具备数据发布的能力,追溯参与方可将追溯环节数据上传至食品公共追溯平台。公共追溯平台的数据查询方式应方便、快捷和实时,可利用互联网、短信、电话和超市终端等方式。

国际和国内的食品可追溯系统的应用都存在一定的困难和问题,表现在如下几方面:①兼容性问题:这要求所有涉及产品的单位能有效地进行交流与数据传送;②商业保密问题:例如,生产商知道了具体的分销商,有可能直接插手,让分销商辛辛苦苦开拓的市场被收回;③资金问题:要设计和采用标准化的可追溯系统,需要投入较多的资金。

**(四)中国食品溯源面临的困境**

近年来,中国食品质量安全可追溯体系建设在制度、标准和试点示范方面取得了一定的成果,但同时也显现出诸多困境,成为制约我国食品安全可追溯体系继续健全发展的瓶颈,主要表现为:

1. 现有食品溯源系统标准不统一不兼容

中国不同层面的食品溯源系统参与主体出台了不同的标准,诸如农业农村部、国家质检总局、中国物品编码中心等国家层面及各地方政府层面相继出台了一系列规定、指南、要求等标准,但是部门之间不同层级之间缺乏有效的沟通协调,导致不同的标准之间存在重合及不统一等,且各地方政府出台的标准大多带有地域特色同时标准质量千差万别。现存的标准尚缺乏关于食品安全溯源系统设计、管理和服务模式的标准,阻碍了追溯系统的普及及推广,且由于标准不统一很难与国际标准接轨,在一定程度上影响了我国食品出口。

2. 不同参与主体间追溯体系兼容性问题

在企业层面,我国目前食品安全溯源系统多是基于单个企业实际需求定制开发的内部溯源系统,满足本企业溯源需求尚可,但较难与其他部门共享溯源信息。在国家及地方政府层面,我国目前参与食品质量可追溯体系建设工作的主体众多,导致在推行食品安全溯源体系时,由于多个部门通过不同渠道在不同区域推行不同系统,追溯信息得不到有效共享,形成追溯区域壁垒,并形成信息孤岛。目前大多数企业、地方自建的食品溯源平台,并未和相关监管部门打通。

3. 立法支持缺少强制实施

目前,我国已经建立了食品安全制度的基本框架,而且国家和地方政府发布的一系列食品安全相关法规要求很多都涉及溯源制度。如 2015 年 4 月 24 日通过的新《食品安全法》,第四十二条明确规定要建立食品安全全程追溯制度。但迄今为止依然没有一个相对独立的食品安全法律体系,导致对食品安全违法犯罪的判定缺乏依据,惩罚力度不够,威慑力不足。

4. 追溯技术及体系尚待完善

现阶段,我国诸多可追溯技术体系和支撑手段日益成熟,如 EAN-UCC 系统、条码及二维码识别技术、RFID 射频技术、GPS 技术等。但很多技术由于推行成本昂贵,大多只能由政府推动试点使用,进一步推广应用难度较大。因此现有的追溯技术及体系亟需低成本的方案。

5. 溯源信息内容不规范且完整性不足

目前,现有的系统溯源信息内容不统一,有简有繁,没有相关录入采集规范。且溯源链条较短,没有实现上下游企业或部门之间的溯源信息的传递。因此,食品生产企业的多元化给食品质量溯源系统的研发和推广带来困难,而且凭借市场主体自觉自律的可追溯数据采集、跟踪,其质量和完整性难以保证。同时,目前市场追溯码造假泛滥,编码成了某些企业的牟利工具,大大损害了消费者对食品安全的信心。

6. 生产者环节参与度不高

生产者作为溯源环节上最终要的一环,在追溯体系中却经常缺位。食品安全追溯体系要保证食品安全质量,必须建立生产到消费的全程追溯链条。但目前的困境是,作为食品生产者的农户、小作坊,参与食品安全追溯体系的意愿不高,种养殖散户使用溯源平台的积极性也不高。而关键农产品追溯要把每个环节纳入溯源,在一定程度上增加了生产者的工艺复杂性和成本,但却未能获取到更多的收益,这些因素都在某种程度上阻碍了生产者参与追溯体系的积极性。

## 二、食品召回制度

### (一)我国食品召回制度概况

1. 定义和说明

食品召回是指食品生产经营者按照规定程序,将自己生产或销售的问题食品通过向外界发布公告,以退换货、补充或修正消费说明等方式从市场或消费者手中收回,减小因问题食品可能造成的风险隐患。其中,问题食品包括法律法规禁止生产经营的食品、有证据证明可能危害人体健康的食品以及标签、标识不符合规定的食品。

我国《食品安全法》第六十三条明确规定:国家建立食品召回制度。食品生产者发现其生产的食品不符合食品安全标准或者有证据证明可能危害人体健康的,应当立即停止生产,召回已经上市销售的食品,通知相关生产经营者和消费者,并记录召回和通知情况。

食品经营者发现其经营的食品有前款规定情形的,应当立即停止经营,通知相关生产经营者和消费者,并记录停止经营和通知情况。食品生产者认为应当召回的,应当立即召回。由于食品经营者的原因造成其经营的食品有前款规定情形的,食品经营者应当召回。

食品生产经营者应当对召回的食品采取无害化处理、销毁等措施,防止其再次流入市场。但是,对因标签、标志或者说明书不符合食品安全标准而被召回的食品,食品生产者在采取补救措施且能保证食品安全的情况下可以继续销售;销售时应当向消费者明示补救措施。

2. 法律依据

目前我国食品召回所适用的法律依据包括:2015 年 10 月 1 日起正式施行的新修订的《中华人民共和国食品安全法》、2014 年 3 月 15 日实施的新《消费者权益保护法》、1989 年 4 月 1 日起实行的《标准化法》和 2015 年 9 月 1 日开始实行的由国家食品药品监督管理总局发布的《食品召回管理办法》(以下简称《办法》)。

### 3. 分类

根据食品召回程序的启动方式,食品召回可分为食品生产经营者主动召回和监管部门强制召回两种。主动召回又分为:①食品生产者召回。食品生产者发现其生产的食品不符合食品安全标准或者有证据证明可能危害人体健康的,应当立即停止生产,召回已经上市销售的食品,通知相关生产经营者和消费者,并记录召回和通知情况;②食品经营者召回。食品经营者发现其经营的食品不符合食品安全标准或者有证据证明可能危害人体健康的,应当立即停止经营,通知相关生产经营者和消费者,以便及时采取补救措施,避免危害进一步扩大,并记录停止经营和通知情况。食品生产者接到经营者的通知后,认为应当召回的,应当立即召回。由于食品经营者的原因,如贮存不当,造成其经营的食品有前款规定情形的,应当由食品经营者,而非生产者,进行召回。

召回后的处理。一般情况下,召回的食品不符合食品安全标准或者可能存在食品安全隐患,食品生产经营者应当对召回的食品采取无害化处理、销毁等措施,防止其再次流入市场。但是,对因标签、标志或者说明书不符合食品安全标准而被召回的食品,食品生产者在采取补救措施且能保证食品安全的情况下可以继续销售,但销售时应当向消费者明示补救措施。食品生产经营者应当将食品召回和处理情况向所在地县级人民政府食品药品监督管理部门报告;需要对召回的食品进行无害化处理、销毁的,应当提前报告时间、地点。食品药品监督管理部门认为必要的,可以赴无害化处理或者销毁现场进行监督,以确保存在安全隐患的被召回食品不会再次流入市场。

责令召回是指县级以上人民政府食品药品监督管理部门发现食品生产经营者生产经营的食品不符合食品安全标准或者有证据证明可能危害人体健康,但未依照本条规定召回或者停止经营的,可以责令其召回或者停止经营。食品生产经营者在接到责令召回的通知后,应当立即停止生产或者经营,按照本条第一款、第二款和第三款规定的程序召回不符合食品安全标准的食品,进行相应的处理,并将食品召回和处理情况向所在地县级人民政府食品药品监督管理部门报告。

### 4. 监管部门

2015年10月1日新颁布实施的《食品安全法》中也明确规定了由国务院食品药品监督管理部门依照法定职责对食品生产经营活动实施监督管理,县级以上地方政府负责统一领导、组织协调本行政区域的食品安全监管工作以及食品安全突发事件应对工作,建立健全食品安全全程监管工作机制和各部门之间信息共享机制。因此,目前食品召回工作应主要由县级以上地方政府统一领导,本级食品药品监督管理部门在自身职责范围内负责本行政区域的食品安全监管。

5. 分级和程序

根据食品安全风险的严重和紧急程度,我国把食品召回分为三级,一级召回的食品危害健康影响最为严重,食品生产者应当在获悉风险后 24 小时内启动召回,并要求在发布公告之日起 10 个工作日内完成召回;二级召回的食品为一般健康损害,生产者应在 48 小时内启动召回,20 个工作日内完成召回;三级召回的食品为标签标识存在虚假,食品摄入后不会对人体健康造成损害,应于 72 小时内启动,自公告发布之日起 30 个工作日内完成。

目前我国实行的食品召回程序与美国类似,主要分为以下几个步骤:①发现问题、确定召回级别;②拟订召回计划,上报监管部门;③组织专家评估,修改召回计划;④及时发布公告,实施召回计划;⑤后续处置、赔偿;⑥记录、总结上报工作。

6. 法律责任

食品生产经营者作为食品召回全过程的第一责任人,在发现自己生产或销售的食品存在缺陷或有不安全因素时,应当主动召回不安全食品,依法履行不安全食品的停止生产经营、召回和处置义务,并承担召回过程中所需的费用和对消费者的赔偿费用。对于食品生产经营者在责令召回后,仍拒不召回的,按照《食品安全法》规定,未构成刑事犯罪的,将会面临最低五万元,最高货值金额二十倍的罚款。在民事赔偿责任中,新的《食品安全法》中规定的对不符合食品安全标准的食品的赔偿额度也比一般产品要提高许多,消费者除要求赔偿损失外,还可以向食品生产者或者经营者追加最低 1000 元,最高价款十倍或者损失三倍的赔偿金额。行政部门发现并认定食品生产经营者生产或销售的食品存在缺陷,有危及人身、财产安全危险的,应当立即责令食品生产经营者采取停止生产或销售、召回等措施。监管部门不依法履行食品安全监管职责,造成了损害后果,对监管部门主管人员和直接责任人员依法给予行政处分。

**(二)食品召回制度现状**

食品召回制度作为一种可以在问题食品还没有发生时就需要对该问题食品进行召回的预防措施,是一种事前的积极预防,有利于最大程度保护消费者的合法权益。对于问题食品,企业第一时间进行召回、尽最大努力降低消费者损失,可以使企业在消费者心中拥有更加优质的形象,进而能够在企业的改过自新中迎来更加大的发展空间。食品召回制度可以督促企业进一步提高食品的质量,从而进一步增强企业的竞争力。21 世纪是一个经济全球化的时代,在这样的时代背景下,世界上的国家大多成为了贸易伙伴。食品召回制度,在保护我国消费者合法权益的同时,可以督促进口商和出口商保障其进口和出口食品的质量,维护我国进出口商的合法权益,更加有利于我国参与国际竞争。但是我国食品行业不健全的法律法规、不完善的监管制度,成为我国国际贸易发展的阻碍性的因素。

发达国家食品召回具有十分完善的体制保障,同时拥有若干配套制度提供支撑,主要包括社会信用体系的成熟,食品生产经营企业规模较大,公民参与监督和自我保护能力较强,食品溯源制度、信息发布制度和社会监督制度健全等。然而目前我国还未能达到这些条件,甚至是还相差甚远。

我国食品召回监管不力。虽然在法律层面要求食品生产经营者主动召回食品,但是现实中我国食品生产经营者在企业声誉、损失、风险的多重考虑之下,采取主动召回的可能性较小。监管部门对生产商秘密召回的行为予以默认,导致问题食品召回的时间滞后,消费者的不信任程度加深。

### (三)食品召回制度存在问题

2015 年国家食品药品监督管理总局局务会议审议通过,在 9 月 1 日起施行《食品召回管理办法》,2015 年 4 月第十二届全国人大常委会第十四次会议修订通过了《中华人民共和国食品安全法》,自 10 月 1 日起施行。这两部法律就食品召回流程、召回以后如何处置、如何实现监督管理,以及最后的法律制裁手段等做了明确性的规定。但是目前我国食品召回制度也存在不尽完善之处。

2015 年新修订的《食品安全法》涵盖了整个食品领域的所有问题,对食品召回只作出了原则性的规定,过于粗糙,全法只有第六十三条对食品召回的具体制度作出了规定,食品生产者为召回的实施主体,相比 2009 年的《食品安全法》增加了食品经营者的责任。但是对于生产商如果不在国内,面对不合格的进口食品,我国《食品安全法》第九十四条仅规定了境外生产企业应当保证向我国出口的食品等相关产品符合本法规定及相关法律规定,应符合食品安全国家标准的要求,但是没有对境外生产商的召回责任进行法律规定。

食品召回安全标准作为一条重要的准则,它是生产经营者在市场经济活动中必须要遵守的规则。完善和统一食品安全标准是食品召回制度的基础,只有建立统一完善的食品安全标准,食品召回制度才可以正常有效地实施。我国制定标准主体较多,各类标准存在交叉和重叠的现象,而且我国食品标准更新较慢,技术标准也不能与国际接轨。

目前我国食品召回的程序不完备,食品评估制度和召回程序都不健全,食品召回后进行处理的方式没有明确规定,召回的后续监管也不完善。食品召回的法律责任不严厉,违法成本太低。缺乏食品召回的配套机制,食品追溯制度不够完备,虽然《食品安全法》第四十二条规定要建立食品安全追溯体系,然而,目前为止我国还没有形成一整套有效的食品溯源制度。社会监管以及赔偿保障机制也不完善。我国目前尚未建立公开透明的信息机制。有关食品召回的信息披露制度也仅仅停留在纸面,目前我国政府还没有建立发布食品召回信息的专门平台,存在着食品召回的公示不到位、信息不透明的问题。最后,未建立食品召回的责任保险制度。因为企业是以盈利为目的的,我国法律规定食品召回的成本是由食品经营者和生产者负担的,一些企业就选择了即使是隐瞒食品不安全的事实要受到社会道德的谴责也要拒绝进行召回。

**(四)完善我国食品召回制度的建议**

1.完善政府的监督管理

(1)完善法律制度保障。

国家应尽快出台《食品安全法实施条例》,与《食品安全法》相配套实行。当前针对《食品安全法》和《食品召回管理办法》中关于食品召回的罚则,各地食药监部门应根据本地实际情况,统一行政执法程序和文书,规范基层执法单位的食品召回行政执法行为,增强行政执法准确性。

1)增加食品召回的主体;

2)规范食品召回的程序:①食品召回与否的基础前提是食品安全危害调查评估程序,食品安全危害调查的专业性就显得尤为重要;②明确提交企业报告的时间;③被召回的食品属于存在安全隐患的食品,也就是不具有通常可合理期待的安全性,可以根据问题食品的危急程度进行分级别处理;④应加强召回后处理的监管,必须要保证其危害不会被扩大和保证其不会再"重出江湖";

3)完善食品召回的法律责任,提高惩罚性赔偿的数额,加大行政处罚力度。

(2)完善我国的食品安全标准。

(3)明确监管主体。

首先,明确统一的食品安全监管主体是解决食品召回现实问题的前提和基础。其次,要将食品安全监管职责以立法的形式予以明确,使国务院"三定"方案(定机构、定职能、定编制)中机构设立与法律授权相一致,确保监管部门能够按照法定职责依法行政,有法必依。其次,树立以"安全"为核心的监管理念,实现食品安全监管队伍科学化、专业化是解决食品召回问题的关键和支撑。再次,加强对监管部门人员的监督,提升监管效能。建立行政综合执法从业人员准入制度,提高监管从业人员的职业水平和综合素质。

（4）政府信息公开。

1）建立全国统一的食品监管机构内部信息互通平台,使食品安全监管部门信息互通共享;应严格规定召回信息的审批、回复和发布时限,以及未按规定执行所要承担的责任,通过详细制度约束来保证政府监管部门信息畅通,做到信息真实可靠,不虚假不延误。

2）向公众提供全国性统一权威的食品安全信息公示平台,向公众提供及时、准确、科学、权威的信息,让公众能够方便查询搜索。

3）为保障消费者食品安全知情权的实现,监管部门应通过电视、广播、网络、报刊、微博、微信等人们喜闻乐见的方式,动态性向公众发布及时、客观、准确的食品安全信息。

4）建立公开的监管者信用记录平台,对监管者的监管行为建立信用档案和责任追究公开机制,使监管者在食品召回监管过程中的不作为、失职甚至渎职的行为暴露在公众面前,使监管者在公开舆论监督之下有所作为。

2. 完善食品召回配套机制

（1）完善社会监督机制。

社会监督主要包括行业组织监督、公众监督和媒体监督,食品召回的实施需要政府部门的有效监管,也离不开作为重要补充的社会监督。应建立食品安全社会共治体系,充分发挥媒体、社会和公众的监督力量,鼓励和引导社会公众自觉参与食品召回全过程的监督。

（2）完善食品追溯机制。

食品可追溯机制能够以食品逆向物流的方式追踪生产源头,或是通过已知源头来迅速查明不安全食品所在,为食品快速召回提供支持。在可追溯体系平台的建设方面,政府应当发挥主导作用,建立统一的、完整的食品产业链可追溯平台,为企业提供技术支持。

（3）企业召回信息公开机制。

发生食品召回事件时,召回信息公开主要由政府主导,但食品生产经营者作为食品召回的第一责任人,于第一时间主动公示召回信息也是十分必要的。如国有大型企业发生食品召回事件时,应当在企业网站或其他方便公众查询的平台进行信息公示。

（4）建立食品召回保险机制。

发达国家一般都建立了鼓励和引导企业参加食品召回保险支付的相关机制。通过建立食品召回保险制度,有利于企业转嫁食品召回成本,分散风险,减小企业和国家的负担,从而鼓励企业主动采取食品召回措施。

3. 公众认知教育

目前我国问题食品主动召回动力不足的原因不仅表现为企业的道德诚信缺失,还表现为消费者乃至社会公众对食品召回的不理解,对企业食品安全的不信任。企业主动召回食品的行为在短时间内不一定会完全得到消费者的认可,导致企业排斥食品召回。因此,要加强公众食品质量安全意识,大力普及食品安全知识,积极宣传《食品安全法》和《消费者权益保护法》等法律法规,树立科学绿色消费理念,增强消费者自我保护和维权意识;提高生产经营者的企业道德教育,在全社会形成诚实守信的良好环境。

# 第十五章　食品安全法律法规与标准

## 第一节　食品安全法律法规与标准基础知识

### 一、法律法规概述

#### (一) 法和法律

"法"和"法律"这两个术语,在书面上仅一字之差,但其意义也有所区别。最早将法与法律相区别的是西方的自然法学家。他们严格区分自然法(应该存在的法,即法)和实在法(制定出来的实际存在的法,即法律),认为自然法是超时空的,是实在法的原则和"蓝图";自然法是正义、理性的自然法则的化身,是永恒不变的先验性的东西,具有至高无上的权威。

两者的共同点在于:①法是法律的内容,法律又表现法;②法和法律都属于上层建筑,都是对一定社会物质生活条件的主观认识;③法与法律的本质都是统治阶级意志的体现。

两者的区别在于:①两者的内在属性不同。法是一种权利要求,是反映一定社会经济生活要求的权利体系,而法律则是一种国家意志,是体现国家意志要求的实在法律规范和秩序体系;②两者与国家权力的联系程度不同。法与国家权力并无直接的必然联系,不能把权力看作是法的实在基础;而法律则是与国家权力有着直接的必然联系,法律所具有的普遍性、规范性和国家强制性、国家意志性等特征,正是以国家权力为后盾的;③两者与社会经济的联系的性质和程度是不同的。法对一定社会经济条件的反映是直接的,而法律则是统治阶级意志的集中表现;④两者的效力不同。法不具有国家意志性,所以它的效力没有国家强制力作保障,而法律却具有国家意志性,主要依靠国家强制力保证实施。尽管法和法律有着这样的区别和联系,但是在我国,法和法律并未被严格地区分,一般情况下,两者都指上述定义中的法律。因此本书后文中法和法律也均指作为国家意志而体现的法律。

法律在我们社会生活中无处不在,小到民事,大到国际,在各个领域出现的问题解决起来无不依赖法律。在我国,对于法律的权威定义可见于《中华人民共和国立法法》：全国人民代表大会及其常务委员会制定的具有法律效力的文件，称为法律。在我国，广义的法律是指一切规范性的文件，而狭义的法律仅指全国人民代表大会及其常务委员会制定的规范性文件，地位和效力仅次于宪法。

### （二）法规

根据《中华人民共和国立法法》，法规包括：行政法规、地方性法规、自治条例、单行条例、部门规章等。行政法规是国务院根据宪法和法律制定的具有法律效力的文件，地位和效力仅次于宪法和法律。地方性法规是地方国家权力机关根据本行政区域的具体情况和实际需要依法制定的本行政区域内具有法律效力的规范性文件。除在我国法律体系中规定的法规之外，还有技术法规和国际条约。技术法规的定义在WTO《TBT协定》的附录Ⅰ中给出："规定强制执行的产品特性或其相关工艺和生产方法，包括使用的管理规定在内的文件。该文件还可包括或专门关于使用于产品、工艺或生产方法的专门术语、符号、包装、标志或标签要求。"而国际条约是我国作为国际法主体同外国缔结的双边、多边协议和其他条约、协定性质的文件。

### （三）法制与法治

法制一般认为是法律制度的简称，法律制度是相对于一个国家的经济、政治、文化、军事等制度来说的；而法治是依照法律的规定行使国家权力，这是相对于人治来说的，没有人治就无所谓法治，反之亦然。法律制度包括民法、刑法等一套法律规则以及这些规则怎么指定、怎样执行和遵守等制度。

法治与人治是两种对立的治国理念和原则，国家的长治久安不应寄希望于一两个圣主贤君，而关键在于是否有一个良好的法律和制度，这些良好的法律还应得到切实地遵守。任何一个国家的任何一个时期，都有自己的法律制度，但不一定都实行法治。

### （四）法律体系

法律体系，有时也称"法的体系"或简称为"法体系"，指由一国现行的全部法律规范按照不同的法律部门分类组合而形成的一个成体系化的有机联系的统一整体，法律体系拥有以下四个特点。

（1）法律体系是一个国家的全部现行法律构成的整体。法律体系是一个国家社会、经济、政治和文化等条件和要求的综合性的法律表现，更是国家主权的象征和表现。

（2）法律体系是一个由各个法律部门分类组合而成的体系化有机整体。法律作为一个系统或者体系，其内部构成要素是法律部门。而法律部门则是按照一定的标准进行分类组合,呈现一个体系化、系统化,并且相互联系的有机整体。

(3)法律体系的理想化要求是门类齐全、结构严密、内在协调。

(4)法律体系是客观法则和主观属性的有机统一。

**(五)法律法规相关术语英文对应义项**

在英文中,法律法规相关名词术语的对应词汇包括 Law,Statute,Legislation,Act,Regulation,Code 等,这些名词对于理解现代法律体系有着重要的作用,依据《布莱克法律词典》第八版解析其英文释义。

(1)Law:即法律,指一种通过以政治方式组织起来的社会力量,或是通过由强制力支撑的社会压力来规范人类活动和关系的体制及其整个系统,可以用来指一般的法律。

(2)Statute:法律或法令,由立法机关通过的法律,特别是由议会、行政委员会以及地方法院这样的立法机构制定并颁布的成文法律。

(3)Legislation:法律,指通过某种程序,由得到授权的政府机构以书面形式制定并实施的实在法。

(4)Act:法案,准确的表达应为 act of congress 或 act of parliament。其中前者指美国国会法案,是由美国宪法授权美国政府所制定颁布的成文法。而后者为议会法案,指的是英联邦法律,是由议会通过并生效的法律。如《美国食品安全现代化法案》(*Food Safety Modernization Act*,缩写为 FSMA)

(5)Regulation:规章、法规或者条例,由行政机构发布,且具有法律效力。

(6)Code:法典,指经过官方的整理和编排并且发布的一整套实在法体系,是对法律、规章和制度的系统性整理和校订编辑。严格说来,它不仅包含已存在的法令,还包括某些主题下未完成的法律。Codex 是拉丁文中的"法典"一词,如《美国法典》USC(*United States Code*),《食品法典》(*Codex Alimentarius*)。

**(六)法律法规适用的一般原则**

根据《立法法》等法律规定,在不同的法律法规发生冲突时,其适用规则包含下列五点:①上位法优于下位法;②同位阶的法律法规具有同等法律效力;③特别法优于一般法;④新法优于旧法;⑤不溯及既往原则。

## 二、标准与标准化概述

### (一)标准和标准化

1. 标准

国家标准 GB/T 20000.1—2014《标准化工作指南 第 1 部分:标准化和相关

活动通用术语》对"标准"的定义是："为了在一定的范围内获得最佳秩序,经协商一致制定并由公认机构批准,共同使用的和重复使用的一种规范性文件。"定义之后的注释为："标准宜以科学、技术和经验的综合成果为基础,以促进最佳的共同效益为目的。"该标准同时也是修改采用 ISO/IEC 第 2 号指南《标准化和相关活动的通用词汇》。

此外,世界贸易组织的《贸易技术壁垒协议》(WTO/TBT)对"标准"的定义是："由公认机构批准的、非强制性的,为了通用或反复使用的目的,为产品或相关加工和生产方法提供规则、指南或特性的文件。"

2. 标准化

标准化就是使标准在社会一定范围内得以推广,使原先不够标准的状态变为标准状态的一项活动。国家标准《标准化工作指南 第 1 部分:标准化和相关活动的通用术语》(GB/T 20000.1—2014)对"标准化"给出了如下定义："为在一定范围内获得最佳秩序,对现实问题或潜在问题制定共同使用和重复使用的条款的活动。(注 1:上述活动主要包括编制、发布和实施标准的过程。注 2:标准化的主要作用在于为了其预期目的改进产品、过程或服务的适用性,防止贸易壁垒,并促进技术合作。)"该定义同样是等同采用 ISO/IEC 第 2 号指南的定义,所以这也可以说是 ISO/IEC 给出的"标准化"定义。

3. 标准、标准化和法律、法规之间的关系

(1)标准与标准化之间的关系。

标准与标准化具有密切的关系。标准是对一定范围内的重复性事物和概念所做的规定,是科学、技术和实践经验的总结,其表现形式为规范性文件。而标准化是为在一定的范围内获得最佳秩序,对实际的或潜在的问题制定共同的和重复使用的规则的活动,即制定、发布及实施标准的过程。可以说标准化是确定标准的过程。因此,标准和标准化之间存在的关系是因果关系,标准是因,标准化是果。标准是标准化的基础,标准化是标准的普遍化。

(2)标准与法律、法规之间的关系。

规范管理人(自然人、法人)或者说市场主体行为的是法律和法规。因此说市场行为主体由国家制定的法律和法规来规范,而市场行为客体是商品,主要靠技术标准来规范。

法律、法规和技术标准是管理市场经济有序运行的两种必备手段,它们在一定范围和领域中相互渗透、交叉、支持和依存。法律和法规是由国家立法机关以及政府制定的,而技术标准是由经国家授权的标准化机构或组织制定的。

我国的法律法规中还没有技术法规这种形式。而《标准化法》和《进出口商品检验法》中分别规定了强制性标准的形式和使用了国家技术规范的强制性要求的概念,这两者在一起可对外称之为技术法规。

**(二)标准的结构**

标准的结构即标准中的部分、章、条、段、表、图、附录的排列顺序。标准的结构是一个标准的骨架,是标准内容的外在表现形式。

1. 按内容划分

(1)划分原则。

由于标准之间的差异较大,较难建立一个普遍接受的内容划分规则。通常,针对一个标准化对象应编制成一项标准并作为整体出版;特殊情况下,可编制成若干个单独的标准或在同一个标准顺序号下将一项标准分成若干个单独的部分。标准分成部分后,需要时,每一部分可以单独修订。

(2)部分的划分。

GB/T 1.1—2020 更加强调部分的作用,并规定了划分部分时可使用的两种方式。通常针对下述两种情况,可将一项标准划分成部分。

1)划分出的各部分能单独使用:标准化对象具有独立的几个特定方面,每个部分涉及对象的一个特定方面,并且能够独立使用。

2)划分出的各部分不能单独使用:标准化对象具有通用和特殊两个方面,通用方面应作为第1部分,特殊方面应作为其他各部分。

(3)单独标准的内容划分。

每项标准都是由各种要素构成的。可从三个方面对标准的要素进行分类。

1)根据要素的性质划分:

ⅰ规范性要素:声明符合标准而应遵守的条款的要素。

ⅱ资料性要素:标识标准、介绍标准、提供标准的附加信息的要素,也就是说在声明符合标准时无须遵守的要素。

2)根据要素在标准中的位置划分:

ⅰ资料性概述要素:标识标准,介绍其内容、背景、制定情况以及该标准与其他标准的关系的要素。具体到标准中就是标准的"封面、目次、前言、引言"等要素。

ⅱ资料性补充要素:提供附加信息,以帮助理解或使用标准的要素。具体到标准中就是标准的"资料性附录、参考文献、索引"等要素。

ⅲ规范性一般要素:这是位于标准正文中的前几个要素,也就是标准的"名称、范围、规范性引用文件"等要素。

ⅳ规范性技术要素:这是标准的核心部分,也是标准的主要技术内容,如"术语和定义、符号和缩略语、要求、规范性附录"等要素。

3)根据要素的必备或可选状态来划分:由要素在标准中是否必须具备这样一个状态来划分,可将标准中的所有要素划分为:

ⅰ必备要素:在标准中必须存在的要素。标准中的必备要素有封面、前言、名称、范围。

ⅱ可选要素:在标准中不是必须存在的要素,其存在与否视标准条款的具体需求而定,也就是说在某些标准中可能存在,在另外的标准中就可能不存在的要素。例如,标准中除了封面、前言、名称、范围四个要素之外,其他要素都是可选要素。

(4)标准中要素的典型编排。

资料性附录中不可以有规范性要素,也就是说,不应有"要声明符合标准而应遵守的条款"。但是如果规范性要素构成了可选的条款,可以写进资料性附录中。起草一项标准时,标准中不一定包含附图中所列的所有规范性技术要素。如一项标准可能没有术语和定义、符号和缩略语、规范性附录等要素中某一个要素,也可能这些要素都没有。规范性技术要素的内容及其顺序由所制定的具体标准而定。另外,一项标准还可以包含图注、表注、图的脚注和表的脚注。术语标准在内容的划分上有两种形式:一是把一项标准分为若干条目来表达;二是将一项标准划分为几个部分来表达。

2.按层次划分

部分是一项标准被分别起草、批准发布的系列文件之一,是一项标准内部的一个"层次"。一项标准的不同部分具有同一个标准顺序号,它们共同构成了一项标准。章是标准内容划分的基本单元,是标准或部分中划分出的第一层次,标准正文中的各章构成了标准的规范性要素。条是对章的细分,凡是章以下有编号的层次均称为"条"。段是对章或条的细分,段不编号。列项应由一段后跟冒号的文字引出。附录是标准层次的表现形式之一,按其性质分为规范性附录和资料性附录,每个附录均应在正文或前言的相关条文中明确提及,附录的顺序应按在条文中提及的先后次序编排。

**(三)标准的制定**

标准的制定是指对需要制定为标准的项目,编制制订计划、组织草拟、审批、编号、批准发布、出版等活动。制定标准是一项涉及面广,技术性、政策性都很强的工作,必须以科学的态度,按照规定的程序进行。

1. 标准制定的一般程序

(1)中国国家标准、行业标准和地方标准的制定程序

标准是技术法规,它的产生有着严格的程序管理。我国国家标准制定程序被划分为九个阶段,即预阶段、立项阶段、起草阶段、征求意见阶段、审查阶段、批准阶段、出版阶段、复审阶段、废止阶段。同时为适应经济的快速发展,缩短制定周期,除正常的标准制定程序外,还可采用快速程序。

(2)企业标准的制定

制定企业标准的一般程序如下所示:①调查研究,搜集资料;②起草标准草案;③征求意见,形成标准送审稿;④审查标准,形成标准报批稿;⑤标准的批准、发布与实施;⑥标准的备案。

(3)快速程序

快速程序是指在正常制定程序基础上省略某个阶段或省略某些阶段的简化程序。为了缩短标准制定周期,以适应企业对市场经济快速反应的需要,对下列情况,制定国家标准可以采用快速程序:

1)等同采用国际标准或国外先进标准的标准制定、修订项目,可直接由立项阶段进入征求意见阶段,省略起草阶段。

2)对现有国家标准的修订项目或我国其他各级标准的转化项目,可直接由立项阶段进入审查阶段,省略起草阶段和征求意见阶段。

采用快速程序的项目,应在《国家标准项目任务书》的备注栏内说明理由并注明快速程序代号(FTP)及程序类别和项目类别代号。

2. 标准制定的基本原则

标准的制定应遵循以下基本原则:①贯彻国家的有关方针、政策和法律、法规;②以市场为导向,保障安全和人民身体健康,保护环境;③有利于合理开发和利用国家资源,推广科学技术成果;④与相关标准协调配套;⑤积极研究采用国际标准和国外先进标准,促进国际贸易和经济技术合作的发展;⑥坚持公开透明。

3. 编写标准的基本要求

(1)编写标准的目的性。

编制出的标准应符合下述要求:①标准范围规定的界限完整;②标准内容表述清楚和准确;③充分考虑最新技术水平;④为未来技术发展提供框架。

(2)标准编写的统一性。

统一性是指在每项标准或每个系列标准内,标准的结构、文体和术语应保持一致,这是标准编写及表达方式的最基本要求。统一性强调的是内部的统一,即一项标准内部或一系列相关标准内部的统一。

1)系列标准或同一标准的各个部分,其标准结构、文体和术语应保持一致;

2)在系列标准或同一标准的各部分,甚至扩大到同一个领域中的一个概念,应用相同的术语表达,而且要尽可能使用同义词。

(3)标准编写的规范性。

规范性主要指标准编写内容的编写顺序和编排格式,章、条划分及编号,标准中图表、公式、注等要符合相关标准的规定要求。其具体要求如下:

1)国家标准、行业标准和地方标准的幅面大小、编写格式、章条划分与编号及编写规则应遵守 GB/T 1.1—2020《标准化工作导则 第 1 部分:标准化文件的结构和起草规则》的规定;

2)标准化指导性技术文件和同一企业的企业标准的幅面大小、编写格式、章条划分与编号也应参照 GB/T 1.1 的规定执行;

3)同类标准技术内容的确定、起草、编写规则或指导原则应遵守 GB/T 1.1的规定,对于特定类别的标准,还应遵守相应类别标准的基础标准的规定;

4)等同采用国际标准的标准文本,其结构应与被采用的国际标准一致,但标准的具体编排(而不是结构)应遵守 GB/T 1.1 的规定。

(4)标准间的协调性。

协调性是指标准要符合国家的政策,要与国家的法令协调,在标准体系内部的上下级标准之间和同级标准之间也要协调一致。标准中的规定不得与有关法令、法规相违背,这是标准协调性的一个重要方面。

(5)标准的适用性。

适用性特指所制定的标准便于使用的特性。通常包括两个基本方面:第一,标准中的内容应便于直接使用;第二,标准中的内容应易于被其他标准或文件引用。

(6)标准的一致性。

一致性指在采用国际标准时起草的标准应以对应的国际文件为基础并尽可能与国际文件保持一致。起草标准时如有对应的国际文件,首先应考虑以这些国际文件为基础制定我国标准,在此基础上还应尽可能保持与国际文件的一致性。如果所依据的是国际文件 ISO 或 IEC 标准,则应确定与相应国际文件的一致性程度,即等同、修改或非等效。这类标准的起草除了应遵守 GB/T 1.1 的规定外,还应遵守 GB/T 20000.2 的规定。

**(四)标准分类**

1. 中国标准的分类

(1)根据标准制定的主体分类。

《中华人民共和国标准化法》将标准划分为四种,即国家标准、行业标准、地方标准、企业标准,这是按照标准制定的主体来划分的。

1)国家标准:指由国家标准机构通过并公开发布的标准;

2)行业标准:指由行业组织通过并公开发布的标准;

3)地方标准:指在国家的某个地区通过并公开发布的标准;

4)企业标准:由企业制定并由企业法人代表或其授权人批准、发布的标准。

(2)根据标准实施的约束力分类。

我国根据标准实施的约束力,将标准分为强制性标准和推荐性标准两大类。

1)强制性标准:我国标准化法规定保障人体健康、人身财产安全的标准和法律、行政法规规定强制执行的标准属于强制性标准。强制性国家标准的代号是"GB"。按照国际规则,标准不应该具有强制性,但我国加入 WTO 以后,但国际上已经基本认可我国的强制性标准就是技术法规。强制性标准具有法律属性,在一定范围内通过法律、行政法规等强制手段加以实施。

2)推荐性标准:指由标准化机构发布的由生产、使用等方面自愿采用的标准,又称为非强制性标准或自愿性标准。推荐性国家标准的代号是"GB/T"。

(3)根据标准化对象的基本属性分类。

1)技术标准:是指对标准化领域中需要协调统一的技术事项所制定的标准。技术标准的形式可以是标准、技术规范、规程等文件,以及标准样品实物。技术标准是标准体系的主体,量大、面广、种类繁多,其中主要有:①基础标准;②产品标准;③设计标准;④工艺标准;⑤检验和试验标准;⑥信息标识、包装、搬运、储存、安装、交付、维修、服务标准;⑦设备和工艺装备标准;⑧基础设施和能源标准;⑨医药卫生和职业健康标准;⑩安全标准。

2)管理标准:主要有以下几类,①管理体系标准;②管理程序标准;③定额标准;④期量标准。

3)工作标准:分为①管理工作标准;②作业标准。

(4)根据标准信息载体分类。

1)标准文件,包括①不同形式的文件;②不同介质的文件。

2)标准样品,按其权威性和适用范围分为内部标准样品和有证标准样品。

（5）根据标准的要求程度分类。

根据标准中技术内容的要求程度进行分类，可以将标准分为规范、规程和指南。这三类标准中技术内容的要求程度逐渐降低，标准中所使用的条款及表现形式也有差别。

1）规范：指规定产品、过程或服务需要满足的要求的文件；

2）规程：指为设备、构件或产品的设计、制造、安装、维护或使用而推荐惯例或程度的文件；

3）指南：指给出某一主题的一般性、原则性、方向性的信息、指导或建议的文件。

（6）根据标准的公开程度分类。

根据标准的公开程度可以将标准分为可公开获得的标准和不可公开获得的其他标准。

1）可公开获得的标准：指国家标准、行业标准和地方标准；

2）不可公开获得的其他标准：指企业标准、公司标准、集团标准、产业联盟标准等。

2. 国外标准的分类

所谓的国外标准不是指某个国家的标准，而是指国际共同使用的标准，即国际标准和国际区域性标准。

（1）国际标准。

1）国际标准的定义。

国际标准是指由国际标准化组织（ISO）、国际电工委员会（IEC）和国际电信联盟（ITU）制定的标准，以及国际标准化组织确认并公布的其他国际组织制定的标准。即国际标准包括两大部分：第一部分是三大国际标准化机构制定的标准，分别称为 ISO 标准、IEC 标准和 ITU 标准；第二部分是其他国际组织制定的标准。

2）国际标准的种类。

按制定标准的组织划分的种类。包括 ISO 标准、IEC 标准、ITU 标准；其他国际组织的标准，如 CAC（食品法典委员会）标准、OIML（国际法制计量组织）标准等。

按标准设计的专业划分的种类。其中，IEC 标准分为八大类：①基础标准；②原材料标准；③一般安全、安装和操作标准；④测量、控制和一般测试标准；⑤电力产生和利用标准；⑥电力传输和分配标准；⑦电信和电子元件及组件标准；⑧电信、电子系统和设备及信息技术标准。

ISO 标准分为九大类：①通用、基础和科学标准；②卫生、安全和环境标准；③工程技术标准；④电子、信息技术和电信标准；⑤货物运输和分配标准；⑥农业和食品技术标准；⑦材料技术标准；⑧建筑标准；⑨特种技术标准。

3）事实上的国际标准。

在上述正式的国际标准以外，一些国际组织、专业组织和跨国公司制定的标准在国际经济技术活动中客观上起着国际标准的作用，人们将其称为"事实上的国际标准"。这些标准在形式上、名义上不是国际标准，但在事实上起着国际标准的作用。

例如，欧洲的 OKO-TEX100 标准是各国普遍承认的生态纺织品标准，在国际贸易中作为产品检验和授予"生态纺织品"标志的依据。美国率先提出的 HACCP 食品危害分析和关键控制点标准已发展成为国际食品行业普遍采用的食品安全管理标准，并作为食品企业质量安全体系认证的依据。英国标准协会（BSI）、挪威船级社（DNV）等 13 个组织提出的 OHSAS 职业健康安全管理体系标准成为企业职业健康安全体系认证的依据。

目前国际上权威性行业（或专业）组织的标准主要有美国材料与试验协会标准（ASTM）、美国石油协会标准（API）、美国保险商实验室标准（UL）、美国机械工程师协会标准（ASME）、英国石油协会标准（IP）、英国劳氏船级社《船舶入级规范和条例》（LR）、德国电气工程师协会标准（VDE）等。

跨国公司或国外先进企业标准能成为"事实上的国际标准"的一定是能在某个领域引领世界潮流的产品标准、技术标准或管理标准，其标准水平的先进性得到了国际的公认，如微软公司的计算机操作系统软件标准、施乐公司的复印机标准、诺基亚公司的移动电话机标准等。

（2）国际区域性标准。

区域标准是指由区域标准化组织或区域标准组织通过并公开发布的标准。目前有影响的区域标准主要有欧洲标准化委员会（CCN）标准，欧洲电工标准化委员会（CENELEC）标准，欧洲电信标准学会（ETSI）标准，欧洲广播联盟（EBU）标准，独联体跨国标准化、计量与认证委员会（EASC）标准，太平洋地区标准会议（PASC）标准，亚太经济合作组织/贸易与投资委员会/标准与合格评定委员会（APEC/CTI/SCSC）标准，东盟标准与质量咨询委员会（ACCSQ）标准，泛美标准委员会（COPANT）标准，非洲地区标准化组织（ARSO）标准，阿拉伯标准化与计量组织（ASMO）标准等。它们的出现对国际标准化既可能产生有益的促进作用，也可能成为影响国际统一协调的消极因素。

### (五)标准体系与标准体系表

1. 标准体系

标准体系是指一定范围内的标准按其内在联系形成的科学的有机整体。标准体系是一定时期整个国民经济体制、经济结构、科技水平、资源条件、生产社会化程度的综合反映。它体现了人们对客观规律的认识,又反映了人们的意志与愿望,是一个人造系统。

2. 标准体系表

标准体系表是指一定范围标准体系内的标准按一定的形式排列起来的图表。标准体系表是标准体系的一种表示形式,即用图或表的形式把一个标准体系内的标准按一定顺序排列起来,表示该标准体系的概况、总体结构和各标准间的内在联系的图表。

标准体系表是一种指导性技术文件,可以指导标准制定、修订计划的编制以及对现有标准体系的健全和改造。制作标准体系表,可以使标准体系的组成由重复、混乱走向科学、合理和简化,从而有利于加强对标准工作本身的管理。

### (六)食品安全标准概述

1. 食品安全标准的概念和种类

食品安全标准是指为了对食品生产、加工、流通和消费(即"从农田到餐桌")等食物链全过程中影响食品安全和质量的各种要素以及各关键环节进行控制和管理,经协商一致制定并由公认机构批准发布,共同使用和重复使用的一种规范性文件。

按照级别划分,食品安全标准分为食品安全国家标准、食品安全地方标准和食品安全企业标准。三者都是强制执行的标准,且下级标准不得与上级标准相抵触。

2. 食品安全标准的性质

《食品安全法》第十九条规定,食品安全标准是强制执行的标准,并且除食品安全标准外,不得制定其他的食品强制性标准。

3. 食品安全标准体系

《食品安全法》第二十六条规定,食品安全标准应当包括下列内容:①食品、食品添加剂、食品相关产品中的致病性微生物、农药残留、兽药残留、重金属等污染物质以及其他危害人体健康物质的限量规定;②食品添加剂的品种、使用范围、用量;③专供婴幼儿和其他特定人群的主辅食品的营养成分要求;④对与卫生、营养等食品安全要求有关的标签、标识、说明书的要求;⑤食品生产经营过程的卫生要求;⑥与食品安全有关的质量要求;⑦与食品安全有关的食品检验方法与规程;⑧其他需要制定为食品安全标准的内容。

食品安全标准覆盖了食品、食品添加剂和食品相关产品范围,基本涵盖了从原料到产品全过程中涉及危害健康的各种安全指标,包括食品产品生产加工过程中的原料收购与验收、生产环境、设备设施、工艺条件、安全管理、产品出厂前检验等食物链各个环节的安全要求。

根据食品安全标准的内容,食品安全标准体系应由以下几类标准构成:食品中有毒有害物质限量标准、食品添加剂标准、食品及相关产品质量安全标准、食品安全检验方法标准、食品标签标准、食品良好生产与企业卫生规范以及其他标准,与国际食品法典的标准分类基本一致。

# 第二节　国内外食品安全法律法规

## 一、国际组织及其食品法规

### (一) 世界贸易组织

世界贸易组织(World Trade Organization,WTO)于1995年1月1日正式成立,其宗旨是为了所有成员的利益开展贸易活动。WTO的职能有:①负责世界贸易组织多边协议的实施、管理和运作;②为谈判提供场所;③争端解决;④贸易政策审议;⑤处理与其他国际经济组织的关系;⑥对发展中国家和最不发达国家提供技术援助和培训。

WTO的基本原则:①无歧视待遇原则;②最惠国待遇原则;③国民待遇原则;④透明度原则;⑤贸易自由化原则;⑥市场准入原则;⑦互惠原则;⑧对发展中国家和最不发达国家优惠待遇原则;⑨公正、平等处理贸易争端原则。

加入世贸组织后,成员国享有的基本权利包括:①在所有成员中享有无条件、多边、永久和稳定的最惠国待遇以及国民待遇;②享有其他世贸组织成员开放或扩大货物、服务市场准入的利益;③发展中国家可享有一定范围的普惠制待遇及发展中国家成员的大多数优惠或过渡期安排;④利用世贸组织的争端解决机制,公平、客观、合理地解决与其他国家的经贸摩擦,营造良好的经贸发展环境;⑤参加多边贸易体制的活动,获得国际经贸规则的决策权;⑥享有世贸组织成员利用各项规则、采取例外、保证措施等促进本国经贸发展的权利。

成员国应履行的义务有:①在货物、服务、知识产权等方面,依世贸组织规定,给予其他成员最惠国待遇、国民待遇;②依世贸组织相关协议规定,扩大货物、服务的市场准入程度,即具体要求降低关税和规范非关税措施,逐步扩大服务贸易市场的开放;③按《知识产权协定》规定,进一步规范知识产权保护;④根据世贸组织争端解决机制,与其他成员公正地解决贸易摩擦,不能搞单边报复;⑤增加贸易政策、法规的透明度;⑥按在世界出口中所占比例缴纳一定的会费。

在国际贸易中,各国实施的技术法规和标准各不相同,这给生产者和进出口商造成了困难,甚至形成了障碍。在这种情况下,各成员普遍认为有必要制定有关规则,以约束大家的贸易行为。其中与食品安全相关的协议主要有两个:世界贸易组织《技术性贸易壁垒协议》(*Agreement on Technical Barriers to Trade of the World Trade Organization*,TBT)和《实施动植物卫生检疫措施的协议》(*Agreement on the Application of Sanitary and Phytosanitary Measures*,SPS)。

### (二)世界卫生组织

二战后,经联合国理事会决定,64 个国家的代表于 1946 年月在纽约举行国际卫生会议,会上通过了《世界卫生组织组织法》。1948 年 4 月 7 日,该法得到 26 个联合国会员国批准后生效,世界卫生组织(World Health Organization,WHO)宣告成立,总部设在瑞士日内瓦。之后,每年的 4 月 7 日便成为了全球性的"世界卫生日"。

WHO 的宗旨是使全世界人民获得尽可能最高水平的健康,而其对健康的定义为"身体、精神及社会生活中的完美状态"。WHO 的主要职能包括:促进流行病和地方病的防治提供和改进公共卫生、疾病医疗和有关事项的教学和训练;推动确定生物制品的国际标准,这些核心职能载于第十一个工作总规划,它为全组织范围内的工作规划、预算、资源和成果提供了框架。

WHO 发行了大量指导成员国卫生行为的出版物,同时也提出了在执行职能时的规范与准则,建立了自身的法律框架,其中主要的两部法律法规为《世界卫生组织组织法》和《国际卫生条例》。2002 年,《WHO 全球食品安全战略》草案初步亮相,该战略的目标是减轻食源性疾病对人类健康和社会造成的负担。在此战略中,WHO 提出目前食品主要存在的安全问题在于:微生物性有害因素、化学性有害因素、食源性疾病的监测、新技术开发缓慢、能力的建设不足。

WHO 中规定了 WHO 与食品安全有关的特别职责包括:协助政府部门加强与食品安全有关的卫生服务;促进改善营养、卫生设备和环境卫生;制订食品国际标准;协助在大众中宣传食品安全。战略中 WHO 的中心任务是建立规范和标准,包括国际标准的制订和促进对危险性的评估。而实现这些目标的主要途径为三条主线方针与七项战略措施。

围绕减轻食源性疾病对健康和社会造成的负担这一主要目标,WHO 提出了三项主线行动:①对发展以风险为基础的、持续的综合食品安全系统给以宣传和支持;提倡并帮助创建以危险性分析为基础的、可持续的、综合性的食品安全体系;②以科学为依据设计整个食品生产链,制定保障整个食品生产过程安全的各项措施,确保能预防对食品中不可接受的微生物和化学物品水平的接触,杜绝食品被有害微生物和化学物质污染;③与其他部门和伙伴合作,评估和管理食源性风险并交流信息。

在这三项行动方针的支持下,《WHO 全球食品安全战略》提出以下措施对食品安全进行控制,即七项战略措施:①加强食源性疾病监测体系;②改进风险评估评价方法;③创建评价新技术的安全性方法;④提高 WHO 在食品法典中的公共卫生作用;⑤加强风险交流与宣传;⑥增进国际国内协作;⑦加强发展中国家食品安全能力建设。

### (三)联合国粮食及农业组织

联合国粮食及农业组织(Food and Agriculture Organization of the United Nations, UNFAO 或 FAO)是战后最早成立的国际组织,是各成员国间讨论粮食和农业问题的国际组织,FAO 努力的核心是实现人人粮食安全,以确保人们能够正常获得健康生活所需的、足够的优质粮食。

FAO 的宗旨是通过加强世界各国和国际社会的行动、提高人民的营养和生活水平、改进粮农产品的生产及分配的效率、改善农村人口的生活状况,从而帮助发展世界经济和保证人类免于饥饿,最终消除饥饿和贫困。参加 FAO 的国家,通过加强自身和集体的行动,以提高共同福利。

FAO 建立的目标主要包括:帮助人们消除饥饿、粮食不安全和营养不良,真正大幅度地减少粮食分布不均的现象;提高农业、林业、渔业生产率,确保其向可持续转型;减少农村贫困,在保障农村经济增加的同时,还注重其基础设施的完善;采取干预措施,将小农企业联合起来,并与私营企业建立伙伴关系,建立包容、高效的农业和食品体系;从应急到长久两方面,帮助恢复灾后生产生活。

FAO 的活动主要包括五大领域:①使人们能够获得信息并支持向可持续农业转型;②加强政治意愿并分享政策专业知识;③为各国提供一个会议场所,强化公共和私营部门的合作,提高小农农业;④将知识送到实地;⑤支持各国预防和减轻风险。

### (四)国际食品法典委员会

国际食品法典委员会(Codex Alimentarius Commission, CAC)是由联合国粮农组织(FAO)和世界卫生组织(WHO)于 1963 年共同建立的,是一个以保障消费者的健康和确保食品贸易公平为宗旨,制定国际食品标准的政府组织。CAC主要负责制定统一协调的国际食品标准、准则和行为守则,保护消费者健康并确保食品贸易中的公平贸易实践,也负责促进各国际政府间组织和非政府组织所承担的所有食品标准工作之间的协调。

CAC 建立的具体职能为:①保护消费者健康和确保公平的食品贸易;②促进国际政府和非政府组织所承担的所有食品标准工作的协调一致;③通过或借助于适当的组织确定优先重点以及开始或指导草案标准的制定工作;④批准由以上第 3 条已制定的标准,并与其他机构(以上第 2 条)已批准的国际标准一起,在由成员国政府接受后,作为世界或区域标准予以发布;⑤根据制定情况,在适当审查后修订已发布的标准。

CAC 与 WHO、FAO 的关系具体体现在:

(1)各自有自身的组织法(章程)。

(2)各自有完善的组织结构。

(3)各自有着独立的经费来源。

(4)三者负责的侧重点存在差异:WHO 的宗旨是"使全世界人民获得尽可能高的健康水平。"任何与全球公共健康的保障和促进有关的活动都属于 WHO 的职能范围。FAO 的工作重心放在粮食安全问题上,食品安全的监管保护职能在FAO 也是衍生性的。而作为 FAO 和 WHO 联合建立的 CAC 职能相对来说较为专一。CAC 的职能是负责国际食品标准的制订和协调,但是国际食品安全合作的内容不仅仅是食品标准的制订和协调。在其他方面如食品安全突发事件处理、食品安全信息交流等方面,CAC 未曾涉足。

(5)FAO 和 WHO 联合成立专家委员会和磋商委员会。FAO/WHO 成立的主要专家机构包括 FAO/WHO 食品添加剂联合专家委员会(JECFA)、FAO/H 农药残留联席会议(JMPR)、FAO/WHO 微生物风险评估联席专家会议(JEMRA)。但上述这些机构只作为 CAC 制定法典标准时的科学依据,CAC 仍保持着自身的独立性。

食品法典标准体系中的标准可分为通用标准和商品标准两大类。若按标准的具体内容分,可将 CAC 标准分为商品标准(CODEX STAN)、最大残留限量标准(CAC/MRL)、推荐操作规范(CAC/RCP)、指南文件(CAC/GL)和分类标准

（CAC/MISC）五大类。

## 二、国外法律法规体系

### （一）美国食品安全法律法规

1. 起源和发展

美国与大多数英联邦国家都继承了英国法律的普通法传统，在美国独立之后的近70年，各州根据本地生产者和消费者的需要制定了各种各样的法律。科技进步、企业和社会舆论的压力迫使国会于1906年通过了《食品和药品法》和《肉类检查法》。随着科技进步及人们环保、饮食健康意识的增强，美国1996年颁布了《食品质量保护法》。911事件发生后，出于对生物恐怖主义的担心，美国国会2002年通过了《公共健康安全与生物恐怖主义预防应对法》，提出实行"从农场到餐桌"的风险管理。在造假掺伪、化学污染得到较有效规范后，生物危害又以不同形式侵袭人们的餐桌，美国总统奥巴马与2011年1月4日签署了《FDA食品安全现代化法案》。

2. 现行食品法律法规体系

美国政府的三个分支机构立法、司法和执法，在确保美国食品安全中各司其职。国会发布法令确保食品供应的安全，从而在国家水平上建立起对公众的保护。执法各部门和机构颁布法规并负责法令的实施。因此，美国关于食品的法律法规包括两方面内容：一是议会通过的法案称为法令，如《美国法典》第7卷（农业）、第9卷（动物与动物产品）和第21卷（食品与药品），《行政管理程序法令》，《联邦咨询委员会法令》和《新闻自由法令》等；二是由权力机构根据议会的授权制定规则和命令，如《联邦食品、药物和化妆品法》《联邦肉类检验法》等，这些法规在"联邦登记"（federal register, FR）中颁布，公众可查询到这些法规的电子版材料，联邦法庭体系在立法过程中按照规定的权利和义务，在确保立法机构满足法律及程序的要求等方面起着重要作用。独立的陪审团对执法机构的活动记录进行细化。当法庭怀疑执法机构未遵循其法律职责或其活动没有合理的基础时，可对执法机构的活动进行调查和限制。

美国食品安全法律法规体系特点鲜明。立法过程透明、开放，并以风险分析作为食品安全决策和立法的基础，这有助于提高食品安全法律法规体系的科学性和执行的有效性。

3. 美国食品监管机构

美国的食品安全监管是建立在联邦制基础上的多部门联合监管模式。美国将食品安全体系又分为联邦、州和地区三级,形成相互独立、相互合作的食品安全监管网。美国联邦食品安全监管机构实行垂直管理方式,避免监管各个环节之间的脱漏或重复,在真正意义上实现了全过程、无间隙监管。州和地区监管机构的职责是配合联邦机构执行各种法规,检查辖区内的食品生产和销售点。

美国联邦及各州政府总共设立了20多个食品安全监管机构,但政府部门的职责相对明确,各部门依照法律授权各司其职。主要食品安全监管机构有美国联邦卫生与人类服务部(DHHS)下属的美国食品药品管理局(FDA)、疾病控制与预防中心(CDC);美国农业部(USDA)下属的食品安全检验局(FSIS)、动植物卫生检验局(APHIS)以及联邦环境保护署(EPA)。

FDA最重要的职责是执行《联邦食品、药品及化妆品法》以及食品安全加强法案(food safety modernization act,FSMA),预防走私食品进入,加强对膳食补充剂的管理等。美国FDA管辖的食品范围是除食品安全检验局(FSIS)管辖范围之外的所有食品,具体包括:所有国产和进口的州际贸易销售的食品(不包括肉类、禽肉类及蛋制品,但管辖带壳的蛋类)。

疾病控制与预防中心(CDC)负责与地方、州和其他联邦官员一起调查由食品传染的疾病的来源,并监视食品传染疾病的发病率和趋势;管理全国食品传染疾病监视系统,设计和部署食品传染疾病快速电子报告系统;进行研究以防止食品传染疾病;发展能使州和地方各级机构快速识别食品传染病原体的先进技术,培训地方和州的食品安全监管人员。

美国农业部(USDA)下属的食品安全检验局(FSIS)主要负责保证美国国内生产和进口消费的肉类、禽肉及蛋类产品供给的安全、有益,标签标示真实性,包装适当。FSIS管辖的食品包括国产和进口的肉、禽和不带壳蛋制品。

联邦环境保护署(EPA)负责监管食物中的农药及其他有毒物质的残留限量及饮用水的安全。负责制订饮用水标准、协助各州饮用水的品质监测;制定食品中农残限量标准,发布农药安全使用指南等。FDA和USDA负责这些规定在食品供应环节中的实施。

4. 美国食品质量安全法律法规体系

美国联邦政府行政部门制定的完整的永久性法规收录在美国联邦法规(code of federal regulation,CFR)中,分50卷,与食品有关的主要是第7卷(农业)、第9卷(动物和动物产品)、第21卷(食品和药品)和第40卷(环境保护)。这些法律法规涵盖了所有食品,为食品安全制定了非常具体的标准以及监管程序。

其中 FDA 颁布的法规有：①《联邦食品、药品和化妆品法》（FDCA）；②《FDCA 法案的修改与补充》；③《FDA 食品安全现代化法案》；④《1990 营养标签与教育法案》（NLEA）；⑤《1994 饮食健康与教育法案》（DSHEA）；⑥《食品过敏原标识和消费者保护法》（FALCPA）。除上述法规外，FDA 还规定了许多管理制度、指导方针、执行标准，以补充 1938 年 FDCA 法。这些法规涵盖 GMP 法规、食品标签法规、产品回收指导方针及营养质量指导方针。其中食品标签法规包括营养标签的要求与指导方针、营养成分含量、健康声明和营养说明等专门要求。食品与药品法规协会收集出版了大量有关食品与药品的联邦法律、指导方针和法规方面的资料。《食品化学报道》杂志社出版了《FDA 食品实施手册》，该书汇编了 FDA 对有关食品加工者的管理指南。为了确保消费者食用产品的安全性，食品加工者和法规机构肩负了重大责任。目前，FDA 大力强调 GMP 法规与危害分析关键控制点（HACCP）体系是食品加工企业内部为减少食源性疾病而采取的重要措施。目前，FDA、USDA、EPA 和疾病控制中心（CDC）均已认可并推荐实施 HACCP 体系。

美国农业部（USDA）颁布的法规有：①肉类与禽类监督程序（MPIP）；②肉和禽类及其制品 HACCP 最终法规；③美国谷物标准法。

美国环境保护署颁布的法规有：①《联邦杀虫剂、杀菌剂、除草剂修正法案》（FIFRA）；②《食品质量保护法》（FQP）；③《安全饮用水法案》（SDWA）。

5. 美国食品法规实际执行情况

美国食品质量安全市场准入管理主要遵循：①只有安全、健康的产品才可进入市场；②制造商、分销商、进口商及其相关者必须遵守规定，及责任自负的指导原则。因此，政府的首要目标是阻止潜在的不安全食品以及掺假食品进入消费领域。

2001 年美国"9·11"恐怖袭击事件之后，在 2002 年 6 月美国国会通过并由总统批准发布了《公众健康安全与生物恐怖主义防范应对法》以加强进口货物的安全监管。随后，美国食品药品管理局（FDA）相继出台了相关法规草案。FDA 于 2003 年 10 月 10 日发布了《进口食品提前通报法规》和《食品企业注册的最终法规》，《进口食品提前通报法规》要求进口食品、饲料到达之前 5 日之内由电子方式接收并确认申报相关的信息。《食品企业注册的最终法规》要求国内外从事生产、加工、包装、贮藏供美国人和动物消费的食品企业必须向 FDA 注册。

FDA 要求食品生产者都应当遵守良好生产规范（GMP），还针对特定的食品制定了相应类别的标准，例如针对低酸的罐装食品的标准、针对水果汁及蔬菜汁和水产品等直接入口的高风险性食品生产企业的监管,强制要求企业建立和实施 HACCP 体系。FDA 对食品相关产品(食品添加剂、色素、食品接触物)主要实施市场准入的监管制度,主要有四种方式:①对食品添加剂和色素实施强制审批,对部分色素强制认证,对食品接触物的强制公告及对 GRAS 的自愿公告;②一般有机合成的添加剂、色素需经 FDA 批准才能生产,生产的每一批的样品必须提交 FDA 检查纯度规格;③对于添加到食品、药品、化妆品中的着色剂需强制执行"着色剂认证制度",按照该制度的要求,色素生产商须向 FDA 着色剂认证部门(CCB)提供每批色素的代表性样本,之后 FDA 认证部门会对样本进行分析,确保它们符合美国联邦法规(21 章第 74 款)的规定;④GRAS 是 Generally recognized as safe 的缩写,由于其在特定使用条件下的安全性得到普遍认可,因此向 FDA 通报的决定是自愿行为,即 GRAS 物质无须向 FDA 通报或得到其批准就可合法销售。

FDA 只对进口婴儿配方食品、酸奶以及蚝等活海鲜实施许可证管理,对进口食品生产企业实施现场监督检查,每年对 15~20 个国家进行现场检查,所有的进口食品在进入美国前都要在关口接受抽查,未经 FDA 检查并合格的,海关不得放行。

FSIS 对国内肉类、禽类和蛋产品的监管实施驻场检验制度。另外,FSIS 对缺陷产品实施召回制度。美国食品召回制度的法律依据主要有《联邦食品、药品及化妆品法》(FDCA)、《食品安全现代化法案》(FSMA)、《联邦肉产品检验法》(FMIA)、《禽产品检验法》(PPIA)、《蛋品检验法》(EPIA)、《消费者产品安全法》(CPSA)等法律法规。

**(二)欧盟食品安全法律法规**

1. 起源和发展

欧洲联盟(European Union,欧盟)是一个根据 1992 年签署的《马斯特里赫特条约》(即《欧洲联盟条约》)建立的庞大国际组织。从 20 世纪 60 年代其前身欧洲经济共同体成立之初,就制定了食品政策,以确保食品在各成员国之间自由流通。

1985 年,欧洲委员会发表了"食物通讯"(也叫"微型白皮书"),第一次将保护公众健康列入欧盟立法的重要议事日程,并且规定,共同体食品法规的制定应以四点为基础,即对公众健康的保护、公众对信息的需要、实现公平交易,以及必需的政府管理。1987 年《单一欧洲法令》颁布,将"环境保护必须成为欧盟其他政策的一个组成部分"写入《罗马条约》。1992 年,欧盟正式批准实施农业环境项目,并且第一次对推广有机农业的农场给予财政支持,鼓励各国农民生产高质量的食品。1997年4月,欧盟委员会发表了关于欧盟食品法规一般原则的"绿皮书",为欧盟食品安全法规体系确立了基本框架。2002年1月制定了《通用食品法》,确立"从农场到餐桌"的欧盟食品安全政策的一般原则。从1996年疯牛病在英国爆发到2002年《通用食品法》生效启用,这一时期是欧盟食品安全法改革并快速发展的阶段。

2004年4月,欧盟公布了四个补充性法规,分别对食品生产及加工企业经营者确保食品卫生的通用规则;动物源性食品的卫生准则;动物源性食品实施官方控制的原则;食品、饲料、动物健康与福利等法律实施官方监管,检查成员国或第三国是否正确履行了欧盟食品安全法律或条例所规定的职责等做出了规定。2005年2月,欧盟委员会提出新的《欧盟食品及饲料安全管理法规》,于2006年1月1日起实施。

2. 现行食品法律法规体系

欧盟建立之初,食品安全领域的立法比较薄弱,仅在食品添加剂、食品标签、特殊营养用途食品、食品接触材料和官方控制等几个方面有些零散的立法。在20世纪90年代,爆发了举世震惊的二噁英(dioxin)、疯牛病、掺假橄榄油等事件,使得欧盟重新审视自己的食品安全体系,并开始了改革之路。经过多年的改革和发展,欧盟的食品安全法律体系走向完善,欧盟食品法规的主要框架包括"一个路线图,七部法规"。"一个路线图"指食品安全白皮书;"七部法规"是指在食品安全白皮书公布后制定的有关欧盟食品基本法、食品卫生法以及食品卫生的官方控制等一系列相关法规。除了这些基础性的规定外,欧盟分别在食品卫生、人畜共患病、动物副产品、残留和污染、对公共卫生有影响的动物疫病的控制和根除、食品标签、农药残留、食品添加剂、食品接触材料、转基因食品等方面制定了具体的要求。

(1)食品安全白皮书:欧盟食品安全白皮书长达52页,包括执行摘要和9章的内容,用116项条款对食品安全问题进行了详细阐述,制定了一套连贯和透明的法规,提高了欧盟食品安全科学咨询体系的能力。它确立了欧盟食品安全法规体系的基本原则,是欧盟食品和动物饲料生产和食品安全控制的一个全新的法律基础。确立了以下三个方面的战略思想:第一,倡导建立欧洲食品安全局,负责食品安全风险分析和提供该领域的科学咨询;第二,在食品立法当中始终贯彻"从农场到餐桌"的方法;第三,确立了食品和饲料从业者对食品安全负有主要责任的原则。

（2）食品安全基本法（EC）178/2002 号条例：主要拟订了食品法规的一般原则和要求、建立 EFSA 和拟订食品安全事务的程序，是欧盟的又一个重要法规。

（3）食品卫生条例（EC）852/2004 号条例：该法规规定了食品企业经营者确保食品卫生的通用规则，主要包括：①企业经营者承担食品安全的主要责任；②从食品的初级生产开始确保食品生产、加工和分销的整体安全；③全面推行危害分析和关键控制点（HACCP）；④建立微生物准则和温度控制要求；⑤确保进口食品符合欧洲标准或与之等效的标准。

（4）动物源性食品特殊卫生规则（EC）853/2004 号条例，其主要内容包括：①只能用饮用水对动物源性食品进行清洗；②食品生产加工设施必须在欧盟获得批准和注册；③动物源性食品必须加贴识别标识；④只允许从欧盟许可清单所列国家进口动物源性食品等。

（5）供人类消费的动物源性食品的官方控制组织细则（EC）854/2004 号条例，主要内容包括：①欧盟成员国官方机构实施食品控制的一般原则；②食品企业注册的批准，对违法行为的惩罚，如限制或禁止投放市场、限制或禁止进口等；③在附录中分别规定对肉、双壳软体动物、水产品、原乳和乳制品的专用控制措施；④进口程序，如允许进口的第三国或企业清单。

（6）确保符合饲料和食品法、动物健康和动物福利法规规定的官方控制（EC）882/2004 号条例码，它提出了官方监控的两项基本任务，即预防、消除或减少通过直接方式或环境渠道等间接方式对人类与动物造成的安全风险；严格食品和饲料标识管理，保证食品与饲料贸易的公正，保护消费者利益。官方监管的核心工作是检查成员国或第三国是否正确履行了欧盟食品与饲料法，动物健康与福利条例所要求的职责，确保对食品饲料法以及动物卫生与动物福利法规遵循情况进行核实。

（7）关于供人类消费的动物源性产品的生产、加工、销售及引进的动物卫生法规 2002/99/EC 号指令：该指令提出了动物源性食品在生产、加工、销售等环节中的动物健康条件的官方要求。指令中还包括了相关的兽医证书要求、兽药使用的官方控制要求、自第三国进口动物源性食品的卫生要求等。

（8）饲料卫生要求（EC）183/2005 号条例：为了确保饲料和食品的安全，欧盟的第 183/2005 规定对动物饲料的生产、运输、存储和处理做了规定。与食品生产商一样，饲料商应确保投放市场的产品安全、可靠，而且负主要责任，如果违反欧盟法规，饲料生产商应支付损失成本，如产品退货以及饲料的损坏。

3. 欧盟食品安全法规结构分析

欧盟的食品安全法规体系主要有两个层次:第一个层次就是以食品基本法及后续补充发展的法规为代表的食品安全领域的原则性规定;第二个层次则是在以上法规确立的原则指导下的一些具体的措施和要求。按照它们所涉及保障食品安全的不同角度,可以分为以下五个方面:

(1)食品的化学安全(以及辐射污染要求)。包括对食品中的添加剂和调味剂(如辣椒中苏丹红染料的规定)、食品中的污染物(如黄曲霉毒素,展青霉素,赭曲霉毒素 A,二噁英,重金属,3-氯-1,2-丙二醇和无机锡)、食品中农药最大残留限量、食品接触材料等方面的要求。

(2)食品的生物安全(含食品卫生)。该部分包括食品卫生(HACCP)、微生物污染、食品辐照等方面的具体规定。

(3)有关食品标签的规定。

(4)食品加工,包括生物技术和新颖食品的具体要求。包括食品添加剂、新颖食品、转基因食品、婴幼儿食品等方面的要求。

(5)对某些类产品的垂直型规定。所谓垂直型规定是相对于水平型规定而言的,垂直型规定针对具体的食品并为该食品的各个方面制定控制标准,而水平型规定则针对适用于所有食品或某类食品的某一方面的具体规定,如标签、包装等。欧盟目前具有的垂直型规定主要包括对巧克力产品、咖啡提取物、果汁、果酱、蜂蜜、糖等产品的规定。

4. 欧盟食品安全技术性贸易措施体系的特点及启示

(1)食品安全法律体系具有立体而严谨的内在结构:整个法律体系的设计围绕保证食品安全这一终极目标,贯穿风险分析、从业者责任、可追溯性和高水平的透明度这四个基本原则,形成了一个包括食品化学安全、食品生物安全、食品标签、食品加工,以及部分重要食品的垂直型规定的完善的食品安全法规体系。

(2)以保证消费者安全为出发点建立整个食品法规体系:所谓食品安全技术性贸易措施,是从食品安全法规会对贸易产生影响这一角度看的产物,出发点是以"消费者安全"为导向,而不是以"限制进口"为导向,整个法律体系都围绕确保所有的欧盟消费者食用同样高标准的食品这一目的建立和实施。

(3)食品安全技术性贸易壁垒"光明正大":由于欧盟是发达国家,拥有较强的科技实力来支撑其较高的食品安全标准,因此对其他国家而言就产生了较高的技术性贸易壁垒,其全部食品安全的要求是对所有产品一视同仁的,无论这些食品是在本地生产还是来自任何欧盟以外的其他国家。所以,当落后国家的产品要出口到发达国家时,不仅有权享受进口国国内企业享受的一切"待遇",而且必须享受这些"待遇"。欧盟具有公认的世界上最高的食品安全保护水平,对很多出口国而言,欧盟是食品市场壁垒最高的国家之一,可是却很难对其提出非议。

5. 欧盟食品安全监管机构

欧盟对食品安全的监管实行集中管理模式,并且食品安全的决策部门与管理部门、分析部门相分离。目前,欧盟的食品安全决策部门包括欧洲理事会以及欧盟委员会,它们负责有关法规及政策的制定并对食品安全问题进行决策;管理事务主要由欧盟健康与消费者保护总署(DG SANCO)及其下属但相对独立的食品与兽医办公室(FVO)负责;食品安全风险分析则主要由欧洲食品安全局负责。

欧盟健康与消费者保护总署的宗旨是为欧洲消费者的身体健康、消费安全提供保障并保持相关法制建设的完善更新,对欧盟各成员国在食品安全、消费者权益及公众健康等方面开展的工作进行监督,并同欧盟其他成员国政府等各界开展合作。隶属于欧盟健康与消费者保护总署的食品与兽医办公室监管农业源性食物和食品,其主要职责是确保欧盟在食物安全动物健康、植物健康和动物福利方面的法规得到正确实施,主要工作是对成员国及向欧盟出口的第三国进行巡检,并将巡检中发现的问题以及结论和建议写入巡检报告。

欧洲食品安全局是依据欧洲议会和理事会第178/2002(EC)号法规即《基本食品法》于2002年1月成立的,主要职责包括:负责监督整个食物链;在涉及食品和饲料安全的所有领域为欧盟的立法、政策制定及标准的制定和修改提供科学建议及科学技术支持;进行食品安全风险评估并提供给欧盟委员会及各成员国;就食品安全问题加强与消费者的沟通和交流;与欧盟委员会及各成员国合作,以促进风险评估、风险管理、风险信息交流的一致性等。欧洲食品安全局的主要组成部门包括管理委员会、执行理事及其职员、咨询论坛以及科学委员会与专门科学小组。欧洲食品安全局自成立时即以高度科学、独立、公开、透明作为其必须遵守的基本原则,从源头上确保了食品安全监管工作的独立性与科学性。目前欧洲食品安全局拥有职员400多人,下设的科学委员会与专门科学小组聘请外部专家与科学家1200多人,自成立后已有近10项科学建议得到采纳,其科学建议已成为欧盟食品安全体系的重要的基础性支撑。

欧盟的食品安全监管体系属于多层次的监管,除了欧盟层面的监管机构外,有本国的食品安全监管机构,如德国设有消费者保护、食品和农业部(BMVEL)对全国的食品安全统一监管,并下设联邦风险评估研究所以及联邦消费者保护和食品安全局两个机构分别负责风险评估和风险管理,英国于2000年4月1日成立了独立的食品标准局(Food Standard Agency,FSA)行使食品安全监管职能,丹麦设有食品和农业渔业部负责全国的食品安全监管。另外,值得注意的是,欧盟的食品生产者和经营者不仅仅是食品安全的被管理者,也是直接参与的管理者,他们都直接地参与各项指令和标准的制定,较自觉地实施GMP、HACCP等程序。

6. 欧盟关于食品安全的重要制度

(1)"从农田到餐桌"全程监控制度:"从农田到餐桌"全程监控制度目前已成为世界各国公认的建立食品安全法体系的最基本制度。在实践中,欧盟食品安全监管机构根据有关法律法规,要求食品行业在食品链的各个环节应执行良好生产规范(GMP)、危害分析和关键控制体系(HACCP)等管理程序,并对其实施及执行情况进行监管,以保证对食品各环节尤其是食品生产源头的安全质量控制;食品的生产者、加工者、销售者等食品行业从业者则应严格遵照有关环境质量标准、生产操作规范以及投入品控制的有关标准,自觉地对环境、生产、加工、包装、贮藏、运输等各个环节实施严格管理,以确保食品安全。

(2)危害分析与关键控制点制度:危害分析与关键控制点制度是一套通过对整个食品链,包括原材料的生产、食品加工流通乃至消费的每一环节中的物理性、化学性和生物性危害进行分析、控制以及控制效果验证的完整体系,实际上是一种包含风险评估和风险管理的控制程序。目前世界上大部分国家都在食品生产企业中广泛实施HACCP制度,国际标准组织(ISO)也已依据"危害分析"及"关键控制点的查核结果"制定了食品安全管理系统的特定标准(ISO 22000),HACCP被认为是迄今为止控制食源性危害最经济、最有效的手段。HACCP制度已逐渐被引入欧盟食品生产的所有领域,它通过监督食品生产过程中可能发生危害的环节并采取适当的控制措施,来防止危害发生或降低危害发生的概率,从而确保食品在生产、加工、制造和食用等过程中的安全。

(3)食品与饲料快速预警系统:欧盟早在1979年就已开始使用食品与饲料快速预警系统(RASFF),2000年的178/2002号法规即《基本食品法》正式确立了欧盟食品与饲料快速预警系统(RASFF)。RASFF并不是一个单向运作的系统,而是一个包括欧盟委员会、欧洲食品全局、各成员国在内的各方不断互动的交流网络。RASFF使得欧盟委员会以及各成员国能够迅速发现食品安全风险并及时采取措施,避免风险事件的进一步扩大,从而确保消费者享有高水平的食品安全保护。

（4）可追溯制度：为应对疯牛病问题，欧盟于 1997 年开始逐步建立起食品安全信息可追溯制度，2002 年欧盟第 178/2002 号法规即《基本食品法》第 18 条明确要求强制实行可追溯制度。

（5）食品或饲料从业者承担责任制度：欧盟的《基本食品法》以及其他的法规、指令等建立了食品或饲料从业者对食品或饲料安全应承担主要责任的制度。

**（三）日本食品安全法律法规**

1. 起源和发展

1868~1889 年的明治初期，是日本的食品安全规制时期，1873 年颁布的《关于贩卖明知是伪造饮食物和腐烂食品的相关人员处罚规定》（1873 年底 130 号法令）是日本历史上第一部关于食品安全监管的规定，这一年成为"日本食品安全监管元年"，明治初期的食品安全规制法令仅作为行政处罚的一般依据，并没有真正法律层面的意义。大正时期的食品安全监管从 1912 年至 1925 年，这一时期的食品监管在不断丰富食品取缔内容的同时，更加突出了对各项配套监管措施的制定和实施。进入 21 世纪以来，日本食品安全危机频发，日本国内的消费者对食品可能引起的传染病产生极度的恐慌。2003 年 5 月，日本《食品安全基本法》诞生，并于 2003 年 7 月依法成立了直属内阁的"食品安全委员会"，食品安全法时期，还针对食品安全制定了一系列的安全法。

2. 现行食品法律法规体系

日本保障食品质量安全的法律法规体系由基本法律和一系列专业、专门法律法规组成，其中《食品安全基本法》和《食品卫生法》是两大基本法律。

日本对于国内的农产品与食品安全的管理上，还有一项比较重要的法律，即《农林产品质规格和正确标识法》（简称 JAS 法）。该法于 1950 年开始制定，后于 1970 年修改后在 1999 年开始全面推广实施。

日本还建立起了包括食品卫生、农产品质量、投入品、动物防疫、植物保护等方面较完备的食品安全质量法律法规体系。其中与 JAS 法配套的就有 351 项标准，其中包括 200 多种农药的 8300 多项残留限量指标品。

3. 日本食品安全监管机构

目前日本食品监管机构呈三角形特征，三角形的顶点是内阁府食品安全委员会，两翼是厚生省和农水省，这三个部门分工明确，职能既有交叉也有区别，形成了日本管理食品安全的"三驾马车"。

（1）食品安全委员会：食品安全委员会是在 2003 年 7 月 1 日设立，主要是基于《食品安全基本法》对食品安全实施检查和风险评估以及协调食品安全监管部门工作的直属内阁机构。

（2）厚生劳动省：厚生劳动省主要承担了日本食品风险管理的任务。

（3）农林水产省：日本农林水产省于 1978 年正式成立，是农药取缔法、饲料安全法、JAS 法等有关法律执行的主体，下设消费安全局,6 个课(处)和 1 名消费者信息官。

农林水产省和厚生劳动省都有专门机构负责农产品质量安全工作，而且从上至下自成体系。另外，日本连年发生的食品卫生事件，特别是流通中食品标识有缺陷，给消费者造成难以想象的损失。为了降低由事件发生后应对不迅速、跨部门解决问题不利等弊端,2009 年 9 月 1 日内阁府消费者厅诞生了。其主要的职能是依据《食品卫生法》《JAS 法》《健康促进法》与消费者进行有关交易、负责食品安全和食品标识。

4. 日本关于食品安全的重要制度

日本政府对法律法规的分工十分明确：日本的立法机构为国会；管理机构为食品安全委员会、厚生劳动省、农林水产省；监管机构为中央管理部门、地方政府、从业者、民间机构和消费者，目前日本形成了以政府风险管理机构、地方、从业者、公众组成的"四位一体"管理协调机制。此外，日本政府通过发挥社会监督作用、农产品质量认证和标识认证以及对农产品质量安全的有关环节给予优惠政策和资金扶持等措施，采取形式多样的监督管理方式，确保食品安全。

以下主要介绍日本目前最主要的四部法律。

（1）食品卫生法。

目前，日本的食品安全管理工作主要是依据《食品卫生法》实施的。《食品卫生法》从法律层面制定了食品相关从业者应遵循的规定，并规定了国家风险管理部门应采取的具体管理措施。《食品卫生法》主要分为两个部分，一是针对食品从种植、生产、加工、贮存、容器包装规格、流通到销售的全过程的食品卫生要求，包括使用的包装材料、容器、添加剂等方面的管理并制定相应的规格标准，禁止生产、使用、进口和销售违反食品卫生法的食品，并且明确规定从业者不得违反食品卫生法，不得对食品和添加剂进行虚假标识；二是有关食品卫生监管方面的规定，《食品卫生法》的解释权和执行管理都归属于厚生劳动省，厚生劳动大臣有权派遣食品卫生监视员对食品从业者进行必要的检查和指导。

《食品卫生法》作为日本最早的一部与食品有关的法律，有四项要点。①涉及对象众多；②授权于厚生及劳动省；③赋予地方政府管理食品的权利；④基于HACCP 体系建立全面的卫生控制系统。此外，日本在 2006 年 5 月 29 日起正式实施的"食品中残留农药、兽药及添加剂肯定列表制度"也极具日本特色。

（2）食品安全基本法。

《食品安全法基本法》为日本食品安全行政制度提供了基本的原则和要素。其立法宗旨是确保食品安全与维护国民身体健康，并确立了通过风险分析判断食品是否安全的理念，强调对食品安全的风险预测能力，然后根据科学分析和风险预测结果采取必要的管理措施，对食品风险管理机构提出政策建议。同时确立了风险交流机制（对象涉及风险评估机构、风险管理机构、从业者、消费者），并评价风险管理机构及其管理政策的效果，提出食品安全突发事件和重大事件的应对措施。废止了以往依靠最终产品确认食品安全的方法。《食品安全基本法》于 2003 年 5 月获得国会通过，从 2003 年 10 月 1 日起开始实施。

《食品安全基本法》的设立目的是确保国民健康，确保食品安全。该法规定了日本食品安全体系的基本原则和依据，主要有以下四个特点。①树立确保国民健康是最重要的基本理念；②将实施食品健康影响评价作为确保食品安全的实施政策的基本方针；③明确地方政府与消费者共同参与的责任；④在内阁府设置有学识经验者组成的合议制机构——食品安全委员会。《食品安全委员会》的颁布，表明了日本借鉴了欧盟倡导的从整个食品链上保证食品的安全这一理念，这为日本保障自身的食品安全提供了可靠的法律保障。

（3）农林产品品质规格和正确标识法。

《农林产品品质规格和正确标识法》（简称 JAS 法），也称《日本农业标准法》。主要包括 JAS 规格和食品标识两大部分。该法规定食品的包装上必须对食品所用的原材料、名称、原产地、生产商、保存方法、赏味期限及是否使用转基因产品等方面做出明确的标识，这些标识就是食品的"身份证"，便于在检查过程中的溯源。JAS 法的实施不仅保证了食品的安全性，还为消费者提供了食品的基本信息，便于消费者根据自己的需求购买。

（4）农药取缔法。

《农药取缔法》是于 1948 年公布的，主要由农林水产省负责。《农药取缔法》规定了农药的活性成分，并且对农药的使用及可以使用的农作物进行了明确的规定。

为了完善食品安全法律法规体系，日本又相继制定了食品安全的配套法律、监管特定用途的化学物质的法律以及监管流通和销售等法律。目前已经建立起包括食品卫生、农产品质量、投入品（农药、兽药、添加剂等）、动物防疫、植物保护等方面较完备的食品安全质量法律法规体系。其主要法律有《食品卫生法》《食品安全基本法》《植物防疫法》《家畜传染病预防法》《农林产品品质规格和正确标识法》(JAS 法)、《农药管理法》《土壤污染防治法》《包装容器法》《饲料添加剂安全管理法》等与食品安全有关的法律法规。随着国内对有机农产品需求的扩大,日本于 2000 年制定并于 2001 年 4 月 1 日正式实施了《日本有机食品生产标准》。

为确保这些法律法规的实施,日本政府还制定了一系列配套的技术规范,建立了完善的标准体系。这些法律共同构建起了日本食品安全规制法律体系,标志着日本正式从"食品卫生行政时期"步入"食品安全行政时期"。

5.日本食品法律法规执行情况

日本自 20 世纪经历的森永牛奶砒霜中毒事件、米糠油症事件,直接促进了日本食品安全立法的诞生,由此也开始了日本高标准的食品安全监管,并跻身为世界上食品安全监管最严格的国家之一。本节从市场准入机制、企业自身规范、食品安全危机应急机制、符合性标准四个方面探讨日本食品法规执行情况。

(1)市场准入机制。

日本农产品质量安全管理是由日本食品安全委员会、厚生劳动省、农林水产省这三个机构共同负责,直接面向农产品的生产者、加工者、销售者和消费者。食品安全委员会主要承担食品安全风险评估;农林水产省主要负责农产品生产和加工环节的安全监管工作;厚生劳动省主要负责食品进口和流通环节的食品安全情况。所有的管理都必须基于《食品卫生法》和《食品安全基本法》这两部基本法。此外,日本建立了日本农林规格(JAS 规格)制度,对农林产品、畜产品、水产品及以其为原料或材料制造的产品和加工品加以认证。同时对进口的农产品也要经过相关部门的检查,并加盖 JAS 标志,以此作为进入市场的凭证。通过日本农林规格(JAS)制度,日本形成了国内国外统一的食品市场准入体系,确保了本国食品市场的质量安全维持在一个较高的水平。

(2)日本食品企业自身规范。

1)GAP 制度:GAP 是 good agricultural practices 的缩写,意为"良好农业规范"。GAP 管理模式对于保障农产品的安全和质量、节约生产成本、发挥农业生产者的积极性具有重要的作用。

2)HACCP 制度:日本的 HACCP 制度结合本国国情形成了一套独特的承认体系。所谓的独特就在于企业可根据 HACCP 体系的要求进行自我认证,并同时请求厚生劳动大臣对认证结果进行确认,即可获得 HACCP 的承认效力。日本政府对于主动采用该制度的企业给予了贷款和税收方面的支持,以此来提高企业自愿采用 HACCP 制度的积极性。

3)信息交流机制:随着食品行业竞争日益激烈,一向以食品安全监管最严格国家著称的日本,也出现了以次充好的现象,还有一些知名企业利用过期原料制造食品,随意涂改产品生产日期,严重打击了整个社会的食品安全信心。为恢复消费者的食品安全信心和对本国企业的信任,日本农林水产省实施了以强化食品行业相关主体之间信息交流为特征的食品安全交流工程项目(food communication project,FCP),目前已取得了显著的成效。

FCP 的参与主体主要有四类,分别是政府部门、食品企业、第三方合作/服务机构(包括技术、金融、法律等咨询机构或服务商)和消费者团体。其主要交流关系如下:①政府部门与大型食品企业的交流;②大型企业的内部交流;③食品供应链上下游相关主体的交流;④大型食品企业与第三方服务机构的交流;⑤大型食品企业与消费者的交流;⑥大型食品企业与中小型食品企业的交流。从监管角度看,FCP 规避了政府监管的不足,将社会监督成本转移至食品行业系统内部。从消费者角度看,FCP 的第一目标是提高消费者的食品安全信心。FCP 缩短了企业与消费者的信息鸿沟,有助于重建全社会的食品安全信心。FCP 中的企业与消费者交流过程也为重建消费者信心提供良好的契机。

(3)食品安全危机应急机制。

1)食品安全委员会的应对机制:食品安全委员会作为食品安全风险的监测部门,又是农林水产省和厚生劳动省的协调部门,它统一了三个各有分工的部门,同时又不使其失去工作的独立性。在面对食品安全危机事件时食品安全委员会主要采取以下措施:①决定紧急应对措施;②信息收集;③食品影响健康评价;④劝告和建议;⑤风险沟通;⑥事后检验。

2)厚生劳动省的应对机制:厚生劳动省在威胁日本国民生命、健康安全的食品问题可能发生时,厚生劳动省就要采取措施预防危害健康的事故发生,防止其扩大,并采取相应的措施。①收集健康危险信息;②制定对策;③健康危险信息的提供。

3)农林水产省的应对机制:食品安全委员会、厚生劳动省、农林水产省这三个食品安全监管部门各自的应急措施覆盖了食品安全危机发生的范围,且各部门之间分工明确又加强合作沟通,使得日本的食品安全危机应急机制合理、健全。在面对食品安全突发事件时能够临危不乱,秩序井然地处理应对,将危害的发生控制在最小的范围之内。

(4)日本食品符合性标准。

日本国内对于食品安全的重视程度非常高,对于不同种类的食品均制定了相关的法律法规以将可能发生的食品安全事故防患于未然。

### 三、中国法律法规体系

#### (一)起源和发展

新中国成立初期,食品安全的概念主要局限于数量安全方面,因为解决温饱是当时食品安全的最大目标。20世纪50~60年代,食品安全事件大部分是发生在食品消费环节中的中毒事故,当时食品质量安全就几乎等同于食品卫生。1965年,当时的国家卫生部、商业部、第一轻工业部、中央工商行政管理局、全国供销合作总社联合制定实施的《食品卫生管理试行条例》,是新中国成立以来我国第一部中央层面上综合性的食品卫生管理法规。它在内容上体现出了计划经济时代我国政府食品安全管控的体制特色。1966~1976年是新中国历史上的艰难岁月,国内各项工作陷于停顿,食品卫生立法、卫生监督体系建设和卫生检疫防疫工作也几乎全面停顿,几乎没有任何进展。党的十一届三中全会之后,1978~1992年国家的经济体制开始实施重大改革,新的食品安全问题开始暴露出来,1982年11月19日,全国人大常委会通过了《中华人民共和国食品卫生法(试行)》,并于1983年7月1日起开始试行。1992年国家提出建立社会主义市场经济体制目标,我国食品工业实现了迅猛发展,新型食品、保健食品、开发利用新资源生产的食品也大量涌现。为适应新的形势,1995年10月,《中华人民共和国食品卫生法(试行)》通过修订成为正式的《中华人民共和国食品卫生法》。全国食品中毒事故爆发数从1991年的1861件下降至1997年的522件,中毒人数由1990年的47367人剧减至1997年的13567人,死亡人数也由338人降至132人。

在《食品卫生法》施行的体制下,食品安全监管是以卫生部门为主导的。1998年国务院政府机构进行改革,食品安全由国家质量技术监督局、卫生部、粮食局、工商总局、农业部等多部门共同监管。2003年国务院机构再次改革,原有的国家药品监督管理局调整为国家食品药品监督管理局,负责食品安全的综合监督、组织协调和依法组织查处重大事故。2003年安徽阜阳劣质奶粉事件,促使国务院于2004年9月颁布了《国务院关于进一步加强食品安全工作的决定》2006年《农产品质量安全法》等法律作为补充性的立法先后应运而生。其中《农产品质量安全法》被认为是我国第一部关系广大人民群众身体健康和生命安全的食品安全法律。这部法律的实施,标志着我国食品安全分段监管模式的完整法律体系已经建立。2008年"三鹿"奶粉事件的出现暴露出我国食品安全分段监管的弊端,促使立法者转变了对食品安全问题法律调控的整体看法。此外,在加入世界贸易组织(WTO)之后,SPS、TBT 等与食品安全相关的协议是我国作为 WTO 成员必须面对的,为了进一步融入世界贸易体系,也必须考虑我国食品监管在法律层面与世界接轨的问题。2009 年 2 月 28 日第十一届全国人民代表大会常务委员会第七次会议通过《中华人民共和国食品安全法》,正式取代了《中华人民共和国食品卫生法》,作为食品安全领域的基本法开始施行。

目前,我国已经建立了一套完整的食品安全法律法规体系,为保障食品安全、提升质量水平、规范进出口食品贸易秩序提供了坚实的基础和良好的环境。食品安全法律法规体系包括:①全国人民代表大会常务委员会颁布的法律;②国务院制定的行政法规和地方制定的行政法规;③国务院各行政部门制定的部门规章和地方人民政府制定的规章;④规范性文件,如国务院或个别行政部门所发布的各种通知、地方政府相关行政部门指定的食品卫生许可证发放管理办法以及食品生产者采购食品及其原料的索证管理办法;⑤食品标准,如食品工业领域各类标准,包括食品产品标准、食品卫生标准、食品添加剂标准、食品术语标准等。

为了进一步加强对食品安全的监管,同时也为了配合国务院新一轮的机构改革,2015 年 4 月 24 日第十二届全国人民代表大会常务委员会第十四次会议通过了对《食品安全法》的修订。现行的《中华人民共和国食品安全法》是 2018 年 12 月 29 日进行修正的。

**(二)现行食品法律法规体系**

1. 我国食品安全行政法规

我国已经颁布的与食品安全相关的主要行政法规、规范性文件、司法解释和部门规章,既包括《食品安全法实施条例》《产品质量法实施细则》《农产品质量安全监测管理办法》《标准化法实施条例》《计量法实施细则》《进出口商品检验法实施条例》这样针对某一法律进行的执行性立法,也包括《生猪屠宰管理条例》《农业转基因生物安全管理条例》《食品标识管理规定》《食品生产加工企业质量安全监督管理实施细则(试行)》《新资源食品管理办法》这样针对某一特定领域的立法,还包括像《关于进一步加强食品质量安全监督管理工作的通知》和《关于加大监管力度防范食品安全风险的通知》这样的部门规章。截至 2012 年底,这些食品安全相关的法规和规章已达 210 余种。

2. 我国食品安全地方性法规

宪法授权给县级以上各级人民政府,在管理本行政区域内的经济、教育、科学、文化、卫生、体育等行政工作中,可发布决定和命令。《立法法》规定,省、自治区、直辖市的人民代表大会及其常务委员会根据本行政区域的具体情况和实际需要,在不同宪法、法律、行政法规相抵触的前提下,可以制定地方性法规。地方政府或者地方食品安全监管部门的食品安全规章性文件是按照法定权限制定的,是为了更好地执行食品安全法律、法规和规章,对本行政区域内实施有效的监督管理,更好地完成国家法律赋予的任务所必需的。在地方层面,食品安全相关法律的执行立法和其他的法规、规章是食品安全法律法规体系的重要组成部分,它们更能适应本地实际情况,能突出地方特色,有更强的实用性和可操作性。

3. 我国食品法律法规的特点

我国目前已经初步形成了以《食品安全法》为核心,其他专门法律为支撑,并且与产品质量、检验检疫、环境保护等法律相衔接的综合性食品安全法律体系。目前这一体系有如下三个特点。

第一,我国食品法律法规体系的法律渊源和效力层次分别有着多样性和丰富性的特点。我国食品法律法规体系涵盖了我国《立法法》中规定的法律、法规和规章三个层次的立法形式,具体可以归纳为法律层面、行政法规层面、部委规章层面和地方立法层面共四个方面的内容。

第二,我国食品安全法律法规体系主次分明,结构较为合理。目前我国的食品安全法律法规体系以《食品安全法》与《农产品质量安全法》为核心,拥有一个正在日趋充实和完善的食品安全法律法规群。这些法律法规与其他相关的调控特殊领域事项的法律法规一道,基本保证了食品安全各领域有法可依,也减少了法律规范之间的冲突,促进了法律体系内部的和谐。

第三,我国食品安全法律法规体系涉及多个法律部门,其中主要是行政法和经济法,此外还有一些民法和刑法的内容。按照我国的法律部门划分,食品安全领域的两部基本法律《食品安全法》和《农产品质量安全法》分别属于行政法和经济法。而其中行政法部门的内容在这一体系中占有最为主要的地位,因为在有国家强制力保障实施的法律中明确政府食品安全监管部门的职责,并以此来保障食品安全,在国内外都是最为有效也是最为普遍的做法。而这两部法律中也有大量关于规定政府食品安全监管部门权责的内容和条款。

我国的食品安全法律法规体系从行政法部门的角度来说,包含了调整内部行政关系的行政组织法,调整行政管理关系的行政行为法和调整行政法制监督关系的行政责任法,较为完整地覆盖了行政法的基本内容。而由于食品生产经营者在食品安全问题中扮演着重要的角色,经济法部门的内容在这一体系中也有着重要的位置,如《食品安全法》中明确规定了食品生产经营者是食品安全的第一责任人。此外,这一体系中还包含了民法和刑法的内容,如《食品安全法》中备受关注的"十倍赔偿"条款借鉴自英美法系的惩罚性赔偿,属于民法内容,而对于违反食品安全法律并构成犯罪的则适用刑法的相关规定。

4. 现行食品安全法律法规在管理上的主要创新

(1)风险监测与评估机制。

食品安全风险监测,是通过系统和持续地收集食源性疾病、食品污染以及食品中有害因素的监测数据及相关信息,并进行综合分析和及时通报的活动。做好食品安全工作,首先要不断加强、改进和完善食品安全监测和预警体系,才能防患于未然,避免重大食品安全事故的发生。

食品安全风险评估,指对食品、食品添加剂中生物性、化学性和物理性危害对人体健康可能造成的不良影响所进行的科学评估,包括危害识别、危害特征描述、暴露评估、风险特征描述等。其结果是运用科学手段、科学方法产生的,具有科学性,能够作为修订食品安全标准的科学依据。

在法制层面,《食品安全法》及其实施条例以专门的章节对食品安全风险监测和评估做出规定,由此首次在我国确立风险监测评估制度。"三鹿奶粉事件"暴露出的重大问题之一是对食品安全风险的监测不到位,预警机制失灵。因此卫生部根据《食品安全法》的要求,创新国家食品安全风险监测评估制度体系,先后会同相关部门共同制定与实施了《食品安全风险评估管理规定(试行)》和《食品安全风险监测管理规定(试行)》等系列管理制度,对风险评估相关内容进行了详细的规定,明确了食品安全风险监测的范围、国家食品安全风险评估专家委员会的职责、预警管理机制、自身能力建设等相关问题。

(2)基于食品链的可追溯体系与全程监管。

建立食品安全可追溯系统能够快速、准确地确定问题食品的身份和食品质量问题的来源,是解决食品安全问题的最有效途径之一,是食品安全控制体系不可或缺的组成部分,也是《食品安全法》中规定的食品召回制度具有可操作性的前提条件。在我国,现行《食品安全法》第五条提出,建立健全食品安全全程监督管理的工作机制。

食品链是指从初级生产直至消费的各环节和操作的过程,涉及食品及其辅料的生产、加工、分销、贮存和处理。食品链的复杂性是导致食品安全隐患的最根本原因之一。要在食品链的基础上实现可追溯,则需要建立食品安全可追溯系统并对食品进行追踪。食品安全追溯体系具体到每一个产品上则表现为一个追溯码标签。在数据库中保存食品物流经过各个环节时的环境、加工、质量等信息记录,从而全面掌握食品供应链各节点的质量安全状况,为实施更加有效的监管提供了条件。目前已经有部分省市已经开始以地方性法规的形式确立食品安全追溯制度,如甘肃省的《甘肃省食品安全追溯管理办法(试行)》和北京的《北京市食品安全条例》等。在网络信息平台方面,我国也已经建立了食品安全监管、追溯与召回公共服务平台,并且在网站上提供了追溯码查询服务。

(3)类似于"吹哨人"的机制。

在法律中的"吹哨人"是指为使公众注意到政府或企业的弊端和黑幕,以采取某种纠正行动而进行举报活动的人。美国早在 1863 年便率先颁布了举报者保护法,1986 年又经过修改,称为"吹哨法案",又称"告密者保护法案"或"吹哨者保护法案"。其目的是使参与违规生产经营的知情人员能够为了公共利益而站出来予以检举。除美国外,韩国、日本等发达国家均具体规定了食品安全有奖举报制度。我国在食品安全监管的实践中,借鉴了"吹哨人"的概念,实行了有奖举报的制度。国务院食安办 2011 年 7 月发布《关于建立食品安全有奖举报制度的指导意见》(食安办[2011]25 号)。

**(三)中国关于食品安全的重要法律法规**

1. 中华人民共和国食品安全法

(1)立法背景和意义。

作为我国食品卫生法制建设的重要里程碑,《食品卫生法》从 1995 年修订通过并施行到被《食品安全法》所取代这段时期,对于保证我国的食品卫生、预防和控制食源性疾病、保障人民群众身体健康发挥了重要作用。但是食品安全问题仍然较为突出,2008 年的"三鹿奶粉事件"的发生最终成为我国出台《食品安全法》的关键性因素。

制定《食品安全法》有着相当重要的意义。首先,是保障食品安全,保证公众身体健康和生命安全的需要;其次,制定食品安全法是促进我国食品工业和食品贸易健康快速发展的需要;最后,制定食品安全法是加强社会领域立法,完善我国食品安全法律体系的需要。在食品卫生法的基础上,制定内容覆盖更为全面的食品安全法,与其他相关法律如《农产品质量安全法》《产品质量法》《进出境动植物检疫法》《动物防疫法》《进出口商品检验法》《农药管理条例》《兽药管理条例》等法律法规加强衔接,有利于完善我国食品安全法律制度,也为我国社会主义市场经济的健康发展提供法律保障。

(2)基本内容。

基本内容:食品安全法共 10 章 154 条,包括总则、食品安全风险监测和评估、食品安全标准、食品生产经营、食品检验、食品进出口、食品安全事故处置、监督管理、法律责任、附则共 10 个部分。

立法宗旨:《食品安全法》第一章第一条规定:"为保证食品安全,保障公众身体健康和生命安全,制定本法。"在制定《食品安全法》的过程中,如何从食品链的各环节、各方面保证食品安全、保障公众身体健康和生命安全成为立法宗旨所在。

适用范围:《食品安全法》第一章第二条规定了该法的调整范围:①食品生产和加工、食品流通和餐饮服务;②食品添加剂的生产经营;③用于食品的包装材料、容器、洗涤剂、消毒剂和用于食品生产经营的工具、设备(以下称食品相关产品)的生产经营;④食品生产经营者使用食品添加剂、食品相关产品;⑤食品的贮存和运输;⑥对食品、食品添加剂和食品相关产品的安全管理。

安全监管体制:《食品安全法》对于国务院有关食品安全监管部门的职责进行了明确的界定。

1)国务院质量监督、工商行政管理和国家食品药品监督管理部门依照《食品安全法》和国务院规定的职责,分别对食品生产、食品流通、餐饮服务活动实施监督管理;

2)在地方政府层面(县级以上)进一步明确食品安全监管工作职责,理顺工作关系;

3)为了使得食品安全监管各部门的工作能够协调和衔接,《食品安全法》第六条规定,县级以上卫生行政、农业行政、质量监督、工商行政管理、食品药品监督管理部门应当加强沟通、密切配合,按照各自的职责分工,依法行使职权,承担责任;

4)为了改善分段监管中各部门各自为政,工作存在交叉和遗漏的情况,使得食品安全监管体制运行更为顺畅,《食品安全法》第五条还规定,国务院设立食品安全委员会,其工作职责由国务院规定;

5)食品安全法授权国务院根据实际需要,可以对食品安全监督管理体制作出调整。

食品安全风险监测和评估制度:《食品安全法》第十四条、第十五条确立食品安全风险监测制度,规定由国务院卫生行政部门会同国务院其他有关部门制定、实施国家食品安全风险监测计划。食品安全风险监测是指通过系统和持续地收集食源性疾病、食品污染以及食品中有害因素的监测数据及相关信息,并进行综合分析和及时通报的活动。食品安全风险评估指对食品、食品添加剂中生物性、化学性和物理性危害对人体健康可能造成的不良影响所进行的科学评估,包括危害识别、危害特征描述、暴露评估、风险特征描述等。《食品安全法》第十六至第二十三条从食品安全风险评估的启动、具体操作、评估结果的用途等方面规定了完整的食品安全风险评估制度。

统一食品安全国家标准:为解决食品标准在结构上的重复、品种上的缺失和内容上的矛盾,以及标准过高或过低引起争议等问题,《食品安全法》第二十五条和第二十七条规定,食品安全标准是强制执行的标准,由国务院卫生行政部门负责制定、公布,国务院标准化行政部门提供国家标准编号,除食品安全标准外,不得制定其他的食品强制性标准。

对于食品安全标准的整合,第二十九条规定,国务院卫生行政部门应当对现行的食用农产品质量安全标准、食品卫生标准、食品质量标准和有关食品的行业标准中强制执行的标准予以整合,统一公布为食品安全国家标准。

对于食品安全地方标准和企业标准,《食品安全法》的规定中明确了其地位:没有食品安全国家标准的,可以制定食品安全地方标准。企业生产的食品没有食品安全国家标准或者地方标准的,对此应当制定企业标准,作为组织生产的依据;国家鼓励食品生产企业制定严于食品安全国家标准或者地方标准的企业标准。

食品生产经营者的社会责任:政府和食品生产经营者在食品安全这个问题上都有各自无可替代的责任,而一直以来生产经营者的责任在一定程度上被忽视了,因此《食品安全法》强化了生产经营者是保证食品安全第一责任人这一概念,确立了以下的制度:

1)生产、流通、餐饮服务许可制度。《食品安全法》第三十五条和第三十七条规定,国家对食品生产经营实行许可制度。

2)索证索票制度、台账制度等。如食品生产者采购食品原料、食品添加剂、食品相关产品,应当查验供货者的许可证和产品合格证明文件;食品生产企业应当建立食品出厂检验记录制度等。

3)建立食品召回制度、停止经营制度。食品生产者发现其生产的食品不符合食品安全标准时,应当立即停止生产,召回已经上市销售的食品,通知相关食品经营者和消费者,并记录召回和通知情况。食品经营者发现其经营的食品不符合食品安全标准时,应当立即停止经营,通知相关食品生产者和消费者,并记录停止经营和通知情况。

4)企业食品安全管理制度。《食品安全法》第四十四条规定,食品生产经营企业应当建立健全本单位食品安全管理制度,国家鼓励食品生产经营企业符合良好生产规范要求,实施危害分析与关键点控制,提高食品安全管理水平。

5)建立风险预警机制。境外发生的食品安全事件可能对我国境内造成影响,或者在进口食品中发现严重食品安全问题的,国家出入境检验检疫部门应当及时采取风险预警或者控制措施,并向国务院卫生行政、农业行政、工商行政管理和国家食品药品监督管理部门通报。

保健食品的监管:到 2013 年底,在食品药品监督管理总局登记备案的国产保健品数量已经达到了 13086 种之多。保健食品行业的年产值也从 2007 年底的 1000 亿左右,增长到 2013 年底的 2800 亿左右。2012 年的《食品工业"十二五"发展规划》更是首次将"营养与保健食品制造业"列为我国重点发展行业。规划指出,到 2015 年中国营养与保健食品产值达到 1 万亿元,年均增长 20%,并形成 10 家以上产品销售收入在 100 亿元以上的企业。但我国保健食品市场一直存在着"大而乱"的情况,这使得公众对这一行业的信任度大幅降低,也制约了这一行业的健康发展。

《食品安全法》第七十四条至第七十五条规定:国家对声称具有特定保健功能的食品实行严格监督管理。声称具有特定保健功能的食品不得对人体产生急性、亚急性或者慢性危害;其标签、说明书不得涉及疾病预防、治疗功能,内容必须真实,应当载明适宜人群、不适宜人群、功效成分或者标志性成分及其含量等;产品的功能和成分必须与标签、说明书一致。这些条款都显示了国家对于保健食品市场严格管控的态度。

食品检验工作:《食品安全法》第八十五条至第八十七条规定,食品检验由食品检验机构指定的检验人独立进行。食品检验实行食品检验机构与检验人负责制。食品检验报告应当加盖食品检验机构公章,并有检验人的签字或者盖章。食品检验机构和检验人对出具的食品检验报告负责。明确食品安全监督管理部门对食品不得实施免检。同时明确规定,进行抽样检验时,应当购买抽取的样品,不收取检验费和其他任何费用。

食品进出口管理:《食品安全法》第九十二条至第一百零一条规定:进口的食品、食品添加剂以及食品相关产品应当符合我国食品安全国家标准。进口尚无食品安全国家标准的食品,或者首次进口食品添加剂新品种、食品相关产品新品种,进口商应当向国务院卫生行政部门提出申请并提交相关的安全性评估材料。国务院卫生行政部门依法做出是否准予许可的决定,并及时制定相应的食品安全国家标准。

食品安全事故处置:食品安全事故对人民群众的生命健康造成危害,如果不能及时有效地处置,会造成恶劣的影响。因此,《食品安全法》第一百零二条至第一百零八条规定了食品安全事故处置机制,包含三方面的内容:①报告制度。事故发生单位和接收病人进行治疗的单位应当及时向事故发生地县级卫生部门报告。农业行政、质量监督、工商行政管理、食品药品监督管理部门在日常监督管理中发现食品安全事故,或者接到有关食品安全事故的举报,应当立即向卫生行政部门通报。②事故处置措施。开展应急救援工作,对因食品安全事故导致人身伤害的人员,卫生行政部门应当立即组织救治;封存被污染的食品设备及用具,并责令进行清洗消毒;做好信息发布工作,依法对食品安全事故及其处理情况进行发布,并对可能产生的危害加以解释、说明。③责任追究。发生重大食品安全事故,设区的市级以上政府卫生部门应当会同有关部门进行事故责任调查,督促有关部门履行职责,向本级政府提出事故责任调查处理报告。

法律责任:《食品安全法》第九章对于食品安全相关的刑事、行政和民事责任进行了规定,以切实保障人民群众的生命安全和身体健康。关于刑事责任的追究,第一百四十九条规定:"违反本法规定,构成犯罪的,依法追究刑事责任。"其中借鉴国外法律,突破了我国目前民事损害赔偿的理念而确立的惩罚性赔偿制度曾一度成为人们关注的热点,这反映在第一百四十八条:生产不符合食品安全标准的食品或者销售明知是不符合食品安全标准的食品,消费者除要求赔偿损失外,还可以向生产者或者销售者要求支付价款十倍的赔偿金。

2. 中华人民共和国产品质量法

1993 年 2 月 22 日,第七届全国人民代表大会常务委员会第三十次会议上,《中华人民共和国产品质量法》(简称《产品质量法》)经过审议并通过,于 1993 年 9 月 1 日起施行。2000 年 7 月 8 日第九届全国人民代表大会常务委员会第十六次会议公布了《关于修改〈中华人民共和国产品质量法〉的决定》,并于 2000 年 9 月 1 日起施行。目前执行的是《中华人民共和国产品质量法》(2018 修正)。

《产品质量法》的宗旨是提高产品质量、明确产品责任、强化产品监督管理、保护消费者合法权益。制定和实施这部法律的意义在于:①明确了产品责任,维护了社会经济秩序;②强化了产品监督管理,提高了产品质量水平;③是保护消费者合法权益的法律武器。《产品质量法》适用于在中华人民共和国领域内从事产品生产、销售活动的所有生产出口产品的生产者和销售进口产品的销售者。《产品质量法》主要包括产品质量监督、产品质量义务和法律责任三部分内容。

(1)产品质量监督:①产品质量监督体制:是指执行产品质量监督的主体,它确定了国家和行业在产品质量监督方面的权限和职责范围;②产品质量标准制度:《产品质量法》规定中国实行产品质量标准制度;③企业质量体系认证制度:主要遵循两个原则:一是坚持与国际惯例和国际通行作法相一致的原则;二是坚持企业自愿申请的原则;④产品质量认证制度:是指国家对产品质量采取行政强制监督检查管理措施的制度。

(2)产品质量义务:又称为产品质量责任和义务,是指产品质量法律关系主体应当作出或不作出一定行为的约束,或者是产品质量法律关系主体行为的法定范围限度。

(3)法律责任:违反《产品质量法》的法律责任有民事责任、行政责任和刑事责任三种。①民事责任:产品质量民事责任主要包括生产者与销售者的产品瑕疵担保责任、产品缺陷损害赔偿责任以及相关单位的产品质量民事责任等;②行政责任:主要包括产品质量行政处分和产品质量行政处罚,其中产品质量行政处罚是最主要的产品质量行政责任;③刑事责任:是一种个人责任,也是产品质量法律责任中最严厉的一种,是对产品质量犯罪人进行的刑事制裁,而追究产品质量刑事责任的前提是存在着产品质量犯罪。《产品质量法》规定了9个方面的产品质量刑事责任。

3. 中华人民共和国农产品质量安全法

《农产品质量安全法》于2006年4月29日由第十届全国人民代表大会常务委员会第二十一次会议表决通过,并于2006年11月1日起实施,2018年10月26日修正。填补了我国农产品质量监管的法律空白,是农产品质量安全监管的重要里程碑,它使得我国的食品安全分段监管模式得以完善和最终确立。《农产品质量安全法》主要内容包括三个方面:①关于调整的产品范围问题,该法定义农产品是指来源于农业的初级产品,即在农业活动中获得的植物、动物、微生物及其产品;②关于规范调整的行为主体范围,即农产品的生产者和销售者、农产品质量安全管理者、相应的检测技术机构及人员;③关于规范调整的管理环节问题,主要涉及产地环境、农业投入品的科学使用,农产品生产和产后处理的标准化管理,农产品的包装、标识、标志和市场准入管理。

这些内容主要确立了七项基本制度,分别是:①政府统一领导、农业主管部门依法监管、其他有关部门分工负责的农产品质量安全管理体制;②农产品质量安全标准的强制实施制度;③防止因农产品产地污染而危及农产品质量安全的农产品产地管理制度;④农产品的包装和标识管理制度;⑤农产品质量安全监督检查制度;⑥农产品质量安全的风险分析、评估制度和农产品质量安全的信息发布制度;⑦对农产品质量安全违法行为的责任追究制度。

针对上述制度,《农产品质量安全法》还规定了相应的"六个禁止"和"八个不得"。其中"六个禁止"分别为:①禁止生产、销售不符合国家规定的农产品质量安全标准的农产品;②禁止在有毒有害物质超过规定标准区域生产、捕捞、采集食用农产品和建立农产品生产基地;③禁止违反法律法规的规定向农产品产地排放或者倾倒废水、废气、固体废弃物或者其他有毒有害物质;④禁止伪造农产品生产记录;⑤禁止在农产品生产过程中使用国家明令禁止使用的农业投入品;⑥禁止冒用无公害农产品等农产品质量标志。

"八个不得"具体为:①经检测不符合农产品质量安全标准的农产品,不得销售;②有下列情形之一的农产品,不得销售:含有国家禁止使用的农药、兽药或者其他化学物质的;农药、兽药等化学物质残留或者含有重金属等有毒有害物质不符合农产品质量安全标准的;含有的致病性寄生虫、微生物或者生物毒素不符合农产品质量安全标准的;使用的保鲜剂、防腐剂、添加剂等材料不符合国家有关强制性技术规范的;其他不符合农产品质量安全标准的;③监督抽查检测应当委托符合规定条件的农产品质量安全监测机构进行,不得向被抽查人收取费用;④监督抽查监测抽取的样品,不得超过国务院农业行政主管部门规定的数量;⑤上级农业行政主管部门监督抽查的农产品,下级农业行政主管部门不得另行重复抽查;⑥对采用快速检测方法检测结果有异议的,被抽检人申请复检,复检不得采用快速检测方法;⑦农产品销售企业对其销售的农产品,应当建立健全进货检查验收制度;经查验不符合农产品质量安全标准的,不得销售;⑧对同一违法行为不得重复处罚。

### 4. 消费者权益保护法

《消费者权益保护法》是指中国 1993 年 10 月 31 日颁布的《中华人民共和国消费者权益保护法》(以下简称《消费者权益保护法》),现在执行的是 2013 修正版。《消费者权益保护法》的立法宗旨是为了保护消费者的合法权益,维护社会经济秩序,促进社会主义市场经济健康发展。《消费者权益保护法》共 8 章 55条,主要包括消费者的权利、经营者的义务、消费者合法权益的保护和法律责任四部分内容。

(1)消费者的权利。

是指国家法律规定赋予或确认的公民为生活消费所需而购买、使用商品或者接受服务时有的权利,《消费者权益保护法》规定消费者的权利包括知悉真实情况权、自主选择权、公平交易权、人身财产权、损害求偿权、依法结社权、获取知识权、维护尊严权和监督批评权。

（2）经营者的义务。

消费者权利的实现，离不开经营者的义务的遵守，如果经营者违反了应尽的义务，就必然会侵犯消费者的权利。《消费者权益保护法》规定经营者的义务包括依法定或约定履行义务的义务、接受监督的义务、保障安全的义务、不做虚假宣传的义务、表明真实名称和标记的义务、出具凭证的义务、保证质量的义务、保证公平交易的义务和维护消费者人身权的义务。

（3）消费者合法权益的保护。

消费者合法权益的保护包括国家对消费者合法权益的保护和消费者组织对消费者合法权益的保护两方面。国家对消费者合法权益的保护主要是立法保护、行政保护和司法保护。

（4）法律责任。

《消费者权益保护法》的法律责任有民事责任、行政责任和刑事责任三种。

5. 中华人民共和国标准化法

（1）立法背景与宗旨。

标准化（standardization）在不同的国家和地区有着不同的定义，国际标准化组织（ISO）给标准化的定义为："标准化主要是对科学、技术与经济领域内应用的问题给出解决办法的活动，其目的在于获得最佳秩序。一般来说，包括制定、发布及实施标准的过程"。而 GB/T 20000.1—2014《标准化工作指南　第 1 部分：标准化和相关活动的通用术语》中对标准化的定义为"为了在一定范围内获得最佳秩序，对现实问题或潜在问题制定共同使用和重复使用的条款的活动。"标准往往是一份文件，用于确定统一的工程、设计和技术规范、准则、方法、过程或惯例。标准化可有助于提高单一供应商的独立性（商品化）、兼容性、互操作性、可重复性、安全或质量。

我国标准化工作是随着新中国成立以来国民经济的发展而逐步建立和发展起来的。1957 年，在原国家计委内成立了标准局，统一管理全国标准化工作，制定了一批国家标准和部委标准。1958 年以后，由于左的错误的影响，标准化工作遭受严重挫折，直到 1962 年国民经济调整时期，标准化工作才得到恢复和加强，颁布了《工农业产品和工程建设技术标准管理办法》。"文革"期间，标准化工作一度处于停顿状态。党的十一届三中全会以来，随着经济工作的全面恢复，标准化工作得到了国家的重视，1979 年 7 月，国务院颁布了《中华人民共和国标准化管理条例》，使得我国标准化管理体制运行机制逐步完善，标准体系初步形成。

1988 年 12 月 29 日第七届全国人民代表大会常务委员会第五次会议通过了《中华人民共和国标准化法》(简称《标准化法》),并于 1989 年 4 月 1 日起施行,进一步确定了我国的标准体系、标准化管理体制和运行机制的框架。如今施行的是 2017 年的修订版。

《标准化法》第一条确定了该法的立法的宗旨:为了发展社会主义商品经济,促进技术进步,改进产品质量,提高社会经济效益,维护国家和人民的利益,使标准化工作适应社会主义现代化建设和发展对外经济关系的需要,制定本法。随后国务院于 1990 年颁布了《中华人民共和国标准化法实施条例》,对于落实《标准化法》的实施提出了具体的规定。紧接着原国家技术监督局颁布了一系列有关标准化工作的规章,初步建立起了我国标准化的法律法规体系。自 2009 年《食品安全法》公布实施以来,国家卫生计生委(原卫生部)依据《食品安全法》和国务院工作部署开展食品标准清理工作,制定统一的食品安全标准。到 2013 年底,已经基本完成对现行 2000 余项食品国家标准和 2900 余项食品行业标准中强制执行内容的清理,在 2015 年底前基本完成相关标准的整合和废止工作。

(2)基本内容。

《标准化法》共 6 章 45 条,4800 余字,包括总则、标准的制定、标准的实施、监督管理、法律责任和附则。《标准化法》及其实施条例按适用范围不同确立了中国的四级标准,分别是国家标准、行业标准、地方标准和企业标准。其中:

1)对需要在全国范围内统一的技术要求,应当制定国家标准。

2)对没有国家标准而又需要在全国某个行业范围内统一的技术要求,可以制定行业标准。

3)对没有国家标准和行业标准而又需要在省、自治区、直辖市范围内统一的工业产品的安全、卫生要求,可以制定地方标准。

4)企业生产的产品没有国家标准和行业标准的,应当制定企业标准,作为组织生产的依据。

(3)技术要求。

《标准化法》将需要统一的技术要求概括为如下 5 点:①工业产品的品种、规格、质量、等级或者安全、卫生要求;②工业产品的设计、生产、检验、包装、储存、运输、使用的方法或者生产、储存、运输过程中的安全、卫生要求;③有关环境保护的各项技术要求和检验方法;④建设工程的设计、施工方法和安全要求;⑤有关工业生产、工程建设和环境保护的技术术语、符号、代号和制图方法。

(4)强制性及推荐性标准。

《标准化法》及其实施条例按标准的执行效力,把国家标准和行业标准分为强制性标准和推荐性标准。保障人体健康,人身、财产安全的标准和法律、行政法规规定强制执行的标准是强制性标准,其他标准是推荐性标准。省、自治区、直辖市标准化行政主管部门制定的工业产品的安全、卫生要求的地方标准,在本行政区域内是强制性标准。按照《标准化法》强制性国家标准和强制性行业标准的范围限定在如下 8 个方面:①药品标准,食品卫生标准(根据现行《食品安全法》应为食品安全标准),兽药标准;②产品及产品生产、储运和使用中的安全、卫生标准,劳动安全、卫生标准,运输安全标准;③工程建设的质量、安全、卫生标准及国家需要控制的其他工程建设标准;④环境保护的污染物排放标准和环境质量标准;⑤重要的通用技术术语、符号,代号和制图方法;⑥通用的试验、检验方法标准;⑦互换配合标准;⑧其他国家需要控制的重要产品质量标准。

(5)标准化行政管理体系。

《标准化法》及其实施条例按我国政府行政体制确立了标准化工作的管理层级和层级之间的关系。国务院标准化行政主管部门统一管理全国标准化工作。国务院有关行政主管部门分工管理本部门、本行业的标准化工作。省、自治区、直辖市标准化行政主管部门统一管理本行政区域的标准化工作。省、自治区、直辖市政府有关行政主管部门分工管理本行政区域内本部门、本行业的标准化工作。市、县标准化行政主管部门和有关行政主管部门,按照省、自治区、直辖市政府规定的各自的职责,管理本行政区域内的标准化工作。

6. 中华人民共和国计量法

计量领域的正式法律《中华人民共和国计量法》(简称《计量法》)于 1985 年 9 月 6 日经第六届全国人民代表大会常务委员会第十二次会议通过,1986 年 7 月 1 日起施行。加入世贸组织之后,工程计量和法制计量界限不清,单一的检定方式无法满足各领域对各种工程参量测量的量值溯源需要,针对我国目前的计量管理中校准、检测活动缺少规范,国务院于 2013 年 3 月 2 日印发了《计量发展规划(2013~2020 年)》。2013 年 12 月 28 日《全国人大常委会关于修改〈海洋环境保护法〉等七部法律的决定》又对其进行了小幅度的修改。如今施行的是 2017 年的修订版。

《计量法》的立法宗旨是为了加强计量监督管理,保障单位制的统一和量值的准确可靠,从而促进国民经济和科技的发展,为社会主义现代化建设提供计量保证,并保护人民群众的健康和生命、财产的安全,维护消费者利益以及保护国家的利益不受侵犯。

《计量法》共6章34条,篇幅约2700字,包括总则、计量基准器具、计量标准器具和计量检定、计量器具管理、计量监督、法律责任和附则。

7.出入境检验检疫制度相关法律

出入境检验检疫制度是我国对外贸易管制制度的重要组成部分,指由国家出入境检验检疫部门(国家质检总局下辖的各地各级出入境检验检疫局)依据我国有关法律和行政法规及我国政府所缔结或者参加的国际条约协定,对出入我国国境的货物及其包装物、物品及其包装物、交通运输工具、运输设备和进出境人员实施检验、检疫监督管理的法律依据和行政手段的总和。我国出入境检验检疫制度实行目录管理,即国家市场监督管理总局根据对外贸易需要,公布并调整《出入境检验检疫机构实施检验检疫的进出境商品目录》(简称《法检商品目录》)。

我国建立出入境检验检疫制度的目的是维护国家荣誉和对外贸易有关当事人的合法权益,保证国内的生产、促进对外贸易健康发展,保护我国的公共安全和人民生命财产安全等。我国出入境检验检疫制度内容包括进出口商品检验制度、进出境动植物检疫制度以及国境卫生监督制度。这一制度在法制层面由三部相关法律组成。

(1)进出口商品检验法。

我国已根据《进出口商品检验法》及其实施条例的规定,建立了进出口商品检验制度,由国家市场监督管理总局及其口岸出入境检验检疫机构对进出口商品进行品质、质量检验和监督管理的制度。

我国实行进出口商品检验制度的目的是为了加强进出口商品检验工作,保证进出口商品的质量,维护对外贸易有关各方的合法权益,促进对外经济贸易关系的顺利发展。商品检验机构实施进出口商品检验的内容,包括商品的质量、规格、数量、重量、包装以及是否符合安全、卫生要求。我国商品检验的种类分为四种,即法定检验、合同检验、公正鉴定和委托检验。对法律、行政法规规定有强制性标准或者其他必须执行的检验标准的进出口商品,依照法律、行政法规规定的检验标准检验;法律、行政法规未规定有强制性标准或者其他必须执行的检验标准的,依照对外贸易合同约定的检验标准检验。

(2)进出境动植物检疫法。

我国根据《进出境动植物检疫法》及其实施条例的规定,建立了进出境动植物检疫制度。国家质量监督检验检疫总局及其口岸出入境检验检疫机构对进出境动植物、动植物产品的生产、加工、存放过程实行动植物检疫的进出境的监督管理制度。

我国实行进出境检验检疫制度的目的是防止动物传染病、寄生虫病和植物危险性病、虫、杂草以及其他有害生物传入、传出国境,保护农、林、牧、渔业生产和人体健康,促进对外经济贸易的发展。

口岸出入境检验检疫机构实施动植物检疫监督管理的方式有实行注册登记、疫情调查、检测和防疫指导等。其管理主要包括进境检疫、出境检疫、过境检疫、进出境携带和邮寄物检疫以及出入境运输工具检疫等。

(3)国境卫生检疫法。

我国根据《国境卫生检疫法》及其实施细则及国家其他的卫生法律法规和卫生标准,建立了国境卫生监督制度。该制度是指出入境检验检疫机构卫生监督执法人员,在进出口口岸对出入境的交通工具、货物、运输容器以及口岸辖区的公共场所、环境、生活措施、生产设备所进行的卫生检查、鉴定、评价和采样检验的制度。

我国实行国境卫生监督制度的目的是防止传染病由国外传入或者由国内传出,实施国境卫生检疫,保护人体健康。其监督职能主要包括进出境检疫、国境传染病检测、进出境卫生监督等。

**(四)我国食品安全法律法规体系中存在的主要问题**

1. 我国食品安全法律法规体系不完善

我国食品安全法律法规体系包括法律,法规,标准以及其他规范性文件。其中,有关食品安全的法律是以《中华人民共和国食品安全法》《中华人民共和国农产品质量安全法》《中华人民共和国国境卫生检疫法》《中华人民共和国进出境动植物检疫法》为主体,并由《消费者权益保护法》《刑法》等法律中有关食品安全的规定所构成的,制定主体众多,各种法律、法规的效力以及处罚程度不同,并且对于法律的实施缺乏具体的实施细则和执行指导,导致对相同主体、相同事件的处罚主体或者是处罚幅度不一致。有关食品安全的法律出现了交叉重合。《食品安全法》和《产品质量法》以及《农产品质量安全法》在法律的适用范围方面也存在着交叉重叠问题,《食品安全法》中对食品概念与定义,与《食品工业基本术语》(GB/T 15091—1994)中对食品的定义也不一致,概念不同适用范围也就自然有异,在实际使用中有碍于法律的严肃性和权威性。

2. 法律标准体系建立滞后,难以适应食品安全形势发展的需要

(1)食品安全标准存在缺陷,各部门制定标准不统一。

截至2018年6月,我国已经制定发布的食品安全国家标准1260项,还有

1000 多项行业标准,因为食品安全标准往往是由不同部门制定的,有时会出现同一个产品由互相矛盾的两个标准进行规制。

(2)食品安全标准中重要标准缺失。

1)2012 年末"酒鬼酒"事件,反映出了我国当时塑化剂标准的严重缺失,导致此次事件并没有责罚的企业。

2)2012 年"立顿"绿茶、茉莉花茶和铁观音茶中查出国家禁止在茶叶上使用的剧毒农药灭多威,"立顿"铁观音还有被禁用的三氯杀螨醇,而"立顿"绿茶则含有国家规定不得在茶树上使用的硫丹。如今我国最新规定的《食品安全国家标准 食品中农药最大残留限量》(GB 2763—2021)已补充了这个空白,但是还有其他食用农产品未规定农药残留标准的情形。

3)食品添加剂监管法律制度存在缺失,食品安全标准与世界脱轨。

当前,我国一些标准与国际标准的差距比较大,部分食品添加剂的使用标准存在空白,并且技术指标相对于国际标准来说也比较落后。有的重要食品中有害物质的含有限制量远远高于国际标准或者国外先进标准对其含有量的限制,例如,根据欧盟有关规定,酱油中氯丙醇含量不得超过 0.02mg/kg,而我国的国家标准《食品安全国家标准 酱油》(GB 2717—2018)中却没有相关规定,在行业标准中虽然有此标准,但却与欧盟的标准相差甚远。2016 年韩国三和食品公司召回其制造和销售的"三和老抽",原因是检出其中的三氯丙醇含量为 0.4mg/kg,超过韩国食品中该物 0.3mg/kg 的限量标准,但是我国对此并无明文规定。

3. 食品安全监管体制存在盲点和监管缺失,监管机构冗杂

一方面,我国食品安全现行监管体制仍属于"分段监管为主、品种监管为辅"的模式。我国食品安全委员会的职能不是垂直管理,而是组织和协调功能;另一方面,我国食品安全委员会的职责规定比较宏观,缺乏具体操作性,基层一线的监管部门之间如果发生矛盾、冲突,如何进行有效协调,是一个非常关键的问题,这势必造成国家食品安全委员会和国家卫生行政部门的职责范围不清楚,很难达到应有的效果。如在实际监管中常常出现的一些食品安全事件具体由谁来监管职责分工界限不清;我国《食品安全法》规定食品安全委员会的主要职责是协调和指导食品安全监管工作,同时该法还规定国家卫生行政部门负责承担食品安全综合协调职责。

为了提高对食品的监管力度,组建了国家食品药品监督管理总局,但是这个方案不但没有完善食品安全委员会的职能,即风险沟通等功能,反而把它的权力归入到食品药品监管总局,同时把风险评估职能划分到国家卫生和计划生育委

员会,这样食品安全委员会的职能就受到了限制。

4. 我国食品安全法律法规体系中刑法保护力度不够

近年来,我国出现的各种食品安全事件,探究其深层次的原因在于:

(1)法条之间存在着矛盾、冲突。

(2)食品安全方面的案件立案标准过高,导致在司法实务中使用的机会就比较少,很难达到预期效果。

(3)食品安全处罚力度较轻,"以罚代管"的情况也比较突出,势必造成刑法保护的力度不足。

我国食品安全法第一百二十二条规定,有下列情形之一的由有关部门按照各自的分工,没收违法所得、违法生产经营的食品和用于违法生产经营的工具、设备、原材料等物品;违法生产经营的食品货值金额不足一万元的,并处五万元以上十万元以下罚款;货值金额一万元以上的,并处货值金额十倍以上二十倍以下罚款。从该条规定可以看出,我国对于食品安全违法者的处罚金额是较少的,这样不易动摇企业根基,还有犯法的可能性,其次罚款跨度较大不利于执法。由于没收所得只是针对生产流通中的一个环节,所以很难处罚没收整个生产流通中的所有收益。

5. 我国食品安全监管法律制度不健全

(1)我国食品安全法律法规体系中的信息公开透明度有待加强。

信息透明公开化是提高食品安全监督管理效率的一种非常重要的手段,可以实现食品安全的有效监管。《食品安全法》已经颁布施行几年的时间了,对于食品安全事件的曝光数量越来越多,信息的公开透明度有了一定提高,但是与西方发达国家相比还存在很大的差距。例如,2010 年金浩茶油致癌物质超标事件和 2011 年思念水饺的"病菌门"事件,质量监督管理部门已经检测到其有害物质超标,然而,迟迟没有发布相关食品安全信息。

《食品召回管理规定》是由国家质检总局制定实行的一项部门规章,按照《食品召回管理规定》的有关规定:食品生产者故意隐瞒食品安全危害,或者食品生产者应当主动召回而不采取召回行动的,国家质检总局应当责令食品生产者召回不安全食品,并可以发布有关食品安全信息和消费者警示信息,或采取其他避免危害发生的措施。从此条款我们可以发现,国家质检总局是"可以"而非"应当"或"必须"发布有关食品安全信息和消费者警示信息,是一种选择性义务而非强制性义务,这种选择性义务规定,势必使执法者在利益的驱动下,滥用权力保护生产者,极易产生腐败现象,不能有效保障食品安全。

（2）食用农产品质量安全追溯体系不健全。

我国现行立法涉及食用农产品质量安全追溯与问责的法律条文并不多。《食品安全法》明确规定国家建立食品安全全程追溯制度，国家鼓励食品生产经营者采用信息化手段采集、留存生产经营信息，建立食品安全追溯体系。然而，这部法律没有就如何进行不同品种和不同生产阶段的可追溯性的开展提出具体的规定，与之相配套的具体的实施细则还未出台，追溯制度尚未形成一套完整体系，导致追溯工作开展缺乏强有力的法制保障。并且，对于食品生产经营者的信息采用信息化的留存方式也只是予以鼓励，并未进行任何的强制，这一方面就会造成食品生产经营者信息的流失，另一方面也会造成消费者对市场主体的信息认识不全，造成信息获取不对称的局面，不利于进行责任的追溯。

（3）食品安全风险评估制度欠缺独立性和民主性。

2010 年 5 月 14 日，国家食品安全风险评估委员会发表了《中国食盐加碘和居民碘营养状况的风险评估》报告，结论是继续实施食盐加碘策略对于提高包括沿海地区在内的大部分地区居民的碘营养状况十分必要。该报告一经发布，社会各界的质疑声一直不断。卫生部 2011 年发布《食用盐碘含量标准》，明确指出食盐加碘应当根据公民居住地区的碘营养水平进行调整。这其实就是对国家食品安全风险评估委员会评估结果的直接否定。这个案例反映出我国食品安全风险评估制度还不够完善，无论是风险评估的程序、人员的组成还是风险评估的结果都还缺乏信服力和科学性。

（4）食品安全信用档案制度缺乏统一的等级评价标准。

我国关于食品安全信用档案制度的规定主要集中在《中华人民共和国食品安全法》第一百一十三条和第一百一十四条。主要存在信用信息提供主体单一、信息没有真正的实现共享、缺少对食品安全信用的统一评级规定等问题。《食品安全法》第一百一十三条明确规定县级以上食品药品监督管理部门是信用信息的唯一提供主体。食品生产经营者基于利益的驱动难免会钻法律的漏洞，从而导致食品安全信用档案内容的真实性大打折扣。我国的食品信用档案制度并没有搭建起全国性的监管网络平台，人们在获取信息时存在区域的限制，并不能及时地了解到一些食品经营企业的相关信息，导致信息并没有真正实现共享。而且，我国的食品安全信用档案制度没有对信用等级的评价标准作出统一的规定。

（5）行政监管轻视事前预防，我国食品安全风险分析体系存在缺陷。

20 世纪 90 年代，相继发生了疯牛病，猪脑炎等严重危害人体健康的食品安全大事件，食品安全逐渐成为全世界关注的问题，联合国粮农组织和世界卫生组织连续召开了以风险分析在食品标准中的应用,风险管理与食品安全等为主题的会议,提出了风险分析的概念、应用范围以及风险评估、风险管理和风险交流三个要素,风险分析体系基本建立。欧盟于 2000 年颁布了《欧盟食品安全白皮书》提出建立欧洲食品安全局,主要承担食品安全风险评估和风险交流的工作,同时,美国也加强了对食品安全的预防和监测,在原有的风险评估的基础上,建立了安全风险评估委员会。目前,国际上采用的是食品安全风险分析体系。风险分析包括风险评估、风险管理与风险情况交流等。风险评估的过程一般包括危害识别、危害描述、暴露评估、风险描述四个明显不同的阶段。

为了应对日趋严重的食品安全问题,我国也逐步引入建立了食品安全风险评估制度,但是仍然有许多需要注意改进的地方。

1)食品安全管理体制有待优化。我国总是在遇到大的食品安全事件才启用食品安全分析手段,既降低了食品安全分析的事前防御作用,也不能有效地控制危害的发生。并且在实施分段监管时,无形中增加了食品安全信息的传递时间,导致食品安全信息的有效性降低。

2)指导实施食品安全风险分析的法律法规不完善。除了有关法律法规有重叠交叉的现象外,我国食品安全法主要规定了采用风险分析方法的原则性问题,并没有具体的实施风险分析方法的细则。

3)实施风险分析的机构需要改进。首先就是食品安全委员会并没有承担起风险分析的重任,其次地方并没有形成与中央相对应的风险分析机构,同时,我国食品安全风险分析人员的缺乏也是影响风险评估实施的一大因素。

4)食品安全风险因子的收集和报送平台不完善,没有统一的食品安全风险因子的收集和报送平台,就不能整合各个部门所收集的食品安全风险因子的信息,食品安全分析就会有漏洞。

(6)食品安全责任划分不合理。

食品安全利益相关者是指与食品生产、流通、消费全过程有密切联系的个人、团体及政府。在我国可分为生产经营者、消费者、监管者等。对于监管者来说,他们是整个食品安全的监管主体,他们的任务是制定合理的法律法规以及制定更新食品安全标准,进而对食品安全的整个流程进行有效的监管。食品的生产经营者应该作为食品安全的责任主体,保证其食品生产过程的安全。而消费者的责任就是不断加强对食品安全相关知识的学习,以保证自己和家人远离不安全食品带来的危害。食品安全经营者对食品的安全性起着决定性作用,所以他们应该作为食品安全责任的主体。但是在我国,食品安全的责任人却是政府,生产企业只是起到了辅助的作用。这样就使得企业怠于对食品的安全性做措施,企业缺乏了自主的生产监管,在这种情况下,即使有再完善的法律制度,也无法保证企业生产的食品的质量。

(7)社会共治机制尚不健全。

1)企业缺乏诚信意识和社会责任。食品安全事件屡禁不止,食品生产企业难辞其咎。食品安全监管需要企业和政府共同发挥作用,企业作为最主要的市场主体遵守诚信原则,提高社会责任感也是我国食品安全工作得以顺利展开的关键一环。

2)新闻媒体缺少食品安全监管的参与机制。近几年来,有关食品安全的重大事件很多都是先经过媒体曝光才得以解决的,例如,2008年的三鹿奶粉事件,2013年山东潍坊的"毒生姜"事件,2019年3·15晚会曝光的"外婆家"卫生乱象等。但是由于媒体缺乏规范的参与机制,在曝光食品安全事件的背后往往遭遇着巨大的阻力,虽然《食品安全法》第十条规定了新闻媒体有对市场主体和行政监管主体进行舆论监督的权利,但并未赋予媒体真正意义上的监管权力,这就容易导致新闻媒体并不能充分发挥其作用。

3)消费者维权意识淡薄。主要表现在消费者缺乏维权意识、缺少基本的食品安全知识和缺少基本的法律常识三个方面。

2018年3月6日石家庄的王某在美团软件上订了一份外卖,在食用一个小时之后腹痛难忍,才发现中午点购的外卖中有一瓶商家附赠的饮料已经超过食品保质期。王某认为饮料是商家附赠的,就认为商家和外卖平台可以免责,同时也觉得自己的损失没有必要去法院解决,这个事情就此不了了之。这个例子就说明消费者在自身权益受损时,维权意识淡薄且不知如何维权。

消费者缺乏基本的法律常识也是导致消费者维权意识淡薄的重要因素。很多情况下,消费者根本不知道自己的权益是否受到了侵犯,更不用说拿起法律的武器去捍卫自己的权利了。比如上述网上点餐这个案例也可以充分地说明这个问题。消费者认为赠品不属于可以维权的范围,这就是消费者眼中缺乏基本法律常识的表现。虽然我国在1993年就已经颁布了《消费者权益保护法》,并且在2009年和2013年进行了两次修正,但是消费者的维权意识还是比较淡薄。自身权益受损时要么放弃维权,要么找不到维权渠道。

6. 对食品安全的教育不够重视

虽然我国在近几年加大了食品安全教育的力度,比如在新的《食品安全法》中增加规定,大力推行食品安全教育活动,并举办了一系列的食品安全宣传活动,但是我国的食品安全教育还存在许多不足。首先就是食品安全教育的基础相对比较薄弱,并没有专门负责食品安全教育的部门或机关。其次,缺乏食品安全教育的专门立法。同时我国的食品安全教育缺乏系统性和持续性,这些都阻碍了食品安全教育在我国的开展。

**(五)完善我国食品安全法律法规体系的建议**

(1)完善我国食用农产品监管法律制度:①完善部分食用农产品农药残留标准;②健全食用农产品质量安全追溯体系;③加大力度实施 GAP 制度。

(2)细化我国食品添加剂监管法律制度:①完善食品添加剂的使用标准;②进一步完善食品添加剂的市场准入标准;③完善食品添加剂标签的相关规定。

(3)建立分工明确的食品安全监管体制:①建立食品安全监管法律规制的统一机构,解决分段监管所出现的职责重叠问题;②完善食品安全全程追溯制度;③完善食品安全风险评估制度,推广 HACCP,更加重视对食品安全的事前预防;④完善食品安全信用档案制度。

(4)充分健全我国食品安全社会共治机制:①加强企业的自我监管;②加强新闻媒体社会舆论监管力度;③拓宽消费者维权渠道。

(5)建立健全信息披露制度。

(6)加强食品安全教育,重视自主规制。

# 第三节　国内外食品安全标准体系

## 一、国际标准化组织系列标准

国际标准化组织(International Organization for Standardization,ISO),是世界上最大的非政府性标准化专门机构,亦是全球最大的国际标准制定和发行机构。ISO 的前身是国家标准化协会国际联合会(International Federation of the National Standardizing Associations,ISA)和联合国标准协调委员会(United Nations Standards Coordinating Committee,UNSCC)。

ISO 的宗旨是促进世界范围内标准化工作的开展,以利于国际物资交流和互助,并扩大科学、技术、文化和经济方面的工作。ISO 的主要任务是制定国际标准,协调世界范围内的标准化工作,与其他国际性组织合作研究有关标准化问题。

ISO 的工作涉及除电工标准以外的各个技术领域的标准化活动,此外,它还负责协调世界范围内的标准化工作,组织各成员国和技术委员会进行情报交流,并和其他国际性组织如世界贸易组织和联合国等保持联系和合作,共同研究有关标准化的问题。

ISO 的出版物有:《ISO 国际标准》《ISO 技术报告》《ISO 标准目录》《ISO 通报》《ISO 年刊》《ISO 联络机构》《国际标准关键词索引》。

ISO 的标准文件包括了标准、公用规范、技术规范等。为适应经济、技术的高速发展,ISO 标准文件形成了一个家族。

与食品安全紧密相关的 ISO 标准如下。

## (一)ISO 9000 质量管理体系系列标准

### 1. ISO 9000 概述

随着世界经济一体化进程推进,全球贸易竞争加剧,消费者对质量的要求越来越严格,ISO 指定 ISO/TC 176(ISO 质量管理和质量保证技术委员会)花费近十年的时间,于 1987 年 3 月发布了 ISO 9000 质量管理和质量保证标准体系。

ISO 9000 即产品质量认证,是商品经济发展的产物,ISO 9000 的出现产生了第三方认证,这种认证不受产销双方经济利益支配,以公正、科学的工作逐步树立了权威和信誉,现已成为各国对产品和企业进行质量评价和监督的通行做法。

ISO 9000 质量管理体系自诞生以来,已有五个版本,即 1987 版、1994 版、2000 版、2008 版和 2015 版。ISO 9000 不是指一个标准,而是一类标准的统称。ISO 9000《质量管理体系——基础和术语》对标准中一些常见的名词和术语进行澄清和解释。ISO 9001《质量管理体系——要求》对组织建立的质量管理体系提出了最基本的要求,是 ISO 9000 标准中用来认证和审核的标准。在现代企业的管理中,ISO 9001 质量管理体系是企业普遍采用的管理体系,是 ISO 9000 族标准的核心标准。

ISO 9000 族标准是 ISO 发布的 12000 多个标准中最畅销、最普遍的产品,其主要功能包括:组织内部的质量管理;用于第二方评价、认定或注册的依据;用于第三方质量管理体系认证或注册;为规范管理引用,作为强制性要求;用于建立行业的质量管理体系要求的基础;提高产品的竞争力。

ISO 9000 从机构、程序、过程、改进四个方面的管理来保障产品或服务等方面的质量。ISO 9000 的制定除了涉及质量管理体系、管理职责、资源管理、产品实现、测量分析和改进外,还为我们规划了一个质量策划系统。

### 2. ISO 9000 七项质量管理原则

ISO 9001:2015 质量管理体系的基本理念是七项质量管理原则,内容如下。

（1）以顾客为关注焦点。

组织是依赖顾客而生存的，只有了解顾客的需求，才有可能满足顾客的期望，甚至超越顾客的期望。目前，牛奶的质量问题在中国成了谈虎色变的话题，而贝因美大打质量牌，立刻收获了中国的市场。所以组织在制定方针、目标，设定组织结构、工作流程，划分职能时应以顾客的需求为焦点。

（2）领导作用。

一个组织只有自身的宗旨、方向和内部环境统一，且能带动员工充分参与实现组织目标，才能保证整体的一致性和协调性。而领导者带动和统一组织的宗旨和方向，决定和控制着组织发展的前程，对组织能否在激烈的市场竞争中处于领先地位起着至关重要的作用。所以在活动的过程当中，应注重领导者的领导作用。

（3）全员参与。

组织的质量管理是由组织内部各类人员共同参与完成的，因此人员在质量管理的过程中处于主导地位。只有全员充分参与，才能使他们的才干为组织带来巨大的收益。如在食品生产过程中，只有每个员工都严格遵守个人卫生制度，才能尽可能地保障食品的安全。

（4）过程方法。

将每一项活动都作为一个过程来管理，在确保了每个过程的质量后，再进行整体的控制，这样可以更高效地达到期许的结果。

（5）持续改进。

对于一个企业而言，它的服务不会达到最好只有更好，只有组织持续改进积极，寻找改进的契机，才有可能更好地满足顾客的需求，使顾客满意。且顾客的需求也是会不断变化的，因此持续改进整体业绩是一个组织永恒的目标。例如日本在食品生产过程中从注重食品卫生到安全到现在的健康，其针对各阶段的目标持续改进，使得其在食品质量方面有很大的进步。

（6）循证决策。

决策的制定需要建立在调查、研究和分析的基础上，只有建立在事实基础上制定的目标才是最合适的目标。针对合适的目标再从实际考虑，得到的方案才是合理的解决方案。所以对数据和信息的逻辑分析或直觉判断，是有效决策的基础。

（7）关系管理。

组织在产品实现过程中，需要从供方采购一定数量的产品，购买的产品的质量对组织最终的产品质量必定存在着一定的影响。比如厂商从生产者处购买大米、牛奶等原料时，如果将价格压得太低，生产者迫于利益所需，就会向原料中掺杂石头、清水等，使得厂商的产品质量大打折扣。因此，为了得到期望数量与质量的产品，组织必须与供方达成互利共惠的伙伴关系，从而提高双方的价值能力。

3. ISO 9000 的特点

（1）通用性强。

标准适用于不同产品类别、不同规模和各种类型的组织，包括食品行业，并可根据实际需要删减某些质量管理体系要求。

（2）遵循八项原则，理念统一。

与组织目前普遍进行的管理实践更适应，进一步体现了"以顾客为中心""过程方法""持续改进"等现代管理原则。

（3）"过程方法"管理模式。

ISO 9000 标准提倡采用过程的方法来识别和建立体系，以过程为基础进行质量管理，强调了过程的联系和相互作用，逻辑性更强，相关性更好。由于过程化后更具有连续性，所以其更适合所有行业实现产品运作。且 ISO 9001 都以图示方法说明，方法模式更便于理解。

（4）"以顾客为中心"。

ISO 9001 标准强调除了保障产品质量外，更注重顾客的满意度，秉持着"以顾客为中心"的原则，进行质量管理。

（5）强调"领导"的重要性。

"领导是关键"是所有成功企业的共同经验，一个企业只有总方向相同，全员才可以向统一方向发展，这样可以避免资源的浪费。强调管理层的介入，明确制定质量方针及目标，并通过定期的管理评审达到了解公司的内部体系运作情况、及时采取措施、确保体系处于良好的运作状态的目的。

（6）建立在 PDCA 循环的基础上。

这样才能促进企业不断、持续地改进。持续改进是 ISO 9000 的一个重要特点，只有不断改进，才能保证管理体制符合全球的发展状况，才能促进企业更好地适应经济全球化。PDCA 循环的含义是将质量管理分为四个阶段，即计划（plan）、执行（do）、检查（check）、处理（action）。

4. 采用 ISO 9000 的意义

ISO 9000 族标准的颁布，打破了 ISO 以往孤立地制定个别技术标准的格局，它不仅把国际标准化活动同国际贸易紧密地结合起来,引起产业界对标准的重视,而且把系统理论引进了标准化,从而极大地提高了标准的科学性和社会地位,这是世界标准化发展史上的创举。ISO 9000 是 ISO 系列标准中应用最多的标准,其在国际、我国国内都已经有非常普遍的运用。推行 ISO 9000 的意义在于以下七个方面:①可以强化品质管理,提高企业效益;②消除了国际贸易的壁垒;③节省了第二方审核的精力和费用;④组织有效规避了不合理的产品责任;⑤促使组织自我完善;⑥利于经济全球化的发展和国际的技术交流;⑦进一步增强了与其他管理体系标准的兼容性。

**(二)ISO 14000 环境管理系列标准**

全球经济贸易迅猛发展,一味地寻求经济上的突破给环境造成了巨大的压力,人类对自然的开发利用使得环境问题不仅影响到人类的发展,还威胁到了人类的生存。资源问题、人口问题、生态破坏、环境污染已经成为全社会共同关注的焦点。ISO 于 1996 年发布了 ISO 14000 环境管理系列标准,而后在实践的基础上进行了修订,即形成了目前使用的 ISO 14000:2004。

在 ISO 14000 系列标准中,以 ISO 14001 标准最重要,其从政府、社会、采购方的角度对组织的环境管理体系提出了共同要求,以有效地预防和控制污染并提高资源与能源的利用效率。全世界已有 100 多个国家实施了此标准,数百万家企业通过了 ISO 14001 标准的认证。

1. 系列组成

ISO 14000 是一个系列的环境管理标准,包括了环境管理体系、环境审核、环境标志、生命周期分析等国际环境管理领域内的许多焦点问题,旨在指导各类组织(企业、公司)取得和表现正确的环境行为,使之与社会经济发展相适应,改善生态环境。ISO 14000 系列标准共预留 100 个标准号。该系列标准共分七个系列,其标准号为 ISO 14001~14100。

其中 ISO 14001 是环境管理体系标准的主干标准,是企业建立和实施环境管理体系并通过认证的依据。ISO 14000 系列标准的用户是全球商业、工业、政府、非营利性组织和其他用户。

ISO 14000 建立的目的是规范企业和社会团体等所有组织的环境行为,节省资源,减少环境污染,改善环境质量,促进经济持续、健康发展。与 ISO 9000 系列标准一样,ISO 14000 对消除非关税贸易壁垒即"绿色壁垒",促进世界贸易具有重大作用。

ISO 14001 的重点在于管理而不是针对技术的设定,即允许组织拥有自己的环境条例。ISO 14004 是对企业运行系统技术的指导纲要。即 ISO 14001 是建立 EMS 的指导方针,ISO 14004 是具体的说明和建议。到目前为止,ISO 14000 系列标准中,我国已经等同转化为我国的国家标准。

**2. ISO 14000 的功能**

ISO 14000 系列标准有两种功能:评价组织和评价产品。其中评价组织的体系有环境管理体系、环境行为评价和环境审核;评价产品的体系有生命周期评价、环境标志和产品标准中的环境因素。具体功能包括:评估组织的行为对环境造成的影响及对负面影响的调控;帮助组织制定环境方针,指导组织环境管理;确定适用于组织的环境法律、法规要求;协调环境与社会和经济需求的关系;规定了对环境管理体系的要求;提高产品的竞争力。

与 ISO 9000 相似,ISO 14000 也遵循着领导作用、全员参与、实施过程控制、持续改进等原则。因此,领导者带领全员通过过程控制,对环境管理进行持续改进是一个十分有效的途径。组织的环境管理体系标准建立的关键也是 PDCA 循环。

**3. ISO 14000 的核心内容**

ISO 14001 作为 ISO 14000 的核心标准,其中主要包含五大部分,17 个要素。ISO 14001 的实施流程则是按以下五个内容执行。

(1)环境方针。

一个组织应制定环境方针,并确保对环境管理和对环境管理体系的承诺,且方针中需要应用非专业语言,以至于能够使大众理解。该方针应针对所有员工与公众,且将所有重要的产品和服务都考虑进去。EMS 提供的是初始的基础和方向,所以比 ISO 9000 方针更加严格。

(2)规划。

组织在实施自身的环境管理体系( environmental management systems, EMS) 前应先进行规划,规划中应分析确认当地有可能发生的环境影响因素,然后在考虑了法律和指标的基础上再根据实际情况确定基本环境目标,从而规定路线方针及采用的方法。

(3)实施与运行。

为了系统能够有效地运行,组织应提供为实现其环境方针、目标和指标所需的财力、物力、人力和保障机制,在这之前还需要对相关人员在能力和意识等方面进行培训。除此之外还需要注意信息的交流、文件的管理和运行模式的控制等。

（4）检查与纠正措施。

EMS 需要有一个有计划、周期性的审核,应通过该审核来测量、监测和评价其环境绩效,这样才有利于企业管理的改善。因此,识别关键过程的特点是十分必要的。

（5）管理评审。

一个组织应以改进总体环境绩效为目标,评审并不断改进其环境管理体系。

这五个基本部分包含了环境管理体系的建立过程和建立后有计划地评审及持续改进的循环,以保证组织内部环境管理体系的不断完善和提高。将环境管理体系视为一个组织框架,它需要不断监测和定期评审,以适应变化着的内外部因素,有效引导组织的环境活动。组织的每一个成员都应承担环境改进的职责。

17 个要素指的是:环境方针;环境因素;法律与其他要求;目标和指标;环境管理方案;机构和职责;培训、意识与能力;信息交流;环境管理体系文件编制;文件管理;运行控制;应急准备和响应;监测;违章、纠正与预防措施;记录;环境管理体系审核;管理评审。

与 ISO 9000 相比,ISO 14000 在管理体系方面提出的新的要求主要有以下方面。

1）目标管理:明确提出建立文件化的目标和指标,并使其与方针相符合,与组织内部的每一个职能相联系。这就意味着方针、目标、职责必须要融为一体,通过指标的层层分解,落实到组织内的每一个人和每一项工作。

2）全面管理:ISO 14000 要求建立的体系要覆盖组织的所有部门、人员、过程和活动,而 ISO 9000 要求的质量体系则只涉及与指定产品有关的过程和对质量有影响的人员。

3）信息沟通:ISO 14000 要求建立和实施对有关信息和相关方要求的接收、归档与答复的程序,包括与相关方的对话、联络以及对他们所关注的问题的考虑。这种要求有利于组织内部的信息沟通,使一个封闭的管理体系变为一个开放的管理体系,使它与社会(包括顾客和其他所有相关方)建立和保持良好的信息交流关系。

4）持续改进:ISO 14000 对管理体系的持续改进提出了严格的要求,ISO 9000提出了持续改进的思想和方法,但没有要求对持续改进做出承诺,它所做出的承诺是持续地保持其质量体系符合 ISO 9000 的要求。

5）法规要求:ISO 14000 在多方面体现了管理体系必须符合当地法规的要求,特别是在环境方针上要承诺遵守有关环境法规,在环境策划时要充分考虑法规的要求,要制定专门的法规遵守及评定程序等。ISO 9000 只是在产品设计方面指出法规要求是设计输入的一部分。环境管理体系对法规的高度重视,体现了环境法规在环境管理方面的重要作用,同时也表示任何组织建立管理体系必须要充分考虑到国家或地方性法规的要求。

4. ISO 14000 的特点

ISO 14000 虽然是在 ISO 9000 的基础上建立的,但是其在很大程度上又与 ISO 9000 不同。ISO 14000 的特点可以概括为以下七个方面。

(1)广泛的适用性。

ISO 14000 族标准在很多方面都延续了 ISO 9000 族标准的成功经验。ISO 14000 族标准适合于各种规模与类型及各种背景下的组织,任何组织都可按标准要求建立并实施环境管理体系。广泛性还体现在应用的领域,其还可以用来对环境进行评价,及对组织产品的生命周期的环境因素进行评价。

(2)灵活性。

ISO 14000 族标准只需要组织按 EMS 遵守环境法律、法规,坚持污染预防和持续改进并作出承诺,而对环境行为没有设定具体标准。标准还允许组织量力而行,从实际出发。标准的这种灵活性既可充分调动组织的积极性,又能达到改进环境的目的。

(3)全过程预防与持续性改进。

ISO 14000 族标准的主导思想是"预防为主"。在环境管理体系框架中指出,组织在制订环境方针时需要承诺污染预防,将其具体化和落实,且全程持续改进。

(4)兼容性。

ISO 14000 族标准是在 ISO 9000 族标准之后制定的,在 ISO 14000 标准的引言中指出"本标准与 ISO 9000 系列质量体系标准遵循共同的体系原则,组织可选取一个与 ISO 9000 系列相符的现行管理体系,作为其环境体系的基础"。ISO 14001:2004 版标准更明确了其修订的重点是增强与 ISO 9001 的兼容性。

(5)全员参与。

ISO 14000 族标准的基本思想是引导建立环境管理的自我约束机制,建立的环境管理体系中,约束的对象包括从领导到员工到大众的所有人员,需要每个参与者都主动、自觉地参与到环境保护中来。

(6)持续改进原则。

ISO 14000 族系列标准的灵魂是持续改进。ISO 14000 族的标准是支持环境保护和污染预防,但无论是环境保护或者污染预防都是一个长期的过程,而且是一个不断变化的过程,所以只有通过坚持不懈地改进,才能实现组织自身对环境方针的承诺与环境改善的目的。

（7）自愿性。

ISO 14000 族标准不是一项强制性标准,而是企业自愿采用的。实施 ISO 14000 标准,并不增加或改变组织的法律责任,组织可根据自身特点自愿采用这套标准。

5. 采用 ISO 14000 的意义

ISO 14000 族标准是发达国家环境管理经验的结晶,为组织提供了一个完善的环境管理体系,并在世界各国得到了广泛的推广和应用,实行 ISO 14000 的意义主要表现在三个方面。

（1）对企业。

虽然 ISO 14000 的实施是企业自愿的,但却是势在必行的,实行 ISO 14000 对组织有着很大的优势。①利于组织降低成本:ISO 14000 指导企业从过程中减少成本,节能降耗,同时也促进了污染的防治;②降低环境和法律风险:在 ISO 14000 的环境保护体系建立的过程中考虑了法律因素,引导组织在建立自身的体系时规避法律风险,并改善了组织的环境行为;③提高企业的管理水平和员工的环境意识:ISO 14000 强调的是全员参与,只有环境保护的理念渗透到每一个员工处,才能真正实现环境的优化;④提高企业的社会形象和竞争能力:随着环境污染的日益严重,消费者也越来越关注企业在生产过程中造成的环境污染,企业采用 ISO 14000 能取得消费者的信赖,这有利于企业的长远发展;⑤利于企业取得绿色通行证,参与到国际市场竞争中。

（2）对社会。

ISO 14000 族标准对环境保护工作起到了积极的推动作用:①有利于环境与经济的和谐发展;②有利于政府对企业环境保护的管理;③有利于提高全民的环境保护意识。

（3）在全球。

ISO 14000 是全球性的标准,在许多国家都被应用,这样就使得 ISO 14000 的应用在全球都具有一定的影响。①保护人类生存和发展的需求:在全球范围内实施 ISO 14000,可以规范全球组织的环境行为,在很大程度上减少了人类活动对环境的影响,从而维护了人类的生存和发展;②减少了国际贸易的步骤:在国际贸易的过程中避免了重复的检验、认证、注册、标志等过程;③消除国际贸易的壁垒:消除了国际交易中相互间的矛盾,规范了各组织的环境管理制度,从而实现了自由贸易。

自从我国实施 ISO 14000 以来,施行 ISO 14000 的主要是出口导向型的企业。这些企业由于国际化程度较高,因此对环境问题也较敏感,由此可以看出施行 ISO 14000 已经成为了必然趋势。根据我国的实际情况,结合我国对质量体系认证的经验来看,需要逐渐加大力度,稳妥地实施。

### (三)ISO 22000 食品安全管理系列标准

20 世纪末期以来,由疯牛病、禽流感、口蹄疫、二噁英、苏丹红等引起的重大食品安全问题纷纷引起了世界各国的关注。在丹麦标准协会的倡导下,2001 年 ISO 同意制定食品安全管理体系标准,并于 2005 年 9 月 1 日发布了 ISO 22000:2005《食品安全管理体系对整个食品供应链的要求》族标准。它是以 CAC 法典委员会《食品卫生通则》附件中《危害分析与关键控制点 HACCP 体系及实施指南》为原理的食品安全管理体系标准,旨在确保全球的食品供应安全。目前最新版为 ISO 22000:2018,是 2005 年以来该标准的第一次修订。

1. ISO 22000 族系列组成

ISO 22000 族标准中的 ISO 22000:2005 是该标准族中的第一份文件,该系列还包括:

ISO/TS 22004:2005《食品安全管理体系 ISO 22000:2005 应用指南》,该标准已于 2005 年 11 月出版,旨在为 ISO 22000:2005 更好地实施提供一个通用指南。

ISO 22005:2007《饲料与食品供应链中的可追溯性——系统设计和实施的一般原则与基本要求》,该标准适用于饲料与食品供应链生产操作中的各个环节,是帮助生产组织或企业达到生产要求、标准的技术工具。

ISO/TS 22002-1:2009《食品安全的前提方案 第 1 部分 食品生产》,该规范结合 ISO 22000:2005 对食品安全前提方案的建立、实施和运行过程提出具体要求,以在控制食品安全危害时发挥预防作用。值得一提的是,该标准附加了其他与食品生产操作相关的内容,如产品的返工、产品召回程序、仓储、产品信息和消费者意识以及食品防御、生物恐怖主义等。

ISO/TS 22002-3:2011《食品安全的前提方案 第 3 部分 耕作》,该规范为食品安全前提方案的设计、实施和建立文档提出具体要求和指南,旨在保持生产环节的环境卫生和确保食品供应链中控制食品安全危害因素。由于耕作受到耕作面积、作物类型、生产方式、地理及生态环境的影响,不同作物的前提方案的特性亦不相同。因此 ISO/TS 22002-3:2011 主要关注的是前提方案的管理(需求的评估,解决方案的选择和文档的记录)。

ISO/TS 22003:2007《食品安全管理体系 食品安全管理体系认证与审核机构要求》,该标准是对提供食品安全管理体系审核和认证机构的要求,将对 ISO 22000 认证机构的合格评定提供一致的指南。

2. ISO 22000 的基本内容

ISO 22000 标准体系是适用于整个食品供应链的食品安全管理体系框架。它将食品安全管理体系从侧重对 HACCP、GMP、SSOP 等技术方面的要求,扩展到了整个食品供应链,并且作为一个体系对食品安全进行管理,增加了运用的灵活性。

(1)适用范围。

本标准覆盖了食品链中包括餐饮的全过程,即种植、养殖、初级加工、生产制造、分销,一直到消费者使用。同时也包括与食品链中主营生产经营相关的其他组织,如生产设备制造商、包装材料商、食品添加剂和辅料生产商、杀虫剂、肥料和首要的生产者等。

(2)关键原则。

本标准规定了食品安全管理体系的要求以及包含的关键原则为交互式沟通、体系管理、过程控制、HACCP 原理和前提方案。

(3)核心内容。

该体系的核心内容是危害分析,同时要求对在食品链中可能引入危害的食品安全因素进行分析控制的同时,灵活、全面地与前提方案(prerequisite program,PRP)的实施相结合。在明确食品链中各环节组织的地位和作用的前提下,将危害分析所识别的食品安全危害根据可能产生的后果进行分类,通过包含于 HACCP 计划和操作性前提方案的控制措施组合来控制。

(4)应用方法。

组织在采用本标准时,可以通过将本标准制定成为审核准则,来促进本标准的实施。各组织也可以自由地选择必要的方式和方法来满足本标准的要求。

(5)对于小型或较落后组织的应用。

由于本标准重点关注的是食品加工、工艺、卫生、原料、仓储、运输、销售等方面,对于各组织中建立和实施本标准需要非常专业的知识,故对于小型或较落后组织需要借助外界的力量,如外聘专家或向行业协会寻求技术力量支撑来完成。

3. ISO 22000 的特点

(1)适用范围广。

ISO 22000 的所有要求都是通用的。也就是说无论组织的规模大小、类型和其生产的产品种类,是直接介入食品链的一个或多个环节还是间接介入食品链,只要该组织期望建立并在食品链上运行有效的食品安全管理体系就可采用本标准的要求。这些组织包括饲养者,种植者,辅料生产者,食品生产制造者,零售商,餐饮服务与经营者,提供清洁、运输、贮存和分销服务的组织,以及间接介入食品链的组织如设备、清洁剂、包装材料以及其他接触材料的供应商。

（2）结构框架与 ISO 9001、ISO 14001 趋同。

从框架上看 ISO 22000 与 ISO 9001、ISO 14001 基本相同。ISO 9001、ISO 14001 标准在国际上已被广泛采纳,为使食品组织或企业能够最大限度地利用现有的管理资源,在质量、环境和食品安全管理上获得预期的效果,ISO 22000 在制订时承袭了 ISO 9001 的框架体系,在标准条款的编排形式上与以上两个标准趋同,这有利于组织在进行质量管理体系的衔接时找到接口。此外,ISO 22000 标准既可独立使用,又可与 ISO 9001、ISO 14001 结合起来,构建一个完整系统的食品安全管理体系。

（3）ISO 22000 与 ISO 9001、ISO 14001 兼容。

首先,从基本思想上看 ISO 22000 与 ISO 9001、ISO 14001 相一致,这三个都是预防性体系,都注重过程而非结果,在系统分析的基础上,确定合理的过程,强调管理者全面承诺和全员参与的思想,对生产过程有效控制,从而确保生产出的产品质量有保证、卫生安全。此外,从构建管理体系方法上看,ISO 22000 和 ISO 9001、ISO 14001 的结构相协调,都遵循 PDCA（plan-do-check-action）建立管理体系运行模式,采用产品标识制度、体系内审和管理评审、监视和测量、纠正和预防措施、不合格产品控制并实施文件化管理体系。一般来说,已获得 ISO 9001 认证的公司,将其扩展到 ISO 22000 认证是比较容易的。如果组织已建立质量管理体系或食品安全管理体系,则依据 ISO 14000 建立环境体系时,只要对现有的体系进行修改,达到 ISO 14000 标准的要求就不必另立新的要求。

（4）继承 HACCP 的基本原理。

危害分析和关键控制点（hazard analysis and critical control point, HACCP）是一种有效地控制危害的预防性体系,是用于预防食品受到来自物理、化学、生物危害的一种管理工具。ISO 22000 继承了 HACCP 的七个原理作为标准的核心,并且将 HACCP 体系的基本原则与 CAC 制定的实施步骤相结合,同时要求食品组织根据自己在食品链中的位置和安全危害程度确定具体"前提方案",以便和 HACCP 计划进行组合,从而将 HACCP 计划拓展到整个食品链。

（5）前提方案与 HACCP 相协调。

前提方案可分为两种类型:基础设施和维护方案以及操作性前提方案。前提方案与 HACCP 计划相结合的方式对食品链中可能产生的危害进行控制是该标准的核心内容。在现有技术和社会条件下,单一地使用上述任何一种方式对食品链中可能存在的风险都可能造成判断偏差。若将两者有机结合,通过包含危害分析、操作性前提方案和 HACCP 计划控制在内的一系列逻辑严谨的控制手段,则可以达到消费者对食品安全的要求。

（6）为 HACCP 在国际的交流提供平台。

ISO 22000 是国际性自愿标准,其进一步确立了 HACCP 在食品安全体系中的地位,统一了全球对 HACCP 体系的解释,同时将 ISO 倡导的先进管理理念融入其中,以帮助食品链中的组织更好地使用 HACCP 原则,为 HACCP 在国际的交流提供了一个平台。

（7）贯穿食品链的交互式沟通。

ISO 22000 标准强调交互式沟通的重要性,为确保在食品链的各个环节中所涉及的食品危害均被识别和控制,必须在食品链中进行沟通。这表明组织必须与其在食品供应链中的上游和下游组织进行沟通。而对于本组织内可能存在的食品危害进行分析确认时,往往因为该方面的工作专业性较强,许多组织仅仅依靠自身的能力不能完成,这就必须借助社会力量完成,比如外聘专家、寻求行业协会的帮助等。

（8）为组织内审、认证和第三方认证提供审核依据。

ISO 22000 标准既是描述食品安全管理体系要求的使用指导标准,又可为组织内部的审核、自我声明和第三方认证提供审核标准。同时,该标准还能帮助企业预防和处理危机。

4. ISO 22000 的意义

整个食品供应链从上游到下游的任何一个环节都存在可能引入食品安全的危害,且由于食品本身和加工过程的复杂性,"从农田到餐桌"这条食品链上的食品安全隐患因素众多,因此,只有通过食品链的所有参与者的共同努力,有效沟通,才能将食品安全危害及时地进行预防和控制。ISO 22000 作为一个预防性标准,彻底改变了从前终端产品检验的质量控制模式,从而占据了当今食品质量安全体系的核心地位,对其具有重要意义。

（1）有利于 HACCP 的实施。

ISO 22000 确保了食品供应链的安全,降低了世界各国组织或食品企业实施 HACCP 的门槛。

（2）统一冗杂的各国标准。

无论是发达国家还是发展中国家,不可避免的食源性疾病促使各国纷纷制定各自的标准,但由于各国标准众多,要求各异,对于食品链环节中的各级组织造成了很大的麻烦。ISO 22000 是一套简明扼要、系统规范的国际标准,无形中降低了各国组织管理、生产及销售成本。

(3)为良好操作规范提供模板。

ISO 22000 是一个达成国际共识的标准。其基于世界各国标准,在食品供应链的各个环节中对良好操作规范提出了完善、系统的质量管理要求。

(4)是 ISO 9001 在食品安全领域的衍生和完善。

ISO 9001 质量管理体系涉及了工业发展的各个部门,但并没有对食品领域进行具体的归纳总结。ISO 22000 食品安全管理体系吸纳 ISO 9000 质量管理体系的管理、体系、框架和过程方法。在 ISO 9000 质量管理体系的基础上,对"从农田到餐桌"的整个食品链进行控制;同时以 HACCP 计划为手段,充分发挥 HACCP 体系有效控制食品安全质量的优势,在满足质量要求的同时,确保食品卫生与安全。

(5)与其他管理体系相融合,提高管理质量。

ISO 22000 可以单独使用,也可以同其他管理体系结合使用。它的设计与 ISO 9001:2000 标准充分兼容,对已获得 ISO 9001 认证的公司来说,将其扩展到 ISO 22000 认证是比较容易的,这样不仅起到了扩展市场的目的,又可大大降低企业的管理成本。

(6)提供简洁、完善的认证体系。

符合 ISO 22000 标准的食品管理体系可以被认证,这样为食品生产商面对冗杂的不同地方标准时提供了简洁、完善的认证体系。

(7)消除国际贸易壁垒,促进公平竞争。

ISO 22000 可被用于贯穿整条食品供应链的所有组织,构建一个理想的质量管理体系框架,从而和生产高效经济的产品目标相匹配。该标准已成为企业与国际接轨,进入国际市场的通行证,同时也将成为世界各国进行国际贸易时的技术壁垒标准。因此 ISO 22000 体系不仅是对各国食品安全法律法规的总结和归纳,还为食品组织预防控制食品安全问题提供了国际性的统一参考。ISO 22000 为 ISO 9001 质量管理体系、ISO 14001 环境管理体系提供了接口,为组织内部构建一套重点突出、连贯且完整的食品安全管理体系提供了系统化的思路。此外,ISO 22000 是一种风险管理工具,能使实施者合理地识别将要发生的危害,并制订一套全面有效的计划来防止和控制危害的发生。

5. ISO 22000 对我国的影响

尽管 ISO 22000 是一个自愿性标准,但由于该标准整合了各国现行的食品安全管理标准和法规,因此也是一个统一的国际标准。我国也将 ISO 22000:2005 转化为国标,于 2006 年 3 月 1 日发布了 GB/T 22000—2006《食品安全管理体系 食品链中各类组织的要求》,并于 2006 年 7 月 1 日起实施,旨在让食品链中的组织证实其有能力控制食品安全危害,确保其提供给人类消费的食品是安全的。2007 年 3 月 1 日,国家认监委发布《食品安全管理体系认证实施规则》(以下简称规则),并于 2010 年 1 月 26 日进行修订。同年 3 月 1 日正式实施。该规则规定认证机构从事食品安全管理体系认证的程序和管理的基本要求。凡是具备食品安全管理体系认证资格的机构可依据《食品安全管理体系 食品链中各类组织的要求》(GB/T 22000—2006)对相关组织进行认证。为了提高标准的适用性,国际标准组织(ISO)对 ISO 22000 进行改版修订,于 2018 年 6 月 19 日颁布了 ISO 22000:2018 食品安全管理体系标准。ISO 22000:2018 采用 ISO 高阶结构(HLS)进行修订,以满足当今食品安全的挑战。新版标准增强了可读性和标准内容间的逻辑关系,大幅提高了其与 ISO 系列不同体系标准的兼容性。目前我国尚未将其转化为新的国家标准。

我国企业采用 ISO 22000 并得到其认证有以下几点好处:

(1)可以与贸易伙伴进行有组织的、有针对性的沟通。

(2)在组织内部及食物链中实现资源利用最优化。

(3)加强过程控制及管理,减少终端产品检验步骤,更加有效和动态地进行食品安全风险控制。

(4)所有控制措施都将进行风险分析,对必备方案进行系统化管理。

(5)通过减少冗杂的系统审计从而节约资源与成本。

(6)有利于打破国际贸易壁垒,有利于我国企业与国际对接。

鉴于 ISO 22000 国际标准是一个可供认证和注册的可审核标准,从事食品安全管理体系认证活动的认证机构可依据其规定进行试点,试点范围包括食品罐头、水产品、肉及肉制品、果蔬汁、速冻果蔬、速冻方便食品和餐饮业。

## 二、国外食品安全标准体系

### (一)欧盟食品安全标准体系

1. 概况

欧盟通过技术法规和标准的相互配合,大大加快了食品安全技术法规的立法,并使食品安全技术法规的内容更为全面和具有可操作性。欧盟的食品安全指令是协调标准的指导性文件,协调标准是对指令的细化,两者相互配合,分工明确。

欧盟食品安全技术法规是强制遵守的、规定与食品安全相关的产品特性或者相关的加工和生产方法的文件,包括适用的行政性规定,也包括那些适用于产品、加工或生产方法的对术语、符号、包装、标识或者标签的要求。

欧盟食品安全标准是以反复使用为目的,由公认机构批准的、非强制性的、规定产品或者相关的食品加工和生产方法的规则、指南或者特征的文件,是指在1985年实施《新方法指令》后由欧盟标准化委员会(CEN)制定的标准。其包括那些适用于产品、加工或者生产方法的对术语、符号、包装、标识或者标签的要求,内容限于满足欧盟食品安全指令基本要求的具体技术细节和规定。欧洲标准化委员会(CEN)下属的技术委员会负责制定食品安全标准(协调标准)。

欧盟27个成员国实行统一的农产品和食品的农药残留标准。新的农药残留标准体系中农药残留限量数量由原来的39000多个增加到118000多个,对于没有设立残留限量的农药,和日本一样,欧盟一般也是要求小于 $0.01 \times 10^{-6}$。欧盟新的农药残留标准体系的建立是根据修订和简化欧洲议会和理事会条例(EC) No. 396/2005,关于动植物源饲料与食品内部和表面的杀虫剂的最大残留量水平,新标准为(EC) No. 299/2008。该条例统一协调了欧盟农药残留的设定原则,简化了现有的相关法规体系。新标准(EC) No. 396/2008共有七个附录,简化了农药残留最大限量值(MRLs)以及所适用的食品和饲料。

2. 欧盟食品安全标准发展历程

欧盟食品安全标准的制定机构包括欧洲标准化委员会(CEN)和欧共体各成员国家标准两层体制。其中欧洲标准是欧共体各成员国统一使用的区域级标准,对贸易有重要的作用。欧洲标准由三个欧洲标准化组织制定,分别是欧洲标准化委员会(CEN)、欧洲电工标准化委员会(CENELEC)、欧洲电信标准协会(ETSI)。这三个组织都是被欧洲委员会(European Commission)按照83/189/EEC指令正式认可的标准化组织,他们分别负责不同领域的标准化工作。CENELEC负责制定电工、电子方面的标准;ETSI负责制定电信方面的标准;而CEN负责制定除CENELEC和ETSI负责领域外所有领域的标准。

CEN的技术委员会(CEN/TC)具体负责标准的制定、修订工作,各技术委员会的秘书处工作由CEN各成员国分别承担。到目前为止,CEN已经发布了260多个欧洲食品标准,主要用于取样和分析方法,这些标准由7个技术委员会制定。CEN 与 ISO 有密切的合作关系,于 1991 年签订了维也纳协议。维也纳协议是 ISO 和 CEN 间的技术合作协议,主要内容是 CEN 采用 ISO 标准(当某一领域的国际标准存在时,CEN 即将其直接采用为欧洲标准),ISO 参与 CEN 的草案阶段工作(如果某一领域还没有国际标准,则 CEN 先向 ISO 提出制定标准的计划)等。CEN 的目的是尽可能使欧洲标准成为国际标准,以使欧洲标准有更广阔的市场。40%的 CEN 标准也是 ISO 标准。

3. 认证认可标准

欧盟认证认可管理可分为四个层次。

(1)第一层面为欧盟。

欧盟理事会负责法律法规的制定,而欧盟委员会作为欧盟的执行机构,则负责标准细则的制定和贯彻执行,其中包括对认证认可机构的批准和第三国权威机构(competent authority)和认证机构(control authority)清单的制定,并向欧盟理事会提交相关报告及建议(EC-834-41)。

(2)第二层面是成员国权威机构(competent authority)。

欧盟规定各成员国应指派权威机构执行对国内有机认证认可工作的统一管理,通常由各成员国的农业部或农业部的下属部门担任。例如:英国的有机产品标准(No. 1604 The Organic Products Regulations 2004)明确规定由农业部担任权威机构。

(3)第三层面是认可机构。

权威机构可以自身承担认可机构的角色,也可以委派特定的机构执行认可。在英国,农业部并不直接对认证机构执行实地审查工作,而是委托英国皇家认可委员会(United Kingdom Accreditation Service,UKAS)执行,UKAS 形成审查报告后递交农业部审阅,由农业部判定认证机构是否符合认可规范。

(4)第四层面是认证机构。

欧盟的认证机构分为两类:官方认证机构(control authority)和民间认证机构(control body)。官方认证机构是权威机构部分或全部授权的某些公共管理组织,而民间认证机构是完全独立的第三方机构。以意大利为例,其有机认证可以由被确认资格的民间组织认证机构执行,也可以由农林部(Ministry of Agriculture and Forestry)或区域发展委员会(Regional Boards)来提供官方检查。认证机构实施认证的依据为欧盟理事会标准(EC)834/2007、欧盟委员会标准(EC)889/2008以及补充标准(EC)710/2009 和(EC)271/2010,或由成员国制定的高于上述标准要求的法规或标准,又或者由认证机构制定的高于成员国相关要求的法规或标准。

4. 欧盟食品安全标准制修订程序

首先是由民众、企业、市场提出食品标准的需求,欧洲标准化委员会专家及行政人员对食品标准进行评估,接着撰写建议草案,寻求公众意见。其中整个过程有民众的监督,最后还有标准的风险分析,包括依靠社会和规章制度的风险管理、维护消费者权益的风险认识、基于科学与事实的风险评估以及信息传递和对话的风险交流。再由欧洲议会和欧盟理事会负责制定框架指令,欧盟委员会承担制定实施框架指令的相关政策,即欧盟理事会批准框架指令后,由欧盟委员会制定相关的具体实施指令。而后欧洲标准化委员会参与制定严格的食品安全标准。

5. 欧盟食品安全标准特点分析

(1)食品安全标准的双层体系形成了对成员国生产商的保护。在欧盟食品安全体系中,既有具有法律强制力的欧盟指令,又包括自愿遵守的具体技术内容和技术标准等,所以非欧盟国家的食品出口到欧盟成员国,就必须同时达到两套技术标准要求,而成员对自愿遵守部分的标准具有很大的操控性和灵活性。因此,这两套体系起到了保护欧盟成员国食品生产者的作用,构成了食品贸易中的贸易壁垒。

(2)拥有比较完整的标准体系和合格标准认定程序,有效限制别国食品出口。目前,欧盟已经形成了包括欧盟指令、标准认证,以及进出口环节的检验检疫措施等制度。别国食品不满足任何一个条件就可能被禁止进口。

(3)欧盟食品标准与其他国际标准有一定的协调,推进了国际食品标准的协调一致。欧盟从一开始就比较注重与国际食品法典委员会(CAC)和国际标准化组织(ISO)等国际标准的协调,并且尽可能地采用国际标准。从这点来看,它方便了其他国家食品向欧盟的出口。

(4)欧盟食品安全标准体系的发展趋势。虽然欧盟食品安全与其他国际标准的协调方面存在问题,欧盟成员标准之间也有一定的差异,但随着欧盟一体化的推进,欧盟标准走向欧洲标准是大势所趋。随着人类对食品安全关注程度的提高,未来欧盟食品新标准会更加严格,所以其食品标准修订时机的选择和内容的修订程度会对广大食品出口国乃至国际食品标准走势产生重大影响。

**(二)美国食品安全标准体系**

美国的食品安全技术协调体系由技术法规和标准两部分组成,技术法规是强制遵守的、规定与食品安全相关的产品特性或者相关的加工和生产方法的文件。而食品安全标准是为通用或者反复使用的目的,由公认机构批准的。非强制性遵守的、规定产品或者相关的食品加工和生产方法的规则、指南或者特征的文件,通常,政府相关机构在制定技术法规时引用已经制定的标准,作为对技术法规要求的具体规定,这些被参强的标准就被联邦政府、州或地方法律赋予强制性执行的属性,这些标准是在技术法规整案要求的指导下制定的,故其必须符合相应的技术法规的规定和要求。

美国的标准化发展较早,早在 19 世纪早期就形成了一些在世界上颇具影响的标准化机剂和专业标准化团体。第二次世界大战后,美国经济实力的加强巩固了其标准化体系同时标准化体系的强化又促进了产品的竞争力的提升,促使美国产品在国际市场争中取得了成功。为保证整个标准体系的完整性,联邦政府授权美国国家标准学会(ANSI)负责协调分散的标准体系及众多的标准化团体,并且指定它为唯一的批准发布美国国家标准的机构。而政府部门则以普通会员身份在相关的领域参与民间团体的标准化活动,作为相关方参与标准的制定,需要时以购买者的身份采购标准。美国的标准绝大多数分为检验检测方法标准和被技术法规引用后的肉类、水果、乳制品等产品的质量分等分级标准。

美国食品安全技术法规的制定以科学为依据,以风险分析为基础,贯彻以预防为主的原则,对"从农田到餐桌"全过程的食品安全进行监控和管理。按照标准制定的部门分,美国农业部负责禽肉和肉制品食品安全技术法规的制定和发布,食品药品管理局负责其他食品号全技术法规的制定等。同时一些部门也会联合制定技术法规。

美国所有现行的联邦技术法规(全国范围适用)全部收录在《美国联邦法规法典》中,这些法规主要涉及微生物限量、农药残留限量、污染物限量及食品添加剂使用等于人体健康有关的食品安全要求和规定,其内容非常详细,涉及食品安全的各个环节、各种危害因素等。除联邦技术法规外,美国每个州都有自己的技术法规,联邦政府、各州以及地方政府在用管理食品和食品加工时,承担着互为补充、内部独立的职责。

### (三)日本食品安全标准体系

日本食品标准的制定机构主要为厚生省和农林水产省。厚生劳动省主要负责制定一般的要求和食品标准,包括食品添加剂的使用、农药的最大残留等,其使用范围是包括进口食品在内的所有食品。农林水产省主要负责使用食品标签的制定,包括加工食品、易腐食品和转基因食品的标签要求。

从食品权威层面看,日本现行的食品安全标准主要由国家标准、行业标准和企业标准构成。从标准适用范围上看,日本食品安全标准的类型可分为成分规格标准、技术标准、标识标准、设施标准四类。

为保证标准制定的准确性和可靠性,日本对其安全标准的制定程序也进行了严格设定,分为六个步骤:①标准的申请;②标准的前期准备;③标准的拟定;④公众评议;⑤标准的审批;⑥标准的发布。

日本的食品安全标准认证体系分为国家认证、地方公共团体认证和企业自主认证。国家认证是指国家对具有高危险、高强迫物质的成分和安全性进行确认,食品相关企业只有在得到起认证许可后,方可制造和销售食品。上述高危险、高强迫物质主要包括添加剂、农药、转基因食品三类。地方公共团体认证是指国家设定安全标准之后,由地方公共团体或第三方认证机构对产品是否符合安全标准而进行的认证。该认证适用于危险性和危害程度并不是很高,但仍需进行事前认证或临时增设认证的物质。企业自主认证是指在国家对各种物质成分设定安全标准之后,由企业自身对其产品是否符合该安全标准而进行的自我认证,并得到国家的承认。只能用于危害发生频率低、危害程度小,有一定事前控制必要性的物质。

2006年5月29日,日本颁布了《食品中残留农药肯定列表制度》(简称肯定列表制度),是在原则上禁止、不禁止的物质作为例外在一览表中列出的制度,主要对食品中残留化学物质和饲料添加剂的残留限量标准做出规定,是一系列农兽药、饲料添加剂等残留限量标准的集合体。

日本食品安全标准的特点有:食品安全标准体系完善;标准的制定注重与国际标准接轨;标准种类繁多、要求较为具体;监控检查的检测项目越来越多。

## 三、国内食品安全标准体系

### 1. 中国食品安全标准体系的发展

中华人民共和国食品安全法实施条例第三章中提到:食品生产经营者应当依照法律、法规和食品安全标准从事生产经营活动,建立健全食品安全管理制度,采取有效管理措施,保证食品安全。因此,食品安全标准是强制执行的标准。食品安全国家标准由卫生部负责制定。制定食品安全国家标准,应当依据食品安全风险评估结果并充分考虑食用农产品质量安全风险评估结果,参照相关的国际标准和国际食品安全风险评估结果,广泛听取食品生产经营者和消费者的意见,并经食品安全国家标准审评委员会审查通过。

新中国成立之初,我国的食品类标准极少,直到20世纪70年代末,我国颁布的相关标准也只是食品添加剂的产品标准,20 世纪 80 年代后陆续发布了一系列的食品卫生标准和产品标准。1996 年、2003 年和 2005 年中国对食品方面的卫生标准进行了三次大范围的修订,截至 2007 年上半年,我国形成了一个较为完整的并且适应我国食品工业发展的食品标准体系。强制性标准与推荐性标准相结合,国家标准、行业标准、地方标准、企业标准相配套,基本满足了食品生产控制与管理的目标和要求,与国际标准体系基本协调一致。食品标准中有关食品安全的标准也随着食品标准的发展而不断发展。

在经济发展初期,我国对食品安全标准重视不够。1988 年 12 月 29 日第七届全国人民代表大会常务委员会第五次会议通过了《中华人民共和国标准标准化法》(简称《标准化法》),明确了标准的法律地位。《标准化法》中规定了"保障人体健康,人身财产安全的标准以及法律、行政法规规定强制执行的标准是强制性标准"。食品标准中的卫生指标就属于该类强制性标准,而《产品质量监督法》和《食品卫生法》又更具体地说明了严格执行食品标准的必要性、必须性。随着食品工业的发展,食品安全问题不断涌现,中国的食品标准也由原来重视感官和理化指标转向重视安全性指标。1994 年《食品安全性毒理学评价程序》正式作为国家标准被颁布,结束了我国食品安全评价工作长久以来没有标准的局面。2008 年我国颁布了一系列标准,并对农产品的安全标准进行了规范。同时,卫生部发布了《食品添加剂使用卫生标准》(GB 2760—2007)(已被 GB 2760—2011 代替),这是我国重要的食品安全基础标准。食品安全标准体系是保障消费者健康的关键,是提高食品产业竞争力的重要技术支撑,是实现食品产业结构调整重要手段,也是加强食品安全监管、规范市场秩序重要依据。

2. 中国现行食品安全相关标准

我国食品标准按级别分类可分为国家标准、行业标准、地方标准和企业标准,其中国家标准和行业标准按照性质可分为强制性标准和推荐性标准。强制性标准指具有法律属性,在一定范围内通过法律、行政法规等强制性手段加以实施的标准。推荐性国家标准不具有强制性,任何单位均有权决定是否采用,违法这类标准,不构成经济或法律方面的责任,但是推荐性标准一经接受并采用,或各方商定同意纳入商品经济合同中,就成为各方必须共同遵守的技术依据,具有法律上的约束性。

中华人民共和国食品安全法第四版指出食品安全标准应当包括以下内容:①食品、食品添加剂、食品相关产品中的致病性微生物,农药残留、兽药残留、生物毒素、重金属等污染物质以及其他危害人体健康物质的限量规定;②食品添加剂的品种、使用范围、用量;③专供婴幼儿和其他特定人群的主辅食品的营养成分要求;④对与卫生、营养等食品安全要求有关的标签、标志、说明书的要求;⑤食品生产经营过程的卫生要求;⑥与食品安全有关的质量要求;⑦与食品安全有关的食品检验方法与规程;⑧其他需要制定为食品安全标准的内容。

由致病菌导致的食源性疾病是全球范围内最突出的食品安全问题,国家卫生和计划生育委员会发布了《食品安全国家标准 食品中致病菌限量》(GB 29921—2013),于2014年7月1日实施。

国家卫生和计划生育委员会和国家食品药品监督管理总局2017年发布了《食品安全国家标准 食品中真菌毒素限量》(GB 2761—2017),对可能对公众健康构成较大风险的真菌毒素制定了限量值。

《食品安全法》实施后,我国有针对性地整合了农药残留、兽药残留相关标准,由国家卫生健康委员会、农业农村部、国家市场监督管理总局联合颁布了《食品安全国家标准 食品中农药最大残留限量》(GB 2763—2019)、《食品安全国家标准 食品中兽药最大残留限量》(GB 31650—2019)分别取代了以前单独的农药和兽药最大残留限量标准,这两个标准分别于2020年2月15日和2020年4月1日实施。

《食品安全国家标准 食品中污染物限量》(GB 2762—2017)充分整理了以往食品标准中的所有污染物限量规定,整合修订为铅、镉、汞、砷等12种污染物在谷物、蔬菜、水果、肉类等20余大类食品的限量规定。

由于食品添加剂大多属于化学合成物质或者动植物提取物,其安全问题受到世界各国和国际组织的重视。我国已公布一系列有关食品添加剂的食品安全国家标准,其中包括《食品安全国家标准 食品添加剂使用标准》(GB 2760—2014)、《食品安全国家标准 复配食品添加剂通则(含第1号修改单)》(GB 26687—2011)、《食品安全国家标准 食品添加剂标识通则》(GB 29924—2013)、《食品安全国家标准 食品营养强化剂使用标准》(GB 14880—2012)和一系列食品添加剂产品标准。

目前我国特殊膳食用食品标准体系包括婴幼儿配方食品、婴幼儿辅助食品、特殊医学用途配方食品、其他特殊膳食用食品,例如,《食品安全国家标准 婴儿配方食品》(GB 10765—2010)、《食品安全国家标准 较大婴儿和幼儿配方食品》(GB 10767—2010)、《食品安全国家标准 特殊医学用途婴儿配方食品通则》(GB 25596—2010)、《食品安全国家标准 婴幼儿谷类辅助食品》(GB 10769—2010)、《食品安全国家标准 婴幼儿罐装辅助食品》(GB 10770—2010)、

《食品安全国家标准 特殊医学用途配方食品通则》（GB 29922—2013）、《食品安全国家标准 辅食营养补充品》（GB 22570—2014）、《食品安全国家标准 运动营养食品通则（含第1号修改单）》（GB 24154—2015）、《食品安全国家标准 孕妇及乳母营养补充食品》（GB 31601—2015）。我国特殊膳食用食品相关的基础标准包括《食品安全国家标准 预包装特殊膳食用食品标签》（GB 13432—2013）、《食品安全国家标准 食品营养强化剂使用标准》（GB 14880—2012）、《食品安全国家标准 食品添加剂使用标准》（GB 2760—2014）。

食品标签是指食品包装上的文字、图形、符号及一切说明物。它们提供着食品的内在质量信息、营养信息、时效消息和食用指导信息，是进行食品贸易及消费者选择食品的重要依据。通过实施食品标签标准，可以保护消费者的利益，维护消费者的知情权；有利于保证公平的市场竞争，防止利用标签进行欺诈。截至目前，我国已发布《食品安全国家标准 预包装食品标签通则》（GB 7718—2011）、《食品安全国家标准 预包装食品营养标签通则》（GB 28050—2011）和《食品安全国家标准 预包装特殊膳食用食品标签》（GB 13432—2013）三项有关食品标签的食品安全国家标准。

食品相关产品是指用于食品的包装材料、容器、洗涤剂、消毒剂和用于食品生产经营的工具、设备。目前，我国食品包装的食品安全国家标准有《食品包装容器及材料术语》（GB/T 23508—2009）、《食品包装容器及材料 分类》（GB/T 23509—2009）、《食品包装容器及材料生产企业通用良好操作规范》（GB/T 23887—2009）以及其他技术标准。

食品安全检验方法标准是指对食品的质量安全要素进行测定、试验、计量、评价所作的统一规定，主要包括食品理化检验方法标准、食品微生物学检验方法标准、食品安全性毒理学评价程序与方法标准等。我国已对现行国家标准和行业标准种涉及食品理化检验的标准进行了整理工作，并发布新的标准。

3. 中国现行食品安全标准体系存在的不足

近年来，我国食品安全标准工作取得明显成效。《食品安全法》公布施行前，我国已有食品、食品添加剂、食品相关产品国家标准2000余项，行业标准2900余项，地方标准1200余项，基本建立了以国家标准为核心，行业标准、地方标准和企业标准为补充的食品标准体系。《食品安全法》公布施行后，食品安全标准工作力度逐步加大，进一步完善了食品安全标准管理制度，加快食品标准清理整合，制定公布新的食品安全国家标准，推进食品安全国家标准顺利实施，深入参与国际食品法典事务，促进我国食品标准与国际食品法典标准接轨。

　　目前各级各类标准相互配合,标准体系较为完整,虽然主要框架与国际标准对应,但是我国的食品安全标准主要是配合国内当时食品卫生控制目标和要求提出的,与 WTO/TBT/SPS 协议原则尚有较大差距。

　　由于我国食品安全采取分段、多部门监管模式,难免出现标准重复过滥以及部分标准指标不协调、体系系统性不足、食品安全标准缺失、滞后情况,已制定标准不足应对新时代的食品安全需求问题。由于《标准化法》对标准的制定、发布、管理上的混乱等因素导致我国食品安全标准更新缓慢,有不少标准长达十年未更新,适用度和时效性存在问题。还有食品安全标准体系较乱,执行效率低,食品标准监管部门多,职能分布交叉等问题。以及民众获取安全信息较难,公众参与度低;标准科技水平、专业化、资金投入存在不足;制度体系不完善,多次出现问题食品追查困难、造成无良商家心存侥幸。

　　在全球经济一体化伴随而来的食品安全管理全球化背景下,各国食品安全标准趋同趋势越发加强。虽然我国标准体系不断完善,但目前我们国标只有40%左右采用了等效国际食品法典标准的级别,在标准内容、体系上均与国际水平有较大差距。因此应大力推进标准改善与国际接轨,完善食品安全标准体系;同时要规范食品安全标准的分类避免混乱交叉,改进食品安全标准的制定修订程序,借鉴食典委经验设立全国统一的专门食品安全标准指定机构,完善风险评估和反馈机制等。

# 主要参考文献

[1]纵伟.食品安全学[M].北京:化学工业出版社,2016.

[2]张志健.食品安全学导论[M].北京:化学工业出版社,2015.

[3]胡秋辉.食品标准与法规[M].2版.北京:中国质检出版社 中国标准出版社,2013.

[4]钟耀广.食品安全[M].2版.北京:化学工业出版社,2010.

[5]车振明,李明元.食品安全学[M].北京:中国轻工业出版社,2013.

[6]丁晓雯.食品安全学[M].2版.北京:中国农业大学出版社,2016.

[7]谢明勇,陈绍军.食品安全导论[M].北京:中国农业大学出版社,2016.

[8]尤玉如.食品安全与质量控制[M].2版.北京:中国轻工业出版社,2015.

[9]JOE KIVETT, MARK TAMPLIN, GERALD J. KIVETT. The Food Safety Book [M]. American:Constant Rose Publishing,2016.

[10]王际辉.食品安全学[M].北京:中国轻工业出版社,2013.

[11]赵笑虹.食品安全学概论[M].北京:中国轻工业出版社,2010.

[12]张小莺,殷文政.食品安全学[M].北京:科学出版社,2012.

[13]金征宇,彭池方.食品加工安全控制[M].北京:化学工业出版社,2014.

[14]师俊玲.食品加工过程质量与安全控制[M].北京:科学出版社,2012.

[15]张欣.食品生产加工过程危害因素分析综合教程[M].北京:科学出版社,2014.

[16]李琳,苏健浴,李冰,徐振波.食品热加工过程安全原理与控制[M].北京:化学工业出版社,2016.

[17]房海,陈翠珍.中国食物中毒细菌[M].北京:科学出版社,2014.

[18]陈福生.食品安全实验——检测技术与方法[M].北京:化学工业出版社,2010.

[19]车振明.食品安全与检测[M].北京:中国轻工业出版社,2015.

[20]陈艳.食源性寄生虫病的危害与防制[M].贵州:贵州科技出版社,2010.

[21]钱和,于田田,张添.食品卫生学——原理与实践[M].北京:化学工业出版社,2010.

[22]侯红漫.食品微生物检验技术[M].北京:中国农业出版社,2010.

[23]刁恩杰.食品质量管理学[M].北京:化学工业出版社,2013.

[24]沈岿.食品安全、风险治理与行政法[M].北京:北京大学出版社,2018.

[25]程鸿勤.食品安全与监督管理[M].北京:中国民主法制出版社,2014.

[26]姚卫蓉,童斌.食品安全与质量控制[M].北京:中国轻工业出版社,2019.

[27]罗小刚.食品生产安全监督管理与实务[M].北京:中国劳动社会保障出版社,2010.

[28]黄浦雁.食品安全管理学[M].北京:中国质检出版社,中国标准出版社,2015.

[29]钱和,林琳,于瑞莲.食品安全法律法规与标准[M].北京:化学工业出版社,2014.

[30]吴澎,赵丽芹.食品法律法规与标准[M].北京:化学工业出版社,2015.

[31]王硕.我国食品安全风险防控研究[M].北京:经济科学出版社,2016.

[32]姜启军,余从田.企业视角下的食品安全诚信风险管理与奖惩机制研究[M].上海:上海人民出版社,2016.

[33]旭日干,庞国芳.中国食品安全现状、问题及对策战略研究[M].北京:科学出版社,2015.

[34]刘雄.陈宗道.食品质量与安全[M].北京:化学工业出版社,2016.